国家级实验教学示范中心联席会
计算机学科组规划教材

Java语言程序设计
——复杂工程问题求解

段新娥　张志旺　主　编
张志东　周锁成　副主编

清华大学出版社
北京

内 容 简 介

本书对 Java 编程原理、基础知识、核心技术进行了由浅入深、循序渐进的介绍。全书共 13 章，包括 Java 概述、Java 程序的结构及类型、Java 语言基础、抽象和封装、继承和多态、Java 核心类、图形用户界面、输入输出流、JDBC 数据库连接、Java 异常处理、并发编程基础、Java 与 Java Web 以及课程设计综合案例。书中重要知识点都与案例紧密结合，有助于读者理解知识、掌握知识、应用知识。本书内容逻辑顺序安排合理，讲解浅显易懂，有学习方法指导、典型案例作为参考，非常实用。

本书可以作为高等院校计算机相关专业的教材，也可以作为相关技术人员和 Java 爱好者自学的参考书。

版权所有，侵权必究。举报：010-62782989，beiqinquan@tup.tsinghua.edu.cn。

图书在版编目（CIP）数据

Java 语言程序设计：复杂工程问题求解 / 段新娥，张志旺主编. -- 北京：清华大学出版社，2025.4. （国家级实验教学示范中心联席会计算机学科组规划教材）. -- ISBN 978-7-302-68807-5

Ⅰ. TP312.8

中国国家版本馆 CIP 数据核字第 20259P9D85 号

责任编辑：贾　斌
封面设计：刘　键
责任校对：郝美丽
责任印制：杨　艳

出版发行：清华大学出版社
网　　址：https://www.tup.com.cn，https://www.wqxuetang.com
地　　址：北京清华大学学研大厦 A 座　　　　　邮　　编：100084
社 总 机：010-83470000　　　　　　　　　　　　邮　　购：010-62786544
投稿与读者服务：010-62776969，c-service@tup.tsinghua.edu.cn
质量反馈：010-62772015，zhiliang@tup.tsinghua.edu.cn
课件下载：https://www.tup.com.cn，010-83470236
印 装 者：三河市人民印务有限公司
经　　销：全国新华书店
开　　本：185mm×260mm　　印　张：25.25　　字　数：601 千字
版　　次：2025 年 5 月第 1 版　　　　　　　　　印　次：2025 年 5 月第 1 次印刷
印　　数：1～1500
定　　价：79.00 元

产品编号：103081-01

前言

　　Java 从 1995 年诞生发展到现在,成为目前流行的程序设计语言之一,特别是随着互联网、人工智能、大数据、物联网技术的迅猛发展,Java 也与时俱进,不断推出新版本、增加新特征,以适应时代发展的要求。

　　多年教学过程中,作者选用过多部同类教材,这些教材有的内容充实、知识新颖,有的案例丰富、讲解生动,但针对学生特点和有限的课时,这些教材又或多或少显现出不适宜之处,要么内容太多太深,教学课时不够,学生难以接受;要么虽案例丰富但与生产实践结合不紧密,内容讲解也不够完整、系统,知识点逻辑结构编排不合理,不便学生构建科学的知识体系。针对这些问题,作者结合多年来的 Java 教学经验和开发体会,结合企业需求,在参考了国内外同类优秀教材,并与多名从事本课程教学的教师研究后,确定教材编写内容、编写风格,编写了本书。与同类教材相比,本书具有以下几个显著特点:

　　(1) 内容精练、系统。Java 是一门新型技术,是很多学科都用到的技术,其包含很多内容,为在有限的时间内将基础的、关键的知识介绍给读者,在内容组织上进行了严格的筛选和控制。教材建设过程中,为确保全书深度广度适中,采用循序渐进、从易到难的方法组织教材内容,介绍相关知识。对书中的重难点理论知识和关键实践操作,对应部分给出微课视频讲解和演示二维码。

　　(2) 体现直观实用、易学、易教的编写理念。"Java 程序设计"一直被认为是比较难教和难学的一门专业基础课,本书编写时,遵从学生的认知规律,将抽象的 Java 技术尽量同比较直观的、与生活实际密切联系的实例结合起来,所以组织教材内容时,针对每个知识点,精选典型的、新颖的、有趣的学科前沿应用实例,通过实例介绍,让学生对其 Java 特点形成比较深刻的感性认识,从而带着好奇去探究其深入的原理及应用,达到学生易学、教师易教的目的。

　　(3) 教材按一体化形式编写,突出能力培养。主要体现在教材编写过程中,将理论讲解和技能操作融为一体,以工程问题为导向,通过工程问题激发学生探索兴趣。特别关注编程在科学和工程中的应用,涵盖包括人脸识别、语音信号分析、网络应用等不同领域的工程问题,将理论讲解和技能操作融为一体,在讲授编程方法的同时注重培养计算思维,为深度学习专业领域知识奠定基础。在介绍每个知识点时,先设问题,再介绍知识点,最后总结使用该知识点解决问题的具体实现过程,强调学生实践能力、思考能力和创新能力的培养。

(4) 教材结构统一完整。每章由教学重难点提示、教学内容讲解、应用实例、本章归纳总结、习题与实践等部分组成。这样不仅有理论介绍,还有相应的练习,为进一步理解和掌握抽象知识提供了保障。

全书共 13 章。第 1 章介绍了 Java 语言的发展、特点、工作原理、运行环境的建立;第 2 章通过案例介绍了 Java 程序的两种基本模式的结构及应用;第 3 章介绍了 Java 编程基础语法;第 4 章讲解了类的抽象、封装、包及访问控制、内部类等;第 5 章详细讲述了继承、多态、非访问控制符、接口等概念及应用;第 6 章详细介绍了 Java 常用的基础类与集合类的使用;第 7 章介绍了 Java 图形用户界面中 Java SE 的 Swing 组件、AWT 组件事件处理模型、布局管理器等;第 8 章介绍了 Java 中输入输出流的使用及文件的操作;第 9 章详细介绍了 Java 通过 JDBC 连接、访问数据库的过程;第 10 章介绍了 Java 的异常处理机制;第 11 章介绍了多线程和网络编程;第 12 章通过案例介绍了 Java 与 Java Web 的关系;第 13 章通过一个完整的案例开发,详细讲解应用 Java 开发应用程序的方法和过程。

本书由段新娥、张志旺担任主编,负责整体结构的设计和全书的统稿定稿;张志东、周锁成担任副主编。具体编写分工如下:第 1、9 章由段新娥编写,第 2 章由王红梅编写,第 3 章由张志东编写,第 4 章由曾照华编写,第 5 章由周锁成编写,第 6 章由朱智磊编写,第 7 章由张学峰编写,第 8 章由刘红梅编写,第 10 章由张敬环编写,第 11 章由康云香编写,第 12 章由冀庚编写,第 13 章由张志旺编写。

为便于教学,本书提供丰富的配套资源,包括教学课件、教学大纲、课程设计指导、习题答案、程序源码、微课视频、在线作业。

> **资源下载提示**
>
> **课件等资源**:扫描封底的"图书资源"二维码,在公众号"书圈"下载。
>
> **习题答案**:扫描课后习题旁的二维码,可以获取答案。
>
> **视频等资源**:扫描封底的文泉云盘防盗码,再扫描书中相应章节的二维码,可以在线学习。
>
> **在线作业**:扫描封底的作业系统二维码,登录网站在线做题及查看答案。

本书在编写过程中,得到许多同仁的支持,同时也参考了大量的书籍,在此向广大同仁和所有参考书籍的作者表示衷心的感谢。

由于时间仓促,加之作者水平有限,书中难免存在疏漏和不妥之处,敬请读者批评指正。

段新娥

2025 年 1 月

目 录

第 1 章　Java 概述 ········· 1
1.1　Java 语言的发展及特点 ········· 2
  1.1.1　Java 的发展历程 ········· 2
  1.1.2　Java 语言的特点 ········· 2
  1.1.3　Java 平台与应用 ········· 4
1.2　Java 工作原理 ········· 6
  1.2.1　Java 程序运行机制 ········· 6
  1.2.2　JVM、JRE 和 JDK ········· 7
1.3　Java 运行环境 ········· 7
  1.3.1　JDK 下载和安装 ········· 8
  1.3.2　JDK 的目录 ········· 8
  1.3.3　JDK 环境变量配置 ········· 9
  1.3.4　Java API 文档的下载与使用 ········· 11
1.4　开始编写 Java 程序 ········· 13
  1.4.1　第一个 Java 应用程序 ········· 13
  1.4.2　程序分析 ········· 15
  1.4.3　JShell 交互式编程环境 ········· 15
1.5　集成开发工具 ········· 17
  1.5.1　Eclipse 的下载、安装 ········· 17
  1.5.2　Eclipse 的设置 ········· 18
  1.5.3　使用 Eclipse 开发 Java 项目的基本过程 ········· 19
1.6　典型案例分析 ········· 21
  1.6.1　命令行显示诗句 ········· 21
  1.6.2　桌面小游戏 ········· 21
1.7　本章小结 ········· 23
课后习题 ········· 23
拓展阅读 ········· 24

第 2 章 Java 程序的结构及类型 ················· 42

2.1 Java 程序的类型 ····················· 43
2.1.1 Java 程序的两种模式 ············ 43
2.1.2 两种模式的结构特征 ············ 43
2.2 Java Application 及其应用 ············ 44
2.2.1 Java Application 实现命令行输入输出 ············ 44
2.2.2 Java Application 实现图形用户界面输入输出 ············ 47
2.3 Java Applet 及其应用 ················ 48
2.3.1 Java Applet 的特点和工作原理 ············ 48
2.3.2 Java Applet 的应用 ············ 51
2.4 典型案例分析 ····················· 52
2.4.1 使用输入对话框计算贷款到期还款数 ············ 53
2.4.2 使用 Java Applet 实现加法运算 ············ 53
2.4.3 使用 Java Applet 实现画圆 ············ 55
2.5 本章小结 ······················· 57
课后习题 ·························· 58

第 3 章 Java 语言基础 ····················· 59

3.1 Java 程序的构成 ····················· 60
3.1.1 Java 程序的基本结构 ············ 60
3.1.2 Java 程序的编码规则 ············ 62
3.2 Java 数据类型、常量和变量 ············ 65
3.2.1 数据类型 ·················· 65
3.2.2 常量 ····················· 66
3.2.3 变量 ····················· 68
3.3 Java 运算符、表达式、控制结构 ········ 70
3.3.1 运算符 ··················· 70
3.3.2 表达式 ··················· 74
3.3.3 Java 结构控制语句 ············ 76
3.4 数组 ···························· 85
3.4.1 数组的声明和创建 ············ 85
3.4.2 数组元素的引用 ·············· 88
3.4.3 数组应用 ·················· 91
3.4.4 数组 Array 类 ··············· 95
3.5 典型案例 ······················· 96
3.5.1 人脸识别 ·················· 96
3.5.2 实现桥牌随机发牌 ············ 97
3.6 本章小结 ······················· 99
课后习题 ·························· 100
拓展阅读 ·························· 100

第 4 章 抽象和封装 ······ 101

4.1 类与对象 ······ 102
4.1.1 面向对象程序设计与面向过程程序设计 ······ 102
4.1.2 类与对象的理解 ······ 103
4.1.3 类的定义 ······ 104
4.1.4 对象的实例化 ······ 107
4.1.5 构造函数 ······ 109
4.1.6 方法的重载 ······ 110

4.2 静态变量与静态方法 ······ 110
4.2.1 静态变量 ······ 110
4.2.2 静态方法 ······ 111
4.2.3 静态代码块 ······ 112

4.3 包及访问控制 ······ 112
4.3.1 包及其使用 ······ 112
4.3.2 访问控制 ······ 114
4.3.3 类、数据成员和方法的访问控制 ······ 114

4.4 内部类 ······ 115
4.4.1 成员内部类 ······ 115
4.4.2 静态内部类 ······ 115
4.4.3 匿名内部类 ······ 116
4.4.4 局部内部类 ······ 117

4.5 类的关系 ······ 117
4.5.1 关联关系 ······ 117
4.5.2 组合关系 ······ 118
4.5.3 聚合关系 ······ 118
4.5.4 依赖关系 ······ 118

4.6 典型案例分析 ······ 119
4.6.1 设计不同品牌汽车并显示信息 ······ 119
4.6.2 指纹识别 ······ 120
4.6.3 银行信息管理系统应用程序 ······ 121

4.7 本章小结 ······ 123
课后习题 ······ 123
拓展阅读 ······ 124

第 5 章 继承和多态 ······ 125

5.1 继承 ······ 126
5.1.1 继承的基本概念 ······ 126
5.1.2 Java 继承的实现 ······ 128
5.1.3 方法覆盖 ······ 136
5.1.4 成员隐藏 ······ 138

5.2 多态 140
5.2.1 多态概念的理解 140
5.2.2 Java 中的多态 141
5.3 非访问控制符 146
5.3.1 static 146
5.3.2 abstract 148
5.3.3 final 150
5.4 接口 151
5.4.1 接口概念的理解 151
5.4.2 接口的定义 151
5.4.3 接口的应用 152
5.5 典型案例分析 153
5.5.1 不同类别消费人员购物收费处理 153
5.5.2 学生上网账单管理应用程序 155
5.5.3 银行账户管理 156
5.5.4 动物的生活习性显示 158
5.6 本章小结 159
课后习题 160
拓展阅读 160

第 6 章 Java 核心类 161
6.1 Java 基础类库 162
6.1.1 Scanner 类 162
6.1.2 String 类与 StringBuffer 类 163
6.1.3 Math 类和 Random 类 170
6.1.4 日期类 173
6.2 Java 集合类 177
6.2.1 Collection 177
6.2.2 List 179
6.2.3 Set 181
6.2.4 Map 188
6.3 典型案例分析 194
6.3.1 输入字符串以原字符串倒序输出 194
6.3.2 根据出生日期求现在年龄 195
6.4 本章小结 196
课后习题 196

第 7 章 图形用户界面 199
7.1 图形用户界面的构成 200
7.2 容器和基本组件 200
7.2.1 Swing 概述 200

7.2.2 容器 201
7.2.3 组件 204
7.2.4 简单的 Swing 程序 209
7.3 布局管理器 211
7.3.1 BorderLayout 边布局管理器 211
7.3.2 FlowLayout 流布局管理器 212
7.3.3 CardLayout 布局(卡片叠式布局)管理器 213
7.3.4 GridLayout 网格布局管理器 215
7.3.5 JPanel 类及容器的嵌套 216
7.4 事件处理 217
7.4.1 事件处理模型 217
7.4.2 事件类和事件监听器接口 218
7.4.3 事件处理的基本步骤 220
7.4.4 事件适配器及注册事件监听器 220
7.5 JavaFX 图形用户界面工具 221
7.5.1 JavaFX 简介 221
7.5.2 配置 JavaFX 开发环境 222
7.5.3 Eclipse 中 JavaFX Scene Builder 的安装及配置 225
7.5.4 JavaFX 基础入门 228
7.6 典型案例分析 234
7.6.1 登录界面设计 234
7.6.2 系统主界面设计 238
7.7 本章小结 246
课后习题 246
拓展阅读 246

第8章 输入输出流 247
8.1 流 248
8.1.1 流的定义和作用 248
8.1.2 流的存在 248
8.2 流的分类 249
8.2.1 基本字节流 249
8.2.2 基本字符流 252
8.3 文件操作 256
8.3.1 文件操作类 257
8.3.2 文件过滤器接口 258
8.3.3 文件对话框组件 259
8.3.4 随机存取文件类 259
8.4 应用实例 261
8.4.1 一个文本编辑界面 261

8.4.2 统计文件字符数、行数 264
8.5 本章小结 265
课后习题 266

第9章 JDBC 数据库连接 267

9.1 JDBC 概述 268
9.2 JDBC 访问数据库 269
    9.2.1 JDBC 访问数据库的方法 269
    9.2.2 JDBC 访问数据库的基本过程 275
    9.2.3 JDBC 连接实例 276
9.3 JDBC 的常用类与接口 280
    9.3.1 DriverManager 类 280
    9.3.2 Connection 接口 282
    9.3.3 Statement 和 PreparedStatement 接口 282
    9.3.4 ResultSet 接口 285
9.4 使用连接池访问数据库 289
9.5 典型案例分析 290
    9.5.1 图书信息查询 290
    9.5.2 账户登录信息处理 292
    9.5.3 图书信息处理 299
9.6 本章小结 305
课后习题 305

第 10 章 Java 异常处理 306

10.1 异常概述 307
    10.1.1 异常及其分类 307
    10.1.2 Java 中异常机制的原理 309
10.2 异常处理 310
    10.2.1 Java 异常处理模型 310
    10.2.2 用 throws 声明异常 310
    10.2.3 用 throw 抛出异常 311
    10.2.4 用 try 和 catch 捕获异常 313
    10.2.5 finally 语句 315
    10.2.6 异常捕获处理语法规则 319
10.3 自定义异常 320
10.4 典型案例分析 321
    10.4.1 打开不存在的文件 321
    10.4.2 银行账户取钱异常处理 322
10.5 本章小结 323
课后习题 324

第 11 章 并发编程基础 ·············· 325

11.1 Java 多线程简介 ·············· 326
11.1.1 进程与线程的概念 ·············· 326
11.1.2 进程与线程的关系 ·············· 327
11.2 Java 中如何实现多线程 ·············· 328
11.2.1 通过继承 Thread 类实现多线程 ·············· 328
11.2.2 通过继承 Runnable 接口实现多线程 ·············· 331
11.2.3 线程对象的状态、调度与生命周期 ·············· 332
11.2.4 线程的同步机制 ·············· 334
11.3 Java 网络编程 ·············· 338
11.3.1 网络基本概念 ·············· 338
11.3.2 URL 编程 ·············· 341
11.3.3 Java 语言实现底层网络通信 ·············· 342
11.4 典型案例分析 ·············· 348
11.4.1 火车票售票模拟程序 ·············· 348
11.4.2 建立医生和患者之间的双向对话 ·············· 351
11.5 本章小结 ·············· 354
课后习题 ·············· 354

第 12 章 Java 与 Java Web ·············· 356

12.1 Java Web 概述 ·············· 357
12.2 Java Web 运行与开发环境的安装与配置 ·············· 357
12.3 典型案例 ·············· 362
12.3.1 JSP 技术开发举例 ·············· 363
12.3.2 例 12-1 程序改进 ·············· 367
12.4 本章小结 ·············· 369

第 13 章 课程设计综合案例 ·············· 370

13.1 需求分析 ·············· 371
13.2 系统设计 ·············· 371
13.2.1 系统功能结构 ·············· 371
13.2.2 构建开发环境 ·············· 372
13.2.3 数据库设计 ·············· 372
13.2.4 文件夹组织结构 ·············· 376
13.3 系统实现 ·············· 376
13.3.1 公共模块 ·············· 376
13.3.2 登录模块设计 ·············· 379
13.3.3 主窗体设计 ·············· 381
13.4 系统测试 ·············· 382
13.4.1 读者管理模块 ·············· 382

　　　　13.4.2　图书信息模块 ··· 383
　　　　13.4.3　借还模块 ··· 385
　　　　13.4.4　设置模块 ··· 386
　　　　13.4.5　报表模块 ··· 387
　13.5　本章小结 ·· 390
参考文献 ·· **391**

第 1 章

Java概述

CHAPTER 1

本章学习目标：
(1) 了解Java语言的发展、特点。
(2) 理解Java的工作原理。
(3) 掌握Java运行环境建立。
重点：Java运行环境建立。
难点：Java的工作原理。

在软件开发过程中，程序设计是必经的一步。程序设计语言是程序员编制程序完成某一任务的必备工具之一。自计算机问世以来，出现过很多编程语言，Java属于面向对象的高级程序设计语言范畴，是最具有代表性的编程语言之一。本章简要介绍Java的发展、特点、Java的工作原理，以及运行环境的配置，并以一个简单的程序为例，介绍Java程序执行的过程与关键步骤。

学习这部分知识，读者可以通过查阅资料，拓展其中的内容。为方便教学和学生学习总结，作者对这部分内容进行了处理，将重要的、核心的、有趣的内容整理归纳出来，供学生参考。对于其中Java语言发展、工作原理、特征、应用平台，建议大家采用查阅资料、整理归纳的方法学习。而对于环境配置这部分知识，采用演练法或任务驱动法，也就是教师先演示，学生再模仿操作；或学生完成任务，发现问题，教师引导解决，多次练习实践来掌握。

视频讲解

1.1 Java 语言的发展及特点

Java 是一个由 Sun 公司开发的编程语言。使用它可在各式各样不同种机器、不同种操作平台的网络环境中开发软件。不论你使用的是哪一种 WWW 浏览器，哪一种计算机，哪一种操作系统，只要 WWW 浏览器上面注明了"支持 Java"，你就可以看到生动的主页。Java 正在逐步成为 Internet 应用的主要开发语言。它彻底改变了应用软件的开发模式，带来了 PC 以来又一次技术革命，为迅速发展的信息世界增添了新的活力。

1.1.1 Java 的发展历程

图 1-1　Java 之父 James Gosling

Java 前身是一种与平台无关的语言——Oak，Oak 诞生于 1991 年 Sun 公司的一个研究项目"Green 计划"。该项目由 James Gosling（詹姆斯·高斯林，如图 1-1 所示）领导的研究团队承担，准备为下一代智能家电，如烤面包机、电冰箱、机顶盒这样的消费类电子设备设计一个通用控制系统。起初，项目小组准备采用 C++ 语言，但 C++ 太复杂，安全性差，最后决定基于 C++ 开发一种新的语言——Oak(Java 的前身)。该语言采用了许多 C 语言的语法，提高了安全性，并且是面向对象的语言，但项目的结果并不成功。同样 Oak 语言在商业上并未获得成功，甚至差点夭折。之后随着 Internet 的发展，改变了 Oak 的命运。Internet 出现后，Sun 公司发现，原来的 Oak 语言所具有的跨平台、面向对象、安全性高等特点，非常符合互联网的需要。于是，在进一步改进该语言的设计后，设计人员最终将这种语言取名为 Java，并配上一杯冒着热气的咖啡作为它的标志（Java 是印度尼西亚爪哇岛的英文名称，因盛产咖啡而闻名）。1995 年 5 月 23 日，Sun 公司在 SunWorld'95 上正式发布 Java 和 HotJava 浏览器，标志着 Java 语言的诞生，至此，一种全新的语言诞生了。

Java 是第一种用于编写 Web 程序的高级编程语言，同时又是一种通用的程序设计语言，还是完全的面向对象的编程语言。之后 Java 得到了迅速的发展，目前 Java 的应用范围除了基于 Internet 的 Web 开发领域之外，它还具备一般程序设计的全部功能，甚至更强。

1.1.2 Java 语言的特点

1. Java 与 C++ 的比较

Java 和 C++ 都是面向对象语言。也就是说，它们都能够实现面向对象思想（封装、继承、多态）。而由于 C++ 为了照顾大量的 C 语言使用者，从而兼容了 C，使得自身仅仅成为了带类的 C 语言，多多少少影响了其面向对象的彻底性；Java 则是完全的面向对象语言，其句法更清晰，规模更小，更易学。它是在对多种程序设计语言进行了深入细致研究的基础上，摒弃了其他语言的不足之处，从根本上解决了 C++ 的固有缺陷。C++ 与 Java 之间存在许多联系又有很大的区别：

(1) C++和Java在语法上非常相似。

(2) C++和Java之间的最大不同是Java不再支持指针。指针使C++语言成为功能最强大最重要的一种编程语言,但同时指针在使用不正确的情况下也是C++中最危险的部分。

(3) Java被编译成虚拟机字节码,需要由虚拟机运行;C++则被编译成本地机器码。这点使C++运行更快。

(4) Java对基本数据类型有规定的字节大小;C++中类型的字节大小取决于C++(和C)的实现。Java中所有对象都是按引用传递的;C++中默认是按值传递的。

(5) C++是C的超集,保留了许多功能,如内存管理、指针和预处理,这是为了和C保持完全兼容。Java去除了这些功能,它用垃圾收集代替了程序员释放内存;它还放弃了运算符重载和多重继承等C++的功能;但它可以利用接口实现有限制的多重继承。

(6) Java关注的是安全性,可移植性和快速开发;C++则更多关注性能以及与C向下兼容。

2. Java 的特点

Java可以说是当下十分流行的开发语言。它能脱颖而出,成为编程语言中的佼佼者,是因为Java有着自身独有的特点。Java是定位于网络计算的计算机语言,它几乎所有的特点都是围绕着这一中心展开并为之服务,这些特点使得Java语言特别适合于用来开发网络上的应用程序;另外,作为一种面世较晚的语言,它也体现和利用了若干当代软件技术的新成果,其具有的几大特色总结如下:

1) 跨平台

Java将它的源程序编译成字节码文件,这种文件只要有Java运行环境的机器都能执行。这使得Java应用程序可以在配备了Java解释器和运行环境的任何计算机系统上运行,Java虚拟机(Java Virtual Machine,JVM)正是由Java解释器和运行平台构成,所以只要配有Java虚拟机的平台,不论其操作系统是哪种都能运行Java程序。Java语言这种一次编写,到处运行的方式,有效地解决了目前大多数高级程序设计语言需要针对不同系统来编译产生不同机器代码的问题,即硬件环境和操作平台的异构问题,大大降低了程序开发、维护和管理的开销。需要注意的是,Java程序通过JVM可以达到跨平台特性,但JVM是不跨平台的。也就是说,不同操作系统之上的JVM是不同的,Windows平台之上的JVM不能用在Linux上面,反之亦然。

2) 面向对象

面向对象技术的核心是以更接近于人的思维方式建立计算机逻辑模型,它利用类和对象的机制将数据与其上的操作封装在一起,并通过统一的接口与外界交互,使反映现实世界实体的各个类在程序中能够独立、自治、继承;这种方法非常有利于提高程序的可维护性和重用性,大大提高了开发效率和程序的可管理性,使得面向过程语言难以操纵的大规模软件可以很方便地创建、使用和维护。C++也是面向对象的语言,但与C++不同,Java对面向对象的要求十分严格,是一种纯粹的面向对象程序设计语言。Java以类和对象为基础,任何变量和方法都只能包含于某个类的内部,使得Java程序结构更为清晰,并为集成和代码重用带来了便利。

3）简单易学

Java 语言的语法和 C++ 语言很接近，但比 C++ 的相对简单得多，这使得大多数程序员很容易学习和使用 Java。另外，Java 摒弃了 C++ 很少使用的、难以理解的特征，使得其更简单、更精练。在语法规则方面，Java 语言放弃了结构、联合、宏定义等；在面向对象方面放弃了如操作符重载、多继承、自动的强制类型转换等。特别地，Java 语言不使用指针，并提供了自动的垃圾收集，使得程序员不必为内存管理而担忧。

4）安全

较高的安全可靠性是对网络上应用程序的一个需求。为了防止用户系统受到通过网络下载的不安全程序的破坏，Java 提供了一个自定义的可以在里面运行 Java 程序的"沙盒"。Java 的安全模型使得 Java 成为适合于网络环境的技术。Java 的安全性允许用户从 Internet 或 Intranet 上引入或运行 Applet，Applet 的行动被限制于它的"沙盒"，Applet 可以在沙盒里做任何事情，但不能读或修改沙盒外的任何数据，沙盒可以禁止不安全程序的很多活动。另外 Java 程序没有指针，保证了 Java 程序运行的可靠性。大家知道，指针是 C 和 C++ 中最灵活、最容易产生错误的数据类型。由指针所进行的内存地址操作常会造成不可预知的错误，从而破坏安全性，造成系统的崩溃，而 Java 对指针进行完全的控制，为程序的可靠运行提供了保障。

5）多线程

多线程是当今软件技术的又一重要成果，已成功应用在操作系统、应用开发等多个领域。多线程技术允许同一个程序中可以同时执行多个小任务，即同时做多个事情。例如，它可以在一个线程中完成某一耗时的计算，而其他线程与用户进行交互对话。所以用户不必停止工作，等待 Java 程序完成耗时的计算。Java 不仅内置多线程功能，而且提供语言级的多线程支持，即 Java 定义了一些用于建立、管理多线程的类和方法，使得开发具有多线程功能的程序变得简单、容易、有效。多线程带来的更大好处是能提供更好的交互性能和实时控制性能。

6）小巧

Java 能使软件在很小的计算机上运行，基础解释和类库的支持大小约为 40KB，增加基本的标准库和线程支持的内存需要增加 125KB。由于 Java 的设计是要在小的计算机上运行，作为一种编程语言来说其系统是相对较小的。它能有效地在 4MB 以上内存的 PC 上运行。Java 解释器只占用几百 KB，这种解释器对 Java 的平台无关性和可移植性是可靠的。

1.1.3　Java 平台与应用

Java 技术有着各种各样丰富的应用，每种技术都体现为一种实现或实用的规范。Java 语言在应用领域占有较大优势，具体体现在以下几方面：

（1）开发桌面应用程序，如银行软件、图书管理系统等软件。

（2）开发面向 Internet 的 Web 应用程序，如门户网站、网上商城、电子商务网站等。

（3）提供各行业的数据移动、数据安全等方面的解决方案，如金融、电信、电力等。

Java 发展到今天可分为三个版本，分别是 Java SE、Java EE、Java ME。Java 各版本的应用范围如图 1-2 所示。

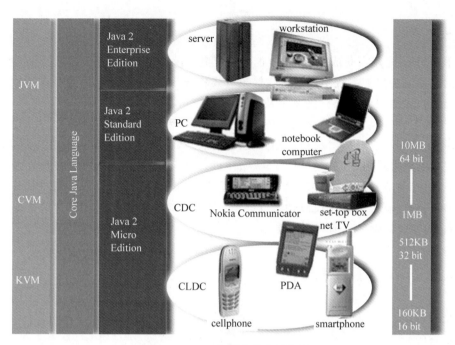

图 1-2　Java 各版本的应用范围

1. Java SE

Java 技术迅速普及，开发人员强烈要求某些东西需要更简单些，为满足这一需要，Sun 公司创建三种版本 Java 平台，供开发人员使用。三个平台主要对应于不同的计算环境，每个平台由对应的 JVM(Java 虚拟机)和 Java Application Programming Interface(API)组成，彼此之间的差别主要是 JVM 支持的能力和 API 的内容。Sun 公司 1998 年发布 JDK1.2 版本，使用新的名称，Java 2 Platform，即 Java 2 平台。修改后的 JDK 称为 Java 2 Platform Software Developing Kit，即 J2SDK，并分为标准版 J2SE(Standard Edition)、企业版 J2EE (Enterprise Edition)和微型版 J2ME(Micro Edition)。2005 年 6 月，JavaOne 大会召开，Sun 公司发布 Java SE 6 并对各种版本更名，J2SE 更名为 Java SE，J2EE 更名为 Java EE，J2ME 更名为 Java ME。

Java SE(Java Platform，Standard Edition)是各种应用平台的基础，主要应用于开发和部署在桌面、服务器、嵌入式环境和实时环境中使用的 Java 应用程序。Java SE 也包含了支持 Java Web 服务开发的类库，并为 Java EE 提供基础。目前已正式发布了 Java 22 版本，但大多数开发人员都使用 1.8 版本，本书实例也是在 1.8 版本平台上调试。

2. Java EE

Java EE(Java Platform，Enterprise Edition)。企业版本帮助开发和部署可移植、健壮、可伸缩且安全的服务器端 Java 应用程序。Java EE 是在 Java SE 的基础上构建的，它提供 Web 服务、组件模型、管理和通信 API，可以用来实现企业级的面向服务体系架构(Service-Oriented Architecture，SOA)和 Web 2.0 应用程序，如电子商务网站和 ERP 系统。本书第 11 章将介绍一个简单的 Java EE 中 JSP 技术的应用实例。

3. Java ME

在 Java 网络应用大获成功的同时,也面临着更多设备都要接入互联网这样的挑战。由于众多的接入设备操作系统不同,输入、输出方式各异,内存和处理机的能力有限,因此对其可移植性提出了更强的要求。为了解决这个问题 Sun 公司推出了 Java 的微型版,即 Java ME。它专门针对小型的、资源有限设备开发 Java 应用程序,为开发各种嵌入式设备提供了标准化平台,它具有良好的可移植性和开放性。Java ME 是专门面向小型手持设备应用的软件开发平台,可以应用到移动电话、个人数字助理(PDA)、网络 IP 电话、机顶盒、家庭娱乐多媒体系统、信息家用电器以及车载导航等系统中。Java ME 包括灵活的用户界面、健壮的安全模型、许多内置的网络协议以及对可以动态下载的联网和离线应用程序的支持,它的出现为 Java 的发展提供了更为广阔的市场。

1.2 Java 工作原理

在编写程序之前,先了解 Java 程序的运行机制。Java 是跨平台的,到底是什么使 Java 实现跨平台呢?

1.2.1 Java 程序运行机制

Java 程序的运行必须经过编写、编译、运行三个步骤。

编写是指编写源代码,是在 Java 开发环境中进行程序代码的输入,最终形成后缀名为 .java 的 Java 源文件。

编译是指 Java 编译器对源文件进行错误排查的过程,编译后将生成后缀名为 .class 的字节码文件,这不像 C 语言那样最终生成可执行文件。

Java 字节码文件是一种和任何具体机器环境及操作系统环境无关的中间代码,它是一种二进制文件,是源文件由 Java 编译器编译后生成的目标代码文件。编程人员和计算机都无法直接读懂字节码文件,它必须由专用的 Java 解释器来解释执行,因此 Java 是一种在编译基础上进行解释运行的语言。

运行是指使用 Java 解释器将字节码文件翻译成机器代码,执行并显示结果。这一过程如图 1-3 所示。

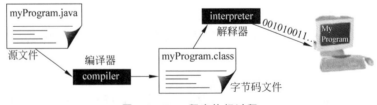

图 1-3 Java 程序执行过程

Java 解释器负责将字节码文件翻译成具体硬件环境和操作系统平台下的机器代码,以便执行。因此 Java 程序不能直接运行在现有的操作系统平台上,它必须运行在被称为 Java 虚拟机的软件平台之上。

1.2.2　JVM、JRE 和 JDK

　　JVM(Java Virtual Machine)称为 Java 虚拟机,要运行字节码,需要一个 Java 虚拟机。Java 虚拟机是一个运行字节码的应用程序,Java 解释器就是 Java 虚拟机的一部分。Java 虚拟机可以理解成一个以字节码为机器指令的 CPU。在任何操作系统中,只要 Java 虚拟机存在,Java 程序都可以运行,真正实现了程序的可移植性。不同平台解释执行同样的 Java 字节码,实现了"一次编译,处处运行"。

　　JRE(Java Runtime Enviroment)称为 Java 运行时环境,它包括 JVM 和 Java 类库。它用来运行字节码。在运行 Java 程序时,首先会启动 JVM,然后由它来负责解释执行 Java 的字节码,并且 Java 字节码只能运行于 JVM 之上。这样利用 JVM 就可以把 Java 字节码程序和具体的硬件平台以及操作系统环境分隔开,只要在不同的计算机上安装了针对特定平台的 JVM,Java 程序就可以运行,而不用考虑当前具体的硬件平台及操作系统环境,也不用考虑字节码文件是在何种平台上生成的。JVM 把这种不同软硬件平台的具体差别隐藏起来,从而实现了真正的二进制代码级的跨平台移植。JVM 是 Java 平台无关的基础,Java 的跨平台特性正是通过在 JVM 中运行 Java 程序实现的。

　　JDK(Java Development Kit)是 Java 开发工具包,它包含进行 Java 开发所需的最少软件。其中最重要的有 Java 编译器(Javac.exe)和 Java 解释器(Java.exe)。Java 编译器是一种将程序源代码转换为可执行格式的程序,它将 .java 文件转换为 .class 文件。而 Java 解释器用于启动虚拟机并执行程序。

1.3　Java 运行环境

视频讲解

　　1995 年,Sun 公司虽然推出了 Java,但这只是一种语言,如果想开发复杂的应用程序,必须要有一个强大的开发类库。因此,Sun 公司在 1996 年年初发布了 JDK 1.0。这个版本包括两部分:运行环境(即 JRE)和开发环境(即 JDK)。运行环境包括核心 API、集成 API、用户界面 API、发布技术、Java 虚拟机(JVM)5 部分;开发环境包括编译 Java 程序的编译器(即 Javac 命令)。

　　要编写一个 Java 应用程序,必须先安装开发环境。Java 开发环境包括一个编辑软件及开发 Java 程序必需的工具包——JDK,编辑软件可以使用计算机上的任何一个文本编辑器,如 Notepad、Textpad 等,也可以使用集成开发环境(Integrated Development Environment,IDE)。支持 Java 的 IDE 很多,目前较流行且免费的集成开发环境主要有 NetBeans、Eclipse 和 MyEclipse。初学阶段,建议读者在熟悉 JDK 之后再慢慢过渡到使用 IDE,JDK 是基础,当编制大型程序时,使用 IDE 编程会更加方便快捷。

　　JDK 是用于构建在 Java 平台上发布的应用程序、Applet 和组件的开发环境,也是一切 Java 应用程序的基础,所有的 Java 应用程序都是构建在 JDK 之上,它包括了一个提供 Java 程序运行的虚拟机和一些运行支持的类库文件,以及一些工具程序,在硬件或操作系统平台上安装一个 JDK,就可开发和运行 Java 应用程序。

　　一直以来,Sun 公司维持着大约两年发布一次 JDK 新版本的习惯。2009 年 4 月,

Oracle 宣布以 74 亿美元收购 Sun 公司，同时获取了 Java 的版权。随后 Oracle 公司发布了多个版本的 JDK，截至 2024 年，JDK 版本已经发布到了 JDK 22。

1.3.1　JDK 下载和安装

第一步：下载 JDK。

JDK 是一个开源、免费的工具。可以从 Sun 公司官方网站免费下载 JDK 合适的版本。本书使用的是 Java SE Development Kit 8u11。下载后得到 jdk-8u11-windows-i586.exe 文件。

第二步：安装。

双击下载的可执行程序，启动安装过程，安装向导会弹出如图 1-4 所示窗口，提示选择安装路径和安装组件，如果没有特殊要求，保留默认设置即可。JDK 的默认安装路径是在"C:\Program Files\Java"目录下，创建一个根据 JDK 版本号命名的子目录，如"jdk1.8.0_201"。

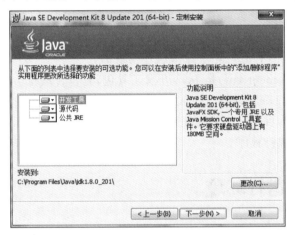

图 1-4　安装 JDK

当然可以单击"更改"按钮更换安装路径，这个 JDK 软件包的安装目录通常称为 JDK 开发包安装的根路径，对应于后面提到的 Java_HOME 系统变量值。单击"下一步"按钮，之后按照安装向导进行即可。

1.3.2　JDK 的目录

JDK 开发工具包中含有编写和运行 Java 程序的所有工具，安装后会在"C:\Program Files\Java"目录下创建名为"jdk1.8.0_131"和"jre8"的两个目录，jdk1.8.0_131 目录下包含了运行 Java 程序所需的编辑工具、运行工具以及类库；而 jre8 目录下仅包含了一个运行时的环境，无法完成对 Java 的程序进行编译等任务。jdk1.8.0_131 目录下的目录结构如图 1-5 所示，各子目录的作用如下。

(1) bin 目录：包含编译器(Javac.exe)、解释器(Java.exe)和一些工具(如帮助文档生成器 Javadoc.exe、打包工具 jar.exe、小应用程序浏览工具 appletviewer.exe 等)。

(2) lib 目录：包含开发过程中使用的类库文件，这些文件通常以 .jar 为扩展名。如 tools.jar 支持 bin 目录下的开发工具(如 Java.exe、Javac.exe)的类库；dt.jar 支持运行环境

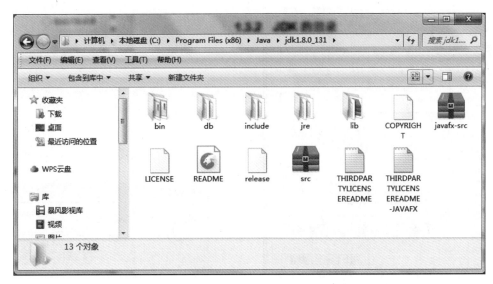

图 1-5　jdk1.8.0_131 目录下的目录结构

和开发工具的类库，主要是 Swing 的包；rt.jar 是开发所需要的类库，也就是平时 import 加载进来的类库；charsets.jar 字符集转换包等。

（3）include 目录：包含 C 语言头文件，支持 Java 本地接口与 Java 虚拟机调试程序接口的本地编程技术。

（4）jre 目录：包含 Java 虚拟机、运行时的类包和 Java 应用启动器。

（5）db 目录：该目录是一个小型数据库，在 Java 中引入了一个开源的数据库管理系统 JavaDB。因此在学习 JDBC 时无须安装额外的数据库软件，直接使用 JavaDB 即可。

（6）src.zip：是源码压缩文件。

1.3.3　JDK 环境变量配置

由于某些 Java 程序依赖特定的环境变量来定位，为了保证程序运行过程中，系统能自动找到命令所在的目录，通常安装完成后，需要设置环境变量。可以直接在系统的批处理文件"autoexec.bat"中添加环境变量的信息，也可以使用系统中提供的属性页来设置。下面介绍在 Windows XP 中环境变量的配置步骤。

在 Windows 系统中，右击"我的电脑"图标，从弹出的快捷菜单中选择"属性"命令，在弹出的"属性"对话框中选择"高级"选项卡，单击"环境变量"按钮，在出现的界面如图 1-6 所示中"系统变量"列表框下分别对环境变量 JAVA_HOME、PATH、CLASSPATH 三个环境变量进行设置。

1. 系统环境变量 JAVA_HOME 的设置

JAVA_HOME 用于指明 JDK 在当前环境中的安装位置，为了简化环境变量的设置，可以先设定 JDK 的安装目录 JAVA_HOME。在图 1-6 中打开的环境变量设置窗口中，新建一个系统变量，可以命名为 JAVA_HOME，并设置值为"C:\Program Files\Java\jdk1.8.0_131"，如图 1-7 所示。

图 1-6 设置环境变量

图 1-7 JAVA_HOME 环境变量设置

2. 系统环境变量 PATH 的设置

一般情况下,这个值已经存在,只需要在现有值的最后添加 Java 各种可执行文件(例如 Java.exe,Javac.exe 等)的搜索路径。在系统环境变量中找到 PATH 变量,在其后添加";%JAVA_HOME%\bin;%JAVA_HOME%\jre\bin",如图 1-8 所示。

图 1-8 PATH 环境变量设置

3. 系统环境变量 CLASSPATH 的设置

CLASSPATH 顾名思义就是类的路径,该变量的值告诉 Java 去哪里查找程序中用到的第三方或者自定义的类文件。这一变量通常不存在,所以需要新建一个系统变量,命名为 CLASSPATH,并设置值为".;%JAVA_HOME%\lib;%JAVA_HOME%\jre\lib"或者设置值为".;%JAVA_HOME%\lib\tools.jar;%JAVA_HOME%\lib\dt.jar;%JAVA_HOME%\jre\lib\rt.jar;"。

提示:变量值中不要漏掉".",它代表当前路径,也就是在当前路径下寻找需要的类。

4. 检查 Java 运行环境设置

环境变量设置完成后,需要测试 JVM 是否能正常工作。打开 DOS 窗口,输入如下命令:

```
java -version
```

如能正确显示本地计算机上安装的 JDK 的版本信息,表明 JDK 安装成功,且环境变量的设置也是正确的。或者在命令行中输入如下命令:

```
C:\> Java
```

或者

```
C:\> Javac
```

出现如图1-9所示信息说明环境变量设置成功,如果显示找不到相应的命令,就说明环境变量设置不正确,需要重新设置环境变量。

图1-9 检查Java运行环境设置

1.3.4 Java API 文档的下载与使用

Java 程序是由类的定义组成的,为了简化面向对象编写程序的过程,Java 系统事先设计并实现了一些体现常用功能的标准类和接口,如用于输入输出的类、用于数学运算的类、用于处理字符串的类等。这些系统标准类和接口根据实现的功能不同,可以划分成不同的集合,每个集合是一个包,合称为类库。有了类库中的标准类,程序员在编写 Java 程序时,就不必一切从头做起,只需使程序中针对特定问题自行编写的类来继承系统标准类,从而用户自己的类开始便具有标准类所实现的功能。这样,避免了代码的重复和可能的错误,也提高了编程的效率。

面向对象编程中的系统标准类和类库类似于面向过程中的库函数,都是一种应用编程接口(Application Program Interface,API),它是开发编程人员所必须了解和掌握的。JDK 文档中有许多 HTML 文件,这些是 JDK 配套的 API 文档,可使用浏览器查看,JDK 配套的 API 是 Sun 公司提供的使用 Java 语言开发的类集合,用来帮助程序员开发自己的类、Applet 和应用程序。Java 核心 API 中有多个包,每个包中都有个数不等的类和接口,类和接口中又含有若干属性,Java 核心 API 文档是按层设计,依次列出各类的相应内容,并以主页方式提供给用户。类文档中主要包括类层次结构、类及其一般目的的说明、成员变量表、构造函数表、方法表、变量详细说明表及每一个变量、构造方法、普通方法的详细说明及进一步描述。在实际编程过程中,可随时查看 API 文档,获取帮助。

Java SE 的 API 帮助文档在 Oracle 公司网站上下载即可得到。下面以 Java_API_1.9 中文为例,介绍 API 的结构与使用。下载 Java_API_1.9 后解压,双击其中的 index.html 文件即可打开 API 类文档,如图 1-10 所示。

类文档窗口分为 3 部分: 左上窗口显示 JDK 中所有包的信息,选中某个包后,将在左下窗口显示这个包中所有接口及类的信息。例如,选择查看 java.lang 包,左下窗口内将显示与这个包相关的内容。如果想进一步查看包中的信息,如 Integer 类,选中 Integer,右侧窗口将显示 java.lang 中 Integer 类的所有接口及类的内容,向下拉动滚动条,定位到所需的位置，就可以看到需要的内容。如图 1-11 和图 1-12 所示，显示了 Integer 类中的所有属性和方法的效果。

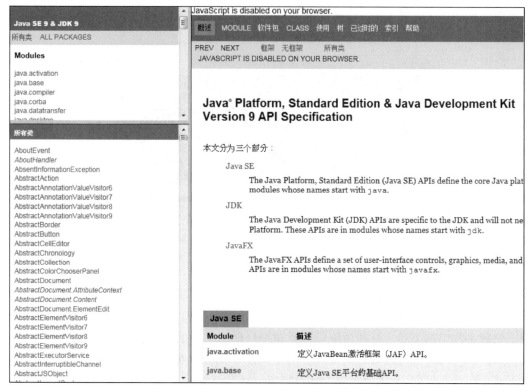

图 1-10　API 文档结构

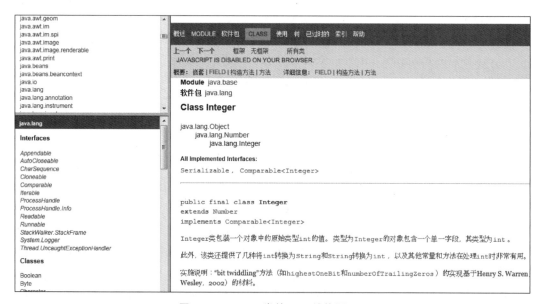

图 1-11　Integer 类的 API 结构图（1）

离开系统标准类和类库，编写 Java 程序几乎寸步难行，所以开发过程中灵活查阅帮助文档是一项必须要掌握的基本技能。

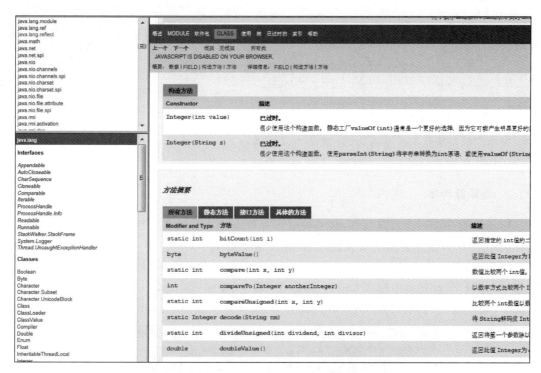

图 1-12　Integer 类的 API 结构图（2）

1.4　开始编写 Java 程序

安装 JDK 并配置好环境变量，就可以编写和运行 Java 程序了。开发 Java 程序通常分三步：

（1）编写源程序；
（2）编译源程序；
（3）执行程序，得到程序输出结果。

1.4.1　第一个 Java 应用程序

1．编写源程序

Java 源程序是以 .java 为后缀的简单的文本文件，可以用文本编辑工具（如记事本）来编写，也可以用各种 Java 集成开发环境中的源代码编辑器来编写。下面编写第一个 Java 程序，实现在控制台输出字符串"Hello,Java World!!!"。首先在文本编辑工具中输入以下代码。

```
1   /**
2    一个在命令行输出的Java应用程序
3   */
4   // package chap1;
5   import Java.io.*;
```

```
 6    public class HelloWorld{
 7       public static void main(String args[])
 8       {
 9          System.out.println("Hello,Java World!!!");         //向控制台输出
10       }
11    }
```

保存文件。文件名为 HelloWorld.java。

提示：(1) 行号不用输入，此处只是为方便描述。

(2) 源文件名必须与类名相同，文件类型后缀必须为.java。

2. 编译源程序

Java 源程序并不能直接执行，必须被编译为对应的字节码文件后才可以执行。编译源文件使用 JDK 开发包提供的编译器(JDK 开发包下的 bin 文件夹下一个名为 Javac.exe 的可执行文件)进行编译，使用该编译器要首先选择"开始"菜单下的"运行"命令，在"运行"对话框的"打开"下拉列表中输入"cmd"，再单击"确定"按钮，进入 Windows 的命令行提示符环境下，切换路径到 Java 源程序所在的路径下，操作方法如图 1-13 所示。

图 1-13　切换路径

输入编译命令：javac HelloWorld.java，如果出现如图 1-14 所示的界面表示编译成功。

图 1-14　Java 源文件编译效果图

提示：(1) 编译时，源文件名后的文件类型后缀.java 不能丢弃。

(2) 源文件中有几个类，将生成几字节码文件。

3. 运行字节码文件

运行字节码文件需要使用 Java 程序解释器(即 bin 文件夹下一个名为 Java.exe 的可执行文件)，在命令行输入：Java HelloWorld，运行出现如图 1-15 所示的界面，说明运行成功，否则，必须回到 HelloWorld.java 文件处进行修改直到正确为止。

图 1-15　Java 程序运行结果图

1.4.2　程序分析

下面对 1.4.1 节的程序进行分析。

程序共 11 行,第 1~3 行是注释行,注释/ ** … * /是 Java 程序中特有的文档注释格式。

第 4 行,package 语句是打包语句,是程序的第一条语句,它是可选的。一个源程序最多只能有一个打包语句,它指明编译后的字节码文件(.class)存放的位置。关于包的使用将在第 4 章介绍。

第 5 行,import 语句是导入语句,用于导入该程序中所需的其他类,一个源程序中可以有多个导入语句,但必须放在 package 语句之后,class 语句之前。

第 6~11 行,是类的定义。Java 程序都是以类为方式组织的,class 关键字用于定义类,每个类都有类名,花括号括起的部分为类体。类体是由类的成员属性和多个成员方法组成。每个方法代表一个独立的功能单元。

本例第 6 行是声明一个名为 HelloWorld 的类。其中 public 表示该类是公有的,可被其他的类所访问,且这种类的源文件必须和类名同名;class 表示 HelloWorld 是一个 Java 的类;HelloWorld 是用户自定义的类名。

第 7 行,定义名为 main 的方法,main()方法是一个特殊的方法,它是程序执行的入口。main()方法说明的格式是固定的,即 public static void main(String args[]),其中元素缺一不可。一个 Java Application 只有一个类包含 main()方法,它是程序的主类。其中 public 说明该方法可以被其他任何程序访问(前提是所在类本身可以被访问);static 表示 main()方法是一个可以直接使用的方法。void 表明 main()方法返回不确定的类型执行后,不返回给调用者任何信息。String args[]是一个 String 数组的声明,用来接收外界传递给 main()方法的参数。

第 9 行,是一个输出语句,用于在标准输出设备(屏幕)上输出数据"Hello,Java World!!!"。"//"后为行注释语句。

第 10 行,main()方法体的结束括号,它是和第 8 行的花括号构成一个整体。

第 11 行,HelloWorld 类体的结束括号,与第 6 行最后的花括号构成一个整体。

在记事本或集成开发环境中输入以上源程序代码,将其取名为 HelloWorld.java,并保存在指定路径下,设本例保存在 D:\eclipse\workspace 目录下。

1.4.3　JShell 交互式编程环境

JShell 是 JDK 提供的一个命令行工具,称为 Java REPL(Read-Eval-Print-Loop),它是

一种交互式编程环境。它与 Python 的解释器类似，可以立即执行用户输入的表达式或语句，并输出结果，特别适合初学者。

安装了 JDK 并设置了 PATH 环境变量后即可使用 JShell。启动命令提示符窗口，在提示符下输入 jshell，显示 jshell>提示符，如图 1-16 所示。

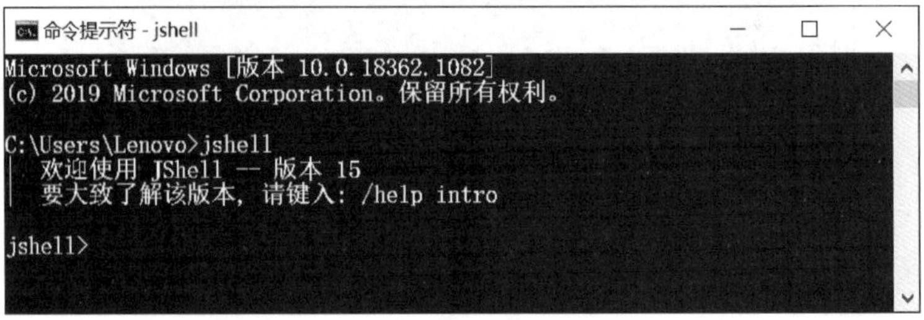

图 1-16 JShell 运行界面

在 jshell>提示符下，允许用户直接输入代码片段，JShell 将解释执行代码并输出结果，这些代码片段需要符合 Java 语法规则，其中包括表达式、语句、各种声明（类、接口、方法等）。

在 JShell 中还可以执行各种语句、定义变量，图 1-17 中使用输出语句输出一个字符串，定义两个变量 x 和 y，并输出其和。

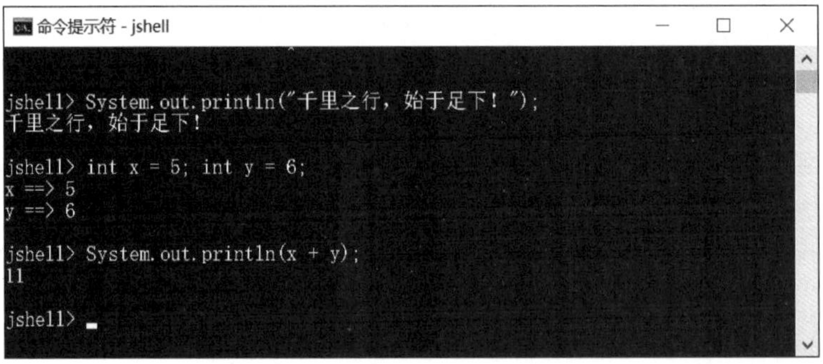

图 1-17 在 JShell 中执行代码片段

提示：在输入表达式或语句时，不必在语句的结尾使用分号（;），JShell 会自动给表达式添加分号。另外，在输入时可以按 Tab 键显示激活代码提示，再次按 Tab 键显示所有输入示。如果输入一个表达式，JShell 将自动计算并显示表达式的值，同时为表达式指定一个变量，自动为变量命名，变量名使用 $ 开头。

在 JShell 中可以编写控制结构语句，如执行循环语句等，图 1-18 演示了使用 for 环计算 1～10 之和。

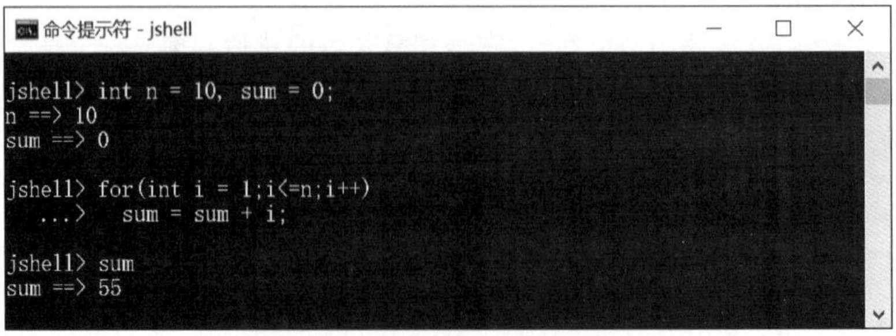

图 1-18 JShell 中执行控制结构语句

在 JShell 中还可以定义类，创建对象，调用方法等，这里不再赘述。

1.5 集成开发工具

视频讲解

本书所有程序都可以使用 JDK 的 Javac 命令编译和 Java 命令运行，但为了加快程序的开发，可以使用集成开发环境(Integrated Development Enviroment，IDE)。IDE 可以帮助检查代码的语法，指出编译错误和警告，还可以自动补全代码，提示类中包含的方法，可以对程序进行调试和跟踪。此外，编写代码时，还会自动进行编译。运行 Java 程序时，只需要单击按钮就可以，这可以大大缩短程序开发和调试时间，提高学习效率。因此，在开发和部署商业应用程序时，IDE 十分有用。Eclipse 是一个免费的、开放源代码的集成开发环境。下面介绍如何使用 Eclipse 开发 Java 程序。

1.5.1 Eclipse 的下载、安装

Eclipse 是一个开放源代码的、基于 Java 的可扩展开发平台。就其本身而言，它只是一个框架和一组服务，用于通过插件构建开发环境，给用户提供一致和统一的集成开发环境。

由于 Eclipse 是免费的，读者很容易从各种网站上下载并安装它。Eclipse 主社区的网址是 http://www.eclipse.org，文件名为 Eclipse-SDK-3.2.2-WIN32.ZIP，Eclipse 是一个压缩文件，安装时比较简单。首先创建一个文件夹，然后将上述压缩文件解压缩到这个文件夹中即可，注意该文件夹中的结构及内容不要随意改动。在 Eclipse 根目录下，有一个名为 Eclipse.exe 的可执行文件，这就是 Eclipse 主程序。运行它即可启动 Eclipse，并进入集成开发环境的图形界面。为了方便使用，可以为 Eclipse.exe 文件创建一个快捷方式，并将它放到桌面或开始菜单。

提示：Eclipse 要求计算机上必须预先安装好 JRE(Java 运行环境)，否则 Eclipse 不能工作。

双击 Eclipse.exe 文件，启动 Eclipse，出现设置路径界面如图 1-19 所示，可用默认路径。

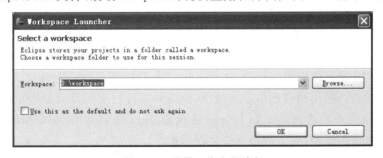

图 1-19 设置工作空间路径

Eclipse 的项目都是保存在工作空间中的，所以对项目的操作(如创建、打开、保存和删除等)，都是针对当前工作空间中的项目而言。但工作空间中除了保存项目本身，还保存了很多工作空间的描述信息及专用信息。Eclipse 的资源管理是基于文件系统的，从 Eclipse 的角度看，其资源管理机制是"工作空间—项目—有名包(无名包)—类文件"，所以 Eclipse 工作空间非常容易与文件系统以及其他工具和众多源代码库集成。单击 OK 按钮，即进入

Eclipse 主界面,界面如图 1-20 所示。

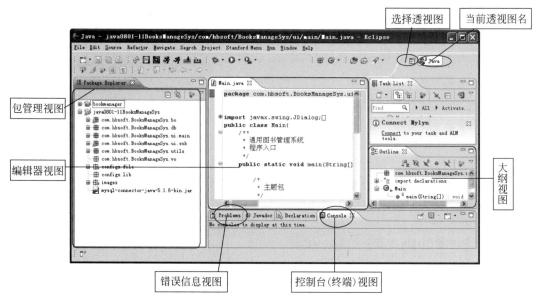

图 1-20　Eclipse 集成开发环境(主界面)

　　Eclipse 的界面主窗口是由很多子窗口组成的,这些子窗口显示当前工作内容(项目、文件和程序等)的多种视图。Eclipse 主窗口含有主菜单和工具栏,而各视图也有自己专用的工具栏,右上角都有最大化和最小化按钮。由于视图较多,每个视图的尺寸受限,有时不便于观察和操作,所以,当使用某一视图时,可单击当前视图的最大化按钮,使该视图扩展而占据整个主窗口,待操作完后再单击视图右上角的恢复按钮还原大小。

　　主窗口中位于中央部分的是**编辑器视图**(编写 Java 代码的窗口),它是编写 Java 代码的唯一场所。编辑器视图标签上显示出当前编辑的源程序的文件名,在编辑器视图中可以同时打开几个编辑窗口,同时编辑几个源程序。代码编辑器视图左侧是**包管理视图**,或者说是 Java 的资源管理器,它采用文件夹式的层次结构组织和管理 Java 的各种资源,包括项目、包、源程序文件,以及文件中的类,类中的属性及方法等。编辑器视图右侧是 Java 的**大纲视图**,该视图显示当前编辑窗口中的程序结构和主要元素,各程序中定义的类名以及类的属性和方法等。编辑器视图下方有 **Problems 视图**、**Console 视图**等,Problems 视图是错误信息视图,当编辑时,显示代码错误信息;Console 视图是控制台(终端)视图,当 Java 程序运行时,用于标准输入、输出和错误信息的输出,扮演命令行的终端界面。Eclipse 集成环境中还有一些与 Java 有关的透视图。如 Debug 透视图、Java 透视图和 Java Browsing 透视图。可以使用选择透视图按钮,在不同透视图之间切换。

1.5.2　Eclipse 的设置

　　在使用 Eclipse 开发 Java 程序之前,通常需要进行一些设置,下面介绍几个简单的设置。

1. 设置工作空间字符编码

　　选择 Windows → Preferences,在打开的 Preferences 窗口左侧展开 General,选择

Workspace,在右侧下方 Text file encoding 区中单击 Other 单选按钮,在列表框中选择 UTF-8,单击 Apply 按钮。这样编写的 Java 源程序和其他文本文件都使用 UTF-8 编码。

2. 设置编辑窗口字体

选择 Windows→Preferences,在打开的 Preferences 窗口左侧展开 General,选择 Appearance,选择 Color and Fonts,在右侧列表框中选择 Java→Java Editor Text Font,单击 Edit 按钮,打开字体设置对话框,这里选择你喜欢的字体和字号,例如 Consols 字体,字号选择 16 号。

3. 修改界面主题

在 Eclipse 中可以将界面主题设置为黑色,这是很多程序员喜欢的主题,可按下列步骤修改界面主题。选择 Windows→Preferences,在打开的 Preferences 窗口左侧展开 General,选择 Appearance,在右侧的 Theme 下拉列表中选择 Dark,单击 Apply and Close 按钮即可。

1.5.3 使用 Eclipse 开发 Java 项目的基本过程

1. 创建 Java 项目

进入 Eclipse 环境后,在包视图中会显示出当前工作空间中已有的项目,可以在已有项目下新建"包-文件",也可以单击 File 菜单下的 New-Java Project 命令,或者单击工具栏上的 New Java Project 按钮,新建一个项目。当执行选择 New-Java Project 命令后,系统弹出如图 1-21 所示对话框。

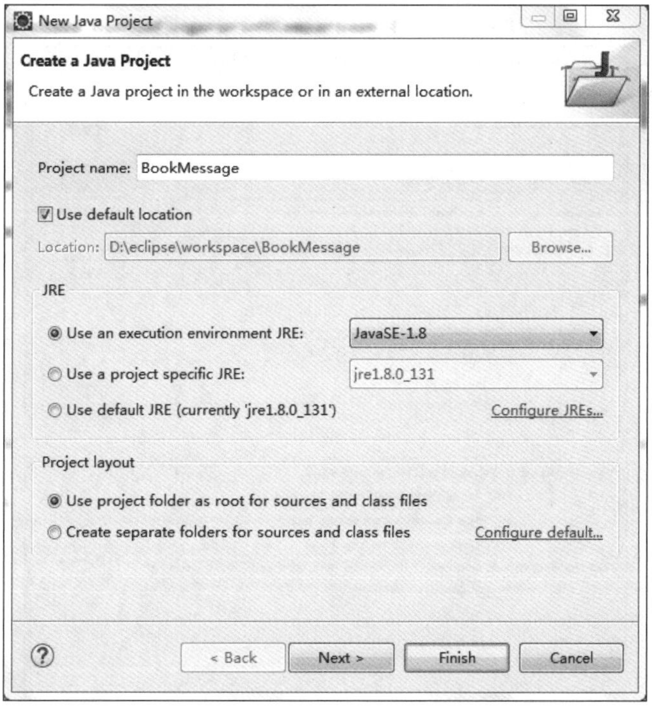

图 1-21 创建项目窗口

在输入项目名称(Project name)处输入项目名称,如 BookMessage,在 Project layout 选项中,如果选择 Create separate 选项,在项目文件夹中就会建立两个子文件夹(src 和 bin),分别存放.java 文件和.class 文件。如果采用默认项,项目中的文件都存放在项目文件夹中。其他选项都可以采用图 1-21 中所示的默认选项。单击 Finish 按钮,在包视图上可以看到,系统创建了一个新的项目 BookMessage。

2. 创建 Java 包

Java 类的定义必须存在于包中。如果没有创建包,当在项目中创建新的 Java 类时,系统就采用隐含的无名包。当创建新项目后,可以在项目中创建有名包,然后在包中创建类。在包视图中选择新的项目名 BookMessage,然后单击工具栏上的 New Java Package 按钮,弹出如图 1-22 所示对话框。在 Name 项后输入包名 com.hbsoft.

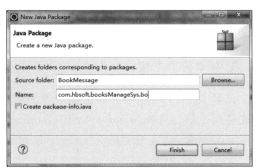

图 1-22 创建包窗口

booksManageSys.bo,单击 Finish 按钮,结束包的创建,此时在包管理器视图中会看到在 BookMessage 项目下创建了一个包 com.hbsoft.booksManageSys.bo。

3. 创建类并执行 Java 程序

在包管理器视图中,选中包名,执行工具栏上的 New Java Class 命令,弹出如图 1-23 所示窗口。

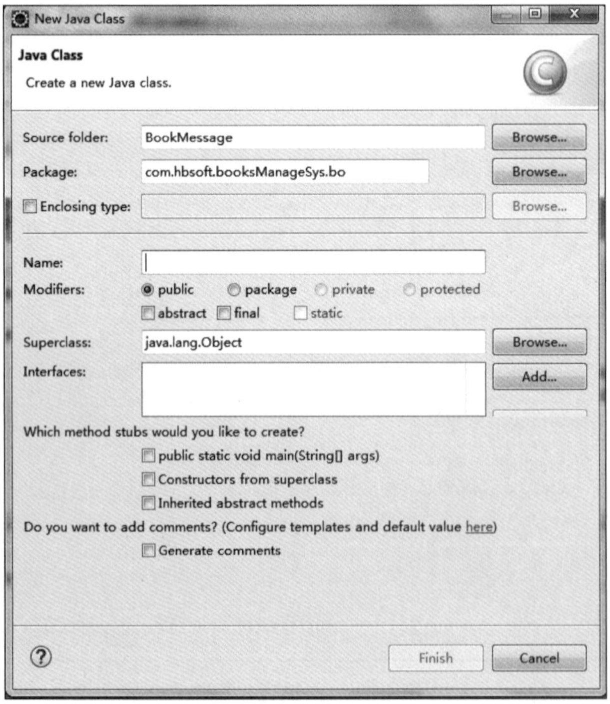

图 1-23 创建类窗口

在 Name 项内填入类名,单击 Finish 按钮,完成类的定义,可以在包视图中看到,在 com.hbsoft.booksManageSys.bo 中创建了一个名为 Logonfunction.java 类。此时就可以在代码编辑器视图中,编写输入 Logonfunction.java 的源代码,输入完成后保存即可。

在 Eclipse 环境中,一般采用自动编译方式,每当保存一个源程序文件时,系统都会在保存之前先对代码进行编译,如出现编译错误,错误信息就会显示在 Problems 视图中。根据错误信息编写或修改完代码后,只要单击保存命令,系统即可保存并编译文件。

最后选中项目中含有 main() 方法的类名,单击工具栏上的 Run 按钮右侧的小三角按钮,在弹出的下拉菜单中选择 Run As|Java Application 选项,即可执行 Application 类型的 Java 程序,非常方便。

Eclipse 集成开发环境应用非常广泛,对于不同的开发项目定制了不同的界面布局与个性化的功能,为开发者提供了很大的灵活性,读者可以根据实际需要进行设置。

1.6 典型案例分析

下面设计了两个案例,进一步帮助读者熟悉 Java 程序的开发过程。

1.6.1 命令行显示诗句

编写一个简单的 Java 应用程序,该程序在命令行窗口分两行输出文字:宝剑锋从磨砺出,梅花香自苦寒来。

编写一个 Java 程序要经过编辑、编译、运行三个过程。在 JDK 环境下使用字处理软件均可编辑源程序,将文件存为与主类同名的 .java 文件,如 Verse.java;打开 DOS 窗口,在命令行内输入"Javac Verse.java"命令,如能出现命令行提示符,说明没有错误提示继续输入命令"Java Verse",否则修改源程序,直到程序正确为止。

程序模块代码如下:

```java
public class Verse{
    public static void main(String[] args) {
        System.out.println("宝剑锋从磨砺出,");
        System.out.println("梅花香自苦寒来。");
    }
}
```

程序运行结果如图 1-24 所示。

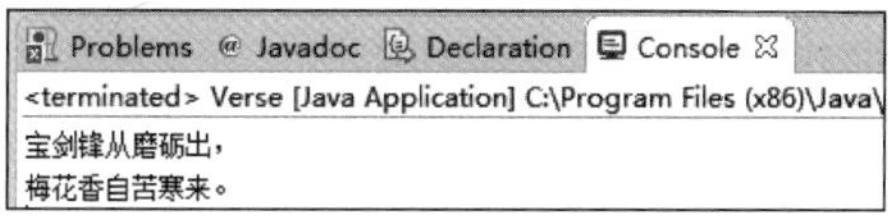

图 1-24 Verse.java 程序的运行结果

1.6.2 桌面小游戏

下面这个项目,对于第一次接触编程的读者来说,可能理解会有点难度,但是这个项目不在于代码本身,而是"体验敲代码的感觉"。

下面代码实现小球在桌面中按照一定线路移动,遇到边框会自动弹回。

程序代码如下:

```java
import Java.awt.*;
import Javax.swing.JFrame;
public class BallGame extends JFrame {
    //添加小球和桌面图片的路径
    Image ball = Toolkit.getDefaultToolkit().getImage("images/ball.png");
    Image desk = Toolkit.getDefaultToolkit().getImage("images/desk.jpg");
    //指定小球的初始位置
    double  x = 100;              //小球的横坐标
    double  y = 100;              //小球的纵坐标
    boolean right = true;         //判断小球的方向
    //画窗口的方法:加载小球与桌面
    public void paint(Graphics g){
        System.out.println("窗口被画了一次!");
        g.drawImage(desk, 0, 0, null);
        g.drawImage(ball, (int)x, (int)y, null);
    //改变小球坐标
        if(right){
            x = x + 10;
        }else{
            x = x - 10;
        }
    //边界检测
    //856 是窗口宽度,40 是桌子边框的宽度,30 是小球的直径
    if(x > 856 - 40 - 30){
        right = false;
    }
    if(x < 40){
        right = true;
    }
  }
//窗口加载
void launchFrame(){
    setSize(856,500);
    setLocation(50,50);
    setVisible(true);
    //重画窗口,每秒画 25 次
    while(true){
        repaint();                //调用 repaint 方法,窗口即可重画
        try{
            Thread.sleep(40);     //40ms,1 秒 = 1000 毫秒。大约一秒画 25 次窗口
        }catch(Exception e){
            e.printStackTrace();
        }
    }
}
//main 方法是程序执行的入口
public static void main(String[] args){
    System.out.println(" 我是初学者,这个游戏项目让我体验到编程的快感,"
            + "我将认真学习 Java 程序设计!");
    BallGame game = new BallGame();
```

```
        game.launchFrame();
    }
}
```

程序运行结果如图 1-25(a)和图 1-25(b)所示。

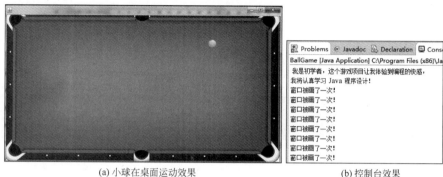

(a) 小球在桌面运动效果　　　　　(b) 控制台效果

图 1-25　程序运行结果

1.7　本章小结

本章从 Java 语言发展、工作原理、特征、应用、运行环境、类型等几方面进行介绍，使我们了解到，Java 是一种完全面向对象的程序设计语言。它具有简单、稳定、与平台无关、安全、多线程等特点。它有 3 种应用体系，即 Java SE、Java EE 和 Java ME。Java 虚拟机是由 Java 解释器和运行平台构成，它负责执行指令，管理内存和存储器。JDK 是 Java 语言开发工具软件包。其中包含 Java 语言的编译工具、运行工具以及类库。

Java 程序分为 Java Application 和 Java Applet 两类。Java Application 应用程序是一种能在支持 Java 的平台上通过解释器独立运行的程序。Java Applet 则是嵌入 HTML 编写的 Web 页面，由浏览器内含的 Java 解释器解释执行的非独立程序。

课后习题

习题答案

一、思考题

1. 简述 Java 程序的运行机制。
2. 什么是 Java 虚拟机？有何作用？
3. Java 语言有哪几个应用体系？各有哪些用途？
4. 简述 Java 运行环境的配置过程，以及设置 Path 和 CLASSPATH 值的作用。
5. Java 程序有哪几种形式？简述它们的异同。

二、编程题

1. 编写一个向控制台输出"你好！欢迎来到 Java 世界！！！"的程序，并完成编译和执行过程。
2. 编写一个 Java Applet 程序，使之能在浏览器上显示"你好！欢迎来到 Java 世界！！！"信息。

拓展阅读

1. JDK 的下载安装

1）下载 JDK

在官网下载安装包，如图 1-26 和图 1-27 所示。

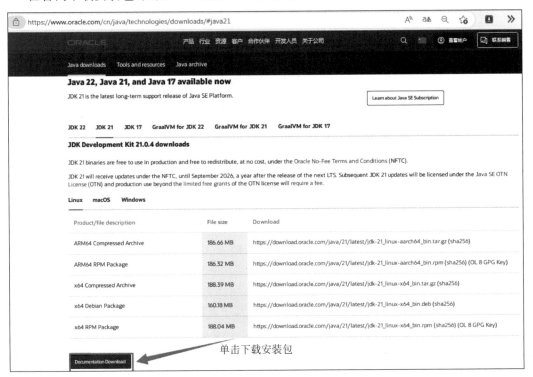

图 1-26　下载 JDK 安装包（1）

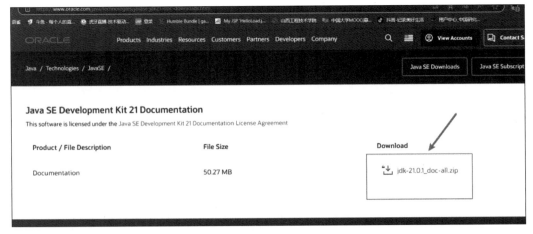

图 1-27　下载 JDK 安装包（2）

2）安装 JDK

（1）打开安装包如图 1-28 所示，默认单击"下一步"按钮即可。

图 1-28　安装 JDK

（2）路径默认为 C 盘，如图 1-29 所示，方便后续配置环境变量。

（3）完成安装如图 1-30 所示。

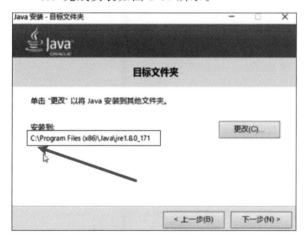

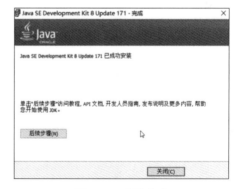

图 1-29　路径设置　　　　　　　　　　图 1-30　安装完成

3）配置环境变量

（1）找到"此电脑"，右击选择属性如图 1-31 所示，选择高级系统设置（以 Windows 11 为例）。

（2）单击"环境变量"按钮，如图 1-32 所示。

（3）在系统变量区域，单击"新建"按钮，如图 1-33 所示。

（4）变量名为 JAVA_HOME，变量值为 JDK 的安装路径，如图 1-34 所示。

图 1-31　高级系统设置

图 1-32　系统属性

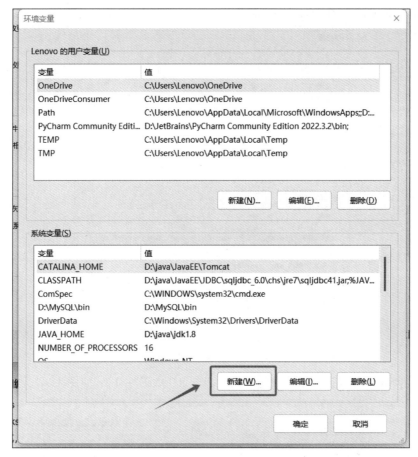

图 1-33 环境变量

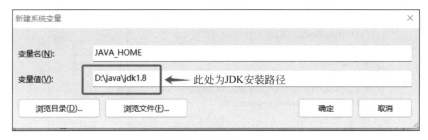

图 1-34 新建系统变量（JAVA_HOME）

（5）变量名为 CLASSPATH，变量值为 .;%JAVA_HOME%\lib\dt.jar;%JAVA_HOME%\lib\tools.jar，如图 1-35 所示。

图 1-35 新建系统变量（CLASSPATH）

（6）双击编辑 Path 变量如图 1-36 所示。

图 1-36　更改环境变量

（7）单击"新建"按钮，变量值设置为％JAVA_HOME％\bin，如图 1-37 所示。

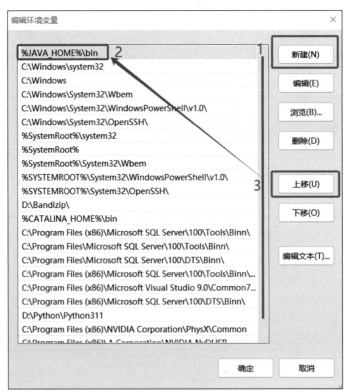

图 1-37　新建变量

4）检验是否配置成功

（1）按 Win+R 键，打开运行，输入 cmd 指令，单击"确定"按钮进入命令行窗口，如图 1-38 所示。

（2）输入 java -version 获取当前安装的 JDK 的版本信息（注意：Java 后面有个空格），如图 1-39 所示，出现版本号就是配置成功。

图 1-38　运行 cmd

图 1-39　java -version 指令

（3）检验 java 指令，输入 java 按 Enter 键，如图 1-40 所示。

（4）检验 javac 指令，输入 javac 按 Enter 键，如图 1-41 所示。

图 1-40　java 指令　　　　　　　　　　图 1-41　javac 指令

（5）以上运行成功，则证明 JDK 配置成功。

2. MyEclipse 的下载安装

MyEclipse 是在 Eclipse 基础上加上自己的插件开发而成的功能强大的企业级集成开发环境，主要用于 Java、Java EE 以及移动应用的开发。MyEclipse 的功能非常强大，应用也十分广泛，尤其是对各种开源产品的支持相当不错。MyEclipse 的安装包需读者自行上网查找。

1）安装 MyEclipse

（1）打开安装包如图 1-42 所示，默认下一步。

（2）更改安装路径如图 1-43 所示。

（3）安装选择如图 1-44 所示。

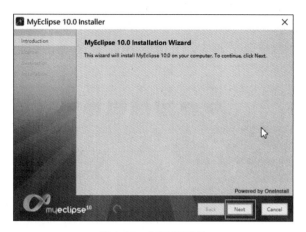

图 1-42　打开安装包

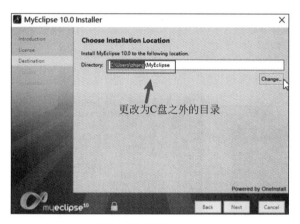

图 1-43　更改路径

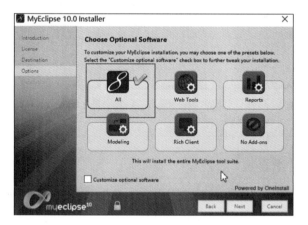

图 1-44　安装选择

（4）选择操作系统如图 1-45 所示。

（5）安装完成如图 1-46 所示。

2）创建项目

（1）在菜单栏左上方单击 File→New→Java Project，如图 1-47 所示，在弹出的对话框中输入项目名称，然后单击 Finish 按钮，完成项目的创建。

第 1 章 Java 概述 31

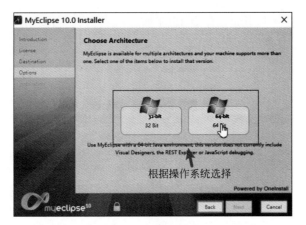

图 1-45 选择操作系统

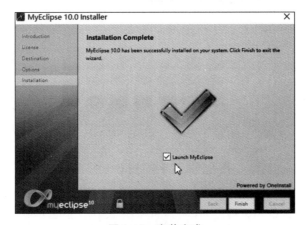

图 1-46 安装完成

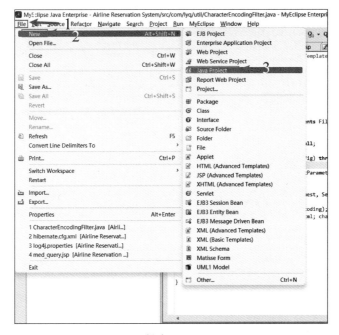

图 1-47 创建 Java Project(1)

（2）这里我们创建一个 study 项目，如图 1-48 所示（项目名要小写）。

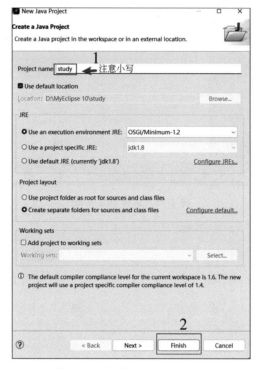

图 1-48　创建 Java Project（2）

3）创建包

在 study 目录下，右击 src，选择 New→Package 创建一个包，如图 1-49 所示，然后在弹出的对话框中输入包名，如图 1-50 所示（包名全部用小写）。

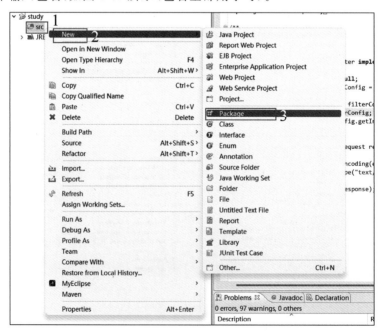

图 1-49　创建包（1）

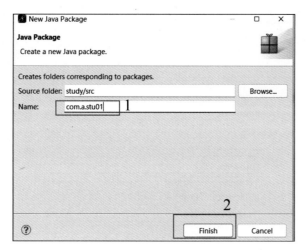

图 1-50　创建包（2）

4）创建类

右击 Java 包，选择 New→Class 创建一个类，如图 1-51 所示，这里我们创建 ILoveYou 类，如图 1-52 所示。

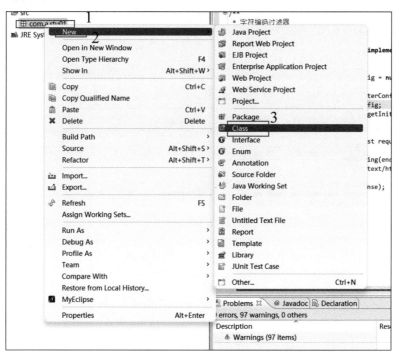

图 1-51　创建类（1）

5）代码展示

在空白处输入代码，如图 1-53 所示，此处代码如下：

```
package com.a.stu01;
public class ILoveYou {
    public static void main(String[] args){
```

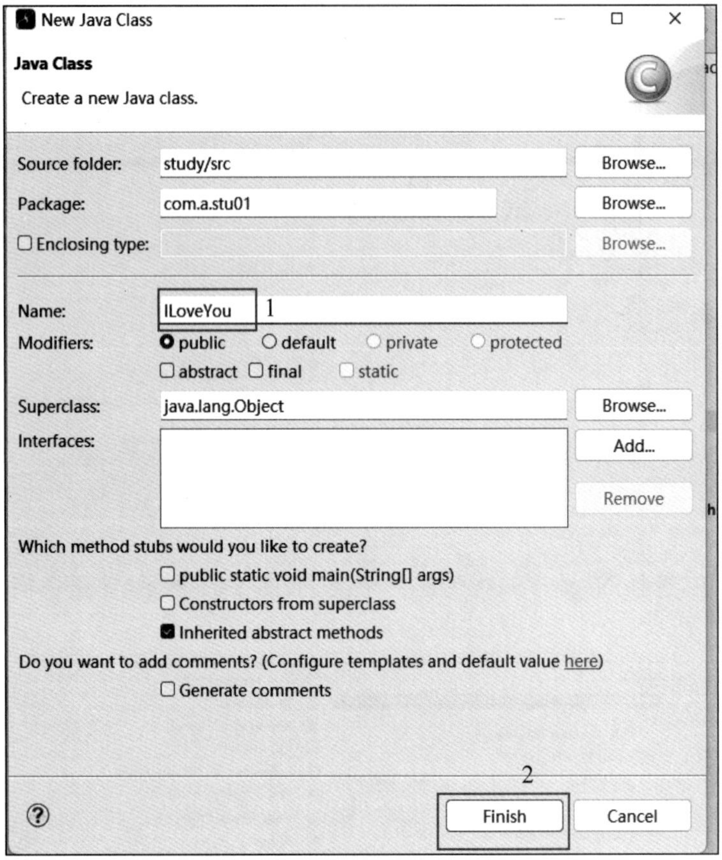

图 1-52 创建类(2)

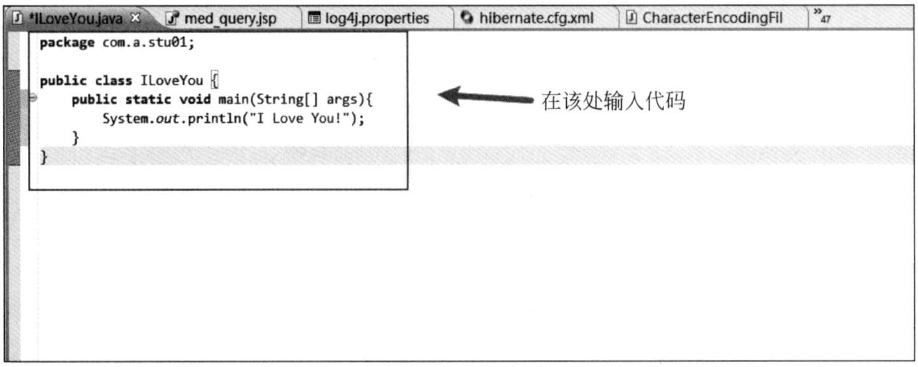

图 1-53 代码展示

```
        System.out.println("I Love You!");
    }
}
```

6) 运行代码

在菜单栏左上方右击 Run,选择 Run,如图 1-54 所示,然后在弹出的对话框中选中要执行的项目,如图 1-55 所示,单击 OK 按钮,运行结果如图 1-56 所示。

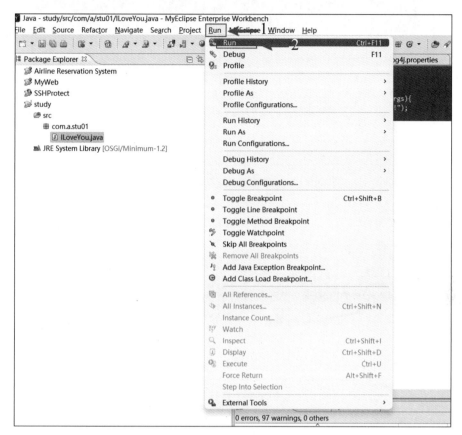

图 1-54　运行代码（1）

图 1-55　运行代码（2）

图 1-56　运行结果

3. IDEA 的下载、安装

视频讲解

1) 下载 IDEA

在官网下载安装包,如图 1-57 和图 1-58 所示。如果需要破解 IDEA,请读者自行上网查找。

图 1-57　下载 IDEA(1)

第 1 章　Java 概述　　37

图 1-58　下载 IDEA（2）

2）安装 IDEA

（1）打开安装包，如图 1-59 所示。

图 1-59　打开安装包

（2）修改安装路径，如图 1-60 所示。

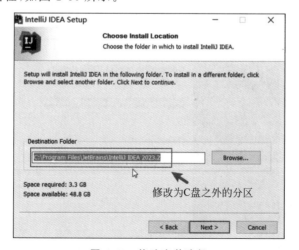

图 1-60　修改安装路径

(3) 新建快捷方式，如图 1-61 所示。

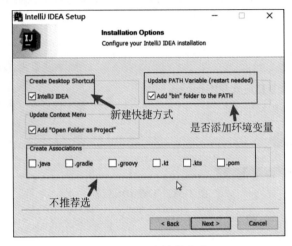

图 1-61　新建快捷方式

(4) 默认操作，如图 1-62 所示。

图 1-62　默认操作

(5) 安装成功，如图 1-63 所示。

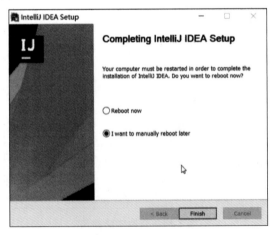

图 1-63　安装成功

3）创建项目

(1) 开始创建工程，如图 1-64 所示。

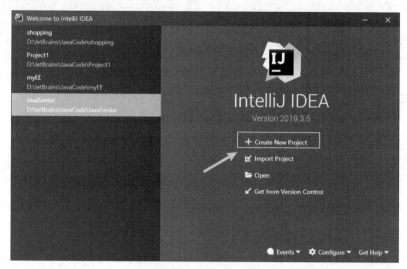

图 1-64　创建工程

(2) 选择自己下载的 JDK，如图 1-65 所示。

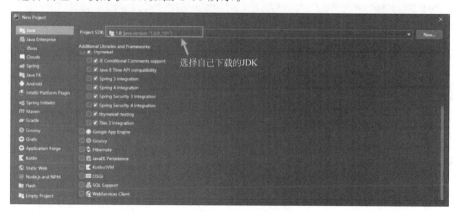

图 1-65　选择 JDK

(3) 输入项目名，选择存储目录，如图 1-66 所示，然后单击 Finish 按钮，完成创建。

4）创建包和类

(1) 单击 study 项目，右击 src，选择 New→Package 创建一个包。

(2) 单击 study 项目，右击 src，选择 New→Java Class 创建一个类，这里我们创建 ILoveYou 类，如图 1-67 所示。

5）代码展示

在空白处输入代码，如图 1-68 所示，此处代码如下：

```
public class ILoveYou {
    public static void main(String[] args){
        System.out.println("I Love You!");
    }
}
```

图 1-66　项目名

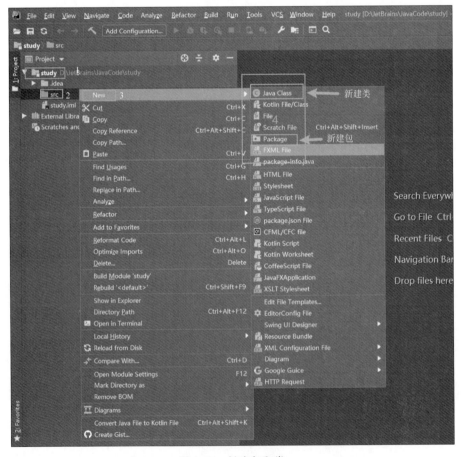

图 1-67　创建包和类

第 1 章　Java 概述　41

图 1-68　代码展示

6）运行代码

在菜单栏左上方单击 Run→Run，如图 1-69 所示，然后在弹出的对话框中，选中要执行的项目，单击 OK 按钮，完成运行，运行结果如图 1-70 所示。

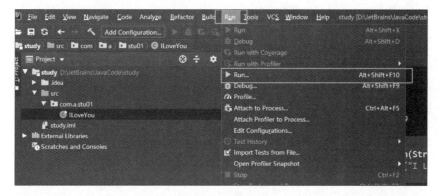

图 1-69　运行代码

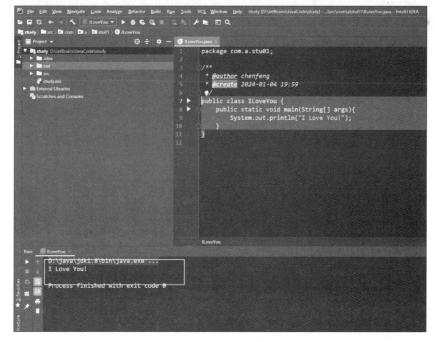

图 1-70　运行结果

第2章 Java程序的结构及类型

CHAPTER 2

本章学习目标:

(1) 了解Java程序的基本结构和类型。

(2) 了解Java Application和Java Applet的结构与特征。

(3) 掌握Java Application和Java Applet的开发过程。

重点:Java程序的基本结构、Java Application和Java Applet的结构与开发过程。

难点:Java Application和Java Applet的开发过程。

Java程序的结构和类型是Java的基础,不同的结构其运行环境与运行方式是不同的,学习这部分知识,建议教学上采用演练法,也就是老师先演示,学生再经过多次操作、多次修改上机练习实践来掌握;学生学习采用练习法,举一反三,多方法改变程序练习验证,通过练习观察结果掌握Java程序的结构,熟悉Java程序的开发过程。

2.1 Java 程序的类型

Java 程序和其他高级语言程序一样,要经过编写源程序、编译源程序、运行程序等过程,但由于 Java 程序最终运行环境的不同,使得其程序结构也不同。

2.1.1 Java 程序的两种模式

根据程序结构组成与运行环境的不同,Java 程序可以分为 Java 应用程序(Java Application)和 Java 小应用程序(Java Applet)两种模式。Java Application 和 Java Applet 的编译都是由 Javac.exe 程序来编译,并且都能生成相应的字节码文件。Java Application 是完整的,在计算机的操作系统和 Java 运行环境的支持下能独立运行的程序;而 Java Applet 则不能独立运行,它是嵌入在 HTML 编写的 Web 页面文件中的程序,在由支持 Java 的网页浏览器或 AppletViewer 提供的框架内运行。另外 Java Applet 不允许访问用户计算机上的文件,也就是不能对用户计算机上的文件进行读写操作;而 Java Application 没有这些安全性约束,在权限范围内可自由地读写用户计算机上文件。

2.1.2 两种模式的结构特征

Java 源文件是由一个或多个类组成,一个源文件有且只能有一个类被 public 所修饰,这个类是源文件的主类,它的类名与源文件的文件名必须相同,其中含有定义程序入口的主方法,其他类不能再用 public 修饰。源程序被编辑完成后,所有类都被编辑成.class 文件,与主类的.class 文件存放在一个路径下。源文件中定义了几个类,编辑后就生成几个.class 文件。这是 Java Application 与 Java Applet 的相同之处,它们的不同之处主要体现在以下 3 方面。

1. 程序结构不同

每个 Java Application 必定含有一个并且只有一个 main()方法,程序执行时,首先寻找 main()方法,并以此为入口点开始运行。含有 main()方法的那个类,常被称为主类。main()方法入口是一个数组类型的参数,也可以通过命令行在运行时给 main()方法传递参数。例如:

```
public class testargs{
public static void main(String args[]){
    System.out.println("书名:" + args[0]);
    System.out.println("出版社:" + args[1]);
    }
}
```

运行时输入"Java testargs 山海经　清华大学出版社"命令,运行结果如图 2-1 所示。

而 Java Applet 程序则没有含 main()方法的主类,在 Java Applet 程序中有一个从 Java.applet.Applet 派生的 public 类,这个类是 Java Applet 程序的主类。

图 2-1 命令行传递参数

2. 运行工具不同

Java Application 程序被编译以后,用普通的 Java 解释器就可以使其边解释边执行;而 Java Applet 程序的解释器不是独立的,而是嵌入在浏览器中作为浏览器软件的一部分,所以 Java Applet 程序必须通过网络浏览器或者 Applet 浏览查看工具才能执行。

3. 运行方式不同

Java Application 是完整的程序,只要有支持 Java 的虚拟机,它就可以独立运行而不需要其他文件的支持;而 Java Applet 程序不能独立运行,它必须依附于一个用 HTML 语言编写的网页并嵌入其中,通过与 Java 兼容的浏览器来控制执行。

2.2 Java Application 及其应用

Java Application 是完整的,能独立运行的程序,但其必须有 main() 方法,其运行结果一种是在 DOS 命令行下输出,另一种是以图形用户界面形式输出。第 1 章列举过 Java Application 的案例,并介绍了如何编辑、编译和运行 Java Application,下面通过两个案例介绍 Java Application 的不同界面输出。先编写一个 Java Application,在 DOS 命令行下输出结果,说明 Java Application 的开发步骤。

2.2.1 Java Application 实现命令行输入输出

【例 2-1】 编程输出显示两个整型数的和。已知的两个整数通过命令行输入。

(1) 编写源程序。

Java 源程序是以 .java 为后缀的简单的文本文件,可以用文本编辑工具(如记事本)来编写,也可以用各种 Java 集成开发环境中的源代码编辑器来编写。在文本编辑工具中输入以下代码。

```
1   /**
2    一个在命令行输出的 Java 应用程序
3   */
4   import Java.io.*;
5   public class Add{
6       public static void main(String args[])
7       {
```

```
        8              int a = Integer.valueOf(args[0]).intValue();
        9              int b = Integer.parseInt(args[1]);
       10              int n = a + b;
       11          System.out.println("运行结果:" + a + " + " + b + " = " + n);
       12          }
       13   }
```

程序共 13 行,第 1～3 行是注释行,注释/ ∗∗ … ∗/是 Java 程序中特有的文档注释格式。

第 4 行,import 语句是导入语句,用于导入该程序中所需的其他类,一个源程序中可以有多个导入语句,但必须放在 package 语句之后,class 语句之前。

第 5～13 行,是类的定义。Java 程序都是以类为方式组织的,class 关键字用于定义类,每个类都有类名,花括号括起的部分为类体。类体是由类的成员属性和多个成员方法组成。每个方法代表一个独立的功能单元。

本例第 5 行是声明一个名为 Add 的类。其中 public 表示该类是公有的,可被其他的类所访问,且这种类的源文件必须和类名同名;class 表示 Add 是一个 Java 的类;Add 是用户自定义的类名。

第 6 行,定义名为 main 的方法,main()方法是一个特殊的方法,它是程序执行的入口。main()方法说明的格式是固定的,即 public static void main(String args[]),其中元素缺一不可。一个 Java Application 只有一个类包含 main()方法,它是程序的主类。其中 public 说明该方法可以被其他任何程序访问(前提是所在类本身可以被访问);static 表示 main()方法是一个可以直接使用的方法。void 表明 main()方法返回不确定的类型执行后,不返回给调用者任何信息。String args[]是一个 String 数组的声明,用来接收外界传递给 main()方法的字符串参数。

第 8、9 行,功能相同,分别将数组元素 args[0]或 args[1]中接收到的参数转换成整型数据,赋值给 a 和 b。

第 10 行,将 a 与 b 的和赋值给 n。

第 11 行,是一个输出语句,用于在标准输出设备(屏幕)上输出数据"运行结果:a+b=n",a、b、n 根据用户传递的参数不同,结果不同。

第 12 行,main()方法体的结束括号,它是和第 7 行的花括号构成一个整体。

第 13 行,Add 类体的结束括号,与第 5 行最后的花括号构成一个整体。

在记事本或集成开发环境中输入以上源程序代码,将其取名为 Add.java,并保存在指定路径下,设本例保存在 D:\eclipse\workspace 目录下。

(2) 编译源程序。

Java 源程序并不能直接执行,必须被编译为对应的字节码文件后才可以执行。编译源文件使用 JDK 开发包提供的编译器(JDK 开发包下的 bin 文件夹下一个名为 Javac.exe 的可执行文件)进行编译,使用该编译器要首先选择"开始"菜单下的"运行"命令,在"运行"对话框的"打开"下拉列表中输入"cmd",再单击"确定"按钮,进入 Windows 的命令行提示符环境下,切换路径到 Java 源程序所在的路径下,操作方法如图 2-2 所示。

输入编译命令:javac Add.java,如果出现如图 2-3 所示的界面表示编译成功。

图 2-2 切换路径

图 2-3 Java 源文件编译效果图

提示：(1) 编译时,源文件名后的文件类型后缀.java 不能丢弃。

(2) 源文件中有几个类,将生成几字节码文件。

(3) 运行字节码文件。

运行字节码文件需要使用 Java 程序解释器(即 bin 文件夹下一个名为 Java.exe 的可执行文件),在命令行输入:java Add 7 9,运行出现如图 2-4 所示的界面,说明运行成功,否则,必须回到 Add.java 文件处进行修改直到正确为止。

如用 Eclipse 集成开发环境编写源程序,单击"保存"命令按钮,Eclipse 自动对源文件进行编译,不用再编译。单击工具栏上的 Run 按钮,运行如图 2-5 所示的 Run Configurations…命令,弹出如图 2-6 所示的传递参数对话框,并输入参数 7 9,单击 Run 按钮,运行结果如图 2-7 所示。

图 2-4 Java 程序运行结果图

图 2-5 Run 菜单

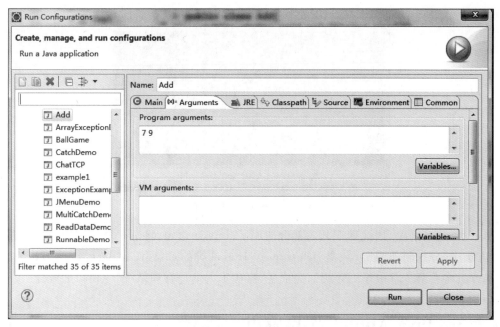

图 2-6 传递参数对话框

图 2-7 例 2-1 运行结果

2.2.2 Java Application 实现图形用户界面输入输出

【例 2-2】 Java Application 应用程序以图形用户界面形式输出。

```
import Javax.swing.*;
import Javax.swing.JFrame;
public class TestGraphic {
public static void main(String[] args) {
  JFrame jf = new JFrame();
  JButton jb1 = new JButton("欢迎使用煤矿工人信息管理系统,请单击!");
  JLabel back = new JLabel(new ImageIcon("lab.jpg"));
  jf.setTitle("煤矿工人信息管理系统");
  jf.setSize(300, 300);
  jf.add(back,"Center");
  jf.add(jb1,"South");
  jf.setLocation(100, 200);
  jf.setDefaultCloseOperation(JFrame.EXIT_ON_CLOSE);
  jf.setVisible(true);
  }
}
```

程序运行结果如图 2-8 所示。

这是 Java Application 以图形用户界面形式实现的"煤矿工人信息管理系统"主界面。由于程序中还用到了 Java 系统提供的实现图形用户界面所需的 Swing 包中的 JFrame 类、

图 2-8 例 2-2 运行结果

JBotton 类、JLabel 类,因此程序开头部分应用了 import 语句,将这些类所在的包加载进来。在主方法中,分别创建 JFrame 类、JBotton 类、JLabel 类的对象 jf、jb、back,再调用相关方法(这些方法将在第 7 章中详细介绍),完成了"煤矿工人信息管理系统"主窗口的设计。

2.3 Java Applet 及其应用

2.3.1 Java Applet 的特点和工作原理

Java Applet 是另一类非常重要的 Java 程序,它的源代码编辑与字节码的编译生成过程与 Java Application 相同,但它却是一类不能独立运行的程序,它的字节码文件必须嵌入另一种语言 HTML 的文件中并由负责解释 HTML 文件的 Web 浏览器内嵌的虚拟机来解释执行 Java Applet 的字节码程序。下面是一个简单的 Java Applet 例子。

【例 2-3】 在窗口上显示"Hello,Java Applet World!"。

(1) 编写源文件。

与 Java Application 相同,Java Applet 源程序也是以.java 为后缀的简单的文本文件,可以用文本编辑工具(如记事本)来编写,也可以用各种 Java 集成开发环境中的源代码编辑器来编写。在文本编辑工具中输入以下代码。

```
import  Java.awt.Graphics;
import  Java.applet.Applet;
public class MyJavaApplet extends Applet
  {
      public void paint(Graphics g)
    { g.drawString("Hello, Java Applet World!", 10, 20);
      }//end of paint method
  }//end of class
```

程序共 8 行,第 1、2 行是 import 导入语句,用于导入该程序中所需的 Graphics、Applet 类。Java Applet 必须有且仅只有一个类是 Applet 的子类,它是程序的主类所以需使用 import Java.applet.Applet 命令,加载 Applet 类;另外,程序中需要使用 Graphics 对象在界面上绘图,所以加载 Java.awt.Graphics。

第 3 行是定义 Applet 的子类 MyJavaApplet,它是 Applet 的主类。Extends 说明 MyJavaApplet 是 Applet 的子类。Applet 中不需要有 main()方法。

第 5 行,paint()方法用于绘制界面。当所显示的内容需要重画时,该方法被浏览器自动调用并执行。

第 6 行,在 paint()方法中 Graphics 对象 g 调用自身方法 drawString()将字符串输出到指定的位置。

第 7、8 行分别是方法和类的结束标志。

(2) 代码嵌入。

编译 Java Applet 的方法和步骤与 Java Application 相同。

前面说过 Java Applet 不能独立运行,必须将字节码文件嵌入 HTML 文件中,由浏览器内嵌的虚拟机解释运行。将下面代码在文本编辑工具中输入,并保存成 AppletInclude.html 文件。完成将 Java Applet 字节码文件嵌入 HTML 文件中。

```
< HTML >
< BODY >
< APPLET CODE = "MyJavaApplet.class" HEIGHT = 200 WIDTH = 300 >
</APPLET >
</BODY >
</HTML >
```

其中,< APPLET CODE = "MyJavaApplet.class" HEIGHT = 200 WIDTH = 300 >语句是实现代码嵌入的语句,< APPLET >标记中包含有三个参数。

CODE:用来指明嵌入 HTML 文件中的 Java Applet 字节码文件的文件名。此处的文件名可以是含绝对路径的.class 文件的文件名,可以是不含路径的.class 文件的文件名。如不含路径,.class 文件必须与.html 文件在同一目录下。

HEIGHT:指明 Java Applet 程序在 HTML 文件所对应的 Web 页面中占用区域的高度。

WIDTH:指明 Java Applet 程序在 HTML 文件所对应的 Web 页面中占用区域的宽度。

可以看出,所谓把 Java Applet 字节码嵌入 HTML 文件,实际上只是把字节码文件的文件名嵌入 HTML 文件,而真正的字节码文件本身则通常独立地保存在与 HTML 文件相同的路径中,由 Web 浏览器根据 HTML 文件中嵌入的名字自动去查找和执行这个字节码文件。

(3) Java Applet 的运行。

方法一:打开 IE 浏览器,在地址栏中输入 D:\javaexam\chap1\AppletInclude.html 或双击 AppletInclude.html 文件,结果如图 2-9 所示,说明运行成功。

方法二:使用下述命令 D:\javaexam\chap1\AppletViewer AppletInclude.html,运行结果如图 2-10 所示。

由上面的描述,可以总结出 Java Applet 的特点与工作原理如下。

1. Java Applet 的特点

Java Applet 与 Java Application 不同,相比较有如下 3 个特点。

图 2-9　浏览器下 Java Applet 运行结果

图 2-10　AppletViewer 运行 Java Applet 的结果

(1) Applet 的主类必须是类库中已定义的 Applet 类的子类。通常定义格式如下：

```
public class(类名)extends Applet
{
 (类体)
}
```

与 Java Application 不同的是它不需要有 main()方法。

(2) Java Applet 不是完整独立的程序，而是一个已经构建好的框架程序中的一个模块。它表现在 Applet 不能直接运行，而必须将它的字节码文件嵌套在一个 HTML 文件中，通过激活 Web 浏览器中的 Java 解释器或调用模拟浏览器，如 AppletViewer，才可运行。而 Java Application 是可以直接运行的完整独立的程序。

(3) Java Applet 可以直接利用浏览器或 AppletViewer 所提供的图形用户界面来显示运行结果，而 Java Application 运行后直接用字符界面来显示运行结果。如果要用图形界面显示 Application 程序的运行结果，则需要用户自己为 Application 程序创建一个图形界面。因此，Java Applet 更加适合于图形界面下的面向对象的编程模式。

2. Java Applet 的工作原理

Java Applet 的工作原理如下：

(1) 编辑好 Applet，存放于.java 的文件中；

(2) 编译 Applet 生成字节码文件(.class)，通常使用 Javac 命令；

(3) 将字节码文件嵌入 HTML 文件，该文件被保存在一个 Web 服务器上；

(4) 某个浏览器向服务器请求下载嵌入 Applet 的 HTML 文件时，将该文件下载到客户端；

(5) 使用浏览器解释 HTML 文件中的各种标记,再利用其自身拥有的 Java 解释器直接执行字节码文件,并将其结果输出显示在图形界面上。

Applet 的运行过程如图 2-11 所示。

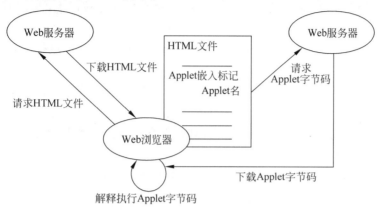

图 2-11　Applet 的运行过程

从这个过程可以看出,Applet 的字节码程序最先是保存在 Web 服务器上的,当浏览器下载此 HTML 文件并显示时,它会自动从 Web 服务器上下载此 HTML 中指定的 Applet 字节码,然后调用内置在浏览器中 Java 解释器来解释执行下载到本机的字节码程序。也就是说,Applet 字节码的运行过程则是下载到本地后在本地机上完成的。当 Applet 程序需要修改或维护时只要改动服务器一处的程序即可,而不必修改每一台将要运行此程序的计算机。另外,JDK 软件包中还提供了一个模拟浏览器运行 Applet 的应用程序 AppletViewer.exe,使用它调试程序就不必反复调用庞大的浏览器了。而直接在 DOS 模式下执行 AppletViewer 命令,查看包含 Applet 的 HTML 文件。

2.3.2　Java Applet 的应用

【例 2-4】　编写 Applet 程序,输出文字,选择 3 种不同字体写出字符串"This is Applet!"。

输入如下代码:

```
import Java.applet.Applet;
import Java.awt.*;
public class applet2 extends Applet
    {
        Font fnt1 = new Font("TimesRoman",Font.PLAIN,40);
        Font fnt2 = new Font("Braggadcoio",Font.BOLD,60);
        Font fnt3 = new Font("Monotype Corsiva",Font.BOLD,60);
        public void paint(Graphics g)
            {
                String str = new String("This is Applet!");
                g.setFont(fnt1);
                g.setColor(red);
                g.drawString(str,50,50);
                g.setFont(fnt2);
                g.drawString(str, 60,150);
                g.setFont(fnt3);
```

```
            g.drawString(str, 70,250);
        }
}
```

(1) 检查无误后，保存文件，可以将文件保存在"D:\Java"下，并注意文件名起为 MyApplet.java。

(2) 进入命令行(MS-DOS)方式，设定当前目录为"D:\Java\"，运行 Java 编译器：D:\Java＞javac MyApplet.java。

(3) 如果输出错误信息，则根据错误信息提示的错误所在行返回文本编辑器进行修改。常见错误是类名与文件名不一致、当前目录中没有所需源程序、标点符号全角等。如果没有输出任何信息或者出现 deprecation 警告，则认为编译成功，此时会在当前目录中生成 MyApplet.class 文件。

(4) 在 D:\Java 下创建 applet2.html 文件，并输入如下代码。

```
<HTML>
<HEAD>
<TITLE>My First Java Applet</TITLE>
</HEAD>
<BODY>
    <applet code = "MyApplet.class" width = "300" height = "400">
    </applet>
</BODY>
</HTML>
```

(5) 进入命令行(MS-DOS)方式，设定当前目录为"D:\Java\"，运行 Applet 查看器：D:\Java＞appletviewer applet2.html。

结果如图 2-12 所示。

图 2-12　Applet 显示不同字体的文字

2.4　典型案例分析

下面设计了三个案例，涉及 Java Application 和 Java Applet 的程序结构、运行过程等相关知识,帮助读者理解 Java Application 和 Java Applet 两类程序的异同,掌握其应用技巧。

2.4.1 使用输入对话框计算贷款到期还款数

编程实现分别在对话框中输入贷款本金、贷款月数、贷款利率,输出到期还款金额。
程序模块代码如下:

```java
import Javax.swing.JOptionPane;
public class Daikuan {
  public static void main(String args[]){
    String moneyStr = JOptionPane.showInputDialog("输入贷款本金:");
    String monthStr = JOptionPane.showInputDialog("输入贷款月数:");
    String rateStr = JOptionPane.showInputDialog("输入贷款利率:");
    int money = Integer.parseInt(moneyStr);
    int month = Integer.parseInt(monthStr);
    float rate = Float.parseFloat(rateStr);
    float sum = money + money * month * rate;
    JOptionPane.showMessageDialog(null,"你需还款:" + sum);
  }
}
```

程序运行结果如图 2-13(a)～图 2-13(d)所示。

(a) 输入贷款本金   (b) 输入贷款月数

(c) 输入贷款利率   (d) 程序运行结果

图 2-13　程序运行结果

此例中通过调用 JOptionPane.showInputDialog()方法,弹出输入消息对话框,通过调用 JOptionPane.showMessageDialog()方法,弹出输出消息对话框,实现人机交互功能。因为 JOptionPane.showInputDialog()方法返回的是字符串,因此需要用 Integer.parseInt()或 Float.parseFloat()将数值型字符串转换成整型或浮点型。

2.4.2 使用 Java Applet 实现加法运算

建立一个 Applet 程序,使其可以进行简单的加法运算。

完成加法运算,需要加数、被加数、运算符、等号及和这五部分,运算符和等号是不变的,可以用标签来显示,而加数与被加数需要随时输入和输出信息,在此选用文本框来实现。另外,Java Applet 源程序的编辑、编译过程与 Java Application 相同,当编辑、编译完成后,还需编写一个.html文件,用来嵌入.class文件。最后在Web浏览器环境下运行.html文件。

程序模块代码如下:

```java
import Java.awt.*;
import Java.applet.Applet;
import Java.awt.event.*;
import Javax.swing.*;
public class lxapplet extends Applet implements ActionListener{
    JLabel label1 = new JLabel(" + ");
    JLabel label2 = new JLabel(" = ");
    JTextField field1 = new JTextField(6);
    JTextField field2 = new JTextField(6);
    JTextField field3 = new JTextField(6);
    JButton button1 = new JButton("相加");
    public void init(){
        add(field1);
        add(label1);
        add(field2);
        add(label2);
        add(field3);
        add(button1);
        button1.addActionListener(this);
    }
    public void actionPerformed(ActionEvent e){
      int x = Integer.parseInt(field1.getText()) * Integer.parseInt(field2.getText());
      field3.setText(Integer.toString(x));
    }
}
```

Lxapplet.html代码如下:

```html
< html >
< body >
< applet code = "lxapplet.class" height = 200 width = 400 ></applet >
</body >
</html >
```

程序运行结果如图 2-14 所示。

图 2-14 程序运行结果

在 Applet 程序运行时,浏览器在下载字节码文件时,会自动创建一个用户定义的 Applet 子类的对象,并在适当事件发生时系统将自动执行该对象的如下几个主要方法,如果在用户定义的子类中重新定义过这些方法,则调用重新定义过的,否则调用父类 Applet 中的这些方法。

(1) init()方法。

该方法是用来完成初始化操作的,用户可以重载 Applet 类中的 init()方法,定义一些必要的初始化操作,例如,创建对象、加载图形或文字、设置参数、加载声音并播放等。该方法通常在 Applet 第一次被加载时调用,并在 Applet 运行期间只执行一次。

(2) start()方法。

该方法是浏览器在调用 init()方法完成初始化操作后,将自动调用该方法启动 Applet 主线程运行。用户程序中可以重载该方法,完成如启动一个动画等一些操作。

(3) paint()方法。

该方法是用来输出显示的。可显示文本、图形和其他界面元素。它也是浏览器自动调用的。

(4) stop()方法。

该方法是当浏览器要切换到其他应用,需要暂停执行 Applet 主线程,在暂停之前,系统自动调用该方法,结束对一些资源的操作。

(5) destroy()方法。

执行该方法将会释放 Applet 占用的一切资源,关闭连接等操作。该方法一定在 stop()方法后面运行。

2.4.3 使用 Java Applet 实现画圆

要使用 Java Applet 来画圆,需要首先创建一个继承自 Java.applet.Applet 的类,然后重写 paint(Graphics g)方法。在这个方法中,可以使用 Graphics 对象的 drawOval 或 fillOval 方法来画一个空心或实心的圆。

代码如下:

```java
import Java.applet.Applet;
import Java.awt.Graphics;
public class DrawCircleApplet extends Applet
{ //@Override
  public void paint(Graphics g)
  {
    g.setColor(Color.RED);              // 设置颜色
    g.fillOval(50, 50, 100, 100);       // 画一个实心圆,圆心在(50, 50),半径为 50
    g.setColor(Color.BLUE);
    g.drawOval(150, 150, 100, 100);     // 画一个空心圆,圆心在(150, 150),半径为 50
  }
}
```

运行结果如图 2-15 所示。

这个程序定义了一个名为 DrawCircleApplet 的类,它继承自 Applet 类。paint 方法被重写,在 Applet 上绘制两个圆。第一个圆是实心的,圆心在(50,50),半径为 50。第二个圆是空心的,圆心在(150,150),半径为 50。

注意,drawOval()和 fillOval()方法的参数是圆的外接矩形的左上角坐标和宽度、高

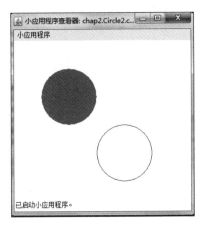

图 2-15 画圆的运行结果

度。圆的直径等于矩形的宽度和高度。因此,如果想要画一个半径为 r 的圆,应该将宽度和高度都设置为 2r。

可以看到它主要利用了 Java 的图形 API,特别是 Graphics 类的方法。Graphics 类提供了许多用于绘制图形的方法,包括绘制线条、矩形、椭圆(圆)、多边形等。在这个例子中,我们使用了 fillOval 和 drawOval 方法来绘制圆。

再看下面的案例。编写 Applet 程序,在指定大小的屏幕界面上使用不同颜色绘制如下图形:直径为 100 像素点的圆;两个半轴长分别为 50 像素点和 100 像素点的椭圆;长和宽都为 150 像素点的矩形;画一个红色填充的矩形;最后再画一个黑色填充的半圆弧。

输入如下代码:

```java
import Java.applet.Applet;
import Java.awt.Color;
import Java.awt.Graphics;
public class Circle extends Applet
    {
        public void paint(Graphics g)
            {
                g.setColor(Color.blue);
                g.drawOval(40, 20, 100, 100);
                g.setColor(Color.pink);
                g.drawOval(150, 30, 100, 50);
                g.setColor(Color.orange);
                g.drawRect(80, 80, 150, 150);
                g.setColor(Color.red);
                g.fillRect(10, 180, 150, 150);
                g.setColor(Color.black);
                g.fillArc(200, 200, 180, 180, 0, 180);
            }
    }
```

(1)检查无误后,保存文件,可以将文件保存在"D:\Java"下,并注意文件名起为 Circle.java。

(2)进入命令行(MS-DOS)方式,设定当前目录为"D:\Java\",运行 Java 编译器:D:\Java > Javac Circle.java。

(3) 如果输出错误信息，则根据错误信息提示的错误所在行返回文本编辑器进行修改。常见错误是类名与文件名不一致、当前目录中没有所需源程序、标点符号全角等。如果没有输出任何信息或者出现 deprecation 警告，则认为编译成功，此时会在当前目录中生成 applet1.class 文件。

(4) 在 D:\Java 下创建 Circle.html 文件，并输入如下代码：

```
< HTML >
< HEAD >
< TITLE > My First Java Applet </TITLE >
</HEAD>
< BODY >
Here's my first Java Applet:
< applet code = "Circle.class" width = "300" height = "400">
</applet >
</BODY >
</HTML >
```

(5) 进入命令行(MS-DOS)方式，设定当前目录为"D:\Java\"，运行 Applet 查看器：
D:\Java > appletviewer Circle.html。

程序运行结果如图 2-16 所示。

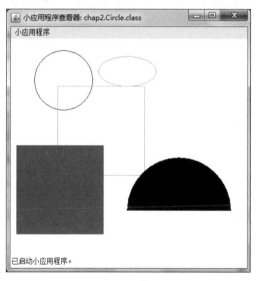

图 2-16　运行结果

2.5　本章小结

本章介绍了 Java 程序的结构及类型。一个 Java 程序的基本结构大体上可以分为包、类、方法（包括 main()主方法）、标识符、关键字、语句和注释等；按程序结构与运行环境的不同，将 Java 程序分为 Java Application 和 Java Applet 两大类。Java Application 是一种能在支持 Java 的平台上通过解释器独立运行的程序。Java Applet 则是嵌入 HTML 编写的 Web 页面，由浏览器内含的 Java 解释器解释执行的非独立程序。

习题答案

课后习题

1. Java 程序有哪几种形式？简述它们的异同。
2. 如何运行 Java Application、Java Applet 程序？简要介绍 Javac.exe 与 Java.exe 的作用。
3. Java 源程序主函数定义成 public static void main(String []args){}，其中 String [] args 的含义是什么？举例说明。
4. Java 源程序由哪些部分组成？
5. 下面程序有几处错误？如何改正？

```
public class MyJava{
    public static void main(){
    system.out.println("This is a Java program!")
        }
    system.out.println("This is a Java program!")
        }
```

6. 编写一个向控制台输出"Good morning!"信息的程序，并完成编译和执行过程。

第3章

Java语言基础

CHAPTER 3

本章学习目标：

（1）掌握 Java 数据类型、各种运算符、表达式的使用。

（2）掌握 if 语句、switch 分支语句，for、while、do-while 循环语句等流程控制语句的使用。

（3）熟悉 break、continue、return 等跳转控制语句的作用。

（4）掌握一维数组、二维数组的声明、建立与使用方法。

（5）熟悉常用的排序、查找算法。

重点： Java 数据类型、各种运算符、表达式、控制语句、数组。

难点： 二维数组的使用、常用算法的使用。

程序的本质就是对数据进行加工运算，以便得到需要的结果。任何一门语言都有它的基本组成元素，就像中文有字、词、句、章；英文有字母、单词、语句、文章一样。Java 语言同样也有它的基本组成元素。不论用什么语言编程，要学好编程，首先要掌握这些编程的基石，掌握命令的语法格式。学习 Java 语言同样如此，学好 Java 语言的基本语法是学会 Java 编程的第一步。由于 Java 数据类型的设置与 C 语言很相近，所以在学习本章知识时，如果已有 C 语言基础，那么学习过程中，一定要与 C 语言进行比较，要多上机调试程序，通过采用 C 和 Java 实现案例来比较语法规则和程序的优劣。通过比较整理出 Java 基本语法中不同于 C 语言中的部分，找出这样改进或设置的优劣，重点整理出不同于 C 语言的部分，使繁多重复的知识得以精炼，方便记忆。如果学习 Java 前并没有 C 语言基础，那学习这部分知识就要细学、勤练、多动手、多举例，达到举一反三，融会贯通的效果。

3.1 Java 程序的构成

通过前面内容的学习，已经掌握了配置 Java 编程环境、Java 程序的编译与运行、保存等。Java 语言是一种面向对象的语言，本章将学习 Java 语言的编程基础，如程序的编码规则、Java 数据类型、运算符和表达式、程序流程控制语句等内容。

3.1.1 Java 程序的基本结构

一个 Java 程序的基本结构大体上可以分为包、类、方法（包括 main()主方法）、标识符、关键字、语句和注释等，如例 3-1 所示。

【例 3-1】 一个简单的 Java 程序。

```java
import Java.util.* ;                            //导入类
public class TestStructure {                     //创建类"TestStructure"(主类)
    public static void main(String[] args){      //定义主方法
        Cal cal = new Cal(8,4) ;
        System.out.println(" 8+4 = " + cal.add());
        System.out.println(" 8-4 = " + cal.sub());
        System.out.println(" 8*4 = " + cal.mul());
        System.out.println(" 8/4 = " + cal.div());
    }
}
class Cal {                                      //类定义
    int x,y ;                                    //定义局部变量
    Cal(int a, int b){                           //构造函数
        x = a ;
        y = b ;
    }
    int add(){                                   //方法 1
        return x + y;
    }
    int sub(){                                   //方法 2
        return x - y;
    }
    int mul(){                                   //方法 3
        return x * y;
    }
    int div(){                                   //方法 4
        return x/y;
    }
}
```

程序运行结果如图 3-1 所示。

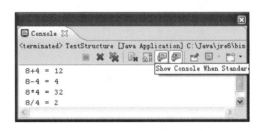

图 3-1　Java 程序结构运行结果

分析以上程序可知：一个程序可包括若干类，各类之间存在并列、继承和包含关系，这些类通常是在一起协同工作的。例如一个类的方法中需要创建其他类的对象，并操作这个对象。编程只能在方法中。Java 程序每条语句必须以分号结尾。代码中的所有标点符号必须是半角的，在英文输入法下输入的符号（如逗号、分号、双引号等），否则程序会出错。

由此可得，一个完整的 Java 源程序应该包括下列部分：

```
package 语句；         //该部分至多只有一句，必须放在源程序的第一句
import 语句；          /*该部分可以有若干 import 语句或者没有，必须放在所有的类定义之前*/
public classDefinition；   /*公共类定义部分，至多只有一个公共类的定义，Java 语言规定该
                         Java 源程序的文件名必须与该公共类名完全一致*/
classDefinition；      //类定义部分，可以有 0 个或者多个类定义
interfaceDefinition；  /*接口定义部分，可以有 0 个或者多个接口定义，例如一个 Java 源程序
可以是如下结构，该源程序命名为 HelloWorldApp.java：*/
package Javawork.helloworld；   /*把编译生成的所有.class 文件放到包 Javawork.helloworld
中*/
import Java.awt.*；     //告诉编译器本程序中用到系统的 AWT 包
import Javawork.newcentury；   /*告诉编译器本程序中用到用户自定义的包 Javawork.
                              newcentury*/
public class HelloWorldApp
{......}         /*公共类 HelloWorldApp 的定义，名字与文件名相同*/
class TheFirstClass{......}    //第一个普通类 TheFirstClass 的定义
class TheSecondClass{......}   /*第二个普通类 TheSecondClass 的定义*/
......           //其他普通类的定义
interface TheFirstInterface{......}   /*第一个接口 TheFirstInterface 的定义*/
......           //其他接口定义
```

以上 Java 结构也可简单描述如下：

```
package
import ---
class  类名 1 {
    属性定义
    方法名 1() {
        -----
    }
    方法名 2() {
        -----
    }
}
class  类名 2 {
    -------
}
```

Java 语言的源程序代码由一个或多个编译单元组成，每个编译单元可包含三个要素。

（1）包声明（package statement，可选）。

package 语句：由于 Java 编译器为每个类生成一个字节码文件，且文件名与类名相同，因此同名的类有可能发生冲突。为了解决这一问题，Java 提供包来管理类名空间，包实际提供了一种命名机制和可见性限制机制。而在 Java 的系统类库中，把功能相似的类放到一个包（package）中，即一个包是一组相关类的集合。类库由若干包组成（class library-package）。

而用户自己编写的类（指.class 文件）也应该按照功能放在由程序员自己命名的相应的

包中,例如上例中的 Javawork.helloworld 就是一个包。包在实际的实现过程中是与文件系统相对应的。

以 package 开始的包声明语句,必须放在文件开始,作用是把当前文件(类)放入所指向的包中。为可选语句,若有,只能有一个 package 语句且只能是源程序文件的第一个语句;若没有,此文件将放到默认的当前目录下。

(2) 类引入声明语句(import statements)。

import 语句:如果在源程序中用到了除 Java.lang 这个包以外的类,无论是系统的类还是自己定义的包中的类,都必须用 import 语句标识,以通知编译器在编译时找到相应的类文件。例如上例中 import Java.awt.*;导入的是系统的包,而 import Javawork.newcentury;导入的是用户自定义的包。如果要从一个包中引入多个类则在包名后加上".*"表示,如 import Java.io.*;以 import 语句开头的类引入声明语句,引入声明语句必须放在所有类定义之前,用来引入标准类或已有类。

(3) 类的声明(class declarations)和接口声明(interface declarations)。

由 public 开始的类定义如果源程序文件中有主方法 main(),它应放在 public 类中。
public classDefinition,0~1 句,文件名必须与类的类名完全相同。
classDefinition,0~n 句,类定义的个数不受限制。
interfaceDefinition,0~n 句,接口定义的个数不受限制。

说明:

① 以上三个要素必须严格按照以上述顺序出现。也就是说任何引入语句出现在所有类定义之前;如果使用包声明,则包声明必须出现在类和引入语句之前。

② Java 语言源程序是由类定义组成的,每个 Java 的编译单元可包含多个类或接口,但是每个编译单元最多只能有一个类或者接口是公共的,即能被 public 修饰的主类。在 Java Application 中,这个主类是指含有 main 方法的类;在 Java Applet 中,这个主类是被定义为系统 Applet 子类的类。主类是 Java 程序执行的入口点。

③ Java 程序中定义类的关键字是 class,每个类的定义都由类头定义和类体定义两部分组成。类头定义的格式前面已经说明,类体定义部分主要是定义静态属性变量和动态属性方法两种类的成员。

④ 语句是构成 Java 程序的基本单位之一。每一条语句都以分号结尾,语句的构成应符合 Java 程序的语法规定。

⑤ 比语句更小的语言单位是表达式、变量、常量和关键字等。它们构成了 Java 程序的语句。

3.1.2 Java 程序的编码规则

软件开发是一个集体协作的过程,程序员之间的代码经常要进行交换阅读,因此,Java 源程序有一些约定成俗的编码规则,主要目的是提高 Java 程序的可读性和正确性。

1. 编码规则

在学习开发的过程中要养成良好的编码规范,因为规整的代码格式是提高程序可读性和维护性的一种手段,便于代码的重复使用。Java 语言的编码规则如下。

(1) 每条语句要单独占一行。
(2) 每条命令都要以分号结束,分别必须是英文状态的分号。
(3) 声明变量时要分行声明,即使是相同数据类型,也最好分行声明,以便添加注释。
(4) Java 语句中多个空格看成一个。
(5) 不要使用技术性很高、难懂、易混淆判断的语句。
(6) 对于关键的方法要多加注释,以增加可读性。

2. 标识符与关键字

标识符、关键字与后面的变量、常量,是构成 Java 程序的基本元素,是 Java 语言的编程基础。

1) 标识符

标识符可以简单地理解为一个名字,用来标识类名、变量名、方法名、数组名、文件名的有效字符序列。标识符由用户自由指定,但一般遵循见名知义的原则,Java 对于标识符的定义有如下规定:

(1) 标识符由字母、数字、下画线"_"和美元符号"$"组成。
(2) 标识符第一个字符可以是字母、下画线"_"和美元符号"$",但不能是数字。
(3) Java 中的标识符区分大小写,无长度限制。如 class 和 Class,system 和 System,money 和 Money 分别代表不同的标识符。
(4) 标识符不能是 Java 的关键字和保留字。

标识符的命名规范直接影响着代码的正确性、可读性和可维护性。在 Java 中,对标识符通常有以下约定:

(1) 包名:包名是全小写的名词,中间用点分隔开,例如 Java.awt.event。
(2) 类名、接口名:首字母大写,通常由多个单词合成一个类名或接口名,要求每个单词的首字母也要大写,例如 class HelloWorldApp 或 interface Collection。
(3) 方法名:往往由多个单词合成,第一个单词通常为动词,首字母小写,中间的每个单词的首字母都要大写,例如 balanceAccount 或 isButtonPressed。
(4) 变量名:全小写,一般为名词,例如 length。
(5) 常量名:基本数据类型的常量名为全大写,如果是由多个单词构成,可以用下画线隔开,例如 int YEAR 或 int WEEK_OF_MONTH;如果是对象类型的常量,则是大小写混合,由大写字母把单词隔开。

表 3-1 列出了合法与不合法标识符的对照表。

表 3-1 合法与不合法标识符的对照表

合法标识符	不合法标识符	合法标识符	不合法标识符
MyJavaApp	1MyJavaApp	$theFirstName	Java Applet
YourSalary34	Three&Cups	nVariable	Vari#able
_isTrue	—istrue	Boy_number	switch

说明:程序开发中,虽然可以使用汉字、日文等作为标识符,但为了避免出现错误,最好不要使用。

2) 关键字

关键字是 Java 保留某些词汇作特殊用途的字符序列,故也称保留字。变量标识符不能与关键字同名,否则编译会出错。Java 中常用的关键字如表 3-2 所示。

表 3-2 Java 中常用的关键字

abstract	boolean	break	byte	case	catch
char	class	continue	default	do	double
else	extends	false	final	finally	float
for	if	implements	import	instanceof	int
interface	long	native	new	null	package
private	protected	return	short	static	super
switch	synchronized	this	thread	throws	throw
transient	true	try	void	volatile	while

在 Java 中,常量 true、false、null 都是小写的,不像 C++ 中都是大写的。Java 中没有 sizeof 符,所有基本数据类型的长度都是固定的,与平台无关。体现了 Java 的跨平台性。Java 中也没有 const 和 goto 关键字,但也不可以使用。这两个词可能会在以后的升级版本中被使用。

3. 代码注释

软件编程规范中提到"可读性第一、效率第二"。在开发 Java 程序的过程中,经常需要在适当的地方加上注释语句,以便其他人阅读你的程序,通过在程序代码中添加注释可提高程序的可读性,注释中包含了程序的信息,可以帮助程序员更好地阅读和理解程序。在 Java 源程序文件的任意位置都可添加注释语句。注释中的文字 Java 编译器并不进行编译,所有代码中的注释文字并不对程序产生任何影响。一个好的程序应该在其需要的地方适当地加上一些注释,程序注释一般占程序总代码的 20%～50%。

注释语句有以下三种格式。

1) 单行注释

//注释内容用于注释一行语句,单行注释一般用于描述代码的实现细节,如代码行的功能、变量的用途、方法存在的缺陷等。

2) 多行注释(块注释)

/* 注释内容 */用于注释一行或多行语句,注释中的内容可以换行。

关于行注释和块注释,例如:

```
int x;
void nn(){
    int y;
    System.out.println(x);          //x的值为 0
    System.out.println(y);          //y 未赋值,编译无法通过
```

在多行注释中可以嵌套单行注释,例如:

```
/*
        程序名称:HelloJava          // 开发时间:2013-7-28
*/
```

但多行注释中不可以嵌套多行注释,非法代码如下:

```
/*
            程序名称:HelloJava
/* 开发时间:2013-7-28
开发者:李杰
*/
*/
```

3) 文档注释

/** 注释内容 **/当文档注释出现在任何声明(如类的声明、类的成员变量的声明、类的成员方法声明等)之前时,会被 Javadoc 文档工具读取作为 Javadoc 文档内容,生成 API 文档,实现文档与程序同步实现的功能。文档注释对于初学者不是很重要,了解即可。

3.2 Java 数据类型、常量和变量

Java 数据类型的设置与 C 语言很相近。其不同之处在于:首先,Java 的各种数据类型占用固定的内存长度,与具体的软硬件平台环境无关;其次,Java 的每种数据类型都对应一个默认的数值,使得这种数据类型的变量的取值总是确定的。这两点分别体现了 Java 的跨平台特性和安全稳定性。

3.2.1 数据类型

程序中任一数据都属于某一特定类型,数据类型决定了数据的表示方式、取值范围及可进行的操作。同一类型的数据有相同的表示形式、取值范围和可进行的操作。例如,Java 中 int 类型的数据取值范围为 $-2^{31} \sim 2^{31}-1$ 的整数,整数可以进行加、减、乘、整除和赋值等操作。与其他高级语言类似,Java 的数据类型可分为基本数据类型和引用数据类型两大类。基本数据类型共 8 种,用以实现基本的数据运算,其变量中保存数据值;而引用数据类型共 3 种,是用户根据自己的需要定义并实现的类型,是由基本数据类型组合而成的,其变量中保存的是地址。Java 数据类型如表 3-3 所示。

表 3-3 Java 数据类型

分 类	数 据 类 型		占用字节数	取 值 范 围
基本数据类型	整数类型	字节(byte)	1	$-128 \sim 127$
		短整型(short)	2	$-372768 \sim 3276$
		整型(int)	4	$-2^{31} \sim 2^{31}-1$
		长整型(long)	8	$-2^{63} \sim 2^{63}-1$
	浮点类型	float	4	$\pm 3.4E-38 \sim \pm 3.4E38$
		double	8	$\pm 1.7E-308 \sim \pm 1.7E308$
	逻辑类型(Boolean)		1	true,false
	字符类型(char)		2	'\u0000' ~ '\uffff'
引用数据类型	类(class)			
	接口(interface)			
	数组(array)			

说明：字符串在 Java 中不是一种基本数据类型，而是被当作对象来处理，String 和 StringBuffer 对象都可以用来表示一个字符串。

1. 整数类型

整数类型又分为字节(byte)、短整型(short)、整型(int)、长整型(long)四种数据类型。其默认初始值为 0，但在程序中局部变量无默认初始值，必须赋值。一个整数的默认类型为 int，要表示一个 long 型整数，需加后缀 l 或 L，如 789L。

以上 4 种整数类型在 Java 中有 3 种表示形式：

十进制数。用 0~9 的数字表示，其首位不能为 0，如 400、37 等。

八进制数。用 0~7 的数字表示，以 0 为前缀，如 049、037 等。

十六进制数。用 0~9 的数字或 a~f、A~F 的数字表示，以 0x 或 0X 为前缀，如 0x49、0XA1 等。

2. 浮点类型

浮点类型指带小数点的数。按照表示范围和精度，分为单精度浮点(float)和双精度浮点(double)两种类型，它们分别以 32 位和 64 位形式存放，分别用后缀 f/F 和 d/D 来标志数据的浮点类型，如 67.45f、-345.129D 等。Java 中的默认浮点类型为 double。

浮点型有两种表示形式。

标准记数法。由整数、小数点和小数部分组成，如-0.234、12.346 等。

科学记数法，或称指数形式。由尾数、E 或 e 及阶码组成，如 3.65E-5 表示 3.65×10^{-5}。

3. 字符类型

字符类型(char)表示 Unicode 字符，即一个字符采用 16 位无符号整数来表示，用单引号括起来单个字符或转义字符表示，如 char x='a'；或用'\u0044'表示'C'；而用双引号括起来的是字符串，如"blue"。

4. 逻辑类型

逻辑类型也称布尔类型，只有 true、false 两个值，布尔类型占一字节。

说明：与其他高级语言不同，Java 中的布尔值和数字之间不能转换，即 true、false 不对应于任何零或非零的整数值。

引用数据类型在后面章节中进行介绍。

3.2.2 常量

常量就是在程序运行期间值不变的量。常量分为普通常量与标识符常量。Java 中的普通常量有整型常量、浮点常量、字符常量、字符串常量和布尔常量。

1. 整型常量

在前面的整型数据类型中提到，整型常量包括 byte、short、int、long 等 4 种数据类型。如 38 为整型常量。

2. 浮点常量

浮点常量分单精度和双精度浮点常量，它们分别以"f 或 F""d 或 D"作为后缀来表示，双精度后面的"d 或 D"可以省略，如 6.46 f、2.366E−5D、3.1415 等。

3. 字符常量

字符常量用单引号括起来的单个字符表示，如'&'和'F'等，而"&"和"F"表示单个字符的一个字符串，二者是有区别的。字符常量也可以是转义字符，如表 3-4 所示。

表 3-4 转义字符

转义字符	含　　义	Unicode 值
'\''	单引号字符	'\u0027'
'\"'	双引号字符	'\u0022'
'\\'	反斜杠	'\005c'
'\r'	回车	'\u000d'
'\n'	换行	'\u000a'
'\f'	走纸换页	'\u003d'
'\t'	横向跳格，水平制表符 Tab	'\u0009'
'\b'	退格	'\u0008'

4. 字符串常量

字符串常量用单引号括起来的若干字符，如"Hello?"。

5. 布尔常量

布尔常量只有 true 和 false 两个值，占一字节。

Java 中的标识符常量也称符号常量，由 final 关键字来定义，定义格式为

［修饰符］final type name＝value；

```
如 public static final float FPI = 3.1415926F;
   final char SEX = 'M';
```

说明：

符号常量必须先声明(定义)，后使用。

修饰符是表示该常量使用范围的权限修饰符，如 public、private、protected 或缺省。"[]"表示其中的内容可以省略。

符号常量全部大写，命名时要"见名知义"。

声明符号常量的优点如下：

增加了程序的可读性，由常量名可知常量的含义。

增强了程序的可维护性，只要在常量的声明处修改常量的值，就自动修改了程序中所有地方所使用的常量值，起到了"一改全改"的作用。

【例 3-2】 定义一个 Circle 类,其中 PI 为常量。

```java
//Circle.java
public class Circle {
    public static final double PI = 3.14;        //定义常量π的值
    public double radius;                         //定义成员变量 radius

    public Circle(double radius){                 //类的构造方法
        this.radius = radius;
    }

    public double getArea(){                      //类的成员方法
        return radius * radius * PI;
    }
    public static void main(String[] args) {
        Circle aCircle = new Circle(2.0);
        double area = aCircle.getArea();
        System.out.println("圆的面积是:" + area);
    }
}
```

其运行结果如图 3-2 所示。

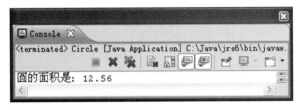

图 3-2　符号常量例

3.2.3　变量

1. 变量的声明

变量是在程序运行期间数值可变的数据,是 Java 中的基本存储单元,常用来记录运算中间结果或保存数据。变量用标识符来命名,Java 中的变量名区分大小写,变量需先声明后使用,定义格式如下:

　　type varName = value;

如 double d1,d2=2,3;。

说明:

① 变量需先声明后使用,声明后以分号结束,表示一条完整的 Java 语句。

② 变量名必须以一个字母开头,是一系列字母和数位的组合,空格不能在变量名中使用;变量名习惯用小写字母,如果变量名由多个单词构成,则首字母小写,其后单词的首字母大写,其余字母小写,取名时"见名知义"。变量名也最好不要起成汉字。

③ 变量名不能使用 Java 中的关键字,且区分大小写。

④ 与 C 语言相似,声明多个变量时,变量间用逗号分隔。

【例 3-3】 一个关于变量赋值的例子。

```
public class TestVariable {
    public static void main(String[] args) {
        boolean b = true;
        int i = 8, j = -99;
        long l = 1234567891;
        char chc = '中';
        double d = -1.04E-5;
        System.out.println("逻辑变量 b = " + b);
        System.out.println("整型变量 j = " + j);
        System.out.println("字符型变量 chc = " + chc);
        System.out.println("长整型变量 l = " + l);
        System.out.println("双精度变量 d = " + d);
    }
}
```

运行结果如图 3-3 所示。

2. 变量的有效范围

变量的有效范围是指程序代码能够访问该变量的区域，若超出变量所在区域访问变量则编译时会出现错误。在 Java 程序中，变量分为成员变量和局部变量。

图 3-3　变量赋值

1) 成员变量

在类体中定义的变量被称为成员变量，成员变量在整个类中都有有效。类的成员变量又可以分为静态变量和实例变量。

声明静态变量和实例变量的示例如下。

```
Class var{
int a = 34;                //声明实例变量
static int b = 56;         //声明静态变量
…
```

其中 b 变量前加上了 static 关键字，被称为静态变量。静态变量的有效范围还可以跨类，甚至可达到整个应用程序之内。使用静态变量时，除了能在定义它的类内存取，还能直接以"类名·静态变量"的方式在其他类内使用。

2) 局部变量

在类的方法体中定义的变量，称为局部变量。局部变量只在当前代码块（定义它的花括号内）中有效。在其他类体中不能调用该变量。

【例 3-4】 成员变量与局部变量示例。

```
public class Val {
    static int numbers = 3;                          //定义成员变量 numbers
    public static void main(String[] args) {         //主方法
        int numbers = 4;                             //定义局部变量 numbers
        System.out.println("局部 numbers 的值为:" + numbers);   /*输出局部变量*/
        System.out.println("成员 numbers 的值为:" + Val.numbers);  /*输出静态变量*/
    }
}
```

运行结果如图 3-4 所示。

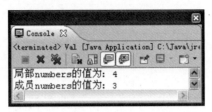

图 3-4　成员变量与局部变量示例

3.3　Java 运算符、表达式、控制结构

对各种类型的数据进行加工的过程称为运算。表示各种不同运算的符号称为运算符。由操作数和运算符按一定的语法形式组成的符号序列称为表达式。本节介绍 Java 运算符、表达式以及 Java 程序的控制结构。

3.3.1　运算符

运算符按功能可分为算术运算符、关系运算符、逻辑运算符、位运算符、赋值运算符、条件运算符、其他运算符。

1. 算术运算符

算术运算符是针对数值型数据进行的运算，根据操作数的不同，可分为双目运算符和单目运算符。

1）双目运算符

双目运算符有 5 个，即＋（加）、－（减）、＊（乘）、/（除）和％（求余）。其中，"％"仅用于整数类型数据，可求得两个整数相除的余数。当"/"用于两个浮点数类型操作数时，得到的是其商；当"/"用于两个整数类型操作数时，得到的是其商的整数部分，称为整除。例如：

```
10 % 8          //结果是 2
-13 % 6         //结果是 -1,结果和符号与被除数符号相同
46/4            //结果是 11
```

2）单目运算符

单目运算符有 3 个，即＋＋（自增）、－－（自减）、－（求相反数）。前两个运算符与 C 语言中运算类似，分别起变量加 1 和减 1 的作用，需认真区分"a＋＋"和"＋＋a"及"a－－"和"－－a"的不同，运算符在变量前是"先运算，后引用"，运算符在变量后是"先引用，后运算"。例如：

```
int i = 6;
j = i++;        //结果,i = 7,j = 6
k = --i;        //结果,i = 6,k = 6
```

2. 关系运算符

关系运算是比较两个数据大小的运算，关系运算符有 6 个，即＞（大于）、＜（小于）、＞＝

（大于或等于）、<=（小于或等于）、==（等于）、!=（不等于）。关系运算的结果是布尔值，即 true 和 false。在表达式中需注意区分等于号与赋值号。

例如：

```
int a = 3, b = 4;
boolean c = (a == b);                //结果 b 为 false
```

3. 逻辑运算符

逻辑运算符用于布尔类型的数据运算，运算结果仍然是布尔型。逻辑运算符有 6 个，如表 3-5 所示。

表 3-5 逻辑运算符

运算符	运 算	用 例	运 算 规 则
&	逻辑与（非简洁与）	x & y	x,y 都为真时，结果才为真
|	逻辑或（非简洁或）	x | y	x,y 都为假时，结果才为假
!	非	! x	x 真时结果为假，x 为假时结果为真
^	异或	x ^ y	x, y 同真假时结果为假
&&	条件与（简洁与）	x && y	x,y 都为真时，结果才为真；只要 x 为假，不再计算 y,结果为假
||	条件或（简洁或）	x || y	x,y 都为假时，结果才为假；只要 x 为真，不再计算 y,结果为真

以上运算符，只有!（逻辑非）是单目运算符。

比较 & 与 &&、| 与 || 的不同，如下：

条件与（&&）、条件或（||）的功能与逻辑与（&）、逻辑或（|）的功能类似，但 && 和 || 有短路计算功能。条件运算可能只计算左边表达式的值而不计算右边表达式的值。例如，对于 && 运算符，只要左边操作数的值为 false，就不计算右边表达式的值，整个表达式的值为 false；对于 || 运算符，只要左边操作数的值为 true，就不计算右边表达式的值，整个表达式的值为 true。

【例 3-5】 逻辑运算符的使用。

```
public class LogicOperator {
    public static void main(String[] args) {
        int x = 3, y = 5;
        int a = 3, b = 5;
        boolean z = x > y && x++ == y-- ;          //条件与运算,短路计算
        boolean c = a > b & a++ == b-- ;           //逻辑与运算
        System.out.print("x = " + x);
        System.out.print(" y = " + y);
        System.out.println(" z = " + z);
        System.out.print("a = " + a);
        System.out.print(" b = " + b);
        System.out.println(" c = " + c);
    }
}
```

运行结果如图 3-5 所示。

图 3-5 逻辑运算符例子

4. 位运算符

位运算是对整数类型和字符型的操作数按二进制的位进行运算,运算结果仍然是整数值。位运算符有 7 个,即~(位反)、&(位与)、|(位或)、^(位异或)、<<(左移位)、>>(右移位)、>>>(无符号右移位)。位运算符的运算规则如表 3-6 所示。

表 3-6 位运算符的运算规则

运算符	运算	用例	功能
~	位反	~a	将 a 按位取反
&	位与	a & b	a、b 逐位进行与操作
|	位或	a | b	a、b 逐位进行或操作
^	异或	a ^ b	a、b 逐位进行异或操作
<<	左移	a << b	a 向左移动 b 位
>>	右移	a >> b	a 向右移动 b 位
>>>	不带符号的右移	a >>> b	a 向右移动 b 位,移动后的空位用 0 填充

【例 3-6】 位运算符例子。

```
public class BitOperator {
    public static void main(String[] args) {
        int i = 8;
        int j = 9;
        char c = 'a';
        System.out.println("~8 的值是:" + (~i));  /* ~00001000 = 11110111,输出 -9 */
        System.out.println("8&9 的值是:" + (i&j));
        System.out.println("8^'a'的值是:" + (i^c));
        System.out.println("8 >> 2 的值是:" + (i>>2));  /* 1000 右移 2 位为 0010,输出 2 */
        System.out.println("8 >>> 2 的值是:" + (i>>>2));
                                /* 1000 无符号右移 2 位为 0010,输出 2 */
        System.out.println("8 << 2 的值是:" + (i<<2));
                                /* 1000 左移 2 位为 100000,输出 32 */
    }
}
```

运行结果如图 3-6 所示。

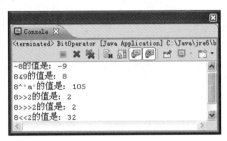

图 3-6 位运算符例子

说明：(1) 位运算得到的二进制值是补码的形式，如果首位是1，表示这个数是负数，需要按位取反，末位加1的规则计算输出值。

(2) 带符号的右移">>"中，右移后左边留下的空位中填入的是原数的符号位，即正数为0，负数为1。不带符号的右移">>>"中，右移后左边的空位一律填0。

(3) 移位能实现整数除以2或乘以2的n次方的效果，即 a<<n，等价于 $a*2^n$；反之，a>>n，等价于 $a/2^n$。

5. 赋值运算符

与C语言类似，赋值运算符用于将右边表达式的值赋给左边变量。需区分赋值运算符与数学中的等号的不同。例如 i=i+3；是正确的赋值运算，但在数学上是不成立的。

赋值运算符还可以与算术、逻辑、位运算符组合成复合赋值运算符，如＋＝、*＝、%＝、&＝、|＝、<<＝、>>>＝等，它们是先运算后，再把结果做赋值。

6. 条件运算赋

条件运算赋是一种三目运算符，与C语言中的含义完全相同，使用形式如下：
x ? y : z 表示 x 表达式值为真时，运算取 y；若 x 表达式值为假时，运算取 z。
例如：

```
int max,a = 5,b = 10;
max = a > b?a:b;                    //max 取较大者 10
```

7. 其他运算符

(1) 括号运算符：括号运算符()在所有的运算符中优先级最高，用来改变表达式运算的先后顺序，先进行括号内的运算，再进行括号外的运算；在有多层括号的情况下，优先进行最内层括号内的运算，再依次从内向外逐层运算。还可以表示方法或函数的调用。

(2) new 运算符：new 运算符用于建立类的实例或类的数组。

(3) 分量运算符：分量运算符用"."表示，用于访问对象的成员，或者访问类的静态成员。

(4) 对象运算符：对象运算符(instanceof)用来判断一个对象是否是某个类或子类的实例(对象)，若是则返回 true，否则返回 false。

【例 3-7】 演示各种运算符的使用。

```
class Test{
}
public class OtherOperator {
    public static void main(String[] args) {
        Test t1 = new Test();                            //new 运算符
        if (t1 instanceof Test){                         //instanceof 对象运算符
            System.out.println("t1 是 Test 类的实例");    //.是分量运算符
        }
        String s = null;
        s = (t1 == null)?"t1 是空对象":"t1 已创建!";      //条件运算符
```

```
        System.out.println(s);
    }
}
```

运行结果如图 3-7 所示。

图 3-7 其他类运算符示例

3.3.2 表达式

表达式是用运算符将操作数连接起来的符合语法规则的运算式。操作数可以是常量、变量及方法调用。在表达式中,操作数的数据类型必须与操作符相匹配,变量必须已被赋值。

例如:

```
int a = 2, b = 4, c;
c = (73 - 6 * b) + a;
```

1. 运算符的优先级

运算符的优先级决定了表达式中运算执行的先后顺序,各运算符的大致优先级由高到低为"自增和自减运算→算术运算→比较运算→逻辑运算→赋值运算"。

运算符的优先级与结合性如表 3-7 所示。

表 3-7 运算符的优先级与结合性

优先级	运算符	描述	结合性
1	. [ ] ( )	域,数组,括号	从左至右
2	++ -- - ! ~	一元运算符	从右至左
3	* / %	乘,除,取余	从左至右
4	+ -	加,减	从左至右
5	<< >> >>>	位运算	从左至右
6	< <= > >=	逻辑运算	从左至右
7	== !=	逻辑运算	从左至右
8	&	按位与	从左至右
9	^	按位异或	从左至右
10	|	按位或	从左至右
11	&&	逻辑与	从左至右
12	||	逻辑或	从左至右
13	? :	条件运算	从右至左

续表

优先级	运算符	描述	结合性
14	=　＊=　/=　%= +=　-=　<<= >>=　>>>= &=　^=　|=	赋值运算	从右至左

表达式求值的运算规则如下：按照运算符优先级从高到低的顺序运算，同级运算符按运算符的结合性进行；当遇到圆括号时，先进行括号内的运算，再将括号内的结果与括号外面的运算符和操作数进行运算。在 Java 中，!（非）、＋（正）、－（负）及赋值运算符的结合方向是"先右后左"，其他运算符的结合性是"先左后右"。

2. 表达式的数据类型

表达式的数据类型由运算结果的数据类型决定。表达式的数据类型可分为 3 类：算术表达式、布尔表达式和字符串表达式。

例如：

```
int a = 4,b = 80;
boolean d;
d = (15 * a)> b;              //布尔表达式
```

3. 数据类型转换

当将一种数据类型的值赋给另一种数据类型的变量时，出现了数据类型的转换。整型和字符型数据可以混合运算。在运算过程中，不同类型的数据先转换为同一类型，再进行计算。转换从低级到高级的优先顺序如下：

bye < short < int < long < float < double

转换规则如下：

(1) 将低级别的值赋给高级别的变量时，系统自动完成数据类型的转换（隐式类型转换）。

例如：

```
int x = 30;
float i;
i = x;                //将 int 型值 30 转换成 float 型值，结果 i 的值是 30.0
```

(2) 将高级别的值赋给低级别的变量时，必须进行强制类型转换（显式类型转换），不推荐使用，因为会使数据精度降低。

例如：

```
int a = (int)56.38;          //输出 a 的值为 56
long x = (long)678.4F;       //输出 x 的值为 678
int y = (int)'c';            //输出 y 的值为 99
```

当把整数赋值给一个 byte、short、int、long 型变量时，不可超出这些变量的取值范围，否则就会发生数据溢出。例如：

```
short a = 634;
byte b = (byte)a;
```

由于 byte 型变量的最大值是 127 634，已超过了其取值范围，因此发生数据溢出，会造成数据丢失。

当双目运算符的两个操作数不同时，系统先将低级别的值转换成高级别的值，再进行计算。有些情况需进行强制类型转换。

【例 3-8】 类型转换例子。

```
public class DivideNumber{
    public static void main(String args[]){
        int i = 16, j = 6, k;
        float f1, f2;
        k = i/j;                //i,j,k 均为 int 型,i/j,整除得商为 2
        f1 = i/j;               //先将 2 转换成 float 型值 2.0,再赋给 f1
        f2 = (float)i/j;        /* 先把 i 强制转换为 float 型 16.0,再把 j 也转换为 float 型
        //6.0,进行除法运算,得 float 型值 2.6666667
        system.out.println("k = " + k);
        system.out.println("f1 = " + f1);
        system.out.println("f2 = " + f2);
    }
}
```

运行结果如图 3-8 所示。

图 3-8　类型转换例子

3.3.3　Java 结构控制语句

大部分高级语言程序都是由若干语句组成的。语句大致可分为简单语句和构造语句两类。简单语句是以分号结束的单一语句，包括最常见的赋值语句、循环体内只有分号的空语句、转移语句和形如"system.out.println("Hello!")"的方法调用语句。构造语句包括由花括号"{}"括起来的复合语句、选择语句和循环语句。但是 Java 中没有 goto 语句。

尽管 Java 是完全面向对象的程序设计语言，但在其局部的程序块内，仍然需要借助结构化程序设计的基本流程结构，即顺序结构、分支结构和循环结构，完成相应的逻辑功能。结构化程序设计是遵循公认的面向过程编程的原则，采用"单入口单出口"的控制结构，按照自顶向下、逐步求精和模块化的原则进行程序的分析与设计，使得程序的逻辑结构清晰、层次分明，有效地提高了局部程序段的可读性和可靠性，显著提高了程序设计的质量和效率。三种结构控制语句的框架如图 3-9 所示。

顺序结构语句是三种结构中最简单的结构语句，即程序按照语句的书写次序顺序执行。分支结构语句又称选择结构语句，需根据表达式值来判断应选择执行哪一个流程分支；循

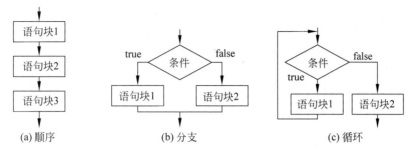

图 3-9 三种结构控制语句的框架

环结构语句则是在满足一定的条件下重复执行一段语句的流程结构。这三种结构构成了程序局部模块的基本框架。

1. 分支结构语句

分支结构语句也称为条件语句,有两种,分别是实现双分支的 if 语句和实现多分支的开关语句 switch 语句。

1) if 语句

if 语句的语法格式如下:

```
if (条件表达式)
    语句块 1;
else
    语句块 2;
```

其中,条件表达式用来选择程序的流程走向,在程序的执行过程中,如果条件表达式的值为真,则执行语句块 1,否则执行 else 分支的语句块 2。在编写程序时,也可以不写 else 分支,此时若条件表达式的值为假,则绕过 if 分支直接执行 if 语句后面的其他语句。语法格式如下:

```
if (条件表达式)
    语句块 1;
其他语句;
```

【例 3-9】 分段函数的分支结构示例。

```java
public class FenDuanIf {
    public static void main(String[] args) {
        int x = 48;
        if(x >= 0)
            System.out.println(fun1(x));
        else
            System.out.println(fun2(x));
    }
    static double fun1(int a){
        return Math.sqrt(a) + 1;
    }
    static int fun2(int a){
        return a * a - 3 * a + 1;
    }
}
```

程序运行结果：7.928203230275509。

2）多分支 if 语句

多分支 if 语句也称为嵌套 if 语句，其语法格式如下：

```
if (条件表达式 1)
    语句块 1;
else if (条件表达式 2)
    语句块 2;
else if (条件表达式 3)
    语句块 3;
```

【例 3-10】 从键盘任意输入三个数，求最大值。

```java
public class MaxNum {
    public static void main(String args[])
    {
        int x,y,z,max;
        x = Integer.parseInt(args[0]);
        y = Integer.parseInt(args[1]);
        z = Integer.parseInt(args[2]);
        if(x > y)
            if(x > z)
                max = x;
            else
                max = z;
        else
            if(x > z)
                max = y;
            else
                max = z;
        System.out.println("x = " + x);
        System.out.println("y = " + y);
        System.out.println("z = " + z);
        System.out.println("max = " + max);
    }
}
```

程序解析：main()方法中声明了 x、y、z、min 共 4 个 int 类型变量，分别表示通过键盘输入的三个整数和最大者，借助 main()方法中的参数 args[0]、args[1] 和 args[2] 分别接收按顺序输入的三个参数，通过 Integer.parseInt(args[0])、Integer.parseInt(args[1]) 和 Integer.parseInt(args[2])分别将三个参数转换成 int 类型值，再分别赋给 x、y、z。然后用嵌套 if 语句来得出三个数中的最大者 max，并输出 max。

说明：在 Eclipse 控制台中运行时，选择 run configurations，在打开的对话框中，再选择 Arguments 选项卡，在其下面的 program arguments 列表框中输入"10 5 12"，按 Enter 键，则运行结果如图 3-10 所示。

3）switch 语句

switch 语句是一种多分支的开关语句，语法格式如下：

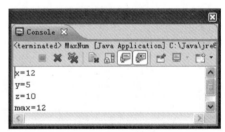

图 3-10　多分支 if 示例

```
switch(表达式){
    case 判断值 1:语句块 1;break;           //分支 1
    case 判断值 2:语句块 1;break;           //分支 2
    ...
    case 判断值 n:语句块 n;break;           //分支 n
    default: 语句块 n+1;                    //分支 n+1
}
```

switch 语句在执行时,首先计算表达式的值,这个表达式的值必须是 byte、char 和 int 类型,不允许是浮点数类型和 long 类型,同时应与各个 case 分支的判断值的类型相一致。如果表达式的值和某个 case 子句后面的常量值相等,就执行该 case 子句中的语句序列,直到遇到 break 语句为止。如果某个 case 子句没有 break 语句,一旦表达式的值与该 case 子句后面的常量值相等,在执行完该 case 子句中的语句序列后,继续执行后继的 case 子句中的语句序列,直到遇到 break 语句为止。如果没有一个常量值与表达式的值相等,则执行 default 子句中的语句序列;如果没有 default 子句,switch 语句不执行任何操作。

【例 3-11】 将百分制成绩转换为优秀、良好、中等、及格和不及格的五级制成绩。标准如下。

优秀:90~100 分;
良好:80~89 分;
中等:70~79 分;
及格:60~69 分;
不及格:60 分以下。

```
public class Level
{
    public static void main(String args[])
    {
        short newGrade, grade;
        grade = Short.parseShort(args[0]);
        switch (grade/10)
         {
             case 10:
             case 9: newGrade = 1; break;
             case 8: newGrade = 2; break;
             case 7: newGrade = 3; break;
             case 6: newGrade = 4; break;
             default: newGrade = 5;
         }
System.out.print(grade);
switch (newGrade)
 {
         case 1: System.out.println(",优秀"); break;
         case 2: System.out.println(",良好"); break;
         case 3: System.out.println(",中等"); break;
         case 4: System.out.println(", 及格"); break;
         case 5: System.out.println(",不及格");
 } } }
```

程序解析:本问题如果用多分支嵌套 if 语句来实现,可读性差,所以考虑用 switch 语句。利用 switch 语句的关键是要构造一个表达式,将各分支条件转换成对应的 char、byte、 short、int 类型的不同值。本例中,构造整数型表达式 grade/10 将分数转换成单个整数值。再利用另一个 switch 语句,将分数级别转换成相应汉字描述的分数级别。

程序中,用 short 类型变量 grade 和 newGrade 分别表示百分制成绩和用 1~5 表示的对应成绩。通过 Short.parseShort(args[0])将键盘输入的参数转换成 short 类型的值,再赋给 grade。需要说明的是,当输入成绩 100 时,grade/10 的值为 10,在执行第一个 switch 语句时,因为 case10: 后面没有 break 语句,所以程序继续执行 case9:结果,newGrade 的值为 1,然后跳出第一个 switch 语句。

如果输入 89,则程序运行结果如图 3-11 所示。

图 3-11　switch 语句转换成绩等级

2. 循环结构语句

循环语句的作用是在一定条件下,反复执行一段程序代码,被反复执行的程序称为循环体。Java 提供的循环语句有 while 语句、do-while 语句和 for 语句。它们的共同特点是,当循环条件满足时,反复执行循环体;否则,退出循环。三种循环语句流程如图 3-12 所示。

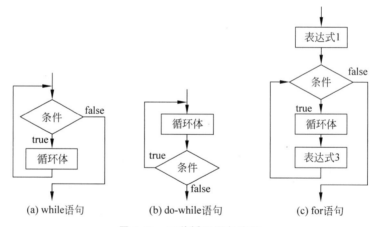

图 3-12　三种循环语句流程

1) while 语句

while 语句也称条件判断语句,它的语法格式如下:

```
while(条件表达式)
   循环体
```

其中,条件表达式的值为布尔值,循环体可以是单个语句,也可以是复合语句块。其执行过程如下:当条件表达式的值为真时,执行循环体,并无条件转向条件表达式再做计算与判断;当条件表达式值为假时,跳出循环体执行 while 语句后面的语句。可见,while 语句的特点是:先判断,后执行。

【例 3-12】 求两个数的最小公倍数。

```java
public class GongBeiShu {
    public static void main(String[] args) {
        int result;
        int m = Integer.parseInt(args[0]);
        int n = Integer.parseInt(args[1]);
        if (m > 0 && n > 0) {                    //检查输入的合法性
            result = m < n?n:m ;
            while(result % m!= 0 || result % n != 0) {
                result++;
            }
            System.out.println("最小公倍数为:" + result);
        }
        else                                      //输入错误
            System.out.println("没有输入两个正整数");
    }
}
```

当从键盘输入 7　9 时,得到运行结果如下:

最小公倍数为:63

说明:while 语句易犯的错误是在 while(条件表达式)之后加分号。例如:

```java
while(x == 5);
```

这时程序会认为是一条空语句,而进入死循环,Java 编辑器又不会报错,可能会浪费很多时间去调试,需注意这个问题。

2) do-while 语句

do-while 语句的语法格式如下:

```
do
循环体
while (条件表达式);
```

do-while 语句的特点是:先执行,后判断,所以 do-while 语句的循环体至少要执行一次,这也正是 do-while 语句与 while 语句不同的地方。

【例 3-13】 计算 1～50 的奇数和与偶数和。

```java
public static void main(String args[]){
    int i,oddSum,evenSum;
    i = 1;
    oddSum = 0;
    evenSum = 0;
    do {
        if(i % 2 == 0)                //如果 i 是偶数
            evenSum += i;             //求偶数和
        else                          //如果 i 是奇数
            oddSum += i;              //求奇数和
        i++;
    }while(i <= 50);                  //判断 i 的值是否在 1～50
    System.out.println("Odd sum = " + oddSum);
    System.out.println("Even sum = " + evenSum);
}
```

程序运行结果如图 3-13 所示。

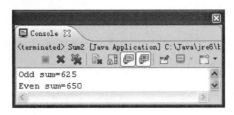

图 3-13　do-while 语句求奇偶数和

3) for 语句

for 语句是 Java 的三种循环语句中功能较强、使用较频繁的一种语句。

for 语句的语法格式如下：

```
for(表达式1;表达式2;表达式3){
        循环体
}
```

表达式 1：循环变量赋初值。

表达式 2：循环条件。

表达式 3：循环变量修正。

for 语句的执行过程：先计算表达式 1,完成初始化工作；再判断表达式 2 的值；若为真,则执行循环体,执行完循环体后再返回表达式 3,计算并修改循环条件,则一轮循环结束。第二轮循环从计算并判断表达式 2 开始,若表达式的值仍为真,则继续循环,否则跳出整个 for 语句执行下面的语句。

for 语句的三个表达式均可为空,但若表达式 2 为空,则表示当前循环是一个无限循环,需要在循环体中增加另外的跳转语句终止循环。

【例 3-14】　从键盘输入一个数,判断是否为素数。

素数是指除 1 及自身外,不能被其他数整除的自然数。对于一个自然数 k,需要使用 2～sqrt(k)的每个整数进行测试,如果不能找到一个整数 i,使 k 能被 i 整除,则 k 是素数；如果能找到某个整数 i,使 k 能被 i 整除,则 k 不是素数。

```
import Java.util.*;
public class IsPrime {
    public static void main(String[] args) {
        Scanner input = new Scanner(System.in);
        int k,i,t;
        System.out.print("请输入一个数字:");
        k = input.nextInt();
        t = (int)Math.sqrt(k);              //Math.sqrt(k)是 double 型,需强制转换为 int 型
        for (i= 2; i<=t; i++)               // i是除数
            if (k % i == 0)                 // 求可以整除被除数的除数
                break;
        if(i==t+1)                          //i是与(t+1)比较,而不是与t比较
            System.out.println(k+" is a prime.");
        else
            System.out.println(k+" is not a prime.");
    }
}
```

当在 Eclipse 控制台通过键盘输入 11 时,运行结果如图 3-14 所示。

图 3-14 for 循环判素数运行结果

4) 多重循环

多重循环又称嵌套循环,即在循环体中又嵌套循环。循环套时要求内循环完全包含在外循环之内,不能出现相互交叉现象。

例如:

```
for( ; ; )                          //外循环开始
{ …
    for( ; ; )                      //内循环 1 开始
    { … }                           //内循环 1 结束
    while(condition)                //内循环 2 开始
    { … }                           //内循环 2 结束
}
```

【例 3-15】 求 2～50 的所有素数。

```
public class PrimeNumber1
{
    public static void main(String args[ ])
    {
        final int MAX = 50;
        int i, k;
        boolean yes;
        System.out.println("2～50 的素数为: ");
        for(k = 2; k < MAX; k++)
        {
            yes = true;
            i = 2;
            while (i <= Math.sqrt(k); && yes)
            {
                if (k % i == 0)
                    yes = false;
                    i++;
            }
            if (yes)
                System.out.print(k + " ");
        }
    }
}
```

运行结果如图 3-15 所示。

程序解析:本例用到了 for 语句和 while 语句实现二重循环。内循环用来判断 k 是否为素数。在内循环之前,给布尔变量 yes 赋初值 true。在内循环 while 语句中,如果在 2～Math.sqrt(k)中找到了能整除 k 的整数 I,将 yes 改为 false,结束内循环。若 yes 的值为

图 3-15　嵌套 for 循环找素数运行结果

true,则 k 为素数。

外循环的作用是对 2~50 中的每一个整数,判断其是否为素数。外循环共执行 48 次,每次对一个整数进行判断。

本例也可以用 for 语句的二重嵌套来实现。代码如下:

```
public class PrimeNumber2
{
    public static void main(String args[])
    {
    int i,j;
    boolean flag;
    System.out.println("2~50的素数为: ");
    for(i = 2; i < = 50; i++)
        {
        flag = true;
            for(j = 2;j < = Math.sqrt(i);j++)
                if(i % j == 0)              //如果该数可以整除其余数,则不可能是素数
                    {flag = false;
                     break;
                    }
        if(flag)
            System.out.print(i + " ");
        }
    }
}
```

其运行结果与图 3-15 完全相同。

3. 跳转语句

Java 语言中,跳转语句用于控制流程转移,但不支持无条件跳转的 goto 语句。

1) break 语句

break 语句使程序的流程从一个封闭的语句块内部跳转出来。通常在 switch 和循环语句 while、do-while、for 语句中使用。当程序执行到 break 语句,立即从 switch 语句或循环语句退出。

带标号的 break 语句:

```
break 标号名;
```

表示程序从标号语句块跳出,跳转到该语句后面的语句。

不带标号的 break 语句表示从其所在 switch 分支或最内层循环体中跳转出来,执行分支或循环体后的语句。

2) continue 语句

continue 语句只在 while、do-while、for 循环语句中使用,其作用是终止当前这一轮的循环,跳过本轮循环剩余的语句,直接进入下一轮循环。通常用于某外层循环。

区别如下:

break 语句:退出循环体,执行循环体后面的语句。

continue 语句:提前结束本次循环,忽略本循环体中 continue 语句后面的语句,回到循环的条件测试部分继续执行下一轮循环。

说明:从结构化程序设计的角度,不鼓励使用这两种跳转语句。

3) return 语句

return 语句的格式如下:

```
return 表达式;
```

return 语句的作用是使程序从方法调用中返回,表达式的值就是调用方法的返回值。若没有返回值,则表达式可省略。

3.4 数组

在实际应用中,经常需要处理具有相同性质的一批数据。例如要处理 100 个学生的考试成绩,如果要用基本类型变量(简单变量),将需要 100 个变量,极不方便。为此,在 Java 中,和 C 语言类似,除简单变量外,还引入了数组,即用一个变量表示相同性质的数据。例如,球类的集合——足球、篮球、羽毛球等;电器集合——电视机、洗衣机、电风扇等,就可以分别定义在一个数组中。Java 语言中,数组是一种最简单的复合数据类型,也叫引用数据类型。所谓数组是指名称相同、下标不同的一组变量,它用来存储一组类型相同的数据。数组可以用一个统一的数组名和下标来唯一地确定数组中的元素。按照下标个数不同,数组可分为一维数组和多维数组。

3.4.1 数组的声明和创建

1. 一维数组

一维数组是用一个下标来确定数组中的不同元素的。Java 程序中定义数组的操作与其他语言有一定差异。一般来说,创建一个 Java 的一维数组需要下列两个步骤。

1) 一维数组的声明

声明一个数组就是要确定数组名、数组的维数和数组元素的数据类型。

一维数组声明的格式如下:

```
数组元素类型 数组名[];
```

或

```
数组元素类型[]数组名;
```

[ ]是数组的标志,可出现在数组名前或后。数组元素类型可以是任意的基本数据类型,也可以是引用数据类型。数组名是一个引用变量,其命名方法同简单变量。

例如：

```
int score[];
float []weight;
Employee []employees;
```

上面声明的数组，它们的元素类型分别为 int 型、float 型和 Employee 类型。在 Java 语言中，数组是引用数据类型，也就是说数组是一个对象，数组名就是对象名(或引用名)。数组声明实际上是声明一个引用变量，这一引用变量并没指向任何空间。如果数组元素为引用类型，则该数组称为对象数组，如上面的 employee 就是对象数组。

2) 创建数组空间

声明数组后，仅为数组指定了数组名和元素的数据类型，并未指定数组元素的个数，系统还无法为数组分配内存空间。Java 不支持变长数组，所以要想开辟空间，创建数组，还必须指定数组元素的个数，以便实现数组的初始化。创建数组空间有两种方法。

(1) 动态创建：动态创建是指用 new 运算符初始化数组，只指定数组元素个数，分配存储空间，并不给元素赋初值。

格式如下：

数组名 = new 数组元素类型[数组元素个数];

当用 new 运算符创建一个数组时，系统就为数组元素分配了存储空间，这时系统根据指定的长度创建若干存储空间并为数组每个元素指定默认值。对数值型数组元素默认值是 0、字符型元素的默认值是 '\u0000'、布尔型元素的默认值是 false。如果数组元素是引用类型，则默认值是 null。

例如：

```
double score[];              //数组声明
score = new int[5];          //创建数组空间
```

也可把数组声明与创建空间合二为一。例如：

```
int score = new int[10];
Employee []employees = new Employee[3];
```

在内存中，数组的下标从 0 开始，上面两个语句分别分配了 5 个 double 型和 3 个 Employee 类型的空间，并且每个元素使用默认值初始化。上面两个语句执行后效果如图 3-16 所示。数组 score 的每个元素都被初始化为 0.0，而数组 employees 的每个元素被初始化为 null。

图 3-16 创建数组示例

对于引用类型数组(对象数组)，它的每个元素初值为 null，因此，还需要创建数组元素对象。

employees[0] = new Employee(1002,"张三",3000.0);
employees[1] = new Employee(1006,"王五",5000.0);
employees[2] = new Employee(1008,"李四",8000.0);

上面语句执行后效果如图 3-17 所示。

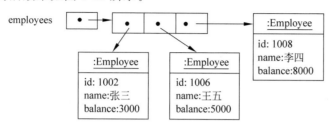

图 3-17 创建数组元素对象的效果

（2）静态创建：声明数组同时可以使用初始化器对数组元素初始化，它是在一对花括号中给出数组的每个元素值。这种方式适合数组元素较少的情况，这种初始化也称为静态初始化。即在创建空间的同时，给各元素赋初值，这样省略了 new 运算，例如：

```
int score[ ] = {56,85,100,88,92};
String stringArray[ ] = {"abc","How","you"};
Employee employees[ ] = { new Employee(1002,"张三",3000.0), new Employee(1006,"王五",
5000.0), new Employee(1008,"李四",8000.0)}
```

用这种方法创建数组不能指定大小，系统根据元素个数确定数组大小。另外可以在最后一个元素后面加一个逗号，以方便扩充。

说明：无论用哪种方式创建空间，前面的方括号[ ]中都不能填写任何内容，否则编译出错。

2. 二维数组

Java 语言中，多维数组被看作数组的数组，即包括两个以上下标的数组。其中，二维数组最常用。

1) 二维数组的声明

二维数组声明的格式如下：

```
数组元素类型 数组名[ ][ ];
```

或

```
数组元素类型[ ][ ]数组名;
```

2) 二维数组空间的创建

（1）动态创建。有以下两种方法。

① 直接为每一维分配空间，格式如下：

```
数组名 = new 元素类型[行数][列数];
例如 int a[ ][ ] = new int[2][3];            //声明的同时创建空间
等价于 int a[ ][ ];
    a = new int[2][3];                      //先声明再创建空间
```

② 从最高维开始，分别为每一维分配空间。

例如：

```
int a[][] = new int[2][];
a[0] = new int[3];
a[1] = new int[5];
```

（2）静态创建。

```
int intArray[][] = {{1,2},{2,3},{3,4,5}};
```

3.4.2 数组元素的引用

声明了一个数组，并使用 new 运算符为数组元素分配内存空间后，就可以使用数组中的每一个元素。

1. 一维数组元素的引用

数组元素的引用方式如下：

数组名[下标]

通过数组名和下标访问数组元素，数组下标可以为整型常数或表达式，下标从 0 开始，到数组的长度减 1。每个数组都有一个属性 length 指明它的长度，例如 intArray.length 指明数组 intArray 的长度。

【例 3-16】 简单数组复制数组的引用。

```
public class TestArray1 {
public static void main(String[] args) {
int a[] = {2,-8,5,30};                    //声明并创建整型数组
System.out.println("数组 a 的地址为:" + 啊);
System.out.println("数组 a 的长度为:" + a.length);
print(a);
int b[];
b = a;                                    //将数组 a 的引用赋值给数组 b,变量 b 指向 a 数组
System.out.println("数组 b 的地址为:" + a);
print(b);
b[2] = 100;                               //数组 a 发生变化了吗？
print(a);
print(b);
}
static void print(int[] array){
for(int i=0;i<array.length;i++)
System.out.print(array[i]+" ");
}
System.out.println();
}
}
```

运行结果如图 3-18 所示。

程序解析：从运行结果看出，数组 b 和数组 a，实际上是一个地址，当修改 b[2] 的值时，数组 a 也发生了变化。

2. 二维数组元素的引用

对二维数组中的每个元素，引用方式如下：

图 3-18 一维数组应用

```
数组名[下标1][下标2]
```

例如下面代码给matrix数组元素赋值：

```
matrix[0][0] = 80;
matrix[0][1] = 75;
matrix[0][2] = 78;
matrix[1][0] = 67;
matrix[1][1] = 87;
matrix[1][2] = 98;
```

下面代码输出matrix[1][2]元素值：

```
System.out.println(matrix[1][2]);
```

与访问一维数组一样，访问二维数组元素时，下标也不能超出范围，否则抛出异常。可以用matrix.length得到数组matrix的大小，结果为2，用matrix[0].length得到matrix[0]数组的大小，结果为3。

对二维数组的第一维通常称为行，第二维称为列。要访问二维数组的所有元素，应该使用嵌套的for循环。如下面代码输出matrix数组中所有元素。

```
for(var i = 0; i < matrix.length; i++){
    for(var j = 0; j < matrix[0].length; j ++){
        System.out.print(matrix[i][j] + " ");
    }
    System.out.println();              // 换行
}
```

同样，在访问二维数组元素的同时，可以对元素处理，例如计算行的和或者列的和等。

Java的二维数组是数组的数组，对二维数组声明时可以只指定第一维的大小，第二维的每个元素可以指定不同的大小。例如：

```
var cities = new String[2][];        // cities数组有2个元素
cities[0] = new String[3];           // cities[0]数组有3个元素
cities[1] = new String[2];           // cities[1]数组有2个元素
```

这种方法适用于低维数组元素个数不同的情况，即每个数组的元素个数可以不同。对于引用类型的数组，除了为数组分配空间外，还要为每个数组元素的对象分配空间。

```
cities[0][0] = new String("北京");
cities[0][1] = new String("上海");
cities[0][2] = new String("广州");
cities[1][0] = new String("伦敦");
cities[1][1] = new String("纽约");
```

cities数组元素空间的分配情况如图3-19所示，图中共有8个对象。

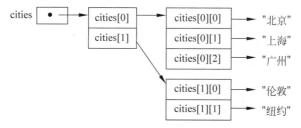

图3-19 创建不规则二维数组

【例 3-17】 假设要打印输出前 10 行杨辉三角形，可以用不规则数组存储。

```
public class Triangle
{
    public static void main(String[] args)
    {
        int level = 10;
        int triangle[][] = new int[level][];
        for(int i = 0; i < triangle.length; i++) triangle[i] = new int[i + 1];
        // 为 triangle 数组的每个元素赋值
        triangle[0][0] = 1;
        for(int i = 1; i < triangle.length; i++)
        {
            triangle[i][0] = 1;
            for(int j = 1; j < triangle[i].length - 1; j++) triangle[i][j] = triangle
[i - 1][j - 1] + triangle[i - 1][j];
            triangle[i][triangle[i].length - 1] = 1;
        }
        // 打印输出 triangle 数组的每个元素
        for(int i = 0; i < triangle.length; i++)
        {
          for(int j = 0; j < triangle[i].length; j++) System.out.print(triangle[i][j] +
" ");
            System.out.println(); // 换行
        }
    }
}
```

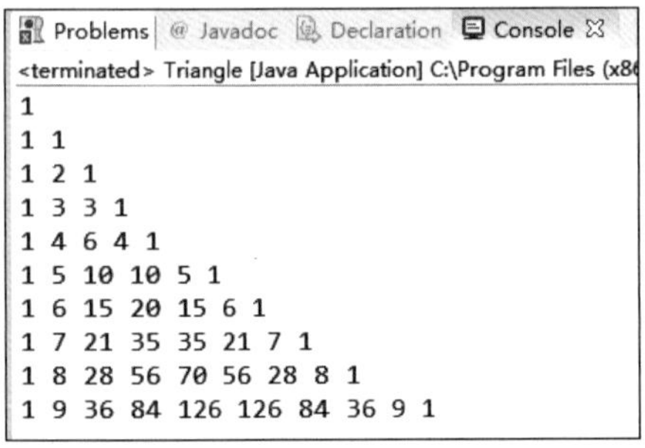
Problems @ Javadoc Declaration Console
<terminated> Triangle [Java Application] C:\Program Files (x8
1
1 1
1 2 1
1 3 3 1
1 4 6 4 1
1 5 10 10 5 1
1 6 15 20 15 6 1
1 7 21 35 35 21 7 1
1 8 28 56 70 56 28 8 1
1 9 36 84 126 126 84 36 9 1

图 3-20 前 10 行杨辉三角形

程序运行结果如图 3-20 所示。

在使用数组参数时，需注意以下几点：

(1) 数组作形参时，形参表中数组名后的括号“[]”不能省略，括号个数和数组的维数相等。不需给出数组元素个数。

(2) 数组作实参时，实参表中，数组名后不需要加括号。

(3) 数组名作实参时，传递的是地址，而不是值，形参和实参具有相同的存储单元，所以形参数组的改变会影响到实参的改变。

(4) 数组元素作实参时，数组元素相当于是一个简单变量，其传递的是值，而不是地址。

3. 增强的 for 循环

如果程序只需顺序访问数组中每个元素，可以使用增强的 for 循环，它是 Java 5 新增功能。增强的 for 循环可以用来迭代数组和对象集合的每个元素。它的一般格式为

```
for(type identifier:expression) {
// 循环体
}
```

该循环的含义如下：对 expression(数组或集合)中的每个 type 类型的元素 identifier，执行一次循环体中的语句。这里，type 为数组或集合中的元素类型。expression 必须是一

个数组或集合对象。

下面使用增强的 for 循环实现求数组 marks 数组中各元素的和,代码如下:

```
double sum = 0;
 for(var score :marks){
     sum = sum + score;
}
System.out.println("总成绩 = " + sum);
```

提示:使用增强的 for 循环只能按顺序访问数组元素,并且只能使用元素而不能对元素进行修改。

3.4.3 数组应用

1. 排序

排序是一个数据序列的各元素按关键值大小进行升序或升序排列的过程。这里介绍冒泡排序、选择排序这两种常用的排序算法。

1) 冒泡排序(Bubble Sort)

(1) 基本思想。

两两比较待排序数据元素的大小,发现两个数据元素的次序相反时即进行交换,直到没有反序的数据元素为止。

(2) 排序过程。

设想被排序的数组 R[1..N]垂直竖立,将每个数据元素看作有重量的气泡,根据轻气泡不能在重气泡之下的原则,从下往上扫描数组 R,凡扫描到违反本原则的轻气泡,就使其向上"漂浮"。如例 3-18 所示,第一趟排序后得出最大数 49,第二趟排序后,得出次大数 76,以此类推,如此反复进行,直至最后任何两个气泡都是轻者在上,重者在下为止。

【**例 3-18**】 冒泡升序排序。

初始关键字:49 38 65 97 76 13 27 49

排序具体过程:

49	13	13	13	13	13	13
38	49	27	27	27	27	27
65	38	49	38	38	38	38
97	65	38	49	49	49	49
76	97	65	49	49	49	49
13	76	97	65	65	65	65
27	27	76	97	76	76	76
49	49	49	76	97	97	97

可见,n 个数排序,需 n−1 趟比较。

代码如下:

```
public class BubbleSort
{
    void bubble(int[] src)
```

```java
{
    int temp;
    int len = src.length;
    for(int i = 0;i < len;i++)
    {
        for(int j = i + 1;j < len;j++)
        {
            if(src[i]> src[j])
            {
                temp = src[j];
                src[j] = src[i];
                src[i] = temp;
            }
        }
    }
}
public static void main(String[] args)
{
    int array[] = {49,38,65,97,76,13,27,49};
    System.out.print("原数组元素为:");
    for(int i = 0;i < array.length;i++)
        System.out.print(array[i] + " ");
    System.out.println();
    BubbleSort b = new BubbleSort();
    b.bubble(array);                           //调用函数
    System.out.print("冒泡升序排后数组元素为:");
    for(int i = 0;i < array.length;i++)
        System.out.print(array[i] + " ");
}
}
```

运行结果如图 3-21 所示。

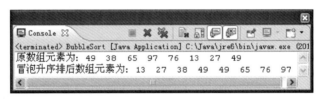

图 3-21　冒泡排序结果

2) 选择排序(Selection Sort)

选择排序的基本思想：对待排序的记录序列进行 n－1 遍的处理，第 1 遍处理是将 L[1..n]中最小者与 L[1]交换位置，第 2 遍处理是将 L[2..n]中最小者与 L[2]交换位置，……，第 i 遍处理是将 L[i..n]中最小者与 L[i]交换位置。这样，每一趟从待排序的数据元素中选出最小(或最大)的一个元素，顺序放在已排好序的数列的最后，直到全部待排序的数据元素排完。当然，实际操作时，也可以根据需要，通过从待排序的记录中选择最大者与其首记录交换位置，按从大到小的顺序进行排序处理。

【例 3-19】　选择升序排序。

初始关键字 [49 38 65 97 76 13 27 49]

第一趟排序后 13 [38 65 97 76 49 27 49]

第二趟排序后 13 27 [65 97 76 49 38 49]
第三趟排序后 13 27 38 [97 76 49 65 49]
第四趟排序后 13 27 38 49 [49 97 65 76]
第五趟排序后 13 27 38 49 49 [97 97 76]
第六趟排序后 13 27 38 49 49 76 [76 97]
第七趟排序后 13 27 38 49 49 76 76 [97]
最后排序结果 13 27 38 49 49 76 76 97

代码如下：

```java
public class SelectionSort {
    void doSelectionSort(int[] src)
    {
        int len = src.length;
        int temp;
        for(int i = 0;i < len;i++)
        {
            temp = src[i];
            int j;
            int samllestLocation = i;           //最小数的下标
            for(j = i + 1;j < len;j++)
            {
                if(src[j]< temp)
                {
                    temp = src[j];              //取出最小值
                    samllestLocation = j;       //取出最小值所在下标
                }
            }
            src[samllestLocation] = src[i];
            src[i] = temp;
        }
    }
    public static void main(String[] args)
    {
            int array[] = {49,38,65,97,76,13,27,49};
            System.out.print("原数组元素为:");
            for(int i = 0;i < array.length;i++)
                System.out.print(array[i] + " ");
            System.out.println();
            SelectionSort b = new SelectionSort();
            b.doSelectionSort(array);                   //调用函数
            System.out.print("选择升序排后数组元素为:");
            for(int i = 0;i < array.length;i++)
                System.out.print(array[i] + " ");
    }
}
```

运行结果如图 3-22 所示。

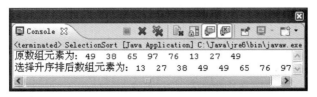

图 3-22　选择排序结果

2. 查找

查找是利用率给定的某个值,在一个数据集或数据序列中确定一个其关键字等于给定值记录或数据元素。若表中存在这样一个记录,则称查找是成功的;若表中不存在关键字等于给定值的记录,则称查找不成功。常用查找算法有顺序查找、二分查找等。

1) 顺序查找

顺序查找又称线性查找。基本思想如下:从查找表的一端开始,向另一端逐个按给定值 K 与关键字进行比较,若找到,查找成功,并给出记录在表中的位置;若整表检测完,仍未找到与 K 值相同的关键字,则查找失败。其优点是:对表中数据的存储没有要求,数据序列可以是有序,也可以是无序;对于链表,只能进行顺序查找。顺序查找的缺点是:当 n 值很大时,平均查找长度较大,效率低。

2) 二分查找

(1) 算法思想。

二分查找又称折半查找,它是一种效率较高的查找方法。折半查找的算法思想是将数列按有序化(递增或递减)排列,查找过程中采用跳跃式方式查找,即先以有序数列的中点位置为比较对象,如果要找的元素值小于该中点元素,则将待查序列缩小为左半部分,否则为右半部分。通过一次比较,将查找区间缩小一半。折半查找是一种高效的查找方法。它可以明显减少比较次数,提高查找效率。但是,折半查找的先决条件是查找表中的数据元素必须有序。

折半查找法的优点是比较次数少,查找速度快,平均性能好;其缺点是要求待查表为有序表,且顺序存储,则导致插入删除困难。因此,折半查找方法适用于不经常变动而查找频繁的有序列表。

(2) 算法步骤描述。

① 首先确定整个查找区间的中间位置 mid=(left+right)/2。

② 用待查关键字值与中间位置的关键字值进行比较:若相等,则查找成功;若大于,则在后(右)半个区域继续进行折半查找;若小于,则在前(左)半个区域继续进行折半查找。

③ 对确定的缩小区域再按折半公式,重复上述步骤。

最后,得到结果:要么查找成功,要么查找失败。折半查找的存储结构采用一维数组存放。

【例 3-20】 二分查找。

```java
public class BinarySearch {
/**
 * 二分查找算法
 * @param srcArray 有序数组
 * @param key 查找元素
 * @return key 的数组下标,若没找到,则返回-1
 */
    public static void main(String[] args)
    {
        int srcArray[] = {3,5,11,17,21,23,28,30,32,50,64,78,81,95,101};
        System.out.print("所在下标为:");
        System.out.println(binSearch(srcArray,0,srcArray.length-1, 81));
```

```
    }
    // 二分查找递归实现
    public static int binSearch(int srcArray[], int start, int end, int key)
    {
    int mid = (end - start) / 2 + start;
        if (srcArray[mid] == key)
        return mid;
        if (start >= end)
        return -1;
        else if (key > srcArray[mid])
            return binSearch(srcArray, mid + 1, end, key);
        else if (key < srcArray[mid])
            return binSearch(srcArray, start, mid - 1, key);
        return -1;
    }
}
```

运行结果如图 3-23 所示。

图 3-23 二分查找结果

3.4.4 数组 Array 类

Java.util.Arrays 类定义了若干静态方法对数组操作,包括对数组排序、在已排序的数组中查找指定元素、数组元素的复制、比较两个数组是否相等、将一个值填充到数组的每个元素中。

(1) public static int binarySearch(int[] a, int key):根据给定的键值,查找该值在数组中的位置,如果找到指定的值,则返回该值的下标值。如果查找的值不包含在数组中,方法的返回值为(一插入点-1)。插入点为指定的值在数组中应该插入的位置。

(2) public static void sort(int[] a):对数组 a 按自然顺序排序。

(3) public static void sort(int[] a, int fromIndex, int toIndex):对数组 a 中的元素从起始下标 fromIndex 到终止下标 toIndex 之间的元素排序。

(4) public static double[] copyOf(double[] original, int newLength):方法的 original 参数是原数组,newLength 参数是新数组的长度。

(5) public static void fill (int[] a, int val):用指定的 val 值填充数组 a 中的每个元素。

(6) public static boolean equals(boolean[] a, boolean[] b):比较布尔型数组 a 与 b 是否相等。

(7) public static String toString(int[] a):将数组 a 的元素转换成字符串,它有多个重载的版本,方便对数组的输出。

上述操作都有多个重载的方法,可用于所有的基本数据类型和 Object 类型。

【例 3-21】 用 Arrays 的 sort()方法排序数组。

```java
package com.boda.xy;
import Java.util.Arrays;
public class SortDemo
{
    public static void main(String[] args)
    {
        int[] a = {
            75, 53, 32, 12, 46, 199, 17, 54
        };
        System.out.print("排序前:");
        System.out.println(Arrays.toString(a));
        Arrays.sort(a);
        System.out.print("\n排序后:");
        System.out.println(Arrays.toString(a));
    }
}
```

程序运行结果如图 3-24 所示。

图 3-24　例 3-21 运行结果

3.5　典型案例

本节设计两个典型案例，练习 Java 语言基础知识的应用。

3.5.1　人脸识别

编写一个真正的人脸识别算法是一个相当复杂的任务，涉及图像处理、特征提取和机器学习等多个领域。但是，为了演示目的，我们可以编写一个非常简化的版本，其中使用数组来存储"人脸"数据，并编写一个简单的匹配算法。

在这个简化的例子中，我们将假设"人脸"数据是由两个整数数组表示的，每个数组包含一些简化的面部特征（例如，眼睛和鼻子的位置）。我们将编写一个函数来比较两个"人脸"数据数组，并返回一个表示它们是否匹配的布尔值。

请注意，这个例子只是为了教学目的，并不代表真实世界的人脸识别技术。

```java
public class SimpleFaceRecognition {
// 假设的"人脸"数据，由两个整数数组表示
// 例如，第一个数组表示眼睛的位置，第二个数组表示鼻子的位置
public static int[][] face1 = { {10, 20}, {50, 50} };
public static int[][] face2 = { {15, 25}, {55, 55} };
//public static int[][] face1 = { {10, 20}, {50, 50} };
```

```
//public static int[][] face2 = { {15, 25}, {65, 65} };
// 人脸识别算法:比较两个人脸数据数组是否匹配
public static boolean recognizeFace(int[][] face1, int[][] face2) {
// 假设如果眼睛和鼻子的位置都在一定范围内(例如,±5个单位),则认为它们是匹配的
    int eyeTolerance = 5;
    int noseTolerance = 5;
    // 比较眼睛的位置
    if (Math.abs(face1[0][0] - face2[0][0]) <= eyeTolerance &&
        Math.abs(face1[0][1] - face2[0][1]) <= eyeTolerance) {
        // 比较鼻子的位置
        if (Math.abs(face1[1][0] - face2[1][0]) <= noseTolerance &&
            Math.abs(face1[1][1] - face2[1][1]) <= noseTolerance) {
            return true;                    // 位置匹配,认为是同一张脸
        }
    }
    return false;                           // 位置不匹配,不是同一张脸
}

    public static void main(String[] args) {
        // 测试人脸识别算法
        System.out.println("Matching face1 with face1: " + recognizeFace(face1, face1));
// 应该返回 true
        System.out.println("Matching face1 with face2: " + recognizeFace(face1, face2));
// 应该返回 true 或 false,取决于容忍度
    }
}
```

运行程序得到如图 3-25 所示的结果,说明这两张图是匹配的。

若将语句 public static int[][] face1 = { {10, 20}, {50, 50} }; 和 public static int[][] face2 = { {15, 25}, {55, 55} }; 改为 public static int[][] face1 = { {10, 20}, {50, 50} }; 和 public static int[][] face2 = { {15, 25}, {65, 65} };,运行结果如图 3-26 所示,说明这两张图是不匹配的。

图 3-25　人脸识别匹配　　　　　　　图 3-26　人脸识别不匹配

在这个例子中,我们定义了两个静态的二维整数数组 face1 和 face2 来表示两张人脸的特征位置。recognizeFace 方法接受两个人脸数组作为参数,并比较它们是否匹配。我们通过检查眼睛和鼻子的位置是否在定义的容忍度范围内来判断它们是否匹配。

请注意,这个简单的例子并没有使用任何图像处理或机器学习技术。在真实世界的应用中,人脸识别通常涉及从图像中提取复杂的特征,并使用这些特征训练机器学习模型来进行匹配。这通常需要使用像 OpenCV 这样的图像处理库,以及深度学习框架如 TensorFlow 或 PyTorch 等。

3.5.2　实现桥牌随机发牌

桥牌是一种文明、高雅、竞技性很强的智力游戏,由 4 个人分两组玩。桥牌使用普通扑

克牌去掉大小王后的 52 张牌，分为梅花（C）、方块（D）、红心（H）和黑桃（S）四种花色，每种花色有 13 张牌，从大到小的顺序为 A（最大）、K、Q、J、10、9、8、7、6、5、4、3、2（最小）。

打桥牌首先需发牌。本案例就是通过编程实现随机发牌。最后，按顺序显示输出 4 个玩家得到的牌。

案例代码如下：

```java
import Java.util.Arrays;
public class BridgeCards
{
    public static void main(String[] args)
    {
        int[] deck = new int[52];
        String[] suits = {
            "♠","♥","♦","♣"
        };
        String[] ranks = {
            "A","K","Q","J","10","9","8","7","6","5","4","3","2"
        };
        //初始化每一张牌
        for(int i = 0; i < deck.length; i++) deck[i] = i;
        // 打乱牌的次序
        for(int i = 0; i < deck.length; i++)
        {
            // 随机产生一个元素下标 0~51
            int index = (int)(Math.random() * deck.length);
            int temp = deck[i];                        // 将当前元素与产生的元素交换
            deck[i] = deck[index];
            deck[index] = temp;
        }
        // 对指定范围的数组元素排序
        Arrays.sort(deck, 0, 13);
        Arrays.sort(deck, 13, 26);
        Arrays.sort(deck, 26, 39);
        Arrays.sort(deck, 39, 52);
        // 显示所有 52 张牌
        for(int i = 0; i < 52; i++)
        {
            switch(i % 13)
            {
                case 0 : System.out.print("玩家" + (i / 13 + 1) + ":");
            }
            String suit = suits[deck[i] / 13];     // 确定花色
            String rank = ranks[deck[i] % 13];     // 确定次序
            System.out.printf("%s%-3s", suit, rank);
            if((i + 1) % 13 == 0)
            {
                System.out.println();
            }
        }
    }
}
```

程序运行结果如图 3-27 所示。

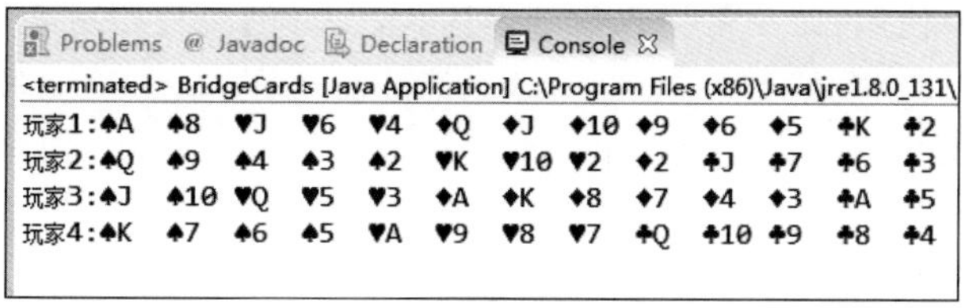

```
玩家1:♠A  ♣8  ♥J  ♥6  ♥4  ♦Q  ♦J  ♦10 ♦9  ♦6  ♦5  ♣K  ♣2
玩家2:♠Q  ♣9  ♣4  ♣3  ♣2  ♥K  ♥10 ♥2  ♦2  ♦J  ♣6  ♣3
玩家3:♠J  ♠10 ♥Q  ♥5  ♥3  ♦A  ♦K  ♦8  ♦7  ♦4  ♦3  ♣A  ♣5
玩家4:♠K  ♣7  ♣6  ♣5  ♥A  ♥9  ♥8  ♥7  ♦Q  ♦10 ♦9  ♣8  ♣4
```

图 3-27　桥牌随机发牌结果

本案例的设计思路分析如下：

（1）可以使用一个有 52 个元素的数组存储 52 张牌。为了区分 52 张牌，使用不同的元素值即可，为了方便这里使用 0～51。设元素值从 0～12 为黑桃，13～25 为红桃，26～38 为方块，39～51 为梅花。在创建数组后为每个元素赋值，如下所示。

```
int [] deck = new int[52];
for(var i = 0; i < deck.length; i++)      // 填充每个元素
    deck[i] = i;
```

（2）为实现随机发牌，需要打乱数组元素的值，这里对每个元素，随机生成一个整数下标，将当前元素与产生的下标的元素交换，循环结束后，数组中的元素值被打乱。

```
for(var i = 0; i < deck.length;i++){
    // 随机产生一个元素下标 0～51
    int index = (int)(Math.random() * deck.length);
    int temp = deck[i];                   // 将当前元素与产生的下标的元素交换
    deck[i] = deck[index];
    deck[index] = temp;
}
```

（3）牌的顺序打乱后，四个玩家的牌依次从 52 张牌取出 13 张牌。第 1 个 13 张牌属于第 1 个玩家，第 2 个 13 张牌属于第 2 个玩家，第 3 个 13 张牌属于第 3 个玩家，第 4 个 13 张牌属于第 4 个玩家。最后要求每个玩家的牌按顺序输出，因此需要对每个玩家的牌排序，这里使用 Arrays 类的 sort() 方法，它可以对数组部分元素排序，例如对第 3 个玩家的牌排序，使用如下代码。

```
Arrays.sort(deck,26,39);
```

（4）最后根据每张牌的数值转换为牌的名称（如，♥K）。为此，定义两个 String 数组，如下所示。

```
String[] suits = {"♠","♥","♦","♣"};
String[] ranks = {"A","K","Q","J","10","9","8","7","6","5","4","3","2"};
```

根据下面代码确定每张牌的花色和次序，然后输出。

```
String suit = suits[deck[i]/13];          // 确定花色
String rank = ranks[deck[i]%13];          // 确定次序
System.out.printf("%s%-3s",suit,rank);
```

3.6　本章小结

本章详细介绍了 Java 编程的基础知识，包括 Java 程序的构成、Java 的基本数据类型、

变量和常量的定义与使用，Java 的运算符和表达式，Java 的流程控制语句，数组及 Java 常用的排序、查找算法。其中数据类型、变量和运算符是 Java 的基础，需要着重注意数据类型的转换规则，运算符中需分清 | 与 ||、& 与 &&；if/else、switch、while、do-while 和 for 等流程控制语句及二维数组的使用是本章的重点；常用的查找和排序算法可以以 C 语言为基础进行巩固学习。通过本章的学习，读者能够编写简单的 Java 程序，完成一些面向过程的基本操作。

习题答案

课后习题

1. Java 标识符命名的规则有哪些？
2. 下面哪些是合法的标识符？

   $ person　　TwoUser　　*point　　this　　endline　　3person

3. Java 数据类型中包含哪些基本数据类型和哪些引用数据类型？
4. Java 运算符按功能分为哪些类型？其运算优先级大致如何？
5. 如何声明变量和常量？
6. 什么是强制类型转换？如何实现强制类型转换？
7. 在一个循环中使用 break、continue、return 语句有什么不同的效果？
8. 参照例 3-14 从键盘输入两个数据为上下限，然后输出上下限之间的所有素数。
9. 编写一个字符界面的 Java Application 程序，接受用户输入的字符，以"♯"标志输入的结束。比较并输出按字典序排列的最小字符。

拓展阅读

人脸识别算法原理及应用，请扫描以下二维码查看。

第4章 抽象和封装

CHAPTER 4

本章学习目标：

（1）理解面向对象的程序设计方法。

（2）掌握类与对象的基本概念及定义类及类的实例化方法。

（3）掌握类的成员变量及方法的正确使用。

（4）掌握方法重载的定义与实现方式。

（5）掌握包的引入及访问控制。

（6）了解内部类概念及引入方法。

（7）理解类之间的关系。

重点：理解与掌握面向对象程序设计方法及Java中类的定义和实例化方法。

难点：理解类的设计方法与访问控制。

抽象和封装是Java中的两个重要概念。它们有助于提高代码的可维护性、重用性和安全性。学习抽象的目的是通过隐藏具体实现细节，提高代码的灵活性和可重用性。学习封装的概念：封装是将数据和相关操作封装在一个单元中的过程。通过封装，可以隐藏内部实现细节，提供对外的接口供其他对象使用，从而保证数据的安全性和一致性。抽象和封装是面向对象编程中非常重要的概念，需要不断地学习和实践才能掌握它们的精髓。通过不断练习和深入理解，能够更好地应用抽象和封装来编写高质量的Java程序。

4.1 类与对象

面向对象编程(Object-Oriented Programming, OOP)是一种编程范式,它使用"对象",数据结构包含数据字段(属性)和处理数据的过程(方法),将数据和函数绑定在一起形成一个整体,这个整体就是对象。面向对象编程有三个主要的特点:封装性、继承性和多态性。面向对象编程的主要目标是增强程序的模块化,使得软件开发和维护更加容易,同时也提高了软件的可复用性和可扩展性。

4.1.1 面向对象程序设计与面向过程程序设计

面向对象编程(OOP)的思想并不是一开始就完全成熟的,它经历了长期的发展和演进过程。以下是OOP思想的一些关键演进阶段:

过程式编程:在早期的编程实践中,主要采用过程式编程,例如Fortran、C等语言。在这种模式下,程序员需要按照问题的逻辑顺序,编写一系列任务或功能的过程。然而随着软件规模的不断增大,过程式编程的局限性逐渐显现出来,如代码的可复用性低、结构复杂、维护困难等。

模块化编程:为了解决过程式编程的问题,人们开始尝试将程序分解成一系列独立的模块,每个模块执行一个特定的任务。这种方法改进了代码的管理和维护,但是模块之间的数据交互仍然是一个问题。

对象的引入:在Simula语言中,首次引入了"对象"的概念,这是面向对象编程的最初形态。每个对象不仅包含数据,还包含操作数据的方法,这使得数据和方法能够绑定在一起。这也是封装的原始形态。

类和继承:在Smalltalk和后来的语言中,引入了类(Class)和继承(Inheritance)的概念。类是创建对象的模板,而继承允许类之间共享和重用代码,这大大提高了代码的复用性。

面向过程程序设计与面向对象程序设计各有以下优势:

简单直观:过程化编程的思想比较简单直接,对于小型程序或者逻辑简单的程序,使用过程化编程可以快速完成。

执行效率高:由于面向过程编程直接操作数据,执行效率上通常会比面向对象编程高。

易于理解:代码通常从上到下执行,逻辑清晰,便于理解。

可维护性:面向对象编程的代码具有更好的结构和可维护性。每个对象都有自己的职责,对象之间通过接口交互,这样的设计使得代码的维护和修改成本更低。

可复用性:面向对象编程强调的封装、继承和多态特性使得代码具有很高的复用性。类可以被继承,方法可以被重写,这使得代码可以在多个项目中复用。

可扩展性:面向对象编程的设计使得代码具有很好的可扩展性。当需求变更或增加新功能时,我们只需要新增类或者修改部分类,而不需要改动大量代码。

易于测试:由于面向对象编程的封装特性,每个对象可以被独立测试,这使得代码测试成为可能。

4.1.2 类与对象的理解

类与对象的概念引入程序设计是 Java 程序设计语言的主要特点。

在现实世界中,类与对象是面向对象编程(OOP)的概念。OOP 是一种编程范式,它将程序组织为对象的集合,每个对象都有自己的状态和行为。类是一个通用的蓝图或模板,用于定义对象的结构和行为。它描述了对象具有的属性(状态)和方法(行为)。类定义了一组公共特征,可以用来创建多个对象。对象是类的一个实例。它是类的具体化,具有类定义的属性和方法。对象可以被看作是现实世界中的具体事物或概念的表示,例如,一个人、一辆汽车或一本书。举个例子,我们可以考虑一个类叫作 Car(汽车),它描述了汽车的一般特征,例如颜色、品牌、速度等。基于这个类,我们可以创建多个汽车对象。每个汽车对象都有自己的特定属性值,例如一辆红色的宝马车,或一辆蓝色的福特车。每个汽车对象也可以执行类定义的方法,例如启动、加速或刹车。类与对象的概念使得程序设计更加模块化和可扩展。通过将相关的属性和方法组织在一起,我们可以更好地管理和维护代码。类和对象也支持封装、继承和多态等概念,这些特性进一步增加了代码的灵活性和可复用性。总结来说,类是对对象的抽象,描述了对象的属性和行为;对象是类的实例,具有类定义的属性和行为。

在现实世界中,类与对象的概念可以帮助我们对事物进行建模和编程实现。

在 Java 语言中,类(Class)、对象(Object)和消息是面向对象编程的核心概念。

(1) 类(Class):类是具有相同属性(字段)和行为(方法)的对象的蓝图或模板。类是抽象的,只有当类被实例化为对象时才会被分配内存。

(2) 对象(Object):对象是类的实例。它包含了由类定义的属性和行为。每个对象都有自己的状态(通过字段表示)和行为(通过方法表示)。

(3) 消息:在 Java 中,一般使用方法调用来传递消息。对象通过调用方法来改变状态或者请求执行某项任务。

假设我们创建一个名为 Car 的类,来说明以上概念。

【例 4-1】 类 Car。

```
public class Car {
    // Fields (属性)
    private String color;
    private int speed;
    // Methods (方法)
    public void accelerate(int amount) ;
    public void decelerate(int amount) ;
}
```

在这个例子中,Car 就是一个类,它定义了所有汽车共有的属性(颜色和速度)和行为(加速和减速)。

然后我们可以根据这个类来创建具体的汽车对象。

```
Car myCar = new Car();
```

在这里,myCar 就是一个对象,它是 Car 类的一个实例。

当我们想让汽车加速或减速时,我们就通过调用对象的方法来传递消息。

```
myCar.accelerate(10);              // 让汽车加速
myCar.decelerate(5);               // 让汽车减速
```

在这里,accelerate 和 decelerate 方法就是消息,我们通过方法调用将消息传递给对象,让对象执行相应的行为。

4.1.3　类的定义

在 Java 语言编程中,一个类的定义应包括两部分:类的声明和主体定义。

1. 类的声明

在 Java 中,类的定义遵循以下语法格式:

```
[访问修饰符] class 类名 {
    // 成员变量(属性)
    [访问修饰符] 数据类型 变量名;
    // 构造方法
    [访问修饰符] 类名(参数列表) {
        // 构造方法的代码
    }
    // 方法
    [访问修饰符] 返回类型 方法名(参数列表) {
        // 方法的代码
        return 返回值;
    }
    // 其他成员方法、内部类等
    // 静态方法
    [访问修饰符] static 返回类型 静态方法名(参数列表) {
        // 静态方法的代码
        return 返回值;
    }
}
```

其中,方括号 [] 表示可选项,访问修饰符可以是以下之一。

(1) public:公共访问,可以从任何地方访问。

(2) private:私有访问,只能在类内部访问。

(3) protected:受保护访问,可以在当前类、同一包内和子类中访问。

(4) 默认(没有修饰符):默认访问级别,可以在当前类和同一包内访问。

类定义的主体部分可以包含以下成员。

(1) 成员变量(属性):用于描述类的状态,存储对象的数据。

(2) 构造方法:用于创建对象时初始化对象的状态。

(3) 方法:用于定义类的行为和功能。

其他成员方法、内部类等:根据需要可以定义其他成员。

静态方法:与类相关联,而不是与对象相关联的方法。例如,一个简单的类声明可以如下。

【例 4-2】 声明一个 Car 类。

```
public class Car {
    // Fields (属性)
```

```
    private String color;
    private int speed;
    // Constructor (构造器)
    public Car(String color, int speed) {
        this.color = color;
        this.speed = speed;
    }
    // Methods (方法)
    public void accelerate(int amount) {
        speed += amount;
    }
    public void decelerate(int amount) {
        speed -= amount;
    }
}
```

在这个例子中,Car 就是类的名字,color 和 speed 就是本类的两个类的属性字段分别用来描述 car 类的颜色和速度,Car(String color,int speed)是类的构造方法用于对类的两个属性赋值,也叫构造器,accelerate 和 decelerate 是成员方法用来描述类可完成的某种操作。

2. 成员变量的定义

在 Java 中,成员变量(也被称为字段或属性)的定义格式如下:

accessModifier dataType variableName;

这个格式中,每个部分的含义如下:

(1) accessModifier:这是访问修饰符,决定了其他类能否访问此变量。常见的访问修饰符有 public、private、protected 和默认(也被称为包级)。

(2) dataType:这是变量的数据类型。可以是基本数据类型(如 int、double、char 等),也可以是引用类型(如 String、Object、Array 等)或者自定义的类。

(3) variableName:这是为变量取的名字。按照 Java 的命名规则,变量名的首字母应该小写,如果变量名由多个单词组成,那么从第二个单词开始,每个单词的首字母都应大写。

【例 4-3】 类的简单示例。定义一个私有的整型变量 speed 和一个公有的字符串变量 color。

```
public class Car {
    // Fields (属性)
    private String color;
    private int speed;
}
```

在类中,成员变量通常被定义在类的开始部分,即在构造方法和其他方法之前。

3. 构造方法

在 Java 中,构造方法是一种特殊的方法,用来创建类的实例(也就是对象)。构造方法的名称必须与类名完全相同,并且没有返回类型。

构造方法的定义格式如下:

```
public ClassName(parameters) {
    // constructor body
}
```

这个格式中,每个部分的含义如下:

(1) public:这是访问修饰符,决定了其他类能否访问此构造方法。public 意味着任何类都可以访问。还有其他的访问修饰符如 private、protected 和默认访问修饰符(也被称为包级访问修饰符)。

(2) ClassName:这是构造方法的名称,它必须和类名完全相同。

(3) parameters:这是构造方法的参数列表,用来传递给构造方法的数据。参数列表可以为空,也可以包含一个或多个参数。

(4) {}:这是构造方法的主体部分,用来初始化对象的状态。

【例 4-4】 定义一个名为 Car 的类的构造方法。

```
public class Car {
    private String color;
    private int speed;

    public Car(String color, int speed) {
        this.color = color;
        this.speed = speed;
    }
}
```

在这个例子中,Car 就是构造方法的名称,String color,int speed 是参数列表,this.color = color; this.speed = speed;是构造方法的主体部分,用来初始化 Car 对象的 color 和 speed 属性。

4. 成员方法的定义

在 Java 中,成员方法(也称为实例方法)是属于类的实例(对象)的操作或行为。成员方法的定义格式如下:

```
accessModifier returnType methodName(parameters) {
    // method body
}
```

这个格式中,每个部分的含义如下:

(1) accessModifier:这是访问修饰符,决定了其他类能否访问此方法。常见的访问修饰符有 public、private、protected。

(2) returnType:这是方法返回值的类型。若方法不返回任何值,则此处应写为 void。

(3) methodName:这是方法的名字。按照 Java 的命名规则,方法名的首字母应该小写,如果方法名由多个单词组成,那么从第二个单词开始,每个单词的首字母都应大写。

(4) parameters:这是方法的参数列表,用来传递给方法的数据。参数列表可以为空,也可以包含一个或多个参数。

(5) {}:这是方法的主体部分,包含了方法的实现代码。

【例 4-5】 定义一个 Car 类的成员方法 accelerate 和 decelerate,汽车类的方法的实现代码如下。

```java
public class Car {
    private int speed;
    // accelerate method
    public void accelerate(int amount) {
        speed += amount;
    }

    // decelerate method
    public void decelerate(int amount) {
        if (speed - amount < 0) {
            speed = 0;
        } else {
            speed -= amount;
        }
    }
}
```

在这个例子中，accelerate 和 decelerate 就是成员方法，int amount 是参数列表，speed+=amount；和 if（speed-amount＜0）｛speed＝0；｝else｛speed-=amount；｝是方法主体部分。

4.1.4　对象的实例化

在 Java 中，实例化是创建类的实例（也就是对象）的过程。

1. 类的实例化

使用 new 关键字进行，其基本格式如下：

```
ClassName objectName = new ClassName(parameters);
```

其中，ClassName 是要实例化的类的名称，objectName 是为新创建的对象起的名字，new 是 Java 中用来创建新对象的关键字，ClassName(parameters)是类的构造方法，parameters 是传递给构造方法的参数。

以前面定义的 Car 类为例，如果我们想要创建一个新的 Car 对象，可以写为

```
Car myCar = new Car("Red", 0);
```

在这个例子中，Car 是类的名称，myCar 是新创建的对象的名字，new 是用来创建新对象的关键字，Car("Red", 0)是类的构造方法，"Red"和 0 是传递给构造方法的参数。

创建对象后，我们就可以使用其成员方法了。例如，我们可以让 myCar 加速和减速：

```
myCar.accelerate(20);          // myCar's speed is now 20
myCar.decelerate(10);          // myCar's speed is now 10
```

在这个例子中，accelerate(20)和 decelerate(10)是 myCar 对象的成员方法，20 和 10 是传递给方法的参数。

2. this 指针

在 Java 中，this 关键字是一个引用变量，指向当前对象。在 Java 中，每个非静态方法都

会有一个隐含的参数,这个参数就是 this,它关联了调用这个方法的对象。this 主要有三个用途:

(1) 方法中引用当前对象:当方法需要引用其所属对象时,就可以使用 this。这通常在方法内部需要引用调用该方法的对象时使用。

(2) 构造器中引用另一个构造器:在一个构造器要调用同一个类中的另一个构造器时,可以使用 this()。这是必须作为构造方法的第一条语句。

(3) 区分成员变量和局部变量:当方法的参数或者局部变量与类的成员变量同名时,可以使用 this 来区分。

下面是一个使用 this 关键字的示例,示例结果如图 4-1 所示。

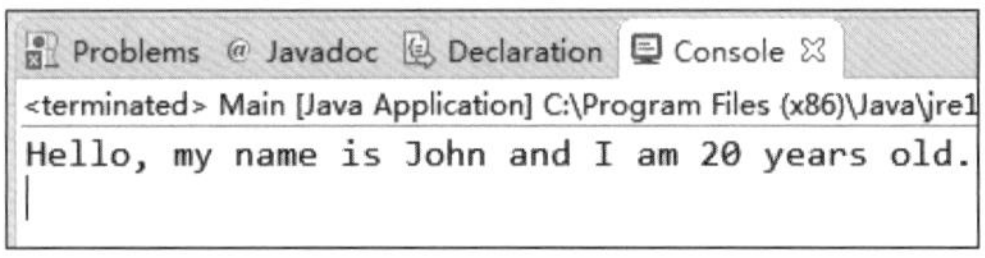

```
Problems  @ Javadoc  Declaration  Console
<terminated> Main [Java Application] C:\Program Files (x86)\Java\jre1
Hello, my name is John and I am 20 years old.
```

图 4-1　this 示例结果

【例 4-6】　this 关键字示例。

```java
public class Student {
    private String name;
    private int age;
    // 构造器
    public Student(String name, int age) {
        this.name = name;
        this.age = age;
    }
    // 使用 this 引用当前对象
    public void introduceYourself() {
        System.out.println("Hello, my name is " + this.name + " and I am " + this.age + " years old.");
    }
    // 使用 this 调用另一个构造器
    public Student(String name) {
        this(name, 18);              // 默认年龄为 18
    }
    // Getter and Setter
    public String getName() {
        return this.name;
    }
    public void setName(String name) {
        this.name = name;
    }
    public int getAge() {
        return this.age;
    }
    public void setAge(int age) {
        this.age = age;
    }
}
public class Main {
    public static void main(String[] args) {
```

```
            Student student = new Student("John", 20);
            student.introduceYourself();
    }
}
```

在这个示例中,this.name 和 this.age 用于指向当前对象的 name 和 age 成员变量。在 introduceYourself 方法中,this 引用了调用该方法的对象。在第二个构造器中,this(name,18) 调用了同一个类中的另一个构造器。

4.1.5 构造函数

在 Java 中,构造函数(也称为构造方法)是用来创建并初始化类的新对象的特殊方法。构造方法的名称必须与类名完全相同,并且构造方法没有返回类型。可以为类定义多个构造方法,它们的参数列表必须不同,这种特性叫作构造方法的重载。

【例 4-7】 以下是关于 Car 类的一个例子,其中定义了两个构造方法。

```
public class Car{
    private String color;
    private int speed;
    // Constructor with no parameter
    public Car(){
        this.color = "White";
        this.speed = 0;
    }
    // Constructor with two parameters
    public Car(String color, int speed){
        this.color = color;
        this.speed = speed;
    }
}
```

在这个例子中,Car 类有两个构造方法:一个没有参数,另一个有两个参数(String color,int speed)。当创建 Car 类的新对象时,可以选择调用哪个构造方法。

例如:

```
Car car1 = new Car(); // Calls the no-argument constructor. car1 is a white car with speed 0.
Car car2 = new Car("Red", 10); // Calls the constructor with two parameters. car2 is a red car with speed 10.
```

在这个例子中,car1 是通过无参数构造方法创建的,car2 是通过有两个参数的构造方法创建的。

在 Java 中,如果你在类中没有明确地定义任何构造方法,那么 Java 编译器会为你的类提供一个默认的无参数构造方法。这个构造方法被称为默认构造方法。

默认构造方法不含有任何参数,并且方法体为空。其大致形式如下:

```
public ClassName() {
}
```

例如,下面的 Car 类没有定义任何构造方法,在这种情况下,Java 编译器会为 Car 类提供一个默认构造方法,就好像已经定义了如下的构造方法一样:

```
public Car() {
}
```

然而,需要注意的一点是,类中定义了任何构造方法(无论是无参数的还是带参数的),Java 编译器就不再为你的类提供默认构造方法。也就是说,如果用户定义了一个或多个带参数的构造方法,而又想保留无参数的构造方法,那么就需要明确地在类中定义这个无参数的构造方法。

4.1.6 方法的重载

在 Java 中,方法重载是一种让类有多个同名方法,但各方法的参数列表不同的方式。参数列表可以在参数数量、参数类型或者参数顺序上有所不同。方法重载可以提高程序的可读性。

以下是一个简单的 Java 方法重载的例子。

【例 4-8】 Java 方法重载。

```java
public class Demo {
    // 方法一:无参数
    public void display() {
        System.out.println("Display without parameters");
    }
    // 方法二:一个参数
    public void display(String msg) {
        System.out.println("Display with one parameter: " + msg);
    }
    // 方法三:两个参数
    public void display(String msg, int num) {
        System.out.println("Display with two parameters: " + msg + ", " + num);
    }
}
```

在上述 Demo 类中有三个名为 display 的方法,但参数列表各不相同,这就是方法重载。如何使用这些重载的方法呢?请看以下示例:

```java
public class Main {
    public static void main(String[] args) {
        Demo demo = new Demo();
        demo.display();                    // 调用无参数的 display 方法
        demo.display("Hello");             // 调用有一个参数的 display 方法
        demo.display("Hello", 5);          // 调用有两个参数的 display 方法
    }
}
```

在这个例子中,创建了 Demo 类的一个对象 demo,然后调用了三种不同的 display 方法。重载方法可以用同一个方法名调用不同的方法,只要提供的参数不同即可。

4.2 静态变量与静态方法

4.2.1 静态变量

在 Java 中,静态变量(也称为类变量)是类的所有对象共享的变量。无论创建了类的多

少个实例(对象),都只有一份类变量的副本。静态变量在类加载时初始化,不需要创建类的实例就可以访问。

静态变量在 Java 中是用 static 关键字声明的。下面是一个简单的例子。

【例 4-9】 static 关键字示例。

```
public MyClass(){
    // 每当创建类的实例时,count 就增加 1
    count++;
}
public static void main(String[] args){
    MyClass obj1 = new MyClass();
    MyClass obj2 = new MyClass();
    MyClass obj3 = new MyClass();
    // 打印 count 的值
    System.out.println("Count: " + MyClass.count); // 输出 "Count: 3"
}
```

在上面的例子中,count 是一个静态变量。每次创建 MyClass 的新实例时,count 就会增加 1。然后我们在主方法 main 中创建了三个 MyClass 对象,所以 count 的值就变成了 3。

注意,静态变量可以直接通过类名访问,而不需要创建类的对象。在上面的例子中,我们通过 MyClass.count 访问静态变量 count,而不是通过对象访问。

4.2.2 静态方法

在 Java 中,静态方法是属于类本身的方法,而不属于类的任何对象。它们用 static 关键字声明,可以在不创建类的对象的情况下直接调用。

下面是一个静态方法的基本定义格式:

```
public class ClassName {
    public static returnType methodName(parameters) {
        // 方法体
    }
}
```

其中,public 是访问修饰符,static 表示它是一个静态方法,returnType 是方法返回的数据类型,methodName 是方法的名称,parameters 是通过方法传递的参数。

【例 4-10】 一个具体的静态方法的示例。

```
public class Test {
    // 静态方法
    public static void printMessage() {
        System.out.println("Hello, this is a static method.");
    }
    public static void main(String[] args) {
        // 直接通过类名调用静态方法
        Test.printMessage();              // 输出 "Hello, this is a static method."
    }
}
```

在上述示例中,printMessage 方法是一个静态方法,可以在不创建 Test 类对象的情况下直接通过类名 Test 来调用。在 main 方法中,我们直接调用了 printMessage 方法,而没有创建任何 Test 类的对象。

4.2.3 静态代码块

在 Java 中，静态代码块是一段在类加载过程中执行的代码块。它用关键字 static 和花括号{}来定义，并且没有任何参数或返回值。

静态代码块在类第一次被加载时执行，仅执行一次。它在类被加载到内存中时执行，通常用于初始化静态变量或执行一些静态的初始化操作。

【例 4-11】 一个静态代码块示例。

```
public class MyClass {
    static {
        // 静态代码块
        // 在类加载时执行的代码
        // 可以用于初始化静态变量或执行其他静态初始化操作
    }

    public static void main(String[] args) {
        // 主方法
        // 执行程序入口
    }
}
```

静态代码块在类加载时按照定义的顺序执行，可以有多个静态代码块，它们按照定义的顺序依次执行。

静态代码块的主要作用是在类加载时进行一些初始化操作，例如初始化静态变量、加载驱动程序、进行日志配置等。由于它只在类加载时执行一次，因此适合于一些只需要执行一次的初始化操作。

4.3 包及访问控制

4.3.1 包及其使用

在 Java 中，包(package)是用来组织类和接口的一种机制。它使用文件和目录的方式来管理代码，根据功能、模块、项目等划分。使用包可以防止命名冲突，并且可以提供访问保护。此外，包也使得代码的管理变得更加容易。

包的定义和使用通常是在 Java 源文件的第一行，用关键字 package 来声明。

使用 package 语句声明包，其语法格式如下：

package 包名

在 Java 中使用包(package)时，有以下几点需要注意。

(1) 包的声明：在每个 Java 源文件的开头，使用 package 关键字声明所属的包。例如 package com.example.myapp;。包名通常使用小写字母，多个单词之间使用.分隔。

(2) 包的命名规范：包名应具有唯一性和描述性。通常建议使用反转的域名作为包名的前缀,以确保全局唯一性。例如 com. example. myapp。

(3) 包的目录结构:包名与目录结构是相对应的。例如,包名为 com. example. myapp 的类应该位于目录 com/example/myapp 下。

(4) 包的导入:在 Java 源文件中,可以使用 import 关键字导入其他包中的类。例如 import com. example. otherpackage. SomeClass;。导入后,就可以直接使用该类而无须使用完全限定名。

(5) 包的访问修饰符:Java 中的访问修饰符(public、protected、private、默认)可以用来控制包内和包外的可访问性。对于包访问级别,可以省略访问修饰符。

(6) 包的类命名冲突:当使用不同包中具有相同类名的类时,需要使用完全限定名来区分它们。例如 com. example. package1. SomeClass 和 com. example. package2. SomeClass。

(7) 包的层次结构:包可以形成层次结构,反映模块化的组织结构。包可嵌套在其他包中,形成包的层次结构。例如 com. example. myapp. util。

当引入一个包时,我们可以使用 import 关键字来导入包中的类。下面是一个简单的示例,运行结果如图 4-2 所示。

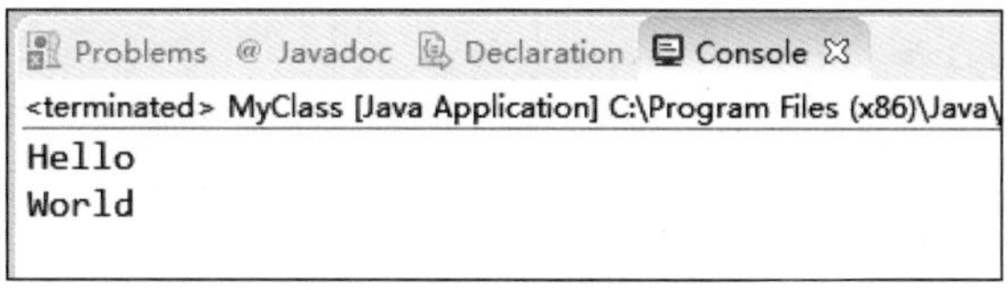

图 4-2 例 4-12 运行结果

【例 4-12】 使用 import 关键字导入包中的类。

```java
// 导入 Java.util 包中的 ArrayList 类
import Java.util.ArrayList;
public class MyClass {
    public static void main(String[] args) {
        // 创建一个 ArrayList 对象
        ArrayList<String> list = new ArrayList<>();
        // 使用 ArrayList 对象的方法
        list.add("Hello");
        list.add("World");
        // 遍历 ArrayList 并输出元素
        for (String element : list) {
            System.out.println(element);
        }
    }
}
```

在例 4-12 中,我们导入了 Java. util 包中的 ArrayList 类,然后在 main 方法中使用了 ArrayList 类创建了一个 ArrayList 对象。我们可以使用 ArrayList 对象的方法,例如 add 方法来添加元素,然后使用 for-each 循环遍历 ArrayList 并输出其中的元素。

通过使用 import 关键字,我们可以直接使用包中的类而无须使用完全限定名。这样可以简化代码并提高可读性。请注意,import 语句必须在类的定义之前进行。

需要注意的是,如果引入的类在不同的包中具有相同的名称,我们需要使用完全限定名来区分它们,或者使用 import 语句指定具体的包路径。

4.3.2 访问控制

Java 提供了四种访问控制级别,不同的访问控制级别决定了其他类对该类成员的访问权限。这四种访问控制级别分别是:

(1) private:私有成员,只有在本类中可以访问。
(2) default(没有关键字):默认访问级别,只有在同一个包中的类可以访问。
(3) protected:受保护成员,可以在同一包中的类以及所有子类中访问。
(4) public:公共成员,可以在任何位置访问。

【例 4-13】 解释四种访问控制级别的示例。

```
public class MyClass {
    private int myPrivateVar;            // 只有在 MyClass 类中可以访问
    int myDefaultVar;                    // 只有在同一包中的类可以访问
    protected int myProtectedVar;        // 可以在同一包中的类和所有子类中访问
    public int myPublicVar;              // 可以在任何地方访问
}
```

注意,访问控制级别不仅适用于类的成员(方法、变量、构造器),也适用于类。当我们控制类的访问级别时,只能使用 public 或默认(default,没有关键字)这两种级别。如果一个类是 public 的,那么它可以在任何地方被访问;如果一个类是默认访问级别的,那么它只能在同一个包中被访问。

4.3.3 类、数据成员和方法的访问控制

在 Java 中,访问控制可以应用到类,数据成员(变量)和方法上。Java 提供了四种访问控制级别,分别是:默认(没有关键字)、private、protected、public。这些访问控制级别决定了其他类对该类,数据成员和方法的访问权限。

类的访问控制:当我们控制类的访问级别时,只能使用 public 或默认(没有关键字)这两种级别。如果一个类是 public 的,那么它可以在任何地方被访问;如果一个类是默认访问级别的,那么它只能在同一个包中被访问。

数据成员(变量)的访问控制:数据成员可以声明为 private、public、protected 或默认访问级别。private 数据成员只能在其所在的类中访问,protected 数据成员可以在同一包中的类以及所有子类中访问,public 数据成员可以在任何位置访问,默认访问级别的数据成员只能在同一个包中的类访问。

方法的访问控制:方法的访问控制和数据成员的访问控制类似,也可以声明为 private、public、protected 或默认访问级别。private 方法只能在其所在的类中访问,protected 方法可以在同一包中的类以及所有子类中访问,public 方法可以在任何位置访问,默认访问级别的方法只能在同一个包中的类访问。

【例 4-14】 一个方法的访问控制例子。

```
public class Test {
    private int data1;                   // 只能在 Test 类中访问
```

```
        int data2;                      // 只能在同一包中的类访问
        protected int data3;            // 可以在同一包中的类和所有子类中访问
        public int data4;               // 可以在任何地方访问

        private void method1() {}       // 只能在 Test 类中访问
        void method2() {}               // 只能在同一包中的类访问
        protected void method3() {}     // 可以在同一包中的类和所有子类中访问
        public void method4() {}        // 可以在任何地方访问
}
```

4.4 内部类

在 Java 中，一个类可以被声明在另一个类中，这样的类称为内部类。根据内部类的位置和声明方式，可以分为四种：成员内部类、静态内部类、匿名内部类和局部内部类。

4.4.1 成员内部类

成员内部类是外部类的一个成员，就像一个成员变量或成员方法。它可以无条件地访问外部类的所有成员变量和方法（包括 private）。但是反过来，外部类想访问成员内部类的成员，必须先创建一个成员内部类的对象，然后通过这个对象来访问。

【例 4-15】 一个成员内部类的示例。

```
public class OuterClass {
    private String outerField = "Outer field";
    // 成员内部类
    public class InnerClass {
        public void printOuterField() {
            System.out.println(outerField);       // 可以访问外部类的私有字段
        }
    }
    public void test() {
        InnerClass inner = new InnerClass();
        inner.printOuterField();                  // 创建内部类的实例并调用其方法
    }
    public static void main(String[] args) {
        OuterClass outer = new OuterClass();
        outer.test();
    }
}
```

在这个示例中，OuterClass 是外部类，InnerClass 是一个成员内部类。成员内部类 InnerClass 可以访问外部类 OuterClass 的所有成员，包括私有成员 outerField。

注意，要创建成员内部类的实例，需要先创建外部类的实例。在 test 方法中，我们首先创建了 OuterClass 的实例 outer，然后通过 outer 创建了 InnerClass 的实例 inner。

4.4.2 静态内部类

静态内部类是定义在类的内部且被声明为 static 的类。这种类型的类可以像普通的外部类一样使用,而不需要引用外部类的实例,但是它只能访问外部类的静态成员。

【例 4-16】 一个静态内部类的示例。

```java
public class OuterClass {
    private static String outerField = "Outer field";
    // 静态内部类
    public static class StaticInnerClass {
        public void printOuterField() {
            System.out.println(outerField);     // 可以访问外部类的静态字段
        }
    }

    public static void main(String[] args) {
        OuterClass.StaticInnerClass inner = new OuterClass.StaticInnerClass();
        inner.printOuterField();                // 创建静态内部类的实例并调用其方法
    }
}
```

在这个示例中,OuterClass 是外部类,StaticInnerClass 是一个静态内部类。静态内部类 StaticInnerClass 可以访问外部类 OuterClass 的静态成员 outerField。

注意,要创建静态内部类的实例,不需要创建外部类的实例,而是直接用 new OuterClass.StaticInnerClass()来创建。

4.4.3 匿名内部类

匿名内部类是没有类名的内部类,通常用于只需要使用一次的场合,例如作为方法的参数或者作为一个临时的类型来使用。

【例 4-17】 一个匿名内部类的示例。

```java
public class OuterClass {
    interface Greeting {
        void sayHello();
    }
    public void greet() {
        Greeting greeting = new Greeting() {
            @Override
            public void sayHello() {
                System.out.println("Hello from the anonymous inner class!");
            }
        };
        greeting.sayHello();                    // 使用匿名内部类的实例
    }
    public static void main(String[] args) {
        OuterClass outer = new OuterClass();
        outer.greet();
    }
}
```

在这个示例中,匿名内部类实现了 Greeting 接口。匿名内部类没有类名,是通过 new 关键字和接口或者父类的构造函数直接创建的。匿名内部类可以访问它所在的外部类的所有成员。

4.4.4 局部内部类

局部内部类是定义在方法或者作用域内的类,它的作用范围仅限于其定义的方法或作用域。

【例 4-18】 一个局部内部类的示例。

```
public class OuterClass {
  private String outerField = "Outer field";
  public void test() {
      // 局部内部类
      class LocalInnerClass {
          public void printOuterField() {
              System.out.println(outerField);      // 可以访问外部类的私有字段
          }
      }
      LocalInnerClass inner = new LocalInnerClass();
      inner.printOuterField();                      // 创建局部内部类的实例并调用其方法
  }
  public static void main(String[] args) {
      OuterClass outer = new OuterClass();
      outer.test();
  }
}
```

例 4-18 的运行结果如图 4-3 所示。

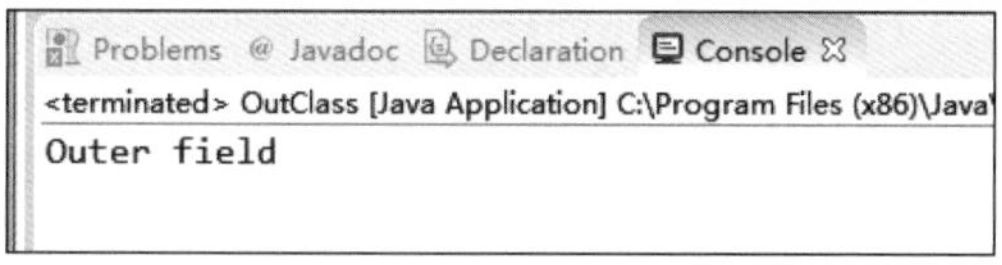

图 4-3 内部类访问外部类

在这个示例中,OuterClass 是外部类,LocalInnerClass 是一个局部内部类。局部内部类 LocalInnerClass 可以访问它所在方法的所有变量,以及外部类 OuterClass 的所有成员。局部内部类的实例只能在其所在的方法中创建和使用。

4.5 类的关系

4.5.1 关联关系

在 Java 中的关联关系,通常可以用 UML(Unified Modeling Language,统一建模语言)图来表示。关联关系可以是一对一、一对多、多对一、多对多。关联关系在 UML 中通常使用一条直线连接两个类,然后在两端使用箭头或者数字来表示关联的多重性。

例如,我们考虑两个类:Teacher 和 Student。这两个类之间存在一种关联关系,一个老师可以教多个学生,一个学生也可以有多个老师。在 UML 中,这种关系可以表示如下:

Teacher ———— Student

在这个例子中,横线表示的是关联关系,两个类之间的关系是双向的,表示老师和学生之间可以相互引用。这是一种多对多的关系。

现在,如果我们想表示一个学生只能有一个班主任,一个班主任可以负责多个学生,那么这种关联关系可以表示如下:

```
HeadTeacher 1 ————→ * Student
```

在这个例子中,"1"表示一个班主任(HeadTeacher)可以负责多个学生,"*"表示一个学生只能有一个班主任。这是一种一对多的关系。

以上就是使用 UML 图表示关联关系的例子。

4.5.2 组合关系

组合(Composition)是一种强的拥有关系,它体现了严格的部分和整体的关系,部分和整体的生命周期一样。例如人和手脚的关系,人死了,手脚也就不能存在了。

用 UML 图表示组合关系时,通常使用一个带有填充的菱形箭头。箭头从整体指向部分。

例如,我们考虑一个 Person 类和一个 Heart 类。这两个类之间存在一种组合关系,因为没有人,就没有心。在 UML 中,这种关系可以表示如下:

```
Person ◆————→ Heart
```

在这个例子中,实心的菱形箭头表示组合关系,箭头从 Person 指向 Heart,表示 Person 包含 Heart,并且 Person 和 Heart 的生命周期是一致的。

4.5.3 聚合关系

聚合(Aggregation)是一种特殊的关联关系,它表示的是"has-a"或"whole/part"的关系,但是它比组合关系要弱,因为在聚合关系中,部分可以属于多个整体对象,同时,部分也可以属于一个整体对象,或者不属于任何整体对象。另外,整体对象的生命周期结束,部分对象仍然可能存在。例如,学校和学生的关系,学校关闭了,学生仍然存在。

在 UML 图中,聚合关系通常用一个空心的菱形箭头来表示,箭头从整体指向部分。

例如,考虑一个 School 类和一个 Student 类。这两个类之间存在一种聚合关系,因为学校有学生,但是学校关闭了,学生仍然存在。在 UML 中,这种关系可以表示如下:

```
School ◇————→ Student
```

在这个例子中,空心的菱形箭头表示聚合关系,箭头从 School 指向 Student,表示 School 包含 Student,但是 School 和 Student 的生命周期是独立的。

4.5.4 依赖关系

依赖(Dependency)关系是类与类之间的一种关系,表示一个类依赖另一个类的定义。这种依赖关系体现在一个类的方法中使用了另一个类的对象。

依赖关系是一种使用关系,即一个类的实现需要另一个类的协助,所以说,如果 A 类使用到了 B 类,那么 A 类对 B 类有依赖关系。例如,一个员工类(Employee)使用了日期类

(Date),那么员工类对日期类有一个依赖关系。

在 UML 图中,依赖关系通常用一条带箭头的虚线来表示,箭头从使用类指向被使用类。例如,考虑一个 Employee 类和一个 Date 类。Employee 类的某个方法使用了 Date 类的对象,那么这两个类之间存在一种依赖关系。在 UML 中,这种关系可以表示如下:

```
Employee ----> Date
```

在这个例子中,带箭头的虚线表示依赖关系,箭头从 Employee 指向 Date,表示 Employee 依赖 Date。

4.6 典型案例分析

本节设计三个典型案例,介绍类的定义和使用。

4.6.1 设计不同品牌汽车并显示信息

以下实例为不同品牌汽车调用 Car 类的实例对象显示信息。

```java
public class TestCar {
    public static void main(String[] args) {
        Car bmw = new Car("BMW", "Black", "Sedan", 2022);
        Car tesla = new Car("Tesla", "Red", "SUV", 2021);

        bmw.displayInfo();
        tesla.displayInfo();
    }
}
class Car {
    private String brand;
    private String color;
    private String type;
    private int year;

    public Car(String brand, String color, String type, int year) {
        this.brand = brand;
        this.color = color;
        this.type = type;
        this.year = year;
    }

    public void displayInfo() {
        System.out.println("Brand: " + brand);
        System.out.println("Color: " + color);
        System.out.println("Type: " + type);
        System.out.println("Year: " + year);
        System.out.println("--------------------");
    }
}
```

在这个程序中,定义了两个汽车对象,分别是 bmw 和 tesla。然后调用了它们的

displayInfo 方法来显示汽车的信息。displayInfo 方法打印了汽车的品牌、颜色、类型和年份信息。运行结果如图 4-4 所示。

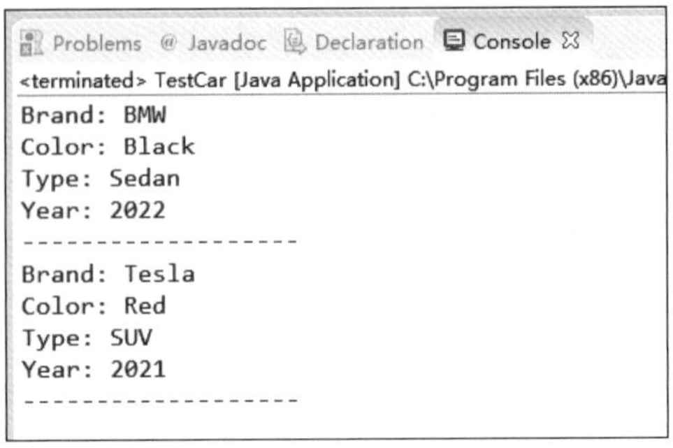

```
Brand: BMW
Color: Black
Type: Sedan
Year: 2022
------------------
Brand: Tesla
Color: Red
Type: SUV
Year: 2021
------------------
```

图 4-4　汽车信息显示

4.6.2　指纹识别

在 Java 中实现指纹识别,需要使用第三方库或 API 来处理指纹图像和进行识别操作。以下是一个没有使用第三方库或 API 写的简单的模板实现指纹认证。

```java
public class CustomFingerprintComparison {
    //模拟指纹模板
    private static final byte[] fingerprintTemplate1 = new byte[]{ 1, 2, 3, 4, 5,1};
    private static final byte[] fingerprintTemplate2 = new byte[]{ 5, 24, 34, 6, 5,3 };
//改变一个像素值
//private static final byte[] fingerprintTemplate1 = new byte[]{ 1, 2, 3, 4, 5,1};
//private static final byte[] fingerprintTemplate2 = new byte[]{0, 2, 3, 4, 5,1,5 };
    //设置比对阈值
    private static final int threshold = 3;
    public static void main(String[] args) {
        //模拟指纹比对
        boolean isMatch = matchFingerprints(fingerprintTemplate1, fingerprintTemplate2);
        double similarity = calculateSimilarity(fingerprintTemplate1, fingerprintTemplate2);
        if (isMatch) {
            System.out.print("指纹匹配,认证通过 ");
        } else {
            System.out.print("指纹不匹配,认证失败 ");
        }
        System.out.println("指纹相似度: " + similarity + "%");
    }
    //模拟指纹比对函数
    private static boolean matchFingerprints(byte[] template1, byte[] template2) {
        //比对两个指纹模板,计算差异值
        int difference = calculateDifference(template1, template2);

        //如果差异值低于阈值,则认为指纹匹配
        return difference <= threshold;
    }
    //计算指纹相似度函数
    private static double calculateSimilarity(byte[] template1, byte[] template2) {
        //计算相似度百分比
```

```
            int difference = calculateDifference(template1, template2);
            int maxPossibleDifference = template1.length * 255; // 假设最大可能的差异值
            int similarityPercentage = ((maxPossibleDifference - difference) * 100) / maxPossibleDifference;
        return similarityPercentage;
    }
    //模拟计算差异值函数
    private static int calculateDifference(byte[] template1, byte[] template2) {
        //模拟计算两个指纹模板的差异值,实际情况下需要使用专业库或 API
        int difference = 0;
        for (int i = 0; i < template1.length; i++) {
            difference += Math.abs(template1[i] - template2[i]);
        }
        return difference;
    }
}
```

在上面的示例中,我们首先以字节数组数据模拟两个指纹图像文件创建指纹模板对象 fingerprintTemplate1 和 fingerprintTemplate2。

然后,调用模拟指纹比对函数 matchFingerprints,对比两个指纹模板,计算差异值,如果差异值低于阈值,认为指纹匹配。

最后调用 calculateSimilarity 函数计算指纹相似度。运行结果如图 4-5(a)所示,说明两个指纹不匹配,指纹识别失败。

接下来修改图像数据为

//private static final byte[] fingerprintTemplate1＝new byte[]｛1,2,3,4,5,1｝；
//private static final byte[] fingerprintTemplate2＝new byte[]｛0,2,3,4,5,1,5｝；

运行结果如图 4-5(b)所示,说明两个指纹匹配,相似度为 99.0%。

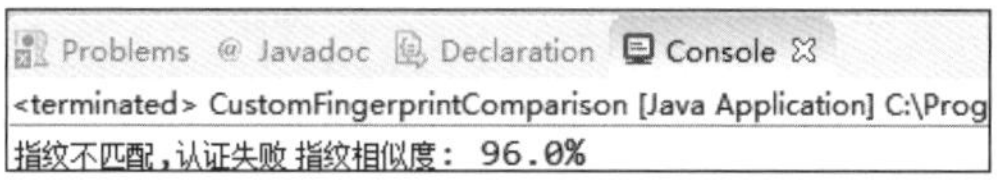

(a) 指纹识别失败

(b) 指纹识别成功

图 4-5 指纹识别运行结果

4.6.3　银行信息管理系统应用程序

编写一个银行信息管理案例,可以实现"存款""取款""查询余额""显示账号"等功能。

完成上述功能,需要构造一个账户信息类,其中包括的属性有"账号"和"存款余额",包括的方法有"存款""取款""查询余额""显示账号"。另外还需编写一个测试类,创建不同的账户类对象,并分别完成存款、取款、查询余额、显示账号等操作。程序代码如下:

```java
public class bankAccount {
    String account ;
    int account_num;
    //构造函数
    public bankAccount(String account, int account_num){
     this.account = account;
     this.account_num = account_num;
    }
    //存钱
    public String addNum(int num){
     account_num = account_num + num;
     return "存钱成功";
    }
    //取钱
    public String getNum(int num){
     String result;
     if(account_num > num){
      account_num = account_num - num;
      result = "取钱成功";
     }else{
      result = "账户余额不足,还剩" + account_num;
     }
     return result;
    }
    //显示余额
    public String displayNum(){
     return "账户余额:" + account_num;
    }
    //显示账号
    public String displayAccount(){
     return "账户:" + account;
    }
    //公共方法
    public static void main(String[] args){
     bankAccount lucy = new bankAccount("lucy", 100);
     bankAccount jack = new bankAccount("jack", 50);
     //显示他们各自的余额
     System.out.println(" === 显示他们各自的余额 === ");
     System.out.println("lucy:" + lucy.displayNum());
     System.out.println("jack:" + jack.displayNum());
     //存钱取钱
     System.out.println(" === 存钱取钱 === ");
     System.out.println("lucy 取 50:" + lucy.getNum(50));
     System.out.println("jack 存 200:" + jack.addNum(200));
     //显示账户 显示余额
     System.out.println(" === 存钱取钱 === ");
System.out.println(lucy.displayAccount() + "" + lucy.displayNum());
System.out.println(jack.displayAccount() + "" + jack.displayNum());
    }
}
```

程序运行结果如图 4-6 所示。

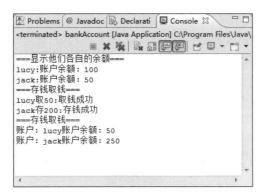

图 4-6　银行信息管理系统应用

4.7　本章小结

抽象与封装是面向对象编程中重要的概念,对于 Java 开发者来说尤为关键。抽象与封装是 Java 编程中的基本原则,掌握它们对于设计和编写可维护、可扩展的代码至关重要。通过不断学习和实践,读者能够更好地理解和应用抽象与封装,提高自己的编程能力。

课后习题

习题答案

1. 简述面向对象程序设计与面向过程程序设计的区别。
2. 什么是抽象?什么是封装?面向对象程序设计中如何实现封装?
3. 使用抽象和封装有哪些好处?
4. 什么是类?什么是对象?
5. 什么是引用类型?对象是引用类型吗?
6. 什么是类成员?什么是实例成员?它们之间有什么区别?
7. 设计一个长方形类,成员变量包括长和宽。类中有计算面积和周长的方法,并有相应的 set 方法和 get 方法设置和获得长和宽。编写测试类测试是否达到预定功能。
8. 什么是 Java 中方法重载?重载方法的规则是什么?
9. 构造方法和成员方法有何区别?
10. 简述成员变量与局部变量的区别。
11. Java 中不用的对象是如何被回收的?
12. 定义一个学生类型:
(1) 有姓名、年龄、所在班级、C 成绩、HTML 成绩、Java 成绩 6 个属性。
(2) 有一个输出自己信息的方法。
(3) 有一个输出总成绩的方法。
要求:用该学生类型定义两个学生变量,并测试。
13. 定义一个快递员类型:
(1) 有姓名、员工编号、员工工资 3 个属性。

（2）定义一个显示自己信息的方法。
（3）定义一个带有 3 个参数的构造方法，为属性赋初值。
要求：编写程序并定义两个快递员对象，调用显示自己信息的方法。

拓展阅读

指纹识别算法原理及应用，请扫描以下二维码查看。

第5章

继承和多态

CHAPTER 5

本章学习目标:

(1) 理解Java语言中继承和多态的概念,体会类的继承性和多态性的作用。

(2) 掌握实现类继承的方法。

(3) 正确使用类的几种多态设计程序。

(4) 了解Java修饰符、接口的作用。

重点:继承和多态概念的理解、类继承的应用、各种修饰符的使用。

难点:多态概念的理解和接口的灵活应用。

继承与多态是Java面向对象程序设计中的两大特征,也是Java中两个重要技术,对它们的理解和学习是必需的。然而由于这部分知识比较抽象,内容关联性很强,讲解不好,容易让学生理解困难。如何组织这部分知识、有效指导学生学习呢?本章采用从易到难、由浅入深的方法组织内容,在介绍内容时,一般按照概念技术引入的背景、解决问题、解决方法、注意事项的思路来介绍,为此指导学生学习也是采用这种方法,先提出问题,再引导学生分析问题,找出解决方法,最后总结归纳。学生学习这部分知识时,希望采用举一反三、触类旁通的学习方法去理解。这样才能理解这部分内容所涉及的概念、引入技术目的,进一步灵活应用所学知识开发出高效程序。

视频讲解

5.1 继承

类相当于一个模板,使用模板可以复制出很多具体的实例,这些实例具有相同的数据成员和方法。如果想得到与这些实例稍有不同的实例时,就需要重新定义类模板,使用新模板再复制出新的实例,通过这种方法得到的两个模板之间没有任何关系。如果两类中具有相同数据成员或方法时,原类中完成相同功能的方法并不能成为新类的成员,还需重新定义。为减少程序员的重复工作,提高代码的重用性,Java 中引入继承机制,允许在已有类定义的基础上定义新类,新类可以继承原类的特性,通过继承来解决这个问题,充分发挥了原有资源的作用,又适应了新的应用要求,起到事半功倍的效果。

5.1.1 继承的基本概念

继承,顾名思义,就是将父亲的东西继承过来,成为己有。Java 中所谓继承,就是程序员在构造类时,把实体中相同的部分先抽象出来定义为一个类,如果需要新类,在不改变原类的基础上再增加新的内容,构造成一个新类,新类可以继承原类的所有非私有的数据成员和方法。原类称为基类、超类或父类,新类称为派生类或子类。举个例子:如果大家都已经充分认识了马的特征,现在要叙述"白马"的特征,显然就不必从头介绍什么是马,而只是说明"白马是白色的马"即可。"白马"继承了"马"的基本特征,又增加了新的特征颜色,"马"是父类,或称为基类、超类,"白马"是从"马"派生出来,称为子类或派生类。生活中继承的例子随处可见。如图 5-1 所示是现实生活中的几类动物。

图 5-1 动物实例

作为动物它们具有相同的属性(年龄、颜色等)和功能(会跑、会叫、会吃食物等)。通过实例构造类的模板时,可以先抽象出这些动物的公共数据成员和方法(年龄、颜色、会跑、会叫、会吃食物等),构成动物类;而这些动物不仅有动物类公共的属性外,又有自己不同的特性,例如,狗、老虎和猫属走兽哺乳类动物,都有四只脚;而鸽子和鸡属另一类,都属飞禽孵化类动物,有两只脚,有翅膀,会飞,一般吃米。在构造走兽哺乳类动物和飞禽孵化类动物时,可以利用继承机制,动物类共有数据成员就不必重新定义,直接从动物类中继承,只需添加自己特有的数据成员。在走兽哺乳类动物中,添加脚个数、吃肉等数据成员和方法;在飞禽孵化类动物中,添加翅膀数、吃米、会飞等数据成员和方法。

正是因为有了继承,自然界的一切生物才保持了物种的延续。人类也正是因为掌握了归纳的方法,才能化繁为简,对世界万物间的关系有着清晰的理解。面向对象语言中,也正是因为有了继承,才可以支持更丰富、更强大的建模,它使得代码重用、软件质量有了更稳定的提高,使得程序结构清晰,降低编码和维护的工作量。在 Java 语言中,引入继承机制,使类间具有严格的层次体系。例如,电话卡可以定义为一个类,它又可以细分为无卡号电话卡类和有卡号电话卡类,无卡号电话卡类又可以进一步细划成 IC 卡和磁卡;无卡号的电话卡可以细划成 201 卡、200 卡、900 卡等。作为电话卡,它们都有余额和支费、显示余额等特性,而无卡号电话卡类和有卡号电话卡它们又有自己的特性,如有卡号电话卡一般还需要有卡号和密码,而无卡号的电话卡则不需要这些信息,就能拨打对方号码。电话卡类层次结构如图 5-2 所示。

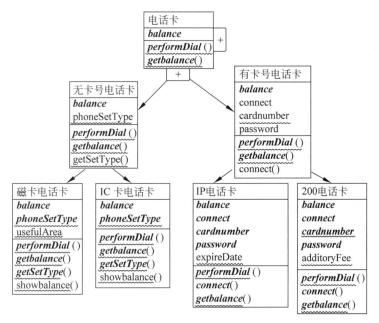

图 5-2 电话卡类层次结构

图 5-2 中,粗斜体部分为从父类中继承的数据成员或方法,其余为自己新增加的数据成员或方法。从图中可以看出,无卡号电话卡和有卡号电话卡是电话卡的子类,它们继承了父类电话卡的数据成员 *balance* 和方法 *performDial*()、*getbalance*(),在此基础上,无卡号电话卡添加了自己的数据成员 phoneSetType、方法 getSetType();有卡号电话卡添加了自己的数据成员 connect、cardnumber、password、方法 connect()。进一步细化,无卡号电话卡有 IC 卡电话卡和磁卡电话卡两个子类,它继承了父类的 *balance*、*phoneSetType* 数据成员和 *performDial*()、*getbalance*()、*getSetType*()方法,添加了自己的方法 showbalance();有卡号电话卡派生出 IP 电话卡、200 电话卡两个子类,它继承了父类的 *balance*、*connect*、*cardnumber*、*password* 数据成员和 *performDial*()、*connect*()、*getbalance*()方法,分别添加了自己的数据成员 expireDate、additoryFee。各类之间建立继承关系后,有了父类,在定义子类时,只需添加新增属性,父类中的属性通过继承直接获取。可以得出以下结论:

(1) 如果类 B 是类 A 的子类,则类 B 继承了类 A 的数据成员和方法。在子类 B 类中,包含了两部分内容:从父类 A 中继承下来的数据成员和方法以及自己新增的数据成员和方法。

(2) 继承是可以传递的。如果 C 从 B 派生,而 B 从 A 派生,那么 C 就会既继承在 B 中声明的成员,又继承在 A 中声明的成员。这样,子类的属性个数总比父类的属性个数多,可以说子类是更具体的实例。

(3) Java 中规定,直接父类只能有一个,也就是说 Java 只支持单继承。这是 Java 独特于其他面向对象语言的地方(例如,C++支持多继承)。

(4) 派生可以扩展它的直接父类,添加新的成员,但不能移除父类中定义的成员。

5.1.2 Java 继承的实现

客观世界中,特殊类对象共享一般类对象的状态及行为,称为子类继承父类的特性。Java 语言中,子类可以继承父类的数据成员(属性)和方法,还可以增加自己特有的数据成员(属性)和方法。

1. 创建子类

继承发生在父类和子类之间,用 extends 关键字来实现。子类定义的格式如下:

```
[类修饰符] class 子类名 extends 父类名{
    类体
}
```

下面通过一个示例进行介绍。

【例 5-1】 定义类,实现图 5-2 中电话卡类的继承结构。

```
import Java.util.*;
class  PhoneCard
{
    double balance;
    boolean performDial();
    double getBalance()
    {
        return balance;
    }
}
 class   None_Number_PhoneCard extends PhoneCard
{
        String phoneSetType;
        String getSetType()
        {
            return phoneSetType;
        }
}
 class Number_PhoneCard extends PhoneCard
{
        long cardNumber;
        int password;
        String connectNumber;
        boolean connected;

        boolean Connection(long cn, int pw)
        {
            if(cn ==  cardNumber && pw == password)
            {
                connected = true;
                return true;
```

```
            }
            else
                return false;
        }
}
class magCard extends None_Number_PhoneCard
{
        String usefulArea;

        boolean performDial()
        {
            if( balance > 0.9)
            {
                balance -= 0.9;
                return true;
            }
            else
                return false;
        }
}
class IC_Card extends None_Number_PhoneCard
{
        boolean performDial()
        {
            if( balance > 0.5)
            {
                balance -= 0.9;
                return true;
            }
            else
                return false;
        }
}
class IP_Card extends Number_PhoneCard
{
        Date expireDate;
        boolean performDial()
        {
            if( balance > 0.3 && expireDate.after(new Date()))
            {
                balance -= 0.3;
                return true;
            }
            else
                return false;
        } }
class D200_Card extends Number_PhoneCard
{
        double additoryFee;

        boolean performDial()
        {
            if( balance > (0.5 + additoryFee ))
```

```
                {
                    balance -= (0.5 + additoryFee);
                    return true;
                }
                else
                    return false;
        }
}
public class TestPhone{
    public static void main(){
        D200_Card my200 = new D200_Card();
        my200.balance = 50;
        System.out.println("my200 的余额为:" + my200.getBalance());
        my200.additoryFee = 0.5;
        System.out.println(my200.performDial());
    }
}
```

运行结果如图 5-3 所示。

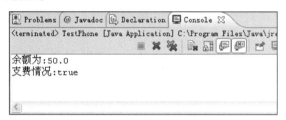

图 5-3 电话卡类运行结果

例 5-1 在 D200_Card 类中,并没有声明数据成员 balance 和方法 getbalance(),但其对象却引用了这两个属性,为什么呢?向上看,发现是在 PhoneCard 类中声明,Number_PhoneCard 类是 PhoneCard 类的子类,继承了它的数据成员 balance 和方法 getbalance(),D200_Card 类又是 Number_PhoneCard 类的子类,又继承了 Number_PhoneCard 类的所有数据成员和方法,包括 Number_PhoneCard 类从父类 PhoneCard 继承来的数据成员 balance 和方法 getbalance(),所以这两个属性通过继承,成为 D200_Card 类的数据成员和方法,既然属于自己的成员,其对象 my200 自然可以引用。

【例 5-2】 定义一个员工类 Employee,再定义一个部门经理类 Manager,根据员工的类别显示信息。

```
class Employee{
    private String name;
    private int age;
    private double salary = 3000;
        public Employee(){ }
        public Employee(String name, int age, double salary){
            this.name = name;
            this.age = age;
            salary = salary;
        }
        public double getSalary(){
            return salary;
        }
```

```
class Manager extends Employee{
  private double bonus;
  public void setBonus(double bonus){
      this.bonus = bonus;
      }
  }
  public class TestManager{
   public static void main(){
      Manager manager = new Manager();
      double sal = manager.getSalary();
      System.out.println("继承的奖金为:" + sal);
   }
  }
```

运行结果如图 5-4 所示。

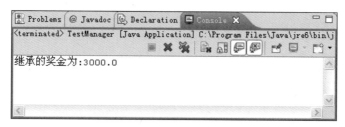

图 5-4　例 5-2 运行结果

2．this 和 super 关键字

两个关键字都是用来指代类，this 指代本类，super 指代父类，可以在引用类的成员中使用它们。this 和 super 在内存中的引用关系如图 5-5 所示。

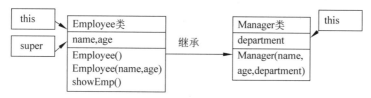

图 5-5　this 和 super 在内存中的引用关系

前面的示例中，已多次使用了这两个关键字。它们通常有以下两个作用。

1）调用构造方法

类在定义重载构造方法时，经常使用 this 和 super 这两个关键字，以省略构造方法中重复的代码段，使得代码的可重用性提高，程序也更加简捷。this 关键字指代本类中的其他构造方法；super 关键字指代父类中的其他构造方法。

【例 5-3】　使用 this 关键字定义构造方法。

```
class Employee{
   String name;
    Int age;
   Employee(String name){
      this.name = name;
      }
   Employee(String name, Int age){
```

```
        this (String name);
        this.age = age;
    }
}
```

这里使用关键字 this 来指代本类中的 name 属性和本类的 Employee(String name)构造方法。在定义带有两个参数的构造方法 Employee(String name, Int age)时，调用已定义好的带有一个参数的构造方法 Employee(String name)。

提示：虽然一个类可以继承父类所有可继承的方法和数据成员，但是任何一个类都不能继承父类的任何构造方法。然而在子类的构造方法中却可以使用 super 关键字调用父类的构造方法。

【例 5-4】 在例 5-3 的基础上定义 manager 类，使用 super 关键字调用父类构造方法。

```
class Manager extends Employee{
    String department;
    Manager(String name, Int age, String department){
        super(name, age);
        this.department = department;
    }
}
```

这里的第 4 行使用 super 关键字调用父类带有两个参数的构造方法。如果没有显式地使用 super 调用父类构造方法，系统将自动调用父类的默认构造方法。

提示：若要在子类构造方法中调用父类构造方法，则在子类构造方法中的第一条语句要用 super 关键字来调用。否则编译系统会出现错误提示。

2）调用其他方法

在定义类的方法时，需要调用类的中已定义的其他方法，这时经常使用 this 和 super 关键字，分别调用类的其他方法或使用类的数据成员。例如，例 5-2 在定义类的方法时，就多次使用了 this 指向它的数据成员 name、age。实际上，在类方法中 Java 自动用 this 关键字把所有变量和方法引用结合在一起，所以 this 可以完全省略不写。也就是例 5-2 中的代码可以改写成下面代码。

【例 5-5】 改写例 5-2 省略 this 关键字后的代码。

```
class Employee{
  private String name;
  private int age;
  private double salary = 3000;
    public Employee(){ }
    public Employee(String name, int age, double salary){
        name = name;
        age = age;
        salary = salary;
    }
    public double getSalary(){
        return salary;
    } }
class Manager extends Employee{
  private double bonus;
    public void setBonus(double bonus){
```

```
        bonus = bonus;
      }
}
```

在定义子类中的方法时,如果还想使用父类中的某个方法,或子类中的某个方法与父类的某个方法说明(指名称、参数和返回值类型)一样,在子类中要使用自己的方法,这时如果还想使用父类的方法,就需要使用 super 关键字。

【例 5-6】 使用 super 关键字调用父类的普通的方法。

```
class Employee1{
 private String name;
 private int age;
 private double salary = 3000;
    public void displayInfo(){
       System.out.println("name = " + name + "age = " + age);
    }
    public Employee1(String name, int age, double salary){
       this.name = name;
       this.age = age;
       salary = salary;
    }
  public double getSalary(){
     return salary;
    } }
class Manager1 extends Employee1{
 private double bonus;
 private String position;
 public Manager1(String name,int age, double salary, string position){
      super(name, age, salary);
      this.position = position;
      super.displayInfo();
      }
  public void setBonus(double bonus){
      this.bonus = bonus;
      }
}
public class TestManager1{
 public static void main(){
    Manager1 manager1 = new Manager1("王菲",25,2500,"经理");
    double sal = manager1.getSalary();
    System.out.println("继承的奖金为:" + sal);
   }
}
```

子类在定义其构造方法 Manager1(String name,int age,double salary,string position)时,使用关键字 super 调用了父类的构造方法 Employee1(name,age,salary)和普通方法 displayInfo(),程序运行结果如图 5-6 所示。

3. Object 类

一个类如果在声明时没有明确使用 extends 来标记自己派生于哪个类,那么编译器将自动将 Object 类作为该类的父类,因此,所有的类最终都来自 Object 类。其实 Object 类是

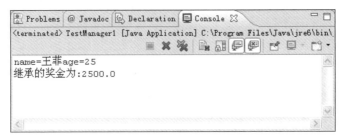

图 5-6 例 5-6 程序运行结果

Java 预定义的所有类的父类,它处在类目录的最高层,是所有 Java 类的根类。不论一个类有没有明确指定父类,都可以看作是从 Object 类直接或间接派生来的。Object 类包含了所有 Java 类的公共属性,这个类中定义的方法可以被任何类的对象使用或继承。下面是它的基本定义:

```
public class Object{
    public Object(){ … }
    public final class <?extends Object> getClass(){ … }
    public int hashCode(){ … }
    public Boolean equals(Object obj){ … }
    protected Object clone() throws CloneNotSupportedException{ … }
    public String toString(){ … }
    public final void notify(){ … }
    public final void notifyAll(){ … }
    public final void wait( … ) throws InterruptedException{ … }
    protected void finalize() throws Throwable{ … }
    }
```

Object 类提供了一个对象基本方法的定义,例如,两个对象的相同比较 equals(Object obj)、对象的字符串表示 toString()、对象的复制 clone() 等。这些没有用 final 修饰的方法其行为一般都需要在子类中重新定义。

1) 对象的哈希码表示——hashCode()

每个对象都有自己的哈希码,利用这个哈希码可以表示一个对象。为什么需要提供一个对象的哈希码,重要的原因是对象的比较和基于哈希的集合类(Hashtable、HashMap 和 HashSet)的性能。Object 类有两种方法来推断对象的标识:equal() 和 hashCode(),一般来讲,如果程序忽略了其中一种,则必须同时忽略这两种,因为两者之间有必须维持的至关重要的关系。根据 equals() 方法,如果两个对象是相等的,则它们必须有相同的 HashCode() 值。

2) 对象的字符串表示——toString()

toString() 方法返回代表这个对象的一个字符串。默认情况下,返回由该对象所属的类名、@ 和代表该对象的一个数组成的字符串。例如下面代码:

```
Employee1 ca = new Employee1 ("王玲",25,5000);
System.out.println(ca.toString());
```

输出的内容类似于 Employee1@2f9a87。2f9a87 是一个用十六进制表示的该对象在内存中分配到的哈希码(对象的内标识),这个信息不是很有用。因此,通常需要重写 toString() 方法。例如,在 Employee1 类中重写 toString() 方法:

```
@Override //重写方法需要加此标注,以避免警告
public String toString(){
   return "name = " + getName() + ",age = " + getAge() + ",balance = " + getBalance();
   }
```

这时,如果再执行以下代码:

```
Employee1 ca = new Employee1 ("王玲",25,5000);
System.out.println(ca.toString());
```

显示的内容如下:

```
name = 王玲,age = 25,balance = 5000
```

3) 对象间的相等性比较——equals()

equals()指示其他某个对象是否与此对象"相等"。两个对象间的相等比较有两种不同的含义:一种是比较两个变量引用的是否是同一个对象;另一种是比较两个变量引用的对象在某种比较条件下,其值是否是相等的。

第一种通常使用关系运算符"=="来比较两个变量是否引用的同一个对象实例;而equals()默认比较两个对象的引用为同一个对象实例。在使用 equals()方法进行两个变量间的比较时,需要考虑变量引用的对象是否重写了继承于 Object 类的 equals()方法,如果没有重写,则 equals()的比较结果与关系运算符"=="是一样的。所以如果子类想比较两个不同的对象是否具有相同的内容,就需要重写该方法。

【例 5-7】 验证 equals()方法与"=="运算符功能。

```
package chap5;
public class TestObject {
  public static void main(String[] args) {
    TestObject obj1 = new TestObject();
    TestObject obj2 = new TestObject();
    String s1 = "hello,world!";
    String s2 = "hello,world!";
    Integer Int1 = 150;
    Integer Int2 = 150;
    boolean b1 = s1.equals(s2);
    boolean b2 = (s1 == s2);
    System.out.println("s1.toString()的结果是:" + s1.toString());
    System.out.println("s1.toString()的结果是:" + s2.toString());
    System.out.println("obj1.toString()的结果是:" + obj1.toString());
    System.out.println("obj2.toString()的结果是:" + obj2.toString());
    System.out.println("obj1.equals(obj2)的结果是:" + obj1.equals(obj2));
    System.out.println("obj1 == obj2 的结果是:" + (obj1 == obj2));
    System.out.println("Int1.equals(Int2)的结果是:" + Int1.equals(Int2));
    System.out.println("Int1 == Int2 的结果是:" + (Int1 == Int2));
    System.out.println("s1.equals(s2)的结果是:" + b1);
    System.out.println("s1 == s2 的结果是:" + b2);
}
}
```

程序运行结果如图 5-7 所示。

从图 5-7 中可以看出,虽然 Int1 和 Int2 的值都是 150,但由于它们指向的是不同对象,所以表达式 Int1==Int2 的运算结果为 false,而表达式 Int1.equals(Int2)运的算结果为

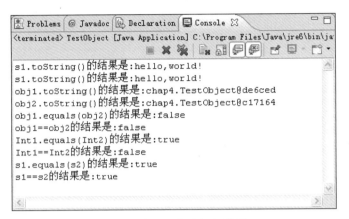

图 5-7　例 5-7 程序运行结果

true。这是因为 Integer 类重写了 Object 类的方法 equals()，同样 String 类也重写了 Object 类的 equals()、toString()方法。因此程序中表达式 obj1.toString()和 obj2.toString()的运算结果与 s1.toString()和 s2.toString()的运算结果组成不同。

4) 复制对象——clone()

clone()创建并返回此对象的一个副本，用于复制对象，即创建一个有独立内存空间的新对象，新对象的内容和原对象一样。不是所有的对象都可以被复制，要成为一个可复制的对象，它的类必须实现 Java.lang.Cloneable 接口，该接口不包含任何方法。

5.1.3　方法覆盖

使用类的继承关系，子类可以具有父类定义的所有可继承的方法，自然也可能添加自己新的字段和方法，因为它反映了新的需求，但有时继承于父类的某些方法实现并不适合或并不能满足子类中的特征，而又希望保持和父类一致，这时需要修改继承于父类的方法，保持方法所用的名称、返回类型及参数列表和父类中的一致，只修改方法的实现代码，这一过程称为子类对父类方法的重写。就如同前面刚讲过的其他类对父类 Object 类中的方法 toString()和 equals()的重写一样。

子类重写父类方法后，对象实例调用方法时，如何区分是调用自己新定义的方法还是继承父类的方法，继承自父类的同名方法还存在吗？请看下面代码：

【例 5-8】　员工子类对父类方法的重写。

```
class Employee2{
    String name;
    double salary;
    public double getSalary() {
        return salary;
    }
    public void setSalary(double salary){
        this.salary = salary;
    }
    public Employee2(String name, double salary){
        this.name = name;
        this.salary = salary;
```

```
        }
        public String getInfo(){
          return "name:" + name + "salary:" + Double.toString(this.getSalary());
    }
      }
class Manager2 extends Employee2 {
    String department;
    public void setSalary(double salary){
        this.salary = salary;
      }
    public double getSalary() {
        return salary + salary * 0.3;
    }
    public Manager2(String name,double salary, String department){
        super(name, salary);
        this.department = department;
      }
    public String getInfo(){
      return "name:" + name + "department:" + department + "salary:" + this.getSalary();
}
    public String getInfo1(){
      return "name:" + name + "department:" + department + "salary:" + super.getSalary();
  }
}
  public class TestEmployee2{
    public static void main(String args[]){
      Employee2 e = new Employee2("王菲",3000);
      Manager2 m = new Manager2("李杰", 6000,"网络部");
      System.out.println("显示父类对象信息:" + e.getInfo());
      System.out.println("显示子类对象信息:" + m.getInfo());
      System.out.println("显示子类对象信息:" + m.getInfo1());
    }
      }
```

程序运行结果如图 5-8 所示。

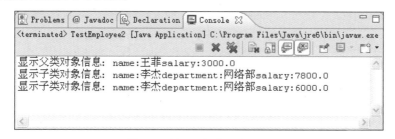

图 5-8 例 5-8 程序运行结果

例 5-8 中 Employee2 类定义的显示信息方法 getInfo()与获取薪水方法 getSalary()，并不能满足子类 Manager2 的需要，但都是完成获取信息和显示信息功能，为了保持取款操作的一致性，在子类中需要重写父类的 getInfo()方法和 getSalary()方法。

分析运行结果，可以看出，父类对象 e 调用的是父类的方法 getInfo()，子类对象 m 调用的子类中重新定义的方法 getInfo()，而没有调用继承自父类的方法。子类重写父类方法后，如果在子类方法中还想调用与父类同名的方法 getSalary()，必须用 super 关键字进行调用。实际上调用的父类的那个方法,继承到子类已被新的 getSalary() 方法覆盖。也就是在子类中,只有一个重新编写的 getSalary() 方法或者 getInfo()。

方法重写是面向对象程序设计中非常重要的手段,几乎所有可用的程序都离不开方法重写,包括重写系统提供的类库中的方法或者重写其他人提供的方法。应用重写时必须注意以下两条重要原则。

(1) 保持方法返回值类型、方法名称、参数的个数、顺序和类型不变。

(2) 新方法的访问范围可以保持不变、扩大,但不能缩小。例如下面代码是不正确的代码。

【例 5-9】 不正确的重写方法示例。

```
class superclass{
    public void show(){
    System.out.println("superclass 类信息!");
    }
}
class subclass extends superclass{
    private void show{
      System.out.println("subclass 类信息!");
    }
}
public class text{
    public static void main(String args[]){
      superclass s1 = new superclass;
      subclass s2 = new subclass;
      s1.show();
      s2.show();
    }
}
```

运行程序将出现如图 5-9 所示提示信息。

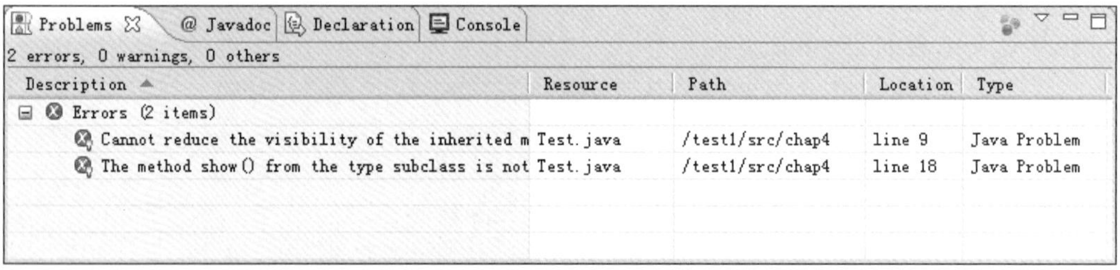

图 5-9 例 5-9 程序错误提示

图 5-9 信息提示,不能减小方法的访问范围。为什么呢?分析代码可知:由于父类中的 show() 方法是 public 类型,而在子类中试图通过重写缩小该方法的访问范围,这是不允许的,故出现图 5-9 提示信息。

5.1.4 成员隐藏

前面提到通过继承,子类将继承父类的所有非私有的数据成员和方法。代码如下所示。

```
class Phonecard{
    double balance;
    abstract boolean performDial();
    double getBalance(){
       return balance;
      }
}
class Card200 extends Phonecard{
    double additoryFee;
    double balance;
    boolean performDial(){
      if(balance>(0.5+additoryFee)){
        balance-=(0.5+additoryFee);
        return true;
       }
      else
        return false;
      }
   }
```

子类 Card200 继承了父类 Phonecard 的所有属性和方法,又添加了自己的属性和方法。至此,子类中所包含的数据成员有从父类 Phonecard 继承来的数据成员 balance、自己定义的 balance、additoryFee。这两个相同的数据成员在子类中是只有一个,还是两个同时存在呢?如果同时存在,对象在使用时,如何区分呢?在上面代码的基础上我们添加一个主类看看结果如何。代码如下:

【例 5-10】 子类对父类数据成员的隐藏。

```
public class TestHiddenField{
  public static void main(){
    Card200 my200 = new Card200();
    my200.balance = 50;
    System.out.println("Phonecard 类的余额为:"+my200.getBalance());
    if(my200.performDial())
    System.out.printlnDial("Card200 类的余额为:"+my200.balance);
  }
}
```

经调试程序运行结果如图 5-10 所示。

图 5-10 隐藏父类数据成员

分析结果可以发现,子类中定义了与父类同名的数据成员时,父类与子类同名的数据成员仍然存在,当子类执行继承自父类的操作时,处理的是继承自父类的变量,而当子类执行它自己定义的方法时,所操作的就是它自己定义的变量,而把继承自父类的变量"隐藏"起来。

5.2 多态

抽象、封装、继承和多态是面向对象程序设计的四大特征，前面介绍了有关抽象、封装、继承的特征。采用面向对象的抽象和封装技术，提高了程序的安全性、可维护性；引入继承提高了代码的可重用性，本节介绍最后一个特征多态，它使面向对象的设计更灵活多样。

5.2.1 多态概念的理解

多态，顾名思义，一个实体具有多种形态。

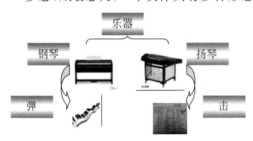

图 5-11 多态示例

现实生活中存在这样一些现象：一类对象，能完成相同的功能，但这些功能对于不同的对象又有不同的特性。如图 5-11 所示，就反映现实生活中这种现象，钢琴和扬琴都是乐器，都能弹奏，但两种乐器的弹奏方法却是不同的。

这种现象在现实生活中比比皆是，例如动物类，都会叫，但不同的动物，叫声却又不同，狗是"汪汪"叫，猫是"喵喵"叫，牛却是"哞哞"叫；再如前面提到的电话卡都有支费功能，但不同的电话卡支费方式是不同的。对于这种现象，在面向过程的程序设计中，我们只能采用不同的函数名来实现了。因为面向过程的程序设计，要求一个源程序中不能有同名函数或过程出现，每一过程和函数各自完成一定的功能，否则在调用时就会产生歧义和错误。而在面向对象程序设计中，为提高程序的抽象度和简洁性，有时却需要利用同名的方法来代表这种不同的功能。面向对象中的这种现象也称为多态。

一般地，多态是指面向对象程序中一个程序中同名的不同方法共存的情况，或者一个对象不同时刻所属类型不同的情况。例 5-11 代码就是一种典型的多态表现形式。

【例 5-11】 多态示例。

```
abstract class Phone{
    private double balance;
    abstract public void call();
    public double getBalance(){
return balance;
    }
}
class Phone110 extends Phone{
    private String region;
    public void setRegion(String region){
       this.region = region;
    }
    public String getRegion(){
return region;
    }
    public void call(){
```

```
        System.out.println("您好!我是" + this.getRegion() + "110 报警,很高兴为您服务!");
        }
}
class Phone119 extends Phone{
    public void call(){
System.out.println("您好!我是 119 火警,很高兴为您服务!");
        }
}
public class Example11{
    public static void main(String args[]){
        Phone110 my110 = new Phone110();
        my110.setRegion("城区");
        Phone119 my119 = new Phone119();
        my110.call();
        my119.call();
    }
}
```

经调试程序运行结果如图 5-12 所示。

图 5-12 例 5-11 程序运行结果

上面程序实现一个拨打电话的功能,其中包含四个类,它们分别是父类 Phone、两个子类 Phone110 和 Phone119,以及主类 Example11,作为电话都具有拨叫功能,但由于拨打的电话号码不同可以实现拨通不同电话的功能,如拨 110 是报警电话,拨 119 是火警电话等。在面向对象程序设计过程中,为提高程序的抽象度,使程序看起来更直观明了,通常采用相同名称反映相同的功能这一特性。因此代码中,多次使用 call()这一相同方法名定义不同类电话的呼叫功能,而对于不同类电话它们的呼叫实现的功能又是不同的。

5.2.2 Java 中的多态

在面向对象的程序设计中,很多方面表现出多态,例如同一个类中方法的重载,子类对父类方法的覆盖,还可以是子类对象作为父类对象的使用。

1. 子类对象作为父类对象的使用

在 Java 语言中,可以将子类对象看作父类对象来使用。就如同现实生活中,可以将一个"狗"视为是一个"动物",将一个"钢琴"视为是一个"乐器"一样。在定义类的一个引用时,这个引用既可以指向本类的实例,也可以指向其子类的实例,所以说 Java 中引用型变量具有多态性。

例如在一个单位,有职工(Employee),而职工中有少数人又承担各层管理者(Manager)的职责。如这个单位的某部门经理李阳,他是一个管理者(Manager)类对象,也可以视李阳是一个职工(Employee)类对象,它具有职工的一切特性,这就是将子类对象作为父类对象来使用的含义,如下面代码所示。

【例 5-12】 把子类对象视为父类对象。

```java
public class TestTransform {
public static void main(String[] args) {
    Staff emp = new Staff("王阳",3000);
    System.out.println(emp.getInfo());
    Staff admin = new Adminer("李军",5000,1000);
    admin.show();
    System.out.println(admin.getInfo());
    // System.out.println(admin.getSalary());
 }
 }
class Staff{
 String name;
 double salary;
 Staff(String name, double salary){
     this.name = name;
     this.salary = salary;
     }
 void show(){
     System.out.println("职工姓名:" + name + "工资" + salary);
    }
String getInfo(){
    return "职工姓名:" + name + "工资" + salary;
    } }
class Adminer extends Staff{
    double fee;
    Adminer(String name, double salary, double fee){
        super(name,salary);
        this.fee = fee;
        }
    /* double getSalary(){
        return salary + fee;
        } */
    String getInfo(){
        return "职工姓名:" + name + "工资" + salary + "补贴:" + fee;
        } }
```

程序运行结果如图 5-13 所示。

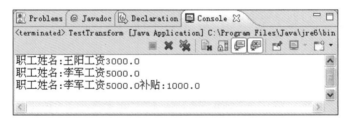

图 5-13　例 5-12 程序运行结果

程序共定义三个类,职工类 Staff、管理者类 Adminer、主类 TestTransform,职工类中有两个数据成员,构造方法 Staff()和普通成员方法 getInfo(),管理者类是职工类的子类,新增加了数据成员 fee,构造方法 Adminer(),重写了父类(职工类)继承来的方法 getInfo()。在主类第 3 行定义了一个职工对象变量 emp,并将其指向职工对象王阳,第 4 行通过调用对象方法 emp.getInfo()显示该职工的信息。第 5 行定义了一个职工对象变量 admin,使用赋值语句"Staff admin=new Adminer("李军",5000,1000);"将该引用变量 admin 指向一个管理者对象李军,第 6 行通过对象李军调用方法 show(),显示管理者的信息,此时李军是作为职工来看待的。第 7 行也是通过对象李军调用方法 getInfo(),显示管理者的全部信息,那么李军作为职工类,为何又调用了管理者的方法 getInfo()呢?这是因为管理者又重写了从职工类中继承来的方法 getInfo(),职工类中继承过来的 getInfo()已被覆盖。

特别地,如果将子类对象的引用指向父类对象变量时,该子类对象也就被视为是一个父类对象,它只能调用父类对象中的数据成员和方法,不能调用子类另外的新方法。例如,在例 5-12 子类中增加一个普通方法 getSalary(),求管理员的工资,主类其他代码不变,增加一条调用语句 admin.getSalary();结果编译系统将弹出如图 5-14 所示的异常信息。

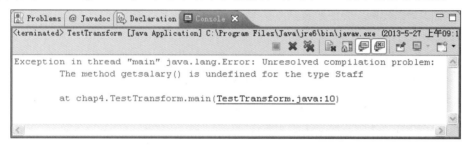

图 5-14　父类对象调用子类方法错误异常提示

为进一步说明当前 admin 引用变量的性质,在例 5-12 代码中增加如下代码：

```
System.out.println(admin instanceof Staff);
System.out.println(admin instanceof Adminer);
System.out.println(admin.getClass());
```

程序运行结果如图 5-15 所示。

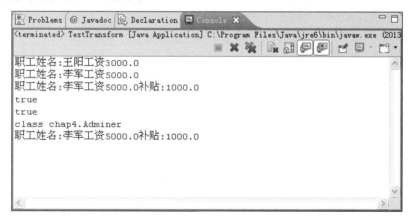

图 5-15　验证 admin 属性

代码"admin instanceof Staff"和"admin instanceof Adminer"是判断 admin 是否为类 Staff 或类 Adminer 的实例,若是返回值为 true,否则返回值为 false。而 admin.getClass()是获取 admin 实例的类名。从运行结果可以看出,admin 的类名是子类(管理者类

Adminer)的类名,当前既是父类(职工类 Staff)的实例,又是子类(管理类 Adminer)的实例。

子类对象的引用可以指向父类对象变量,使得子类对象具有双重身份,它既是父类的实例又是子类的实例,具有多种形态,所以说子类对象作为父类对象的使用是一种多态。

综上所述,在继承关系的子类和父类中,使用时应注意以下几点:

(1) 子类对象可以作为父类对象使用。

(2) 子类对象作为父类对象使用时,父类对象只能对自己类中拥有的数据成员和方法以及被子类重写的方法进行操作,不能对子类的新增的普通方法进行操作。

(3) 这种转换是单向的,即只能是将子类对象视为父类对象,不能将父类对象视为子类对象。这如同能说"狗"是"动物",但不能说"动物"是"狗"一样。如特别需要将父类对象视为子类对象使用时,必须使用如下语句格式:

子类类名 子类变量=(子类类名)父类变量;

进行强制类型转换。类似于在基本类型中,double a=88.9; int b=(int)a;将双精度实型转换成整型一样。

(4) 子类与父类的相互转换常应用于方法参数的传递。如形参为父类对象,在调用方法时可以给方法传递一个子类对象。如下面代码所示。

【例 5-13】 使用子类对象给方法中的参数父类对象传值。

```java
public class TestTranser {
    public static void main(String[] args) {
        Staff1 emp = new Staff1("赵杰",3000);
        System.out.println(emp.getInfo());
        Adminer1 admin = new Adminer1("李军",5000,1000);
        Transer tran = new Transer();
        tran.show(emp);
        tran.show(admin);
    }
}
class Staff1{
    String name;
    double salary;
    Staff1(String name, double salary){
        this.name = name;
        this.salary = salary;
    }
    String getInfo(){
        return "职工姓名:" + name + "工资" + salary;
    }
}
class Adminer1 extends Staff1{
    double fee;
    Adminer1(String name, double salary, double fee){
        super(name,salary);
        this.fee = fee;
    }
    public double getSalary(){
        return salary + fee;
    }
}
```

```
        String getInfo(){
            return "职工姓名:" + name + "工资" + this.getSalary();
        }
    }
class Transer{
    void show(Staff1 sta){
        System.out.println(sta.getInfo());
    }
 }
```

程序运行结果如图 5-16 所示。

图 5-16 例 5-13 程序运行结果

类 Transer 中的方法 show(Staff sta)的参数是一个对象类型,在调用这个方法时,需要传递一个 Staff 类对象,测试类中,两次调用 show(Staff sta)方法,一次传递的是父类对象,一次传递的是子类对象。因为这是合法传递,所以程序正常运行,分别显示了不同对象的信息。

2. 子类对父类方法的覆盖

上面提到通过继承关系,子类可以重写从父类继承来的方法,当重写父类方法后,子类从父类继承的同名方法将被覆盖,也就是说,子类对象只调用自己重写的同名方法,而父类的方法只能由父类对象间接调用。要想实现覆盖,子类与父类的同名方法的方法头(返回值类型、方法名、参数)应完全相同。否则不能实现方法覆盖。

3. 同一个类中方法的重载

子类对父类方法的覆盖是发生在子类与父类两个类之间,Java 中也允许在同一类中出现两个同名方法,这种技术称为方法的重载。实现方法重载,要求在同一类中出现的方法名相同,但方法的参数(类型、个数、顺序)中必须有一项与另一方法不同;若仅方法的返回值类型不同,方法名、方法参数(类型、个数、顺序)相同或者两同名方法出现在不同类中,不能实现方法重载。在第 3 章定义类的构造方法中已经详细介绍过方法的重载。

Java 中方法的覆盖与方法的重载,都是同名方法实现不同的功能的情形,在不同时刻相同方法名表现不同的形态,所以说它们也是 Java 中的两种多态。实际上,Java 中许多地方体现了多态,如前面讲到的 this 和 super 关键字,也是两种典型的多态,它们随当前操作对象的不同而指向不同。面向对象程序设计中,这些方式的引入,有效地扩展了程序的功能,简化了程序的理解。

5.3 非访问控制符

5.2节的示例中，出现了很多关于权限的关键字，这些关键字规定了所描述对象的被访问权限。在定义类时除了这些访问控制外，还有一些非访问控制关键字，也是非常重要的。本节将讨论Java中几个常用的非访问控制符。

5.3.1 static

定义一个类时，可以为类创建很多对象，由于这些对象实例各自占用不同的内存空间，所以不同实例间的值是不同的。然而，在解决现实问题时，对象常常需要享有某一共同空间的值，为解决这一问题，Java提供了类成员机制，让类的所有对象共享这一空间。Java中创建这样的成员，只需在定义类声明变量或方法时，将其用static修饰符修饰即可。变量和方法都可以被声明为static类型。被声明为static的变量叫类变量（或叫静态数据成员），可看作全局变量或静态变量，这些变量属于类，不属于任何一个对象；没有被static修饰的变量称为实例变量，属于各对象。同样被static修饰的方法称为类方法（或叫静态方法），属于类；没有被static修饰的方法称为实例方法，属于对象。类方法只能访问类变量（或静态数据成员，或静态变量），不能访问实例变量（非静态数据成员）。例如：

```
static int count = 0;
```

语句中，count被static修饰，所以count是类变量。再如：

```
public static void count(){
    count++;
}
```

方法count()声明时被static修饰，count()就是一个类方法（静态方法），只能对类变量count进行操作，不能操作其他非静态变量。

【例5-14】 测试static修饰的变量。

```
public class TeatAccount {
    public static void main(String[] args) {
        Account mycard1 = new Account();
        Account mycard2 = new Account();
        Account mycard3 = new Account();
        System.out.println("第一张卡的卡号:" + mycard1.cardnumber);
        System.out.println("第二张卡的卡号:" + mycard2.cardnumber);
        System.out.println("第三张卡的卡号:" + mycard3.cardnumber);
    }
}
class Account{
    public static int nextcardnumber = 2013001;
    public int cardnumber;
    public String name;
    private String password;
    public String getName() {
        return name;
    }
```

```
    public void setName(String name) {
        this.name = name;
    }
    public String getPassword() {
        return password;
    }
    public void setPassword(String password) {
        this.password = password;
    }
    /* static{
           nextcardnumber = 2013001;
    } */
    public Account(){
        cardnumber = nextcardnumber++;
    }
}
```

程序运行结果如图 5-17 所示。

图 5-17 例 5-14 程序运行结果

例 5-14 是用来创建银行卡的一个示例,为使银行卡号在创建时自动生成,在定义类时,将数据成员 nextcardnumber 用 static 修饰,使其成为类变量,这样在构造银行卡时,将 nextcardnumber 的值赋给对象变量 cardnumber,并使 nextcardnumber 的值加 1。由于 nextcardnumber 是类变量,所以构造下一张卡时,nextcardnumber 的值由原来的 2013001 变成 2013002,第三张卡的卡号初始化为 2013003,以此类推,就完成了卡号自动生成的过程。在此如数据成员 nextcardnumber 没有被 static 修饰,就不能完成这一功能。

实际上,用 static 修饰符修饰的域仅属于类的静态域。静态域最本质的特点是:它们是类的域,不属于任何一个类的具体对象。它不保存在某个对象的内存区间中,而是保存在类的内存区域的公共存储单元。换句话说,对于该类的任何一个具体对象而言,静态域是一个公共的存储单元,任何一个类的对象访问它时,取到的都是相同的数值;同样任何一个类的对象去修改它时,也都是在对同一个内存单元进行操作。上面的程序就验证了静态域是类中每个对象共享的域这一特性。使用 static 修饰符修饰变量或方法时应注意以下事项:

(1) 类中的静态变量属于类,而不属于某个特定的对象,所以引用类变量和类方法时,一般用类名引用,而不用对象名引用,类变量和类方法的引用可以采用如下形式:

类名.成员名

(2) 不管创建了多少个对象实例,整个类中,系统只给静态变量分配一个空间,所有对静态变量的操作都是对这一空间值的操作。

(3) 类的静态方法只能访问静态数据成员,不能访问非静态数据成员。

(4) 静态方法中没有 this 和 super 关键字,静态方法也不能被覆盖(重写)为非静态方法。

（5）在定义类时，如果需要通过计算来初始化静态变量，可以声明一个静态代码块，语法如下：

```
static{
语句块
}
```

静态语句块只能对静态数据成员进行初始化。它虽然也是起初始化作用，但与构造方法不同，静态语句块不是方法，它没有方法名、返回值和参数列表。

（6）类变量、类方法、静态语句块都随类的加载而加载，且只加载一次，静态语句块也只执行一次。

5.3.2 abstract

abstract 是抽象修饰符，可以用来修饰类和方法。用 abstract 修饰的类称为抽象类，用 abstract 修饰的方法称为抽象方法。

1. 抽象类

抽象类不能生成实例对象，抽象类实质上是对某一类型的高度抽象，只是一种概念表示。现实生活中存在这样的现象：例如现实世界中的几何图形中，有圆、长方形、三角形等，每种图形都有各自的行为和特征，它们求面积的公式是不一样的，而且属性也是不一样的，但作为平面图形来说，它们都属于平面几何这一类型，但这一类型并不能实例化成一个具体的对象。也就是说我们创建了一个平面几何对象，但不知它是圆还是三角形，也就无法求出这一图形的面积。如果在这个类的基础上，创建它的子类，定义三角形、圆、长方形这样的图形，就可以实例化对象。因此在 Java 中用抽象机制创建类型，而通过继承从抽象到具体。这种组织方式使得所有的概念层次分明，简洁精练，非常符合人们日常的思维习惯。但抽象类必须有子类来继承它，否则就失去了存在的意义。

2. 抽象方法

抽象方法仅有方法名，而无具体方法体和操作实现的抽象方法。定义格式如下：

```
abstract 方法名();
```

抽象方法只能存在于抽象类中，用一个分号"；"来代表方法体的定义，有抽象方法的类必须定义成抽象类，同时一个抽象类可以有抽象方法也可以没有抽象方法。所以当子类继承抽象父类后，一般都要实现父类中的抽象方法，否则这个子类也必须定义成抽象类。

【例 5-15】 抽象类和抽象方法的使用。

```
abstract class Shape{
    public static final double PI = 3.14;
    protected double length;
    protected double width;
    public Shape(double length, double width){
        this.length = length;
        this.width = width;
        }
```

```
    Public Shape(double length){
        this.length = length;
        }
    public abstract double area();
    }

class Rectangle extends Shape{
    Rectangle (double num1, double num2){
        super(num1,num2);
        }
    public double area(){
        return length * width;
        }
    class Circle extends Shape{
        Circle(double num1){
            super(num1);
            }
        public double area(){
            return PI * length * length;
            }
        }
public class TestAbstract{
    public static void main(String[] args){
        Rectangle shape1 = new Rectangle(5,6);
        Circle shape2 = new Circle(6);
        Shape shape3 = new Rectangle(4,8);
        Shape shape4 = new Circle(8);
        System.out.println("第一个图形的面积是:" + shape1.area());
        System.out.println("第二个图形的面积是:" + shape2.area());
        System.out.println("第三个图形的面积是:" + shape3.area());
        System.out.println("第四个图形的面积是:" + shape4.area());
    }
}
```

程序运行结果如图 5-18 所示。

图 5-18 例 5-15 程序运行结果

例 5-15 定义了 Shape、Rectangle、Circle、TestAbstract 四个类,其中 Shape 类被 abstract 修饰,是抽象类。其中含有一个抽象方法 aver(),Rectangle、Circle 这两个类是 Shape 类的子类,实现了父类的所有抽象方法,所以可以不是抽象类。TestAbstract 类是主类,其中实例化了四个对象 shape1、shape2、shape3、shape4,shape1 是 Rectangle 对象,所以调用 Rectangle 类的方法 aver(),求出面积为 30;shape2 是 Circle 类对象,调用 Circle 类的方法,求出的是圆的面积为 113.039;shape3、shape4 是子类对象的引用指向父类对象变量,它们调用子类重写的方法 aver()分别求出矩形和圆的面积。

5.3.3 final

final是最终修饰符,它可以修饰类、方法和属性。

1. final 修饰类

如果一个类被 final 修饰符修饰,这个类就是一个最终类。最终类不能派生子类,也就是它不能被继承。如果把一个应用中继承关系的类组织成一棵树,所有类的父类是树根,每个子类是一个分支,而被声明为 final 的类就只能是这棵树上的叶。被定义为 final 的类通常是一些有固定作用、用来完成某种标准功能的类。

2. final 修饰方法

final 修饰的方法是最终方法,不能被重写或覆盖。定义最终方法的目的就是限制子类对其改写。前面讲到子类可以重写父类的方法,既然最终方法不能被重写,那么父类中就不能定义没有被实现的最终方法,由此可见最终类中的方法都是隐式的最终方法。

3. final 修饰属性

final 修饰的属性是最终属性,也就是最终值,在程序的整个执行过程中不能被修改。所以被 final 修饰的属性实质是一个常量。Java 中引入 final 可以提高系统的维护性。

如果将一个引用类型的变量用 final 修饰,这个引用变量是一个最终引用变量,最终引用变量只能指向当前对象,不能再指向其他对象,但它所指对象的值是可以改变的。

【例 5-16】 修改最终引用变量。

```
class Bookinfo{
    String name;
    String publish;
    }
public class TestFinal{
public static void main(String[] args){
  final Bookinfo mybook = new Bookinfo();
  mybook.name = "西游记";
  mybook.publish = "清华大学出版社";
  Bookinfo mybook1 = new Bookinfo();
  mybook = mybook1;
  }
}
```

例 5-16 的程序是无法正常运行的。因为 mybook 是最终引用变量,它不能再指向其他对象。编译系统将给出如图 5-19 所示提示信息。

图 5-19 例 5-16 运行异常提示信息

如将上面代码中 mybook 前的 final 修饰符删除或将语句"mybook＝mybook1;"改成"mybook1＝mybook;",程序就能正常运行。

5.4 接口

视频讲解

前面多次提到,为了避免多继承产生的二义性,Java 中类的继承只实现了单继承,没有多重继承的机制,但多继承也有它的优势,它允许一个子类从多个父类中分别继承属性和方法,因此这个子类可以兼具原有多个类的特性。Java 并没有因为只允许单继承而损失了多继承带来的便利,它提供了接口这个新技术,实现多继承的功能。

5.4.1 接口概念的理解

设一个子类 B 继承于两个父类 P1 和 P2,而 P1 和 P2 中又恰有同名同参数列表、代码又不完全一样的方法 same(),子类 B 中没有重写这个方法,但需要调用。根据继承性原则,子类实例可以调用父类的方法,而 B 中两个父类中都有 same()方法,那么 B 的实例调用的是哪段代码呢? 这就产生了歧义。为了避免这个问题,Java 规定,两个父类中同名的方法都不写具体的代码,将这样的方法定义成抽象方法,父类自然变成抽象类,当子类继承父类时,实现抽象方法,由于子类中的代码只有一个,这样在调用时就不会产生歧义了。这就处理了多继承产生的二义问题。

为了与含有非抽象方法的抽象类区分,Java 语言把一组没有具体实现方法的集合称为接口。形式上,接口有类的基本形式,也含有数据成员和方法,但其中所有的数据成员是常量,且常量类型默认为 public static final,所有方法都是抽象方法。Java 不允许从多个非抽象类中继承,但允许从多个接口中继承,这样,一方面解决了多继承的二义性问题,另一方面也保留了多继承的高效性。

5.4.2 接口的定义

接口与一般类一样,本身也具有数据成员与方法。它的定义形式如下:

```
[public] interface 接口名 [extends 父类接口名列表]{
 [常量]
 [方法]
 }
```

接口使用关键字 interface 来声明,接口中的所有方法都是抽象方法,没有方法体,所有数据成员都是常量,所以在声明接口时,可以省略方法和数据成员前的修饰符。

例如,下面代码定义了一个接口:

```
public interface Speakinterface{
    public static final String CHINESE = "你好,欢迎您!";
    public abstract void saychinese();
    String ENGLISH = "Hello,welcome you!";
    void sayenglish();
}
```

接口也可以被继承，但与类不同的是，接口可以实现多继承。

5.4.3 接口的应用

由于接口中的方法都是抽象方法，所以接口的应用最终还需要类来实现。在类的声明中用 implement 来表示类所实现的接口，一个类可以实现多个接口，在 implement 子句中用逗号分开。实现某接口的类，必须实现接口中定义的所有方法，否则这个类必须定义成抽象类。

【例 5-17】 接口的定义及应用。

```java
public class TestInterface {
 public static void main(String[] args) {
  Circle1 mycircle = new Circle1(4,6);
  Rectangle1 myrectangle = new Rectangle1(4,6,4);
    System.out.println("circle 的面积为:" + mycircle.area());
    System.out.println("circle 的体积为:" + mycircle.volume());
    System.out.println("rectangle 的面积为:" + myrectangle.area());
    System.out.println("rectangle 的体积为:" + myrectangle.volume());
      }
 }
interface ShapeArea{
     final double PI = 3.14;
     public abstract double area();
       }
interface ShapeVolume{
     double volume();
       }
class Circle1 implements ShapeArea, ShapeVolume{
     double radius;
     double hight;
     public double area(){
     return (PI * radius * radius);
     }
   public double volume(){
     return (hight * area()/3);
     }
     public Circle1(double radius, double hight){
        this.radius = radius;
        this.hight = hight;
        }
   }
class Rectangle1 implements ShapeArea, ShapeVolume{
     double wight;
     double length;
     double hight;
     public Rectangle1(double wight, double length,double hight){
        this.wight = wight;
        this.length = length;
        this.hight = hight;
        }
     public double area(){
        return (wight * length * hight);
```

```
        }
        public double volume(){
            return (hight * area());
        }
    }
```

例 5-17 程序代码是一个定义和实现接口的实例,其中定义了两个接口 ShapeArea、ShapeVolume,分别实现求图形的面积和体积,由于不知具体求什么图形的面积和体积,所以求面积的 aver()方法和求体积的 volume()方法是抽象的。在定义类时,定义了一个圆类 Circle1 和一个矩形类 Rectangle1,因为它们同时实现了接口 ShapeArea 和 ShapeVolume,又不是抽象类,所以必须重写接口的抽象方法 aver()和 volume(),用来求圆和矩形的面积和体积。类 TestInterface 定义了两个对象,分别求它们的面积和体积。程序运行结果如图 5-20 所示。

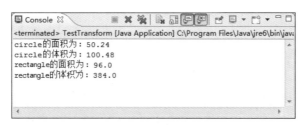

图 5-20　例 5-17 程序运行结果

在实际项目中,通过使用一定的接口,使得很多类的对象在实现某种类型的功能时,方法的声明是统一的,这样便于程序的调用和管理,利于程序项目的扩展。因此在现在的面向对象的编程领域中,存在着另外的一个方向——面向接口的编程,其实 Java 的很多技术都是这样实现的,后面章节将会逐步介绍。

5.5　典型案例分析

继承是面向对象程序设计中经常使用的一种重要的编程手段,通过继承机制可以更有效地组织程序结构,明确类之间的关系,充分利用已有类来定义更复杂的类的定义和使用,实现代码的可重用性。为帮助读者理解类、对象、继承和多态等基本概念以及它们的实现方法,下面设计四个综合实例。

5.5.1　不同类别消费人员购物收费处理

编写一段代码,实现对不同类别消费人员享有不同的折扣价格。完成这一功能需要用到类的继承知识,另外要对不同类别的消费人员实现不同的折扣价格,因此还需定义一个方法对不同的用户实现不同的计价,这里使用抽象方法来实现。具体实现的程序代码如下:

```
public class BuyGoods {
    public static void main(String[] args) {
        Common aa = new Common();
        aa.showCommon();
        aa.goods("冰箱",4200,2);
```

```java
        aa.showBuy();
        Associator bb = new Associator();
        bb.showCommon();
        bb.goods("洗衣机",2500,2);
        bb.showBuy();
    }
}
//定义货物类
abstract class Goods{
    String goods;
    float price;
    double total;
    int num;
    public abstract void goods(String goods, float price, int num);
}
//定义普通用户类
class Common extends Goods{
    public void showCommon(){
        System.out.println("这是一个普通用户");}
        public void goods(String goods, float price, int num){
            this.goods = goods;
            this.price = price;
            this.num = num;
            total = price * num;
        }
    public void showBuy(){
    System.out.println("货物" + goods);
    System.out.println("价格" + price);
    System.out.println("数量" + num);
    System.out.println("总价" + total);
    }
}
    //定义会员类
final class Associator extends Common{
    public void showAssociator(){
        System.out.println("这是一个会员用户");
        }
    public void showBuy(){
        super.showBuy();
        System.out.println("作为会员用户,享受九折优惠");
        System.out.println("总价:" + total * 0.85);
    }
}
```

程序运行结果如图 5-21 所示。

图 5-21 购物收费处理

在完成此任务过程中,定义了四个类:一个主类 BuyGoods 用来测试功能;一个抽象父类 Goods,其中包含四个属性,一个抽象方法 goods();两个子类 Associator 和 Common,除继承了父类的属性外,还实现了父类的抽象方法 goods(),另外新增加了一个方法 showBuy() 用来显示信息。

5.5.2 学生上网账单管理应用程序

此案例完成学生上网账单管理,其中包括以下功能:

(1)能对不同类学生按不同的标准收取费用,其中在学校范围内按每天 85 元收费,学校范围外按每天 200 元收费。

(2)显示学生的基本信息。

完成此案例用到类的继承、包、修饰符等方面的知识,其中将数据类定义在一个包中,将测试类定义在另一个包中。因为测试类要用到数据类,所以在定义测试类时需将数据类加载进来。具体实现程序模块代码如下:

```java
package chap5;
import chap.*;
public class StudentCredits {
    public static void main(String args[])
    {
        InStateStudent resident = new InStateStudent("wangfang",24);
        OutStateStudent alien = new OutStateStudent("zhaojun",25);
        resident.showStudent();
        System.out.println();
        alien.showStudent();
    }
}
Package chap;
abstract class Student1{
    protected final static double INSTATE_TATE = 85;
    protected final static double OUTSTATE_TATE = 200;
    protected String name;
    protected int days;
    public abstract void showStudent();
    public final void showSchoolName(){
        System.out.println("Java State University");
        System.out.println(" ********************");
    }
}
class OutStateStudent extends Student1{
    public  OutStateStudent(String name, int days){
        this.name = name;
        this.days = days;
            }
    public void showStudent(){
        showSchoolName();
        System.out.println(name + "takes" + days + "credits.");
        System.out.println("OutState bill:" + days * OUTSTATE_TATE);
    }
}
```

```
class InStateStudent extends Student1{
    public InStateStudent(String name, int days){
        this.name = name;
        this.days = days;
    }
    public  void showStudent(){
        showSchoolName();
        System.out.println(name + "takes" + days + "credits");
        System.out.println("InState bill:" + days * INSTATE_TATE);
    }
}
```

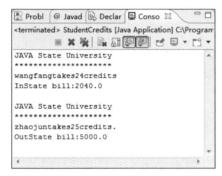

图 5-22 学生账单管理

程序运行结果如图 5-22 所示。

程序共定义了四个类,两个包。其中测试类 StudentCredits 放在包 qhchap5 中,而其余三个类 OutStateStudent、InStateStudent、Student1 放在另一个包 chap 中。Student1 是父类,OutStateStudent、InStateStudent 是 Student1 的两个子类,分别代表校内学生与校外学生。在构造类时,在此用了两个常量 INSTATE_TATE 和 OUTSTATE_TATE 分别用来存放校内、校外的收费标准。定义好数据类后,在测试类中,可以根据情况创建多个学生实体,不同的学生对应不同的信息。将数据类定义在另一个包中,对外只需提供直接调用接口即可,不必将操作过程(即方法如何实现)提供给操作者,这样有利于保护数据,提高了数据的安全性。

5.5.3 银行账户管理

在 Java 中,可以使用继承来创建一个银行普通账户(RegularAccount)和 VIP 账户(VIPAccount)。下面是一个简单的示例代码,展示了如何使用继承来实现这两个账户类型。

首先,创建一个 BankAccount 基类,包含所有账户共有的属性和方法。

```
public class BankAccount {
    protected String accountNumber;             // 账户号码
    protected double balance;                   // 账户余额
    public BankAccount(String accountNumber, double initialBalance) {
        this.accountNumber = accountNumber;
        this.balance = initialBalance;
    }
    public String getAccountNumber() {
        return accountNumber;
    }
    public void setBalance(double balance) {
        this.balance = balance;
    }
    public double getBalance() {
        return balance;
```

```java
    }
    public void deposit(double amount) {
        if (amount > 0) {
            setBalance(getBalance() + amount);
            System.out.println("存款成功,新余额为:" + getBalance());
        } else {
            System.out.println("存款金额必须大于0.");
        }
    }
    public boolean withdraw(double amount) {
        if (amount > 0 && amount <= getBalance()) {
            setBalance(getBalance() - amount);
            System.out.println("取款成功,新余额为:" + getBalance());
            return true;
        } else {
            System.out.println("取款金额必须大于0且不能超过账户余额。");
            return false;
        }
    }
}
```

然后,创建 Regularaccount 类,继承自 BankAccount 类,并添加一些普通账户特有的属性或方法(如果需要)。

```java
public class RegularAccount extends BankAccount {
    private double monthlyFee;                    // 普通账户月费
    public RegularAccount(String accountNumber, double initialBalance, double monthlyFee) {
        super(accountNumber, initialBalance);
        this.monthlyFee = monthlyFee;
    }
    public void calculateMonthlyFee() {
        // 在这里可以添加每月计算费用的逻辑,例如从余额中扣除月费
        if (getBalance() >= monthlyFee) {
            setBalance(getBalance() - monthlyFee);
            System.out.println("已扣除普通账户月费:" + monthlyFee);
        } else {
            System.out.println("账户余额不足,无法扣除普通账户月费。");
        }
    }
}
```

接下来,创建 VIPAccount 类,同样继承自 BankAccount 类,并添加 VIP 账户特有的属性或方法。

```java
public class VIPAccount extends BankAccount {
    private double vipBonus;                      // VIP 账户奖金
    public VIPAccount(String accountNumber, double initialBalance, double vipBonus) {
        super(accountNumber, initialBalance);
        this.vipBonus = vipBonus;
    }
    public void applyVIPBonus() {
        // 在这里可以添加应用 VIP 奖金的逻辑,例如将奖金添加到余额
        setBalance(getBalance() + vipBonus);
        System.out.println("已应用 VIP 账户奖金:" + vipBonus);
```

        }
    }

最后，创建一个测试类来演示如何使用这些账户。

```java
public class BankAccountTest {
    public static void main(String[] args) {
        // 创建一个普通账户
        RegularAccount regularAccount = new RegularAccount("123456789", 1000, 10);
        regularAccount.deposit(500);
        regularAccount.withdraw(200);
        regularAccount.calculateMonthlyFee();          // 计算并扣除月费
        // 创建一个 VIP 账户
        VIPAccount vipAccount = new VIPAccount("987654321", 5000, 500);
        vipAccount.deposit(1000);
        vipAccount.withdraw(800);
        vipAccount.applyVIPBonus();                    // 应用 VIP 奖金
    }
}
```

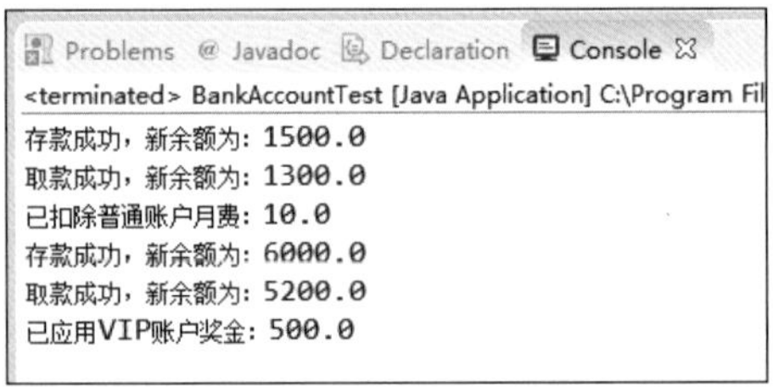

```
存款成功，新余额为：1500.0
取款成功，新余额为：1300.0
已扣除普通账户月费：10.0
存款成功，新余额为：6000.0
取款成功，新余额为：5200.0
已应用VIP账户奖金：500.0
```

图 5-23　银行账户信息

程序运行结果如图 5-23 所示。

在这个例子中，BankAccount 类是所有账户类型的基类，它提供了基本的存款和取款功能。RegularAccount 和 VIPAccount 类继承了这些功能，并分别添加了普通账户和 VIP 账户特有的功能。BankAccountTest 类用于演示如何使用这些账户类型。

5.5.4　动物的生活习性显示

下面案例将定义接口，实现类的多继承。要求利用接口和类，根据给出动物生活的习性，实现下述功能：

生活在水中的动物，给出"是生活在水中"提示信息；陆地生活的动物给出"是生活在陆地上"提示信息；两栖动物给出"既可以生活在水中，也可以生活在陆地上"提示信息。

具体实现程序模块代码如下：

```java
public class TestInterface {
 public static void main(String[] args) {
  Fish myfish = new Fish();
  Sheep mysheep = new Sheep();
  Frog myfrog = new Frog();
    System.out.println("myfish 高兴地说:" + myfish.life());
    System.out.println("mysheep 高兴地说:" + mysheep.life());

    System.out.println("myfrog 高兴地说:" + myfrog.life());
        }
    }
interface WaterAnimal{
        public abstract String life();
}
```

```
    interface LandAnimal{
        public abstract String life();
        }
    class Fish implements WaterAnimal, LandAnimal{
        String name;
        public String life(){
           return ( "我是鱼,我生活在水中");
           }
    class Sheep implements WaterAnimal, LandAnimal{
        String name;
        public String life(){
           return ( "我是羊,我生活在陆地上");
           }
    class Frog implements WaterAnimal, LandAnimal{
        String name;
        public String life(){
           return ( "我是青蛙,我既可以生活在水中,也可以生活在陆地上");
           }
        }
}
```

程序运行结果如图 5-24 所示。

图 5-24 接口应用

为帮助理解接口概念,实现上述功能,我们定义两个接口分别是 WaterAnimal 与 LandAnimal 用来表示水生动物和陆生动物,因为这两种动物生活在不同的环境下,所以表示生活习性的方法 life()是不一样的。然而现实生活中除这两种动物外,还有一类动物既可以生活在水中也可以生活在陆地上,是两栖动物,它继承水生和陆生动物的共同特性,要给出它的生活习性信息,在此既不能使用水生动物的 life(),也不能使用陆生动物的 life(),因此在定义两栖动物类时,通过采用对 life()方法的重写,完成此功能。本实验通过接口,实现了多继承和方法的覆盖。

5.6 本章小结

本章围绕面向对象的两大特征继承和多态,介绍了继承、多态、非访问修饰符以及接口等方面的知识。继承是面向对象程序设计的一个重要特征,它允许在现有类的基础上创建新类,新类从现有类中继承类成员,而且可以重新加入新的成员,从而形成类的层次或等级。多态是指允许不同类的对象对同一消息作出不同的响应。Java 通过包组织类,不同包的类之间相互访问,涉及类的访问权限。接口与抽象类在很多方面是相近的,接口只包含常量和抽象方法,抽象类除了可以包含常量和抽象方法外,还可包含变量和具体的方法;接口能实现多继承,而类却不能。

课后习题

1. 什么是继承？Java 如何实现继承？
2. 子类中能否出现与父类同名的域和同名方法，如何处理？
3. 什么是多态？Java 中有哪些多态？
4. this 和 super 关键字的功能是什么？
5. Java 中有哪些非访问控制符？它们对类和类的成员分别有哪些限制作用？
6. 什么是抽象类？什么是接口？接口与抽象类有什么不同？
7. 定义一个点类，要求重载构造方法，并能求两点间的距离。
8. 有一个抽象父类 Car，内有属性 int maxSpeed（最大速度）、int exceed（中速度）、int Speed（速度），抽象方法 void stop() 有两个子类 Ford、QQ，请重写 stop() 方法，实现 Ford 的车速超过 200km/h，显示停车；QQ 的车速超过 150km/h，显示停车；所有汽车速度超过 exceed 将提示超速，并扣一分积分，罚款 200 元。

拓展阅读

《中华人民共和国刑法》第二百八十六条破坏计算机信息系统罪，请扫描以下二维码阅读。

第 6 章

Java核心类

CHAPTER 6

本章学习目标：
（1）熟练掌握 Scanner 类、String 类、StringBuffer 类的使用。
（2）熟练掌握 Math 类、Random 类、日期类的使用。
（3）熟练掌握 Collection、List、Set、Map 集合类的使用。
重点：Java 常用类与集合类的使用。
难点：Java 常用类与集合类的使用。

Java 以基础类库(Java Foundation Class，JFC)的形式为程序员提供编程接口 API。Java 有丰富的基础类库，通过这些基础类库可以提高开发效率，降低开发难度。对于这些类库并不需要刻意去背，而是需要经过多次使用后熟练掌握，对于不熟悉的类库，可查阅 Java API 文档进行了解使用。同时在 Java 开发过程中，经常需要集中存放多条数据。数据通常使用数组来保存。但在某种情况下无法确认到底需要保存多少个对象，为了保存这些数目不确定的对象，JDK 中提供了一系列特殊的类，这些类可以存储任意类型的对象，并且长度可变，统称为集合，本章将带领大家学习 Java 基础类库中常用类的使用与集合类的使用。

6.1 Java 基础类库

6.1.1 Scanner 类

视频讲解

之前写的程序,如果要设置一些参数,可以在编写代码的时候设置几个固定的参数,但是如果将需求变为参数不固定,在程序运行过程中输入参数,就无法满足。JDK5.0 之后,Java 基础类库提供了一个 Scanner 类,它位于 Java.util 包,可以很方便地获取用户的键盘输入。

Scanner 类是一个基于正则表达式的文本扫描器,它可以从文件、输入流、字符串中解析出基本类型值和字符串值,它有多个构造方法,不同的构造方法可以接收不同的数据来源,下面先来了解一下它的构造方法,如表 6-1 所示。

表 6-1 Scanner 类的构造方法

方　　法	作　　用
public Scanner(File source)	构造一个新的 Scanner,它生成的值是从指定文件扫描的
public Scanner(File source,String charsetName)	构造一个新的 Scanner,它生成的值是从指定文件扫描的
public Scanner(InputStream source)	构造一个新的 Scanner,它生成的值是从指定的输入流扫描的
public Scanner(InputStream source,String charsetName)	构造一个新的 Scanner,它生成的值是从指定的输入流扫描的
public Scanner(Readable source)	构造一个新的 Scanner,它生成的值是从指定源扫描的
public Scanner(ReadableByteChannel source)	构造一个新的 Scanner,它生成的值是从指定信道扫描的
public Scanner(ReadableByteChannel source,String charsetName)	构造一个新的 Scanner,它生成的值是从指定信道扫描的
public Scanner(String source)	构造一个新的 Scanner,它生成的值是从指定字符串扫描的

表 6-1 中列举了 Scanner 类的构造方法,构造 Scanner 类对象时指定不同的数据来源,它主要提供两种方法来扫描输入的信息,具体示例如下。

```
hasNextXxx()
nextXxx()
```

hasNextXxx()方法判断是否还有下一个输入项,其中 Xxx 可以是代表基本数据类型的字符串,如果只判断是否包含下一个字符串,则直接使用 hasNext()。nextXxx()方法可以获取下一个输入项,Xxx 的含义与 hasNextXxx()方法中的 Xxx 相同。接下来通过一个案例来演示 Scanner 类的使用,如例 6-1 所示。

【例 6-1】　打印出键盘输入和程序读取到的内容,最后输入 exit 使程序结束运行。

```java
import Java.util.Scanner;
public class TestScanner {
    public static void main(String[] args) {
        // System.in 代表标准输入,就是键盘输入
        Scanner sc = new Scanner(System.in);
        System.out.println("请输入内容,当内容为exit时程序结束。");
        while (sc.hasNext()) {
            String s = sc.next();
            if (s.equals("exit")) {          // 判断输入内容是否与exit相等
                break;
            }
            System.out.println("输入的内容为:" + s);
        }
        sc.close();                          // 释放资源
    }
}
```

例 6-1 首先通过 Scanner 类的构造方法指定数据源为键盘输入,然后调用它的 hasNext()方法,循环判断是否还有下一个输入项,如果有输入项,接收后判断是否为"exit",若是则程序结束,若不是则打印键盘输入的内容,最后要记得释放资源。程序运行结果如图 6-1 所示。

图 6-1　例 6-1 程序运行结果

6.1.2　String 类与 StringBuffer 类

String 类表示不可变的字符串,一旦 String 类被创建,该对象中的字符序列将不可改变,直到这个对象被销毁。

在 Java 中,字符串被大量使用,为了避免每次都创建相同的字符串对象及内存分配,JVM 内部对字符串对象的创建做了一些优化,用一块内存区域专门来存储字符串常量,该区域被称为常量池。String 类根据初始化方式的不同,对象创建的数量也有所不同,接下来分别讲解 String 类两种初始化方式:直接赋值初始化、构造方法初始化。

(1) 直接赋值初始化。

使用直接赋值的方式将字符串常量赋值给 String 变量,JVM 首先会在常量池中查找该字符串,如果找到,则立即返回引用;如果未找到,则在常量池中创建该字符串对象并返回引用。接下来演示直接赋值方法初始化字符串,如例 6-2 所示。

【例 6-2】　直接赋值初始化。

```java
public class TestStringInit1 {
    public static void main(String[] args) {
```

```java
            String str1 = "矿业工程";
            String str2 = "矿业工程";
            String str3 = "矿业" + "工程";
            if (str1 == str2) {
                System.out.println("str1 与 str2 相等");
            } else {
                System.out.println("str1 与 str2 不相等");
            }
            if (str2 == str3) {
                System.out.println("str2 与 str3 相等");
            } else {
                System.out.println("str2 与 str3 不相等");
            }
        }
    }
```

例 6-2 直接将字符串"矿业工程"赋值给 str1,初始化完成,接着初始化 str2 和 str3。可以这样直接赋值初始化,是因为 String 类使用比较频繁,所以提供了这种简便操作。比较 str1 和 str2,结果是相等的,这就说明了字符串会放到常量池,如果使用相同的字符串,则引号指向同一个字符串常量。程序运行结果如图 6-2 所示。

```
□ Console ⊠
<terminated> TestStringInit1 [Java Application] D:\jdk1.8.0_311\bin\javaw.exe (2023年7月10日 下午3:59:40 – 下午3:59:40) [pid: 5844
str1与str2相等
str2与str3相等
```

图 6-2 例 6-2 程序运行结果

(2) 构造方法初始化。

String 类可以直接调用构造方法进行初始化,常用构造方法如表 6-2 所示。

表 6-2 String 类的常用构造方法

方法	作用
public String()	初始化一个空的 String 对象,使其表示一个空字符序列
public String(char[] value)	分配一个新的 String,使其表示字符数组参数中当前包含的字符序列
public String(String original)	初始化一个新创建的 String 对象,使其表示一个与参数相同的字符序列

接下来通过一个案例来演示 String 类使用构造方法初始化,如例 6-3 所示。

【例 6-3】 构造方法初始化。

```java
public class TestStringInit2 {
    public static void main(String[] args) {
        String str1 = "矿业工程";
        String str2 = new String("矿业工程");
        String str3 = new String("矿业工程");
        if (str1 == str2) {
            System.out.println("str1 与 str2 相等");
        } else {
            System.out.println("str1 与 str2 不相等");
        }
        if (str2 == str3) {
            System.out.println("str2 与 str3 相等");
```

```
            } else {
                System.out.println("str2与str3不相等");
            }
        }
    }
```

例 6-3 中创建了三个字符串，str1 是用直接赋值的方式初始化。str2 和 str3 是用构造方法初始化。比较字符串 str1 和 str2，结果不相等，因为 new 关键字是在堆空间新开辟了内存，这块内存存放字符串常量的引用，所以二者地址值不相等。比较字符串 str2 和 str3，结果不相等，原因也是 str2 和 str3 都是在堆空间中新开辟了内存，所以二者地址值不相等。程序运行结果如图 6-3 所示。

```
Console ×
<terminated> TestStringInit2 [Java Application] D:\jdk1.8.0_311\bin\javaw.exe (2023年7月10日 下午4:02:34 – 下午4:02:34) [pid: 888]
str1与str2不相等
str2与str3不相等
```

图 6-3　例 6-3 程序运行结果

前面讲解了 String 类的初始化，String 类很常用，在实际开发中使用非常多，所以要熟练掌握它的一些常见操作，下面会详细讲解 String 类的常见操作，在讲解之前，先来了解一下 String 类的常用方法，如表 6-3 所示。

表 6-3　String 类的常用方法

方　　法	作　　用
char charAt(int index)	返回指定索引处的 char 值
boolean contains(Char Sequence s)	当且仅当此字符串包含指定的 char 值序列时，返回 true
boolean equalsIgnoreCase(String s)	将此 String 与另一个 String 比较，不考虑大小写
static String format(String format, Object..args)	使用指定的格式字符串和参数返回一个格式化字符串
int indexOf(int ch)	返回指定字符在此字符串中第一次出现处的索引
int indexOf(String str)	返回指定子字符串在此字符串中第一次出现处的索引
boolean isEmpty()	当且仅当 length 为 0 时返回 true
int length()	返回此字符串的长度
String replace(char oldChar, char newChar)	返回一个新的字符串，它是通过用 newChar 替换此字符串中出现的所有 oldChar 得到的
String[] split(String regex)	根据给定正则表达式的匹配拆分此字符串
boolean starts With(String prefix)	测试此字符串是否以指定的前缀开始
String substring(int beg inIndex)	返回一个新字符串，它是此字符串的一个子字符串
String substring(int beginIndex, int endIndex)	返回一个新字符串，它是此字符串的一个子字符串
char[] toCharArray()	将此字符串转换为一个新的字符数组
String toLowerCase()	使用默认语言环境的规则将此 String 中的所有字符都转换为小写
String toUpperCase()	使用默认语言环境的规则将此 String 中的所有字符都转换为大写
String trim()	清除左右两端的空格并将字符串返回
static String valueOf(int i)	返回 int 参数的字符串表示形式

1. 字符串与字符数组的转换

字符串可以使用 toCharArray()方法转换为一个字符数组，如例 6-4 所示。

【例 6-4】 先定义一个字符串，然后调用 toCharArray()方法将字符串转为字符数组，最后循环输出字符串。

```java
public class TestStringDemo1 {
    public static void main(String[] args) {
        String str = "矿业工程";              // 定义字符串
        char[] c = str.toCharArray();        // 字符串转为字符数组
        for (int i = 0; i < c.length; i++) {
            System.out.print(c[i] + "*");    // 循环输出
        }
    }
}
```

程序运行结果如图 6-4 所示。

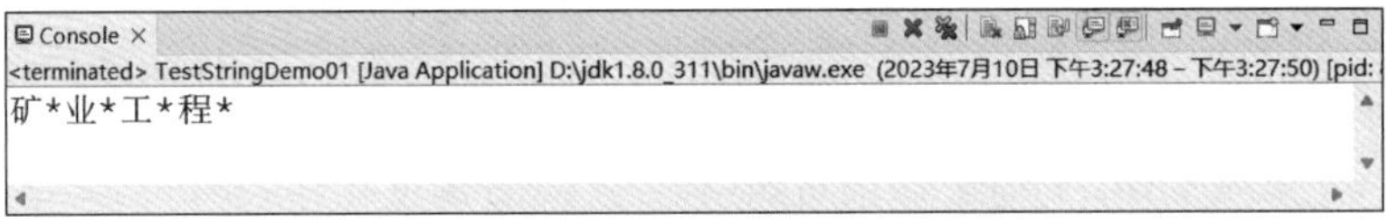

图 6-4 例 6-4 程序运行结果

2. 字符串取指定位置的字符

字符串可以使用 charAt()方法取出字符串指定位置的字符，如例 6-5 所示。

【例 6-5】 先定义一个字符串，然后调用 charAt()方法取出字符串中第 4 个位置的字符并打印，这里索引位置也是从 0 开始计算的，第 4 个字符为"教"。

```java
public class TestStringDemo2 {
    public static void main(String[] args) {
        String str = "煤矿实景教学";
        System.out.println(str.charAt(4));
    }
}
```

程序运行结果如图 6-5 所示。

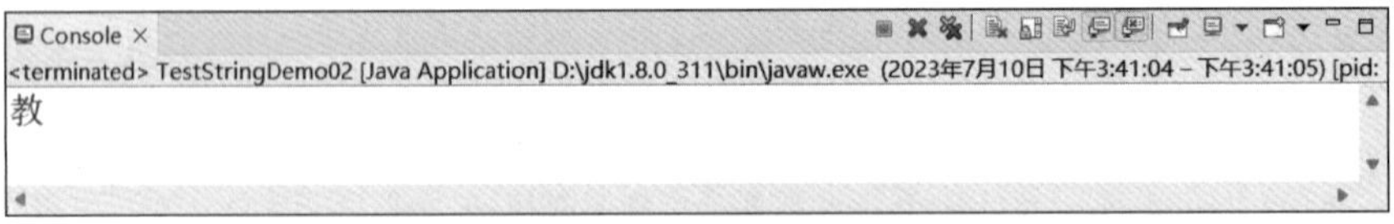

图 6-5 例 6-5 程序运行结果

提示：这里要注意，指定字符位置时，不能超出其字符串长度减 1，例如字符串"abc"，最大索引为 2，如果超出最大索引，会报 StringIndexOutOfBoundsException 异常。

3. 字符串去空格

在实际开发中，用户输入的数据中可能有大量空格，使用 trim()方法即可去掉字符串两端的空格,如例 6-6 所示。

【例 6-6】 先定义一个字符串,然后调用 trim()方法去掉字符串两端的空格并打印。

```
public class TestStringDemo3 {
    public static void main(String[] args) {
        String str = " 矿业工程 ";
        System.out.println(str.trim());
    }
}
```

程序运行结果如图 6-6 所示。

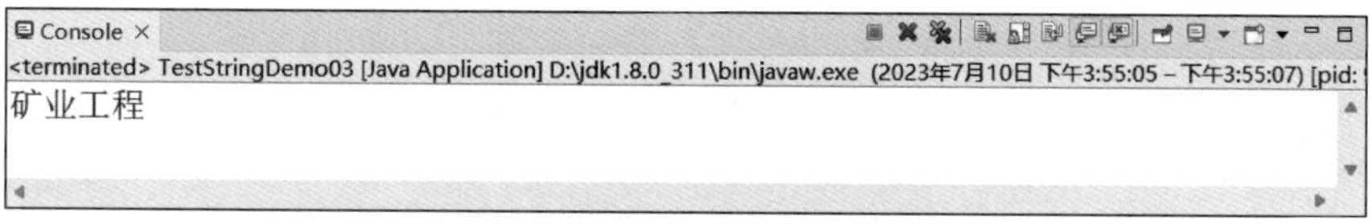

图 6-6　例 6-6 程序运行结果

4. 字符串截取

String 类中提供了两个 substring()方法,一个是从指定位置截取到字符串结尾,另一个是截取字符串指定范围的内容。在实际开发中,只截取字符串中的某一段也是很常用的,如例 6-7 所示。

【例 6-7】 先定义一个字符串,然后从索引为 1 的字符截取到字符串末尾,也就是从第 2 个字符开始截取,最后截取字符串索引为 2～4 的内容,也就是截取第 3～4 个字符的内容。

```
public class TestStringDemo4 {
    public static void main(String[] args) {
        String str = "煤矿实景教学";
        System.out.println(str.substring(1));
        System.out.println(str.substring(2,4));
    }
}
```

程序运行结果如图 6-7 所示。

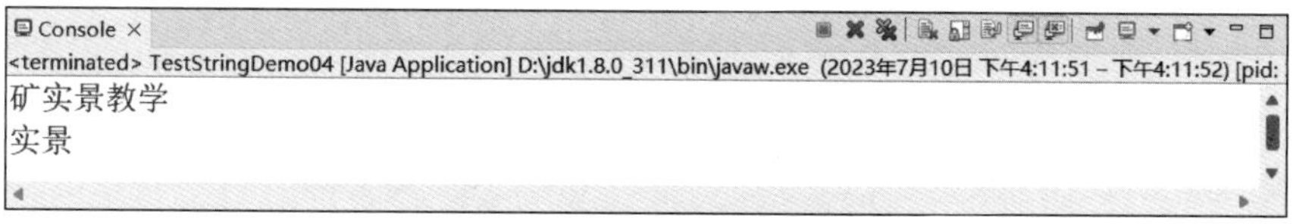

图 6-7　例 6-7 程序运行结果

5. 字符串拆分

字符串可以通过 split()方法进行字符串的拆分操作,拆分的数据将以字符串数组的形式返回,如例 6-8 所示。

【例 6-8】 先定义一个字符串,然后调用 split(String regex)方法按"."进行字符串拆分,这里要写成"\\.",因为 split 方法传入的是正则表达式,点是特殊符号,需要转义,在前面加"\"，而 Java 中反斜杠是特殊字符，需要用两个反斜杠表示一个普通斜杠，拆分成功后，循环打印这个字符串数组。关于正则表达式会在后面讲解。

```java
public class TestStringDemo5 {
    public static void main(String[] args) {
        String str = "矿业工程.com";
        String[] split = str.split("\\.");
        for(int i = 0;i < split.length;i++) {
            System.out.println(split[i]);
        }
    }
}
```

程序运行结果如图 6-8 所示。

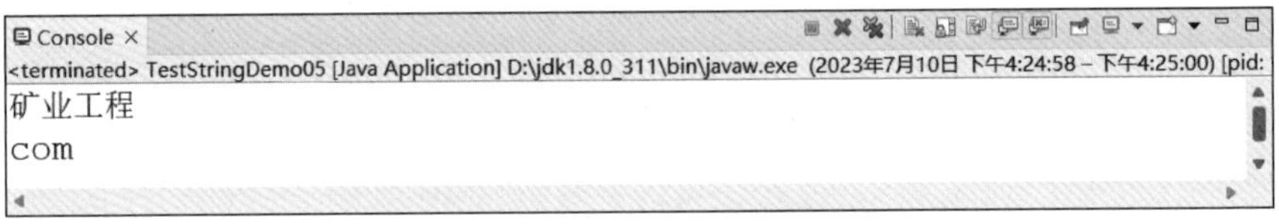

```
矿业工程
com
```

图 6-8　例 6-8 程序运行结果

6. 字符串大小写转换

在实际开发中，接收用户输入的信息时，可能会需要统一接收大写或者小写的字母，字符串提供了 toUpperCase()方法和 toLowerCase()方法转换字符串大小写，如例 6-9 所示。

【例 6-9】　先定义一个字符串，打印出字符串，然后调用 toUpperCase()方法将字符串转换为大写并打印，最后调用 toLowerCase()方法将字符串转换为小写并打印。

```java
public class TestStringDemo6 {
    public static void main(String[] args) {
        String str1 = "kuangyegongcheng.com";
        System.out.println(str1);
        String str2 = str1.toUpperCase();
        System.out.println(str2);
        String str3 = str2.toLowerCase();
        System.out.println(str3);
    }
}
```

程序运行结果如图 6-9 所示。

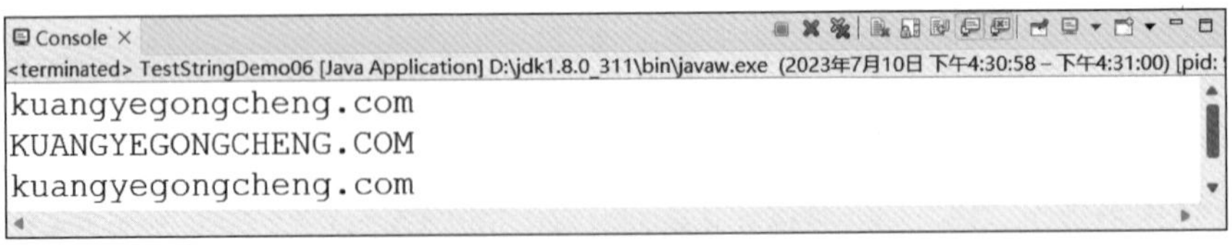

```
kuangyegongcheng.com
KUANGYEGONGCHENG.COM
kuangyegongcheng.com
```

图 6-9　例 6-9 程序运行结果

以上是 String 类一些常用的操作，由于字符串使用频繁，所以要多加练习，熟练掌握。它还有更多的方法，读者可以查看 JDK 使用文档深入学习。

StringBuffer 类和 String 一样，也代表字符串，用于描述可变序列，因此 StringBuffer 在操作字符串时,不生成新的对象,在内存使用上要优于 String 类。在 StringBuffer 类中存在很多和 String 类一样的方法,这些方法在功能上和 String 类中的功能是完全一样的,接下来学习一下它不同于 String 类的一些常用方法,如表 6-4 所示。

表 6-4 StringBuffer 类的常用方法

方　　法	作　　用
StringBuffer append(String str)	向 StringBuffer 追加内容 str
StringBuffer append(StringBuffer sb)	向 StringBuffer 追加内容 sb
StringBuffer append(char c)	向 StringBuffer 追加内容 c
StringBuffer delete(int start, int end)	删除指定范围的字符串
StringBuffer insert(int offset, String str)	在指定位置加上指定字符串
StringBuffer reverse()	将字符串内容反转

接下来用一个案例来演示这些方法的使用,如例 6-10 所示。

【例 6-10】 StringBuffer 类常用方法的使用。

```java
public class TestStringBuffer {
    public static void main(String[] args) {
        StringBuffer sb1 = new StringBuffer();
        sb1.append("He");
        sb1.append('l');
        sb1.append("lo");
        StringBuffer sb2 = new StringBuffer();
        sb2.append("\t");
        sb2.append("World!");
        sb1.append(sb2);
        System.out.println(sb1);
        sb1.delete(5, 6);
        System.out.println("字符串删除:" + sb1);
        String s = "—";
        sb1.insert(5, s);
        System.out.println("字符串插入:" + sb1);
        sb1.reverse();
        System.out.println("字符串反转:" + sb1);
    }
}
```

程序运行结果如图 6-10 所示。

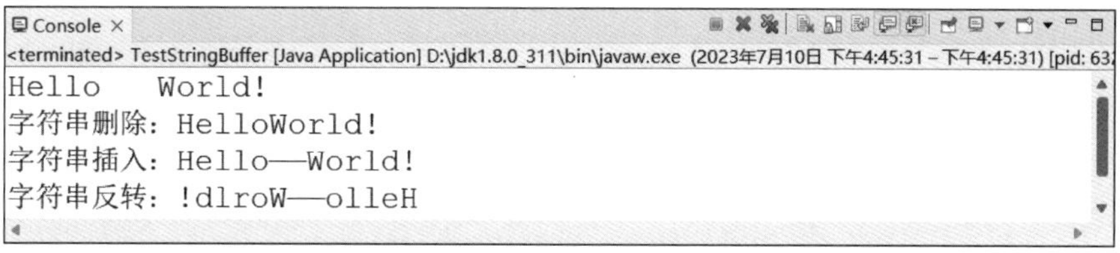

```
Hello    World!
字符串删除: HelloWorld!
字符串插入: Hello—World!
字符串反转: !dlroW—olleH
```

图 6-10 例 6-10 程序运行结果

例 6-10 先创建一个 StringBuffer 对象,向该 StringBuffer 对象中分别追加 String 类型、char 类型和 StringBuffer 类型的数据,打印 StringBuffer 对象,调用 delete(int start, int end)方法将指定范围的内容删除,在本例中指定索引为"5,6",也就是将字符串中间的空格删除了,然后调用 insert(int offset, String str)方法在刚删除的空格位置加上"—",最后调用 reverse()方法将内容反转。

6.1.3 Math 类和 Random 类

Java.lang.Math 类提供了许多用于数学运算的静态方法,包括指数运算、对数运算、平方根运算和三角运算等。Math 类还提供了两个静态常量 E(自然对数)和 PI(圆周率)。Math 类的构造方法是私有的,因此它不能被实例化。另外,Math 类是用 final 修饰的,因此不能有子类。接下来了解一下 Math 类的常用方法,如表 6-5 所示。

表 6-5 Math 类的常用方法

方 法	作 用
static int abs(int a)	返回绝对值
static double ceil(double a)	返回大于或等于参数的最小整数
static double floor(double a)	返回小于或等于参数的最大整数
static int max(int a,int b)	返回两个参数的较大值
static int min(int a,int b)	返回两个参数的较小值
random()	返回 0.0 和 1.0 之间 double 类型的随机数,包括 0.0,不包括 1.0
static long round(double a)	返回四舍五入的整数值
static double sqrt(double a)	平方根函数
static double pow(double a,double b)	幂运算

接下来用一个案例演示 Math 类的使用,如例 6-11 所示。

【例 6-11】 Math 类常用方法的使用。

```java
public class TestMath {
    public static void main(String[] args) {
        System.out.println("-10 的绝对值是:" + Math.abs(-10));
        System.out.println("大于 2.5 的最小整数是:" + Math.ceil(2.5));
        System.out.println("小于 2.5 的最大整数是:" + Math.floor(2.5));
        System.out.println("5 和 6 的较大值是:" + Math.max(5, 6));
        System.out.println("5 和 6 的较小值是:" + Math.min(5, 6));
        System.out.println("6.6 四舍五入后是:" + Math.round(6.6));
        System.out.println("36 的平方根是:" + Math.sqrt(36));
        System.out.println("2 的 3 次幂是:" + Math.pow(2, 3));
        for (int i = 0; i < 5; i++) {
            System.out.println("随机数" + (i + 1) + "->" + Math.random());
        }
    }
}
```

程序运行结果如图 6-11 所示。

例 6-11 中,分别调用了 Math 类一些静态方法计算数值,最后用一个循环生成 5 个 0.0~1.0 的 double 类型随机数。Math 类还有很多数学中使用的方法,读者可以查阅 JDK 使用文档深入学习。

Java.util.Random 类专门用于生成一个伪随机数,它有两个构造方法:一个是无参数的,使用默认的种子(以当前时间作为种子);另一个需要一个 long 型整数的参数作为种子。

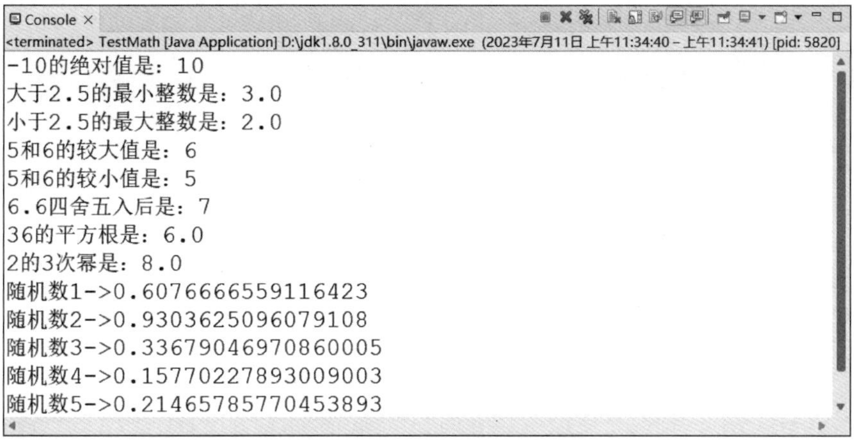

```
Console ×
<terminated> TestMath [Java Application] D:\jdk1.8.0_311\bin\javaw.exe (2023年7月11日 上午11:34:40 – 上午11:34:41) [pid: 5820]
-10的绝对值是：10
大于2.5的最小整数是：3.0
小于2.5的最大整数是：2.0
5和6的较大值是：6
5和6的较小值是：5
6.6四舍五入后是：7
36的平方根是：6.0
2的3次幂是：8.0
随机数1->0.6076666559116423
随机数2->0.9303625096079108
随机数3->0.33679046970860005
随机数4->0.15770227893009003
随机数5->0.21465785770453893
```

图 6-11 例 6-11 程序运行结果

与 Math 类中的 random() 方法相比，Random 类提供了更多方法生成伪随机数，不仅能生成整数类型随机数，还能生成浮点型随机数。接下来先了解一下 Random 类的常用方法，如表 6-6 所示。

表 6-6 Random 类的常用方法

方法	作用
boolean nextBoolean()	返回下一个伪随机数，它是取自此随机数生成器序列的均分布的 boolean 值
double nextDouble()	返回下一个伪随机数，它是取自此随机数生成器序列的、在 0.0 和 1.0 之间均匀分布的 double 值
float nextFloat()	返回下一个伪随机数，它是取自此随机数生成器序列的、在 0.0 和 1.0 之间均匀分布的 float 值
int nextInt()	返回下一个伪随机数，它是取自此随机数生成器的序列中均匀分布的 int 值
int nextInt(int n)	返回一个伪随机数，它是取自此随机数生成器序列的、在 0（包括）和指定值（不包括）之间均匀分布的 int 值
long nextLong()	返回下一个伪随机数，它是取自此随机数生成器序列的均匀分布的 long 值

接下来用一个案例演示 Random 类的使用，如例 6-12 所示。

【例 6-12】 Random 类的常用方法的使用。

```java
import Java.util.Random;
public class TestRandom {
    public static void main(String[] args) {
        Random r = new Random();
        System.out.println("-----3个 int 类型随机数-----");
        for (int i = 0; i < 3; i++) {
            System.out.println(r.nextInt());
        }
        System.out.println("-----3个 0.0~100.0 的 double 类型随机数-----");
        for (int i = 0; i < 3; i++) {
            System.out.println(r.nextDouble() * 100);
        }
        Random r2 = new Random(10);
        System.out.println("-----3个 int 类型随机数-----");
        for (int i = 0; i < 3; i++) {
```

```
                System.out.println(r2.nextInt());
            }
            System.out.println("-----3个0.0~100.0的double类型随机数-----");
            for (int i = 0; i < 3; i++) {
                System.out.println(r2.nextDouble() * 100);
            }
        }
    }
```

程序运行结果如图 6-12 和图 6-13 所示。

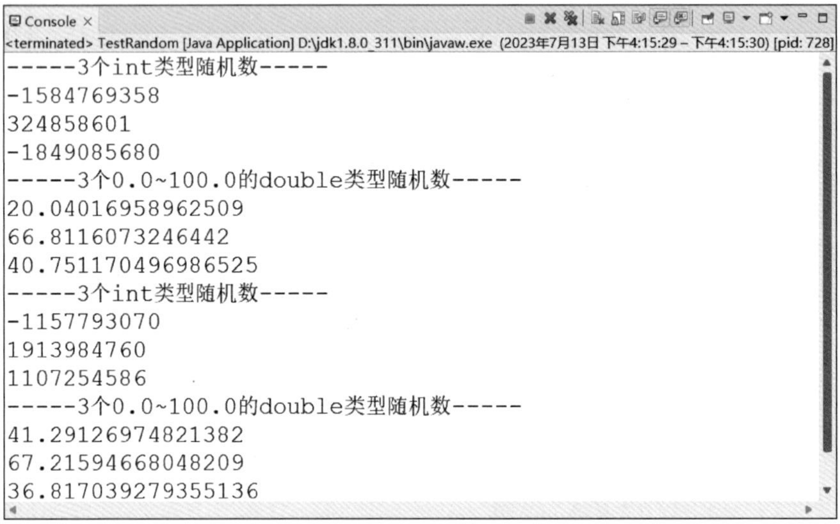

图 6-12 例 6-12 第一次程序运行结果

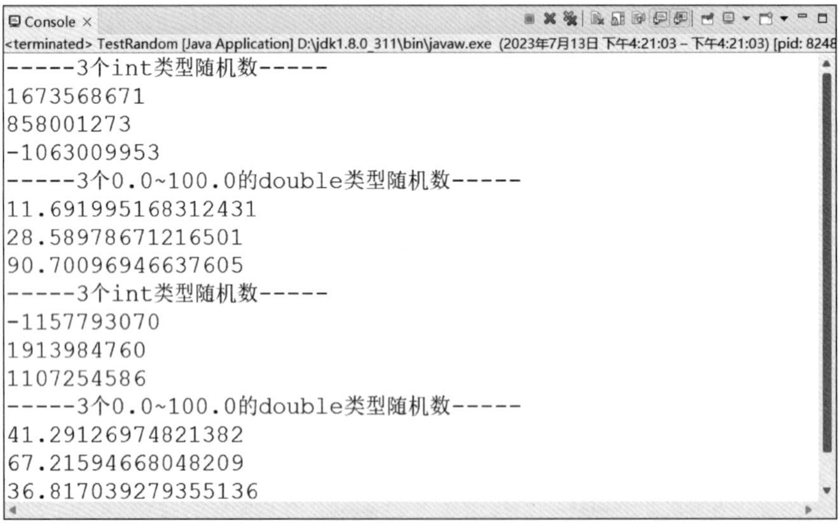

图 6-13 例 6-12 第二次程序运行结果

例 6-12 首先用无参的构造方法创建了 Random 实例，然后分别获取 3 个 int 类型随机数和 3 个在 0.0~100.0 的 double 类型随机数，可以看到，程序运行两次，生成不同的随机数。接着创建了一个参数为 10 的 Random 实例，同样获取两组随机数，两次运行结果可以看到生成了相同的随机数,这是因为生成的是伪随机数,获取 Random 实例时指定了种子,用同样的种子获取的随机数相同,前两组不同随机数的种子是默认使用当前时间,所以前两组随机数不同。

6.1.4 日期类

在实际开发中经常会遇到日期类型的操作,Java 对日期的操作提供了良好的支持,有 Java.util 包中的 Date 类、Calendar 类,还有 Java.text 包中的 DateFormat 类以及它的子类 SimpleDateFormat 类,接下来详细讲解这些类的用法。

Java.util 包中的 Date 类用于表示日期和时间,里面大多数构造方法和常用方法声明已过时,但创建日期的方法很常用,它的构造方法中只有两个没有标注已过时,接下来用一个案例来演示这两个构造方法的使用,如例 6-13 所示。

【例 6-13】 首先使用 Date 类空参构造方法创建了一个日期并打印,这是创建的当前日期;接着创建了第二个日期并打印,传入了一个 long 型的参数,这个参数表示的是从 GMT (格林尼治标准时间)的 1970 年 1 月 1 日 00:00:00 这一时刻开始,距离这个参数毫秒数后的日期。

```
import Java.util.Date;
public class TestDate {
    public static void main(String[] args) {
        Date date1 = new Date();
        System.out.println(date1);
        Date date2 = new Date(999999999999L);
        System.out.println(date2);
    }
}
```

程序运行结果如图 6-14 所示。

```
Console ×
<terminated> TestDate [Java Application] D:\jdk1.8.0_311\bin\javaw.exe (2023年7月13日 下午4:42:54 - 下午4:42:55) [pid: 5992]
Thu Jul 13 16:42:55 CST 2023
Sun Sep 09 09:46:39 CST 2001
```

图 6-14 例 6-13 程序运行结果

Calendar 类可以将取得的时间精确到毫秒。Calendar 类是一个抽象类,它提供了很多常量,先来了解一下 Calendar 类的常用常量,如表 6-7 所示。

表 6-7 Calendar 类的常用常量

常　　　量	作　　　用
public static final int YEAR	获取年
public static final int MONTH	获取月
public static final int DAY_OF_MONTH	获取日
public static final int HOUR_OF_DAY	获取小时,24 小时制
public static final int MINUTE	获取分
public static final int SECOND	获取秒
public static final int MILLISECOND	获取毫秒

Calendar 类还有一些常用方法，如表 6-8 所示。

表 6-8 Calendar 类的常用方法

方法	作用
static Calendar getInstance()	使用默认时区和语言环境获得一个日历
static Calendar getInstance(Locale aLocale)	使用默认时区和指定语言环境获得一个日历
int get(int field)	返回给定日历字段的值
boolean after(Object when)	判断此 Calendar 表示的时间是否在指定 Object 表示的时间之后，返回判断结果
boolean before(Object when)	判断此 Calendar 表示的时间是否在指定 Object 表示的时间之前，返回判断结果

接下来通过一个案例来学习这些常量和方法的使用，如例 6-14 所示。

【例 6-14】 首先调用 Calendar 类的静态方法 getInstance() 获取 Calendar 实例；然后通过 get(int field) 方法，分别获取 Calendar 实例中相应常量字段的值。

```java
import Java.util.Calendar;
public class TestCalendar {
    public static void main(String[] args) {
        Calendar c = Calendar.getInstance();
        System.out.println("年:" + c.get(Calendar.YEAR));
        System.out.println("月:" + c.get(Calendar.MONTH));
        System.out.println("日:" + c.get(Calendar.DAY_OF_MONTH));
        System.out.println("时:" + c.get(Calendar.HOUR_OF_DAY));
        System.out.println("分:" + c.get(Calendar.MINUTE));
        System.out.println("秒:" + c.get(Calendar.SECOND));
        System.out.println("毫秒:" + c.get(Calendar.MILLISECOND));
    }
}
```

程序运行结果如图 6-15 所示。

图 6-15 例 6-14 程序运行结果

前面讲解过 Date 类，它获取的时间明显不便于阅读，实际开发中需要对日期进行格式化操作。Java 提供了 DateFormat 类支持日期格式化，该类是一个抽象类，需要通过它的一些静态方法来获取它的实例。先来了解它的常用方法，如表 6-9 所示。

表 6-9 DateFormat 类的常用方法

方法	作用
static DateFormat getDateInstance()	获取日期格式器，该格式器具有默认语言环境的默认格式化风格

续表

方　　法	作　　用
static DateFormat getDateInstance(int style, Locale aLocale)	获取日期格式器,该格式器具有给定语言环境的给定格式化风格
static DateFormat getDateTimeInstance()	获取日期/时间格式器,该格式器具有默认语言环境的默认格式化风格
static DateFormat getDateTimeInstance(int dateStyle, int timeStyle, Locale aLocale)	获取日期/时间格式器,该格式器具有给定语言环境的给定格式化风格
String format(Date date)	将一个 Date 格式化为日期/时间字符串
Date parse(String source)	从给定字符串的开始解析文本,以生成一个日期

接下来用一个案例来演示这些方法的使用,如例 6-15 所示。

【例 6-15】 首先分别调用 DateFormat 类的 4 个静态方法获得 DateFormat 实例,然后对日期和时间格式化,可以看出空参的构造方法是使用默认语言环境和风格进行格式化的,而参数指定了语言环境和风格的构造方法。格式化的日期和时间更符合中国人阅读习惯。

```
import Java.text.DateFormat;
import Java.util.*;
public class TestDateFormat {
    public static void main(String[] args) {
        DateFormat df1 = DateFormat.getDateInstance();
        DateFormat df2 = DateFormat.getTimeInstance();
        DateFormat df3 = DateFormat.getDateInstance(DateFormat.YEAR_FIELD,
                new Locale("zh", "CN"));
        DateFormat df4 = DateFormat.getTimeInstance(DateFormat.ERA_FIELD,
                new Locale("zh", "CN"));
        System.out.println("data:" + df1.format(new Date()));
        System.out.println("time:" + df2.format(new Date()));
        System.out.println("----------------------");
        System.out.println("data:" + df3.format(new Date()));
        System.out.println("time:" + df4.format(new Date()));
    }
}
```

程序运行结果如图 6-16 所示。

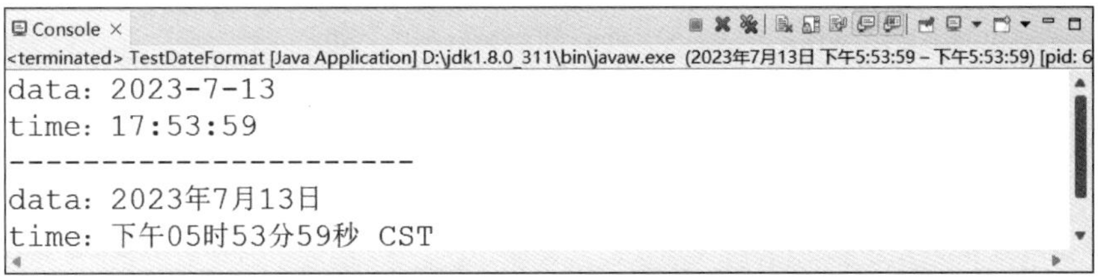

```
data: 2023-7-13
time: 17:53:59
----------------------
data: 2023年7月13日
time: 下午05时53分59秒 CST
```

图 6-16　例 6-15 程序运行结果

如果想得到特殊的日期显示格式,可以通过 DateFormat 的子类 SimpleDateFormat 类来实现,它位于 Java.text 包中,要自定义格式化日期,需要有一些特定的日期标记表示日期格式,先来了解一下常用日期标记,如表 6-10 所示。

表 6-10 常用日期标记

日期标记	作用
y	年份，需要用 yyyy 表示年份的 4 位数字
M	月份，需要用 MM 表示月份的 2 位数字
d	天数，需要用 dd 表示天数的 2 位数字
H	小时，需要用 HH 表示小时的 2 位数字
m	分钟，需要用 mm 表示分钟的 2 位数字
s	秒数，需要用 ss 表示秒数的 2 位数字
S	毫秒，需要用 SSS 表示毫秒的 3 位数字
G	公元，只需写一个 G 表示公元

表 6-10 中列出了表示日期格式的日期标记，在创建 SimpleDateFormat 实例时需要用到它的构造方法，它有 4 个构造方法，其中有一个是最常用的，具体示例如下。

public SimpleDateFormat(String pattern)

如上所示的构造方法有一个 String 类型的参数，该参数使用日期标记表示格式化后的日期格式。另外，因为 SimpleDateFormat 类继承了 DateFormat 类，所以它可以直接使用父类方法格式化日期和时间。接下来用一个案例来演示 SimpleDateFormat 类的使用，如例 6-16 所示。

【例 6-16】 首先使用空参的构造方法创建 SimpleDateFormat 实例；然后调用父类的 format(Date date)方法，格式化当前日期和时间并打印输出；接着指定参数为"yyyy-MM-dd"创建 SimpleDateFormat 实例，按自定义的格式显示日期和时间；最后指定参数为"Gyyyy-MM-dd hh:mm:ss:SSS"创建 SimpleDateFormat 实例，按自定义的格式显示日期和时间。日期和时间的自定义格式多种多样，读者可以根据需求扩展更多的格式，这里不再赘述。

```java
import Java.text.SimpleDateFormat;
import Java.util.Date;
public class TestSimpleDateFormat {
    public static void main(String[] args) throws Exception {
        // 创建 SimpleDateFormat 实例
        SimpleDateFormat sdf = new SimpleDateFormat();
        String date = sdf.format(new Date());
        System.out.println("默认格式:" + date);
        System.out.println("--------------------");
        SimpleDateFormat sdf2 = new SimpleDateFormat("yyyy-MM-dd");
        date = sdf2.format(new Date());
        System.out.println("自定义格式 1:" + date);
        System.out.println("--------------------");
        SimpleDateFormat sdf3 =
                new SimpleDateFormat("Gyyyy-MM-dd hh:mm:ss:SSS");
        date = sdf3.format(new Date());
        System.out.println("自定义格式 2:" + date);
    }
}
```

程序运行结果如图 6-17 所示。

```
□ Console ×
<terminated> TestSimpleDateFormat [Java Application] D:\jdk1.8.0_311\bin\javaw.exe (2023年7月13日 下午8:03:34 – 下午8:03:36)
默认格式: 23-7-13 下午8:03
--------------------
自定义格式1: 2023-07-13
--------------------
自定义格式2: 公元2023-07-13 08:03:36:211
```

图 6-17　例 6-16 程序运行结果

6.2　Java 集合类

集合类就像容器，现实生活中容器的功能，无非就是添加对象、删除对象、清空容器、判断容器是否为空等，集合类就为这些功能提供了对应的方法。

Java.util 包中提供了一系列可使用的集合类，称为集合框架。集合框架主要是由 Collection 和 Map 两个根接口派生出来的接口和实现类组成，如图 6-18 所示。

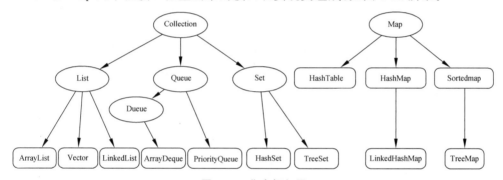

图 6-18　集合框架图

图 6-18 中椭圆区域中填写的都是接口类型，其中，List、Set 和 Queue 是 Collection 的子接口。其中，List 集合像一个数组，它可以记住每次添加元素的顺序，元素可以重复，不同于数组的是 List 的长度可变；Set 集合像一个盒子，把一个对象添加到 Set 集合时，Set 集合无法记住这个元素的顺序，所以 Set 集合中的元素不能重复；Queue 集合就像现实中的排队一样，先进先出。Map 集合也像一个盒子，但是它里面的每项数据都是成对出现的，由键-值（key-value）对形式组成。

6.2.1　Collection

Collection 接口是 List、Set 和 Queue 等接口的父接口，该接口里定义的方法既可用于操作 List 集合，也可用于操作 Set 和 Queue 集合。Collection 接口里定义了一系列操作集合元素的方法，如表 6-11 所示

表 6-11　Collection 接口的方法

方　　法	作　　用
boolean add(Object obj)	向集合添加一个元素
boolean addAll(Collection c)	将指定集合中所有元素添加到该集合

续表

方　　法	作　　用
void clear()	清空集合中所有元素
boolean contains(Object obj)	判断集合中是否包含某个元素
boolean containsAll(Collection c)	判断集合中是否包含指定集合中所有元素
Iterator iterator()	返回在此 Collection 的元素上进行迭代的迭代器
boolean remove(Object o)	删除该集合中的指定元素
boolean removeAll(Collection c)	删除指定集合中所有元素
boolean retainAll(Collection c)	仅保留此 Collection 中那些也包含在指定 Collection 的元素
Object[] toArray()	返回包含此 Collection 中所有元素的数组
boolean isEmpty()	如果此集合为空,则返回 true
int size()	返回此集合中元素个数

下面通过一个案例来学习这些方法的使用,如例 6-17 所示。

【例 6-17】 创建两个 Collection 对象,一个是 coll,另一个是 coll1,其中,coll 是实现类 ArrayList 的实例,而 coll1 是实现类 HashSet 的实例,虽然它们实现类不同,但都可以把它们当成 Collection 来使用,都可以使用 add()方法给它们添加元素,这里使用了 Java 的多态性。

```java
import Java.util.*;
public class TestCollection {
    public static void main(String[] args) {
        Collection coll = new ArrayList();           // 创建集合
        coll.add("矿业工程");                          // 添加元素
        coll.add("煤矿实景教学");
        System.out.println(coll);                    // 打印集合 coll
        System.out.println(coll.size());             // 打印集合长度
        Collection coll1 = new HashSet();
        coll1.add("矿业工程");
        coll1.add("煤矿实景教学");
        System.out.println(coll1);                   // 打印集合 coll1
        coll.clear();                                // 清空集合
        System.out.println(coll.isEmpty());          // 打印集合是否为空
    }
}
```

程序运行结果如图 6-19 所示。从运行结果可以看出,Collection 实现类都重写了 toString()方法,一次性输出了集合中的所有元素。

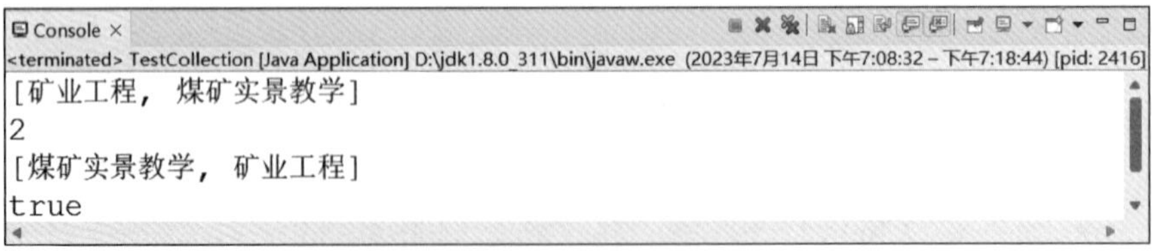

```
[矿业工程, 煤矿实景教学]
2
[煤矿实景教学, 矿业工程]
true
```

图 6-19　例 6-17 程序运行结果

提示:这里要注意,在编写代码时,不要忘记使用"import Java.util.*;"导包语句,否则程序会编译失败,显示无法解析类型,如图 6-20 所示。

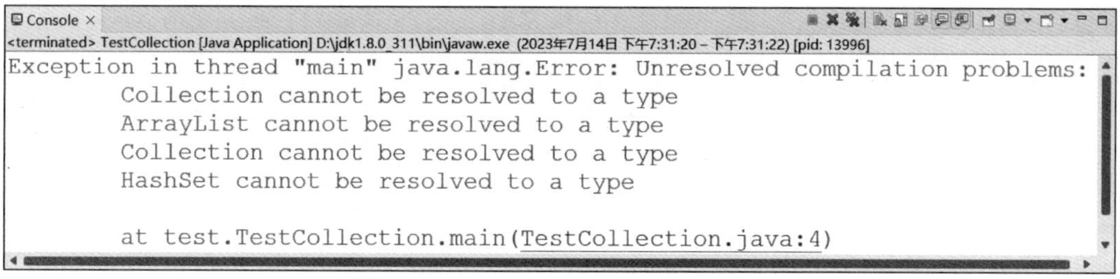

```
 Console ×
<terminated> TestCollection [Java Application] D:\jdk1.8.0_311\bin\javaw.exe (2023年7月14日 下午7:31:20 – 下午7:31:22) [pid: 13996]
Exception in thread "main" java.lang.Error: Unresolved compilation problems:
        Collection cannot be resolved to a type
        ArrayList cannot be resolved to a type
        Collection cannot be resolved to a type
        HashSet cannot be resolved to a type

        at test.TestCollection.main(TestCollection.java:4)
```

图 6-20　例 6-17 缺少导包语句时编译报错

6.2.2　List

List 集合中元素是有序的且可重复的,相当于数学里面的数列,有序可重复。使用此接口能够精确地控制每个元素插入的位置,用户可以通过索引来访问集合中的指定元素。List 集合还有一个特点就是元素的存入顺序与取出顺序相一致。

List 接口中大量地扩充了 Collection 接口,拥有了比 Collection 接口中更多的方法定义,其中有些方法还比较常用,如表 6-12 所示。

表 6-12　List 接口的常用方法

方　　法	作　　用
void add(int index,Object element)	在 index 位置插入 element 元素
Object get(int index)	得到 index 处的元素
Object set(int index,Object element)	用 element 替换 index 位置的元素
Object remove(int index)	移除 index 位置的元素,并返回元素
int indexOf(Object o)	返回集合中第一次出现 o 的索引,若集合中不包含该元素,则返回-1
int lastIndex(Object o)	返回集合中最后一次出现 o 的索引,若集合中不包含该元素,则返回-1

表 6-12 中列出了 List 接口的常用方法,所有的 List 实现类都可以通过调用这些方法对集合元素进行操作。

ArrayList 是 List 的主要实现类,它是一个数组队列,相当于动态数组,与 Java 中的数组相比,它的容量能动态增长。它继承于 AbstractList,实现了 List 接口,提供了相关的添加、删除、修改、遍历等功能。

ArrayList 集合中大部分方法都是从父类 Collection 和 List 继承过来的,其中,add()方法和 get()方法用于实现元素的存取。接下来通过一个案例来学习 ArrayList 集合如何存取元素,如例 6-18 所示。

【例 6-18】　首先创建一个 ArrayList 集合,然后向集合中添加了两个元素,调用 size()方法打印出集合元素的个数,又调用 get(int index)方法得到集合中索引为 0 的元素,也就是第一个元素,并打印出来。这里的索引下标是从 0 开始,最大的索引是 size-1,若取值超出索引范围,则会报 IndexOutOfBoundsException 异常。

```
import Java.util.*;
public class TestArrayList {
    public static void main(String[] args) {
```

```
        ArrayList arr = new ArrayList();        // 创建 ArrayList 集合
        arr.add("矿业工程");                      // 向集合中添加元素
        arr.add("煤矿实景教学");
        System.out.println(arr.size());          // 打印集合元素的个数
        System.out.println(arr.get(0));          // 提取并打印集合中指定索引的元素
    }
}
```

程序运行结果如图 6-21 所示。

```
© Console ×
<terminated> TestArrayList [Java Application] D:\jdk1.8.0_311\bin\javaw.exe (2023年7月15日 上午1:13:49 – 上午1:25:53)
2
矿业工程
```

图 6-21　例 6-18 程序运行结果

ArrayList 底层是用数组来保存元素，用自动扩容的机制实现动态增加容量，因为它底层是用数组实现，所以插入和删除操作效率不佳，不建议用 ArrayList 做大量增删操作，但由于它有索引，所以查询效率很高，适合做大量查询操作。

由于 ArrayList 在处理插入和删除操作时效率较低，为了解决这一问题，可以使用 List 接口的 LinkedList 实现类。

LinkedList 底层的数据结构是基于双向循环链表的，且头节点中不存放数据，添加元素如图 6-22 所示，删除元素如图 6-23 所示。对于频繁的插入或删除元素的操作，建议使用 LinkedList 类，效率较高。

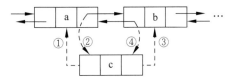 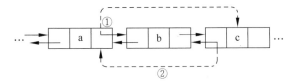

图 6-22　LinkedList 添加元素　　　　图 6-23　LinkedList 删除元素

图 6-22 描述了 LinkedList 添加元素的过程：在 a 和 b 之间添加一个元素 c，只需利用指针让 a 记住它后面的元素是 c，让 b 记住它前面的元素是 c 即可。

图 6-23 描述了 LinkedList 删除元素的过程：要删除 a 和 c 之间的元素，只需利用指针让 a 和 c 变成前后关系即可。

LinkedList 除了具备增、删效率高的特点，还为元素的操作定义了一些特有的常用方法，如表 6-13 所示。

表 6-13　LinkedList 接口的常用方法

方　　法	作　　用
void add(int index, Object o)	将 o 插入索引为 index 的位置
void addFirst(Object o)	将 o 插入集合的开头
void addLast(Object o)	将 o 插入集合的结尾
Object getFirst()	得到集合的第一个元素

续表

方 法	作 用
Object getLast()	得到集合的最后一个元素
Object removeFirst()	删除并返回集合的第一个元素
Object removeLast()	删除并返回集合的最后一个元素

下面通过一个案例来学习这些方法的使用,如例 6-19 所示。

【例 6-19】 创建 LinkedList 后,先插入了两个元素,并打印出结果,然后向集合头部插入一个元素,打印结果可看出集合头部多出一个元素,最后打印出删除并返回的集合尾部元素。由此可见,LinkedList 对添加和删除的操作不仅高效,而且便捷。

```java
import Java.util.*;
public class TestLinkedList {
    public static void main(String[] args) {
        LinkedList link = new LinkedList();        // 创建 LinkedList 集合
        link.add("矿业工程");                         // 向集合中添加元素
        link.add("煤矿实景教学");
        System.out.println(link);                   // 打印集合中元素
        link.addFirst("student");                   // 在集合首部添加元素
        System.out.println(link);                   // 打印添加元素后的集合
        System.out.println(link.removeLast());      // 删除并返回集合中最后一个元素
    }
}
```

程序运行结果如图 6-24 所示。

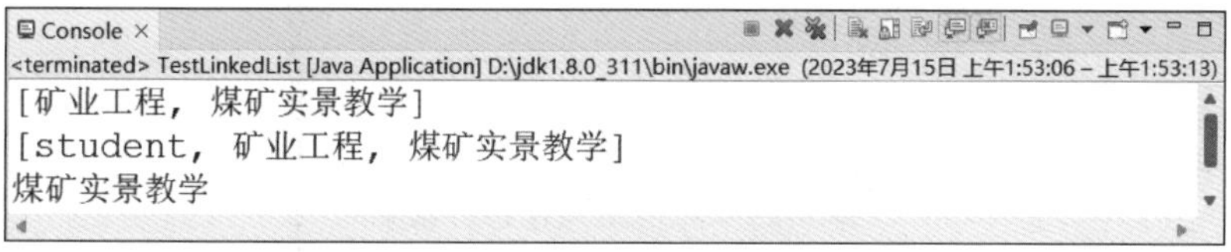

```
[矿业工程, 煤矿实景教学]
[student, 矿业工程, 煤矿实景教学]
煤矿实景教学
```

图 6-24 例 6-19 程序运行结果

6.2.3 Set

Set 集合中元素是无序的、不可重复的。Set 接口也是继承自 Collection 接口,但它没有对 Collection 接口的方法进行扩充。

Set 中元素有无序性的特点,这里要注意,无序性不等于随机性,无序性指的是元素在底层存储位置是无序的。Set 接口的主要实现类是 HashSet 和 TreeSet。其中 HashSet 是根据对象的哈希值来确定元素在集合中的存储位置,因此能高效地存取;TreeSet 底层是用二叉树来实现存储元素的,它可以对集合中元素排序。接下来会围绕这两个实现类详细讲解。

1. HashSet 类

HashSet 类是 Set 接口的典型实现,使用 Set 集合时一般都使用这个实现类。HashSet 按 Hash 算法来存储集合中的元素,因此具有很好的存取和查找性能。HashSet 不能保证元素的排列顺序,且不是线程安全的。另外,集合中的元素可以为 null。Set 集合与 List 集合的存取元素方式都一样,这里就不详细讲解了,下面通过一个案例来演示 HashSet 集合的用法,如例 6-20 所示。

【例 6-20】 在存储元素时,是先存入的"yellow",后存入的"blue",而运行结果正好相反,证明了 HashSet 存储的无序性,但是如果多次运行,可以看到结果仍然不变,说明无序性不等于随机性。另外,例中存储元素时,存入了两个"red",而运行结果中只有一个"red",说明 HashSet 元素的不可重复性。

```java
import Java.util.*;
public class TestHashSet1 {
    public static void main(String[] args) {
        Set set = new HashSet();                // 创建 HashSet 对象
        set.add(null);                          // 向集合中存储元素
        set.add(new String("red"));
        set.add("yellow");
        set.add("blue");
        set.add("red");
        for (Object o : set) {                  // 遍历集合
            System.out.println(o);              // 打印集合中元素
        }
    }
}
```

程序运行结果如图 6-25 所示。

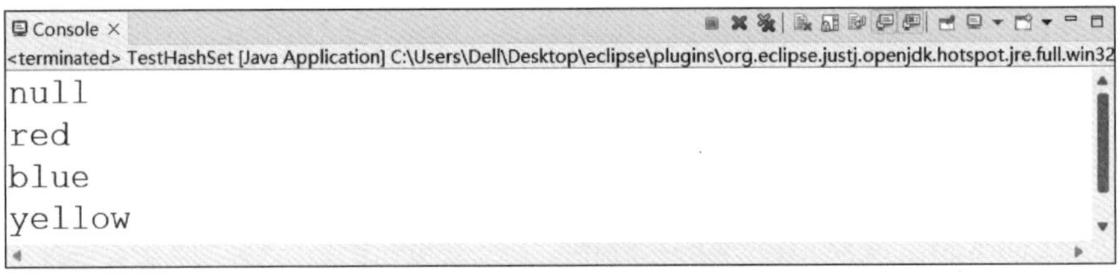

```
null
red
blue
yellow
```

图 6-25 例 6-20 程序运行结果

HashSet 能保证元素不重复,是因为 HashSet 底层是哈希表结构,当一个元素要存入 HashSet 集合时,首先通过自身的 hashCode() 方法算出一个值,然后通过这个值查找元素在集合中的位置,如果该位置没有元素,那么就存入。如果该位置上有元素,那么继续调用该元素的 equals() 方法进行比较,如果 equals 方法返回为真,证明这两个元素是相同元素,则不存储,否则会在该位置上存储两个元素(一般不可能重复),所以当一个自定义的对象想正确存入 HashSet 集合,那么应该重写自定义对象的 hashCode() 和 equals() 方法,例中 HashSet 能正常工作,是因为 String 类重写了 hashCode() 和 equals() 方法。下面通过一个案例来看一看将没有重写 hashCode() 方法和 equals() 方法的对象存入 HashSet 会出现什么情况,如例 6-21 所示。

【例 6-21】 打印了遍历出的集合元素,可以看出运行结果中"lily23 岁"明显重复了,不应该在 HashSet 中有重复元素出现,之所以出现这种现象,是因为 People 对象没有重写 hashCode() 和 equals() 方法。

```java
import Java.util.*;
public class TestHashSet2 {
    public static void main(String[] args) {
```

```
            Set set = new HashSet();              // 创建 HashSet 对象
            set.add(new People("jack",20));       // 向集合中存储元素
            set.add(new People("lily",23));
            set.add(new People("lily",23));
            for (Object o : set) {                // 遍历集合
                System.out.println(o);            // 打印集合中元素
            }
        }
    }
    class People{
        String name;
        int age;
        public People(String name, int age){      // 构造方法
            this.name = name;
            this.age = age;
        }
        public String toString() {                // 重写 toString()方法
            return name + age + "岁";
        }
    }
```

程序运行结果如图 6-26 所示。

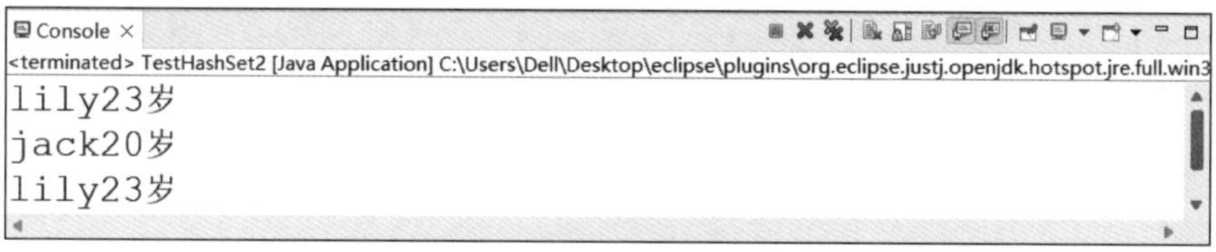

```
lily23岁
jack20岁
lily23岁
```

图 6-26 例 6-21 程序运行结果

接下来针对例 6-21 出现的问题进行修改，修改后的代码如例 6-22 所示。

【例 6-22】　People 对象重写了 hashCode()和 equals()方法，当调用 HashSet 的 add()方法时，equals()方法返回 true，HashSet 发现 lily23 岁这个元素重复了，因此不再存入。

```
import Java.util.*;
public class TestHashSet3 {
    public static void main(String[] args) {
        Set set = new HashSet();              // 创建 HashSet 对象
        set.add(new People("jack", 20));      // 向集合中存储元素
        set.add(new People("lily", 23));
        set.add(new People("lily", 23));
        for (Object o : set) {                // 遍历集合
            System.out.println(o);            // 打印集合中元素
        }
    }
}
class People {
    String name;
    int age;
    public People(String name, int age) {     // 构造方法
        this.name = name;
        this.age = age;
    }
```

```java
        public String toString() {                    // 重写 toString()方法
            return name + age + "岁";
        }
        public int hashCode() {
            final int prime = 31;
            int result = 1;
            result = prime * result + age;
            result = prime * result + ((name == null) ? 0 : name.hashCode());
            return result;                            // 返回 name 属性的哈希值
        }
        public boolean equals(Object obj) {
            if (this == obj)                          // 判读是否是同一个对象
                return true;                          // 若是,返回 true
            if (obj == null)
                return false;
            if (getClass() != obj.getClass())
                return false;
            People other = (People) obj;              // 将 obj 强转为 People 类型
            if (age != other.age)
                return false;
            if (name == null) {
                if (other.name != null)
                    return false;
            } else if (!name.equals(other.name))
                return false;
            return true;                              // 若以上都不符合,返回 true
        }
    }
```

程序运行结果如图 6-27 所示。

```
lily23岁
jack20岁
```

图 6-27　例 6-22 程序运行结果

2. TreeSet 类

TreeSet 类是 Set 接口的另一个实现类,TreeSet 集合和 HashSet 集合都可以保证容器内元素的唯一性,但它们底层实现方式不同,TreeSet 底层是用自平衡的排序二叉树实现,所以它既能保证元素唯一性,又可以对元素进行排序。TreeSet 还提供一些特有的方法,如表 6-14 所示。

表 6-14　TreeSet 类特有方法

方　　法	作　　用
Comparator comparator()	如果 TreeSet 采用定制排序,则返回定制排序所使用的 Comparator;如果 TreeSet 采用自然排序,则返回 null
Object first()	返回集合中第一个元素

续表

方法	作用
Object last()	返回集合中最后一个元素
Object lower(Object o)	返回集合中位于 o 之前的元素
Object higher(Object o)	返回集合中位于 o 之后的元素
SortedSet subset(Object o1,Object o2)	返回此 Set 的子集合,范围从 o1 到 o2
SortedSet headset(Object o)	返回此 Set 的子集合,范围小于元素 o
SortedSet tailSet(Object o)	返回此 Set 的子集合,范围大于或等于元素 o

接下来通过一个案例来演示这些方法的使用,如例 6-23 所示。

【例 6-23】 添加元素时,不是按顺序的,这说明 TreeSet 中元素是有序的,但这个顺序不是添加时的顺序,是根据元素实际值的大小进行排序的。另外,输出结果还演示了打印集合中第一个元素和打印集合中大于 100 且小于 500 的元素,也都是按排序好的元素来打印的。

```
import Java.util. * ;
public class TestTreeSet {
    public static void main(String[] args) {
        TreeSet tree = new TreeSet();           // 创建 TreeSet 集合
        tree.add(60);                            // 添加元素
        tree.add(360);
        tree.add(120);
        System.out.println(tree);                // 打印集合
        System.out.println(tree.first());        // 打印集合中第一个元素
        // 打印集合中大于 100 且小于 500 的元素
        System.out.println(tree.subSet(100, 500));
    }
}
```

程序运行结果如图 6-28 所示。

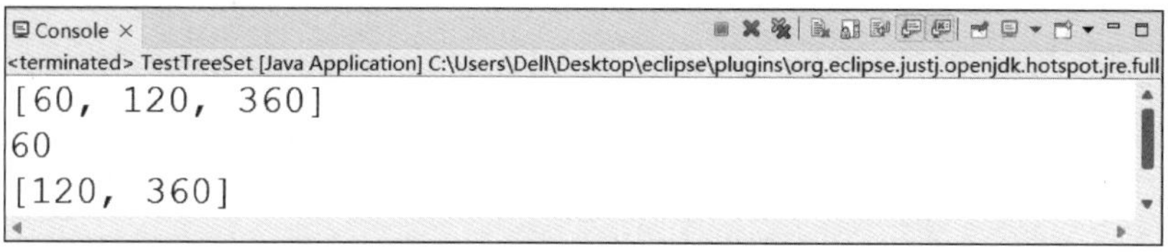

```
© Console ⊠
<terminated> TestTreeSet [Java Application] C:\Users\Dell\Desktop\eclipse\plugins\org.eclipse.justj.openjdk.hotspot.jre.full
[60, 120, 360]
60
[120, 360]
```

图 6-28 例 6-23 程序运行结果

TreeSet 有两种排序方法,自然排序和定制排序,默认情况下,TreeSet 采用自然排序。下面来详细讲解这两种排序方式。

1) 自然排序

TreeSet 类会调用集合元素的 compareTo(Object obj)方法来比较元素之间的大小关系,然后将集合内元素按升序排序,这就是自然排序。

Java 提供了 Comparable 接口,它里面定义了一个 compareTo(Object obj)方法,实现 Comparable 接口必须实现该方法,在方法中实现对象大小比较。当该方法被调用时,例如 obj1.compareTo(obj2),若该方法返回 0,则说明 obj1 和 obj2 相等;若该方法返回一个正整数,则说明 obj1 大于 obj2;若该方法返回一个负整数,则说明 obj1 小于 obj2。

Java 的一些常用类已经实现了 Comparable 接口,并提供了比较大小的方式,例如包装类都实现了此接口。

如果把一个对象添加进 TreeSet 集合,则该对象必须实现 Comparable 接口,否则程序会抛出 ClassCastException 异常。下面通过一个案例来演示这种情况,如例 6-24 所示。

【例 6-24】 抛出 ClassCastException 异常案例一。

```
import Java.util.*;
class Student {
}
public class TestTreeSetError1 {
    public static void main(String[] args) {
        TreeSet ts = new TreeSet();              // 创建 TreeSet 集合
        ts.add(new Student());                    // 向集合中添加元素
    }
}
```

程序运行结果如图 6-29 所示。

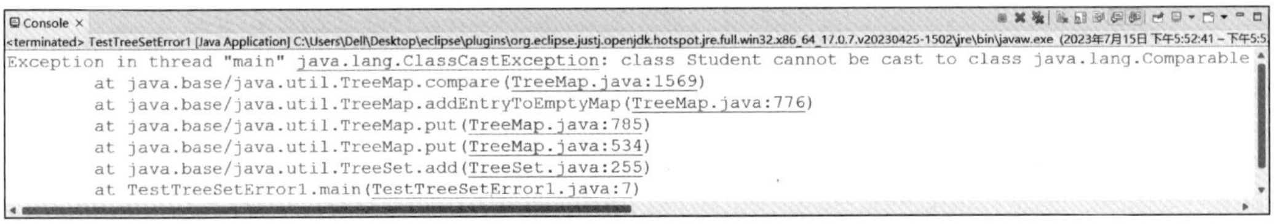

图 6-29　例 6-24 程序运行结果

图 6-29 中运行结果报 ClassCastException 异常,这是因为例中的 Student 类没有实现 Comparable 接口。

另外,向 TreeSet 集合中添加的应该是同一个类的对象,否则也会报 ClassCastException 异常,如例 6-25 所示。

【例 6-25】 抛出 ClassCastException 异常案例二。

```
import Java.util.*;
public class TestTreeSetError2 {
    public static void main(String[] args) {
        TreeSet ts = new TreeSet();              // 创建 TreeSet 集合
        ts.add(100);                              // 向集合中添加元素
        ts.add(new Date());
    }
}
```

程序运行结果如图 6-30 所示。

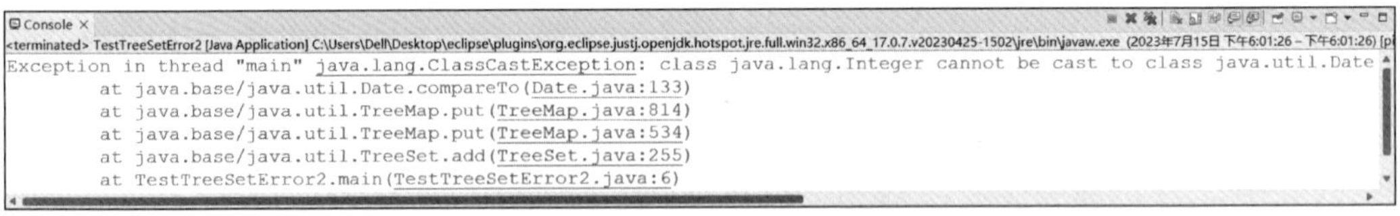

图 6-30　例 6-25 程序运行结果

图 6-30 中运行结果报 ClassCastException 异常,Integer 类型不能转为 Date 类型,就是因为向 TreeSet 集合添加了不同类的对象。下面通过修改例 6-25 的代码,新建 Student 类,该类实现 Comparable 接口,并重写 compareTo()方法,使程序正确运行,如例 6-26 所示。

【例 6-26】 打印集合中两个元素的地址值,添加元素操作成功,因为 Student 类实现了

Comparable 接口,并且重写了 compareTo(Object o)方法,这里设置了总是返回 1,所以添加成功。

```java
import Java.util.*;
public class TestTreeSetSuccess {
    public static void main(String[] args) {
        TreeSet ts = new TreeSet();              // 创建 TreeSet 集合
        ts.add(new Student());                    // 向集合中添加元素
        ts.add(new Student());
        System.out.println(ts);                   // 打印集合
    }
}
class Student implements Comparable{
    public int compareTo(Object o) {              //重写 compareTo()方法
        return 1;                                 //总是返回 1
    }
}
```

程序运行结果如图 6-31 所示。

图 6-31 例 6-26 程序运行结果

2) 定制排序

TreeSet 的自然排序是根据集合元素大小按升序排序,如果需要按特殊规则排序或者元素自身不具备比较性时,例如按降序排列,就需要用到定制排序。Comparator 接口包含一个 int compare(T t1,T t2)方法,该方法可以比较 t1 和 t2 大小,若返回正整数,则说明 t1 大于 t2;若返回 0,则说明 t1 等于 t2;若返回负整数,则说明 t1 小于 t2。

实现 TreeSet 的定制排序时,只需在创建 TreeSet 集合对象时,提供一个 Comparator 对象与该集合关联,在 Comparator 中编写排序逻辑。接下来以一个案例来演示,如例 6-27 所示。

【例 6-27】 MyComparator 类实现了 Comparator 接口,在接口的 compare()方法中编写了降序逻辑,所以 TreeSet 中的元素以降序排列,这就是定制排序。

```java
import Java.util.*;
class Student {                         // 定义 Student 类
    private Integer age;
    public Student(Integer age) {
        this.age = age;
    }
    public Integer getAge() {
        return age;
    }
    public void setAge(Integer age) {
        this.age = age;
    }
    public String toString() {
        return age + "";
```

```java
        }
    }
class MyComparator implements Comparator {            // 第一步:实现 Comparator 接口
    // 第二步:实现一个 compare()方法,判断对象是否是特定类的一个实例
    public int compare(Object o1, Object o2) {
        if (o1 instanceof Student & o2 instanceof Student) {
            Student s1 = (Student) o1;                // 强制转换为 Student 类型
            Student s2 = (Student) o2;
            if (s1.getAge() > s2.getAge()) {
                return -1;
            } else if (s1.getAge() < s2.getAge()) {
                return 1;
            }
        }
        return 0;
    }
}
public class TestTreeSetSort {
    public static void main(String[] args) {
        // 第三步:创建 TreeSet 集合对象时,提供一个 Comparator 对象
        TreeSet tree = new TreeSet(new MyComparator());
        tree.add(new Student(140));
        tree.add(new Student(15));
        tree.add(new Student(11));
        System.out.println(tree);
    }
}
```

程序运行结果如图 6-32 所示。

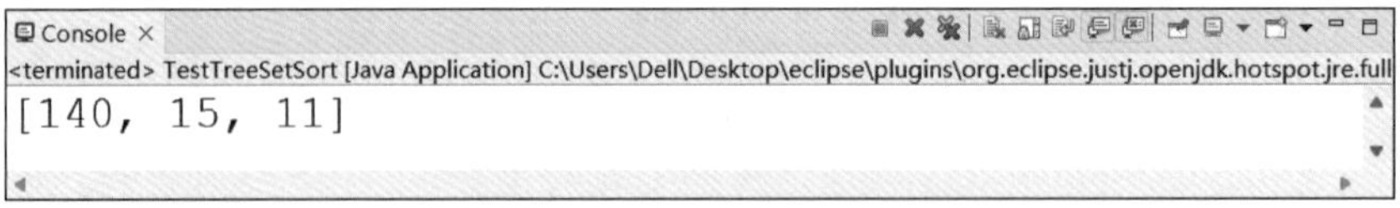

```
[140, 15, 11]
```

图 6-32 例 6-27 程序运行结果

6.2.4 Map

Map 接口不是继承自 Collection 接口,它与 Collection 接口是并列存在的,用于存储键-值(key-value)对形式的元素,描述了由不重复的键到值的映射。

Map 中的 key 和 value 都可以是任何引用类型的数据。Map 中的 key 用 Set 来存放,不允许重复,即同一个 Map 对象所对应的类,必须重写 hashCode()方法和 equals()方法。通常用 String 类作为 Map 的 key,key 和 value 之间存在单向一对一关系,即通过指定的 key 总能找到唯一的、确定的 value。接下来先了解一下 Map 接口的方法,如表 6-15 所示。

表 6-15 Map 接口的方法

方法	作用
Object put(Object key,Object value)	将指定的值与此映射中的指定键关联(可选操作)
Object remove(Object key)	如果存在一个键的映射关系,则将其从此映射中移除(可选操作)

续表

方 法	作 用
void putAll(Map t)	从指定映射中将所有映射关系复制到此映射中(可选操作)
void clear()	从此映射中移除所有映射关系(可选操作)
Object get(Object key)	返回指定键所映射的值；如果此映射不包含该键的映射关系,则返回 null
boolean containsKey(Object key)	如果此映射包含指定键的映射关系,则返回 true
boolean contains Value(Object value)	如果此映射将一个或多个键映射到指定值则返回 true
int size()	返回此映射中的键-值映射关系数
boolean isEmpty()	如果此映射未包含键-值映射关系,则返回 true
Set keySet()	返回此映射中包含的键的 Set 视图
Collection values()	返回此映射中包含的值的 Collection 视图
Set entrySet()	返回此映射中包含的映射关系的 Set 视图

表 6-15 中列举了 Map 接口的方法,其中最常用的是 Object put(Object key, Object value)和 Object get(Object key)方法,用于向集合中存入和取出元素。

Map 接口有很多实现类,其中最常用的是 HashMap 类和 TreeMap 类,接下来会针对这两个类进行详细讲解。

1. HashMap 类

HashMap 类是 Map 接口中使用频率最高的实现类,允许使用 null 键和 null 值,与 HashSet 集合一样,不保证映射的顺序。HashMap 集合判断两个 key 相等的标准是：两个 key 通过 equals()方法返回 true,hashCode 值也相等。HashMap 集合判断两个 value 相等的标准是：两个 value 通过 equals()方法返回 true。下面通过一个案例演示 HashMap 集合是如何存取元素的,如例 6-28 所示。

【例 6-28】 打印 HashMap 集合的长度和所有元素,取出并打印了集合中键为"stu2"的值,这是 HashMap 基本的存取操作。

```
import Java.util.*;
public class TestHashMap1 {
    public static void main(String[] args) {
        Map map = new HashMap();              // 创建 HashMap 集合
        map.put("stu1", "Lily");              // 存入元素
        map.put("stu2", "Jack");
        map.put("stu3", "Jone");
        map.put(null, null);
        System.out.println(map.size());       // 打印集合长度
        System.out.println(map);              // 打印集合所有元素
        System.out.println(map.get("stu2"));// 取出并打印键为 stu2 的值
    }
}
```

程序运行结果如图 6-33 所示。

由于 HashMap 中的键是用 Set 来存储的,所以不可重复,下面通过一个案例来演示当"键"重复时的情况,如例 6-29 所示。

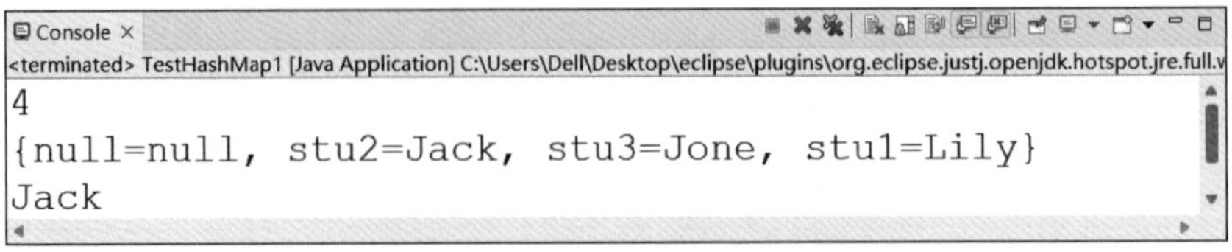

```
4
{null=null, stu2=Jack, stu3=Jone, stu1=Lily}
Jack
```

图 6-33 例 6-28 程序运行结果

【例 6-29】 先将键为"stu3"值为"Jone"的元素添入集合,后将键为"stu3"值为"Lily"的元素添入集合,当键重复时,后添加的元素的值将覆盖先添加元素的值,简单来说就是键相同,值覆盖。

```java
import Java.util.*;
public class TestHashMap2 {
    public static void main(String[] args) {
        Map map = new HashMap();                    // 创建 HashMap 集合
        map.put("stu1", "Lily");                    // 存入元素
        map.put("stu2", "Jack");
        map.put("stu3", "Lily");
        System.out.println(map);                    // 打印集合所有元素
    }
}
```

程序运行结果如图 6-34 所示。

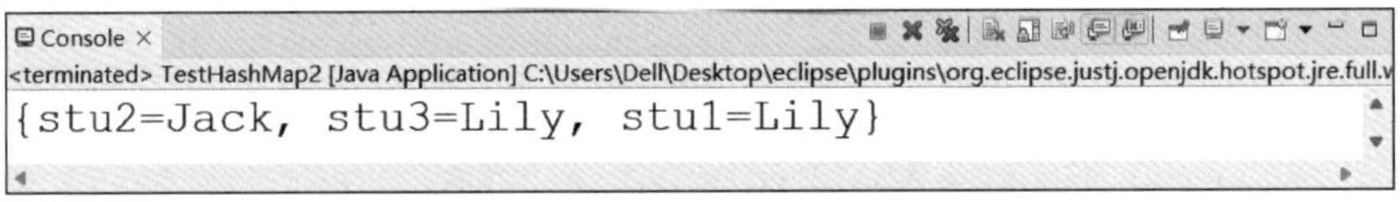

```
{stu2=Jack, stu3=Lily, stu1=Lily}
```

图 6-34 例 6-29 程序运行结果

前面讲解了如何遍历 List,遍历 Map 与之前的方式有所不同,有两种方式可以实现。第一种是先遍历集合中所有的键,再根据键获得对应的值。下面通过一个案例来演示这种遍历方式,如例 6-30 所示。

【例 6-30】 通过 keySet()方法获取键的集合,通过键获取迭代器,从而循环遍历出集合的键,然后通过 Map 的 get(String key)方法,获取所有值,最后打印出所有键和值。

```java
import Java.util.*;
public class TestKeySet {
    public static void main(String[] args) {
        Map map = new HashMap();                    // 创建 HashMap 集合
        map.put("stu1", "Lily");                    // 存入元素
        map.put("stu2", "Jack");
        map.put("stu3", "Jone");
        Set keySet = map.keySet();                  // 获取键的集合
        Iterator iterator = keySet.iterator();      // 获取迭代器对象
        while (iterator.hasNext()) {
            Object key = iterator.next();
            Object value = map.get(key);
            System.out.println(key + ":" + value);
        }
    }
}
```

程序运行结果如图 6-35 所示。

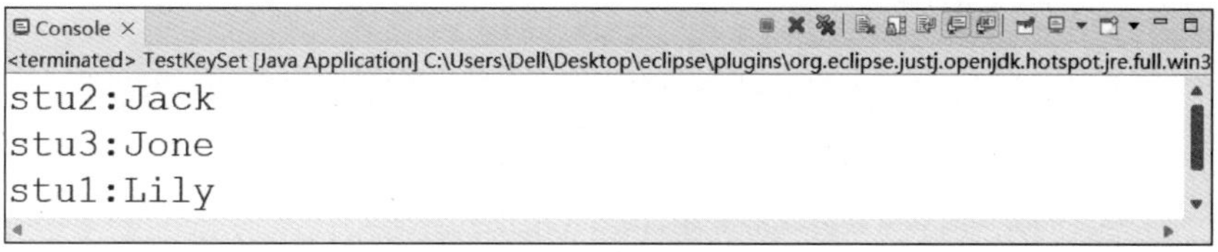

```
stu2:Jack
stu3:Jone
stu1:Lily
```

图 6-35　例 6-30 程序运行结果

Map 的第二种遍历方式是先获得集合中所有的映射关系，然后从映射关系获取键和值。下面通过一个案例来演示这种遍历方式，如例 6-31 所示。

【例 6-31】　创建集合并添加元素后，先获取迭代器，在循环时，先获取集合中键-值对映射关系，然后从映射关系中取出键和值。这就是 Map 的第二种遍历方式。

```java
import Java.util.*;
public class TestEntrySet {
    public static void main(String[] args) {
        Map map = new HashMap();                    // 创建 HashMap 集合
        map.put("stu1", "Lily");                    // 存入元素
        map.put("stu2", "Jack");
        map.put("stu3", "Jone");
        Set entrySet = map.entrySet();
        Iterator iterator = entrySet.iterator();    // 获取迭代器对象
        while (iterator.hasNext()) {
            Map.Entry entry = (Map.Entry) iterator.next();
            Object key = entry.getKey();            // 获取关系中的键
            Object value = entry.getValue();        // 获取关系中的值
            System.out.println(key + ":" + value);
        }
    }
}
```

程序运行结果如图 6-36 所示。

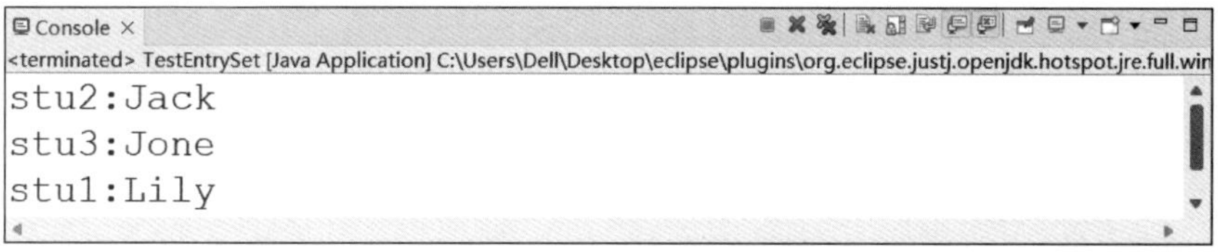

```
stu2:Jack
stu3:Jone
stu1:Lily
```

图 6-36　例 6-31 程序运行结果

LinkedHashMap 类是 HashMap 的子类，LinkedHashMap 类可以维护 Map 的迭代顺序，迭代顺序与键-值对的插入顺序一致，如果需要输出的顺序与输入时的顺序相同，那么就选用 LinkedHashMap 集合。下面通过一个案例来学习 LinkedHashMap 集合的用法，如例 6-32 所示。

【例 6-32】　先创建 LinkedHashMap 集合，然后向集合中添加元素，遍历打印出来，这里可以发现，打印出的元素顺序和存入的元素顺序一样，这就是 LinkedHashMap 起到的作用，它用双向链表维护了插入和访问顺序，从而打印出的元素与存储顺序一致。

```java
import Java.util.*;
public class TestLinkedHashMap {
    public static void main(String[] args) {
        Map map = new LinkedHashMap();                    // 创建 LinkedHashMap 集合
        map.put("2", "yellow");                           // 添加元素
        map.put("1", "red");
        map.put("3", "blue");
        Iterator iterator = map.entrySet().iterator();
        while (iterator.hasNext()) {
            // 获取集合中键-值对映射关系
            Map.Entry entry = (Map.Entry) iterator.next();
            Object key = entry.getKey();                  // 获取关系中的键
            Object value = entry.getValue();              // 获取关系中的值
            System.out.println(key + ":" + value);
        }
    }
}
```

程序的运行结果如图 6-37 所示。

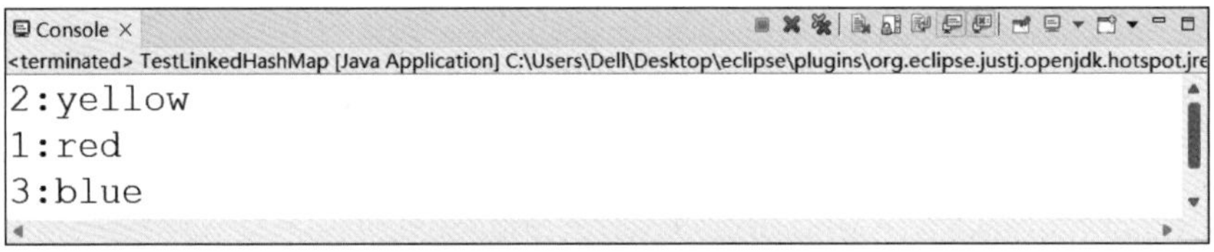

```
2:yellow
1:red
3:blue
```

图 6-37 例 6-32 程序运行结果

2. TreeMap 类

Java 中 Map 接口还有一个常用的实现类 TreeMap 类。TreeMap 集合存储键-值对时，需要根据键-值对进行排序。TreeMap 集合可以保证所有的键-值对处于有序状态。下面通过一个案例来了解 TreeMap 集合的具体用法，如例 6-33 所示。

【例 6-33】 创建 TreeMap 集合后，先添加键为"2"值为"yellow"的元素，后添加键为"1"值为"red"的元素，但是运行结果中可以看到集合中元素顺序并不是这样，而是按键的实际值大小来升序排列的，这是因为 Integer 实现了 Comparable 接口，因此默认会按照自然顺序进行排序。

```java
import Java.util.*;
public class TestTreeMap1 {
    public static void main(String[] args) {
        Map map = new TreeMap();                          // 创建 TreeMap 集合
        map.put(2, "yellow");                             // 添加元素
        map.put(1, "red");
        map.put(3, "blue");
        Iterator iterator = map.keySet().iterator();      // 获取迭代器对象
        while (iterator.hasNext()) {
            Object key = iterator.next();                 // 取到键
            Object value = map.get(key);                  // 取到值
            System.out.println(key + ":" + value);
        }
    }
}
```

程序运行结果如图 6-38 所示。

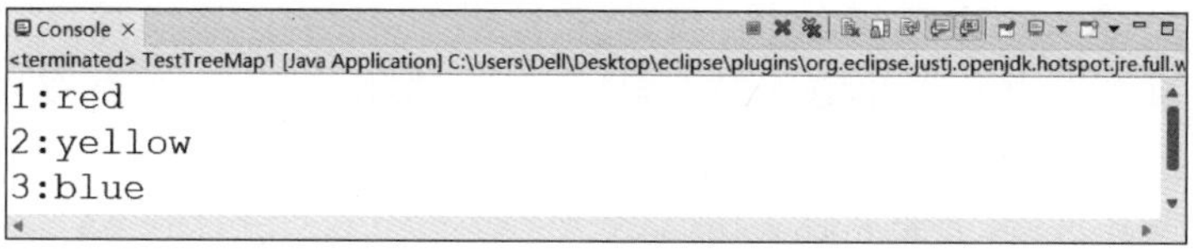

```
1:red
2:yellow
3:blue
```

图 6-38　例 6-33 程序运行结果

TreeMap 还支持定制排序，根据自己的需求编写排序逻辑，接下来通过一个案例来演示这种用法，如例 6-34 所示。

【例 6-34】　按键为 2、1、3 的顺序将元素存入集合，运行结果显示集合中元素是按降序排列的，这是因为例中自定义的 MyComparator 类中的 compare(Object o1,Object o2)方法重写了排序逻辑，这就是 TreeMap 的定制排序。

```java
import Java.util.*;
public class TestTreeMap2 {
    public static void main(String[] args) {
        // 创建 TreeMap 集合并传入一个自定义 Comparator 对象
        Map map = new TreeMap(new MyComparator());
        map.put(2, "yellow");                   // 添加元素
        map.put(1, "red");
        map.put(3, "blue");
        // 获取迭代器对象
        Iterator iterator = map.keySet().iterator();
        while (iterator.hasNext()) {
            Object key = iterator.next();       // 取到键
            Object value = map.get(key);        // 取到值
            System.out.println(key + ":" + value);
        }
    }
}
class MyComparator implements Comparator{     // 自定义 Comparator 对象
    public int compare(Object o1,Object o2){
        // 将 Object 类型参数强转为 String 类型
        Integer i1 = (Integer)o1;
        Integer i2 = (Integer)o2;
        return i2.compareTo(i1);               // 返回比较之后的值
    }
}
```

程序运行结果如图 6-39 所示。

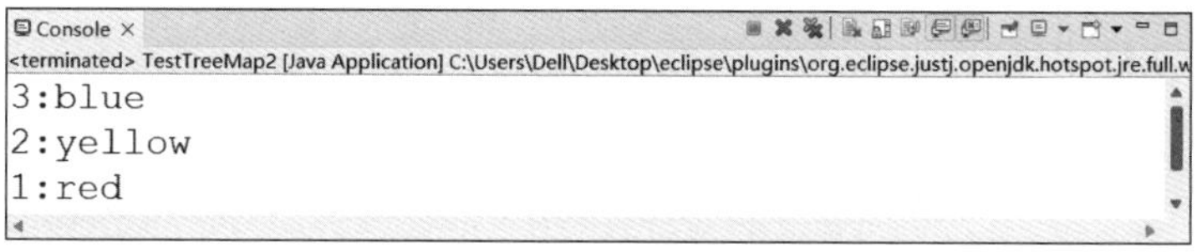

```
3:blue
2:yellow
1:red
```

图 6-39　例 6-34 程序运行结果

3. Properties 类

Map 接口中有一个古老的、线程安全的实现类——Hashtable，与 HashMap 集合相同的是它也不能保证其中键-值对的顺序，它判断两个键、两个值相等的标准与 HashMap 集合

一样，与 HashMap 集合不同的是，它不允许使用 null 作为键和值。

Hashtable 类存取元素速度较慢，目前基本被 HashMap 类代替，但它有一个子类 Properties 在实际开发中很常用，该子类对象用于处理属性文件，由于属性文件里的键和值都是字符串类型，所以 Properties 类中的键和值都是字符串类型。接下来了解一下 Properties 类的常用方法，如表 6-16 所示。

表 6-16 Properties 类常用方法

方 法	作 用
String getProperty(String key)	获取 Properties 中键为 key 的属性值
String getProperty(String s1,String s2)	获取 Properties 中键为 s1 的属性值，若不存在键为 s1 的值，则获取键为 s2 的值
Object setProperty(String key,String value)	设置属性值，类似于 Map 的 put()方法
void load(InputStream inStream)	从属性文件中加载所有键-值对，将加载到的属性追加到 Properties 中，不保证加载顺序
void store(OutputStream out,String s)	将 Properties 中的键-值对输出到指定文件

表 6-16 中列出了 Properties 类的常用方法，其中最常用的是 String getProperty(String key)，可以根据属性文件中属性的键，获取对应属性的值。接下来通过一个案例来演示 Properties 类的用法，如例 6-35 所示。

【例 6-35】 Properties 类的用法。

```
import Java.io.FileOutputStream;
import Java.util.Properties;
public class TestProperties {
    public static void main(String[] args) throws Exception {
        Properties pro = new Properties();          // 创建 Properties 对象
        // 向 Properties 中添加属性
        pro.setProperty("username", "student");
        pro.setProperty("password", "123456");
        // 将 Properties 中的属性保存到 test.txt 中
        pro.store(new FileOutputStream("test.ini"), "title");
    }
}
```

程序运行后，会在当前目录生成一个 test.ini 的文件，文件内容如下。

```
#title
#Sat Jul 15 21:21:52 CST 2023
password=123456
username=student
```

从 test.ini 文件中可看到，添加的属性以键-值对的形式保存，实际开发中通常用这种方式处理属性文件。

6.3 典型案例分析

6.3.1 输入字符串以原字符串倒序输出

方法一：直接利用 String 类中的 charAt()方法获取原字符串中的每个字符进行倒序

拼接。

```java
import Java.util.Scanner;
public class TestReverseString1 {
    public static void main(String[] args){
        System.out.println("请输入内容:");
        Scanner sc = new Scanner(System.in);
        String str = sc.next().toString();
        System.out.println("输入内容为:" + str);
        System.out.println(reverseString(str));
        sc.close();
    }
    public static String reverseString(String str) {
        char c;
        String newStr = "";
        for(int i = 0;i < str.length();i++){
            c = str.charAt(str.length() - 1 - i);
            newStr = newStr + c;
        }
        return newStr;
    }
}
```

方法二：直接利用 StringBuffer 中的 reverse()方法将字符串进行倒序排序。

```java
import Java.util.Scanner;
public class TestReverseString2 {
    public static void main(String[] args){
        System.out.println("请输入内容:");
        Scanner sc = new Scanner(System.in);
        String str = sc.next().toString();
        System.out.println("输入内容为:" + str);
        System.out.println(reverseString(str));
        sc.close();
    }
    public static String reverseString(String str) {
        StringBuffer sb = new StringBuffer(str);
        return sb.reverse().toString();
    }
}
```

6.3.2 根据出生日期求现在年龄

根据出生日期求现在年龄,具体实现代码如下。

```java
import Java.text.*;
import Java.util.*;
public class TestAge {
    public static void main(String[] args) {
        System.out.println("请输入生日(格式为 2000 - 1 - 1):");
        Scanner sc = new Scanner(System.in);
        String strDate = sc.next().toString();
        System.out.println("输入生日为:" + strDate);
        try {
            int age = getAge(parse(strDate));          //由出生日期获得年龄
```

```java
            if (age < 0) {
                System.out.println("生日大于当前时间");
            }else{
                System.out.println("age:" + age);
            }
        } catch (Exception e) {
            e.printStackTrace();
        }
        sc.close();
    }
    public static Date parse(String strDate) throws ParseException {
        SimpleDateFormat sdf = new SimpleDateFormat("yyyy-MM-dd");
        return sdf.parse(strDate);
    }
    public static int getAge(Date birthDay) {
        Calendar cal = Calendar.getInstance();
        int yearNow = cal.get(Calendar.YEAR);              //当前年份
        int monthNow = cal.get(Calendar.MONTH);            //当前月份
        int dayOfMonthNow = cal.get(Calendar.DAY_OF_MONTH); //当前日期
        cal.setTime(birthDay);
        int yearBirth = cal.get(Calendar.YEAR);
        int monthBirth = cal.get(Calendar.MONTH);
        int dayOfMonthBirth = cal.get(Calendar.DAY_OF_MONTH);
        int age = yearNow - yearBirth;                     //计算整年龄
        if (monthNow <= monthBirth) {
            if (monthNow == monthBirth) {
                //当前日期在生日之前,年龄减1
                if (dayOfMonthNow < dayOfMonthBirth) {
                    age--;
                }
            }else{
                //当前月份在生日之前,年龄减1
                age--;
            }
        }
        return age;
    }
}
```

6.4 本章小结

通过本章的学习,读者能够掌握 Java 基础类库中常用的 API 和 Java 常用集合类的使用场景以及需要注意的细节。重点要了解的是 Java 提供了大量的 API 和集合类,如果想要更加深入地学习,可以查看 JDK 使用文档,多查多用才能熟练掌握。

习题答案

课后习题

一、单选题

1. 以下关于 String 类的常见操作中,( )是方法会返回指定字符 ch 在字符串中最后一次出现位置的索引。

A. int indexOf(int ch)　　　　　　B. int lastIndexOf(int ch)
   C. int indexOf(String str)　　　　D. int lastIndexOf(String str)
2. String s="itcast"；则 s.substring(3,4)返回的字符串是(　　)。
   A. ca　　　　B. c　　　　C. a　　　　D. as
3. 下列选项中，可以正确实现 String 初始化的是(　　)。
   A. String str = "abc";　　　　B. String str = 'abc';
   C. String str = abc;　　　　　D. String str = 0;
4. 阅读下面的程序片段：

```
String str1 = new String("Java");
String str2 = new String("Java");
StringBuffer str3 = new StringBuffer("Java");
```

对于上述定义的变量，以下表达式的值为 true 的是(　　)。
   A. str1==str2;　　　　B. str1.equals(str2);
   C. str1==str3;　　　　D. 以上都不对
5. 下列选项中，(　　)是程序正确的输出结果。

```
class StringDemo{
    public static void main(String[] args){
        String s1 = "a";
        String s2 = "b";
        show(s1,s2);
        System.out.println(s1 + s2);
    }
    public static void show(String s1,String s2){
        s1 = s1 + "q";
        s2 = s2 + s1;
    }
}
```

   A. ab　　　　B. aqb　　　　C. aqbaq　　　　D. aqaqb
6. 下列关于集合的描述中，错误的是(　　)。
   A. 集合按照存储结构可以分为单列集合 Collection 和双列集合 Map
   B. List 集合的特点是元素有序、元素可重复
   C. Set 集合的特点是元素无序并且不可重复
   D. 集合存储的对象必须是基本数据类型
7. 下列关于 ArrayList 的描述中，错误的是(　　)。
   A. ArrayList 集合可以看作一个长度可变的数组
   B. ArrayList 集合不适合做大量的增删操作
   C. ArrayList 集合查找元素非常便捷
   D. ArrayList 集合中的元素索引从 1 开始
8. 下面关于 Java.util.HashMap 类中的方法描述错误的是(　　)。
   A. containsKey(Object key)表示如果此映射包含对于指定的键，则返回 true
   B. remove(Object key)表示从此映射中移除指定键的映射关系(如果存在)
   C. values()表示返回此映射所包含的键的 Collection 视图

D. size()表示返回此映射中的键-值映射关系数

9. 使用 Iterator 时,可以使用(　　)方法判断是否存在下一个元素。

A. hasNext()　　　　　　　　　B. hash()

C. hasPrevious()　　　　　　　D. next()

二、简答题

1. 简述 String、StringBuffer 两者的区别。

2. 简述 List、Set 和 Map 的区别。

3. 简述为什么 ArrayList 的增、删操作比较慢,查找操作比较快。

4. 简述如何格式化日期。

5. Math.round(11.5)等于多少。

第 7 章

图形用户界面

CHAPTER 7

本章学习目标：

（1）了解常用事件和布局管理器。

（2）熟练掌握 Java 事件模型，能够编写代码对组件对象进行事件监听和处理。

（3）熟练掌握使用 Swing 组件创建图形用户界面。

（4）掌握 JavaFX 图形用户界面工具的使用。

重点： Swing 组件的使用、应用布局管理器对组件进行布局管理。

难点： 灵活使用 Java 事件模型。

开发应用程序过程中，创建人机交互界面是很有必要的。开发图形用户界面是 Java 语言应用开发中的一项任务。虽然 Java 提供相应技术支持图形用户界面的开发，但由于很多教材对这部分内容的讲解，不是面面俱到，就是蜻蜓点水，使得学生在学习这部分内容时，总出现这样那样的问题，有时甚至使系统崩溃，以致打击学生的学习积极性。为此，作者对这部分内容进行了详细分析，尽量以最简单明了的语言描述内容，内容安排也尽量做到步步指导，详略得当，使学生在学习过程中尽可能少犯错误，少走弯路。通过详细案例指导，先让学生成功使用单个组件，再逐步介绍组件其他方面内容，学生很容易接受。希望学生学习这部分知识时，采用任务驱动学习法，也就是学习要事先设计一个任务，在完成任务过程中体会理解知识。多练习，多编写代码进行调试，发现问题要独立解决，并找出问题发生的原因，这样才能真正掌握所学内容，达到熟练使用 Swing 组件和 Java 事件的目的。

7.1 图形用户界面的构成

视频讲解

视频讲解

GUI 全称是 Graphical User Interface，即图形用户界面，在一个系统中，拥有良好的人机界面无疑是最重要的，Windows 以其良好的人机操作界面在操作系统中占有着绝对的统治地位，用户体验逐渐成为关注的重点，目前几乎所有的程序设计语言都提供了 GUI 设计功能。Java 提供了丰富的类库用于 GUI 设计，这些类分别位于 Java.awt 包和 Javax.swing 包中，简称为 AWT 和 Swing。

AWT 是 Java 语言中最早用于编写 GUI 应用程序的工具包，提供了一套与本地图形界面进行交互的接口。AWT 中的图形方法与操作系统提供的图形方法之间一一对应。因此，当利用 AWT 来创建图形界面时，实际上是在利用操作系统所提供的图形库。AWT 组件没有做到完全跨平台。由于 AWT 是依靠本地方来实现其功能，通常把 AWT 组件称为重量级组件。AWT 的相关类都位于 Java.awt 包中，该包包含用于创建用户界面和绘制图像的所有类和接口。

由于 AWT 本身有很多不完善的地方，所以 Sun 公司提供了新的 GUI 类库，即现在最常使用的是 Swing 包。Swing 相对于 AWT 来讲，提供了更多的组件。Swing 使用纯粹的 Java 代码对 AWT 的功能进行了大幅扩充，它没有本地代码，与具体的操作系统无关，因此通常被称为轻量级组件。Swing 的相关类都位于 Javax.swing 包及它的子包中。

在 Javax.swing 包中，Swing 组件都是 JComponent 抽象类的直接或间接子类，JComponent 类定义了所有子类组件的通常方法，而 JComponent 类是 Java.awt.Container 类的子类。可见，Swing 是在 AWT 组件基础上构建的，所有 Swing 组件实际上是对 AWT 的扩展。Swing 和 AWT 有很多相似的组件，例如标签和按钮，在 Java.awt 包中用 Label 和 Button 表示，在 Javax.swing 包中则用 JLabel 和 JButton 表示，多数 Swing 组件均以字母"J"开头。在实际编程中，推荐使用 Swing 组件。

7.2 容器和基本组件

7.2.1 Swing 概述

和早期版本中的 AWT 相比，Swing 更为强大、性能更优良。Swing 组件通常被称为"轻量级组件"，因为它完全由 Java 语言编写，Java 是不依赖操作系统的语言，它可以在任何平台上运行，而依赖本地平台的组件相应地被称为"重量级组件"，例如 AWT 组件就是依赖本地平台的窗口系统来决定组件的功能、外观和风格的。

Swing 主要具有以下特点：

(1) 轻量级组件。

(2) 可插入外观组件。

为了有效地使用 Swing 组件，必须了解 Swing 包的层次结构和继承关系，其中比较重要的类是 Component 类、Container 类和 JComponent 类。这些类的层次和继承关系如图 7-1 所示。

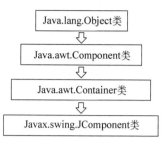

图 7-1　类的层次和继承关系

7.2.2　容器

在图形用户界面上，任何窗口都可以被分为一个空的容器和大量的基本组件，通过设置组件的层次关系以及大小、位置等相关属性，就可以将空容器和组件放置在一起，从而组成一个满足功能要求并且美观的窗口。实际上，创建图形用户界面的过程类似于完成拼图的过程。其中，窗口类似一块拼图，容器相当于拼图的"底板"，基本组件相当于拼图中的"图块"。

在 Swing 组件中，能够用作"底板"的容器的组件通常为 4 个顶层容器组件。

（1）JFrame 是最基本、最常用的窗口容器，它是带有标题行和控制按钮的独立窗口。

（2）JWindow 是不带有标题行和控制按钮的窗口，通常很少使用。

（3）JApplet 是专供 Java 小程序使用的窗口界面形式。

（4）JDialog 是对话框的窗口形式。

在最底层"底板"上既可以直接放置基本组件组成的图形界面窗口，又可以采用叠加的方式放置各种其他类型的"底板"。位于中间层的"底板"可以是中间容器或特殊容器，最常用的是 JPanel，它既可以放在 JFrame 上，又可以以叠加的方式放在另外一个 JPanel 上。本节将详细介绍 JFrame 和 JPanel 容器的用法，其他将在后续内容中介绍。

1. JFrame 容器和 JFrame 类的常用方法

JFrame 是最常用的窗体，它是 Swing 程序中各个组件的载体。在开发应用程序时，可以通过继承 Java.swing.JFrame 类来创建一个窗体，然后在窗体中添加组件，同时为组件设置事件。由于该窗体继承了 JFrame 类，所以它拥有最大化、最小化和关闭按钮。

下面将详细讲解 JFrame 窗体在 Java 应用程序中的使用方法。

JFrame 在程序中的语法格式如下：

```
JFrame frame = new JFrame(title);
Container container = frame.getContentPane();
```

frame 是 JFrame 类的对象。container 是 Container 类的对象，可以使用 JFrame 对象调用 getContentPane()方法获取。

Swing 组件的窗体通常与组件和容器相关，所以在 JFrame 对象创建完成后，需要调用 getContentPane()方法将窗体转换为容器，然后在容器中添加组件或设置布局管理器。通常这个容器用来包含和显示组件。如果需要将组件添加至容器，那么可以使用来自 Container 类的 add()方法进行设置，示例代码如下：

```
container.add(new JButton("按钮"));          //JButton 按钮组件
```

熟练掌握涉及 JFrame 类的方法有助于灵活运用 JFrame 的属性及相关行为。表 7-1 列出了 JFrame 类的常用方法。

表 7-1　JFrame 类的常用方法

方　　法	说　　明
JFrame()	创建无标题的初始不可见框架
JFrame(String title)	创建标题为 title 的初始不可见框架
setTitle(String title)	设置窗口中标题栏的文字
setSize(int,int)	设置窗口的初始显示大小
setVisible(boolean)	设置该窗口是否可见
setResizable(boolean)	设置用户是否可以改变框架大小
setIconImage(Image)	窗口最小化时,把一个 Image 对象用作图标
setLocation(int,int)	设置组件的位置
setDefaultCloseOperation(JFrame.EXIT_ON_CLOSE)	用户单击窗口关闭按钮时,关闭窗口
setLocationRelativeTo(null)	设置窗口在屏幕上居中
getContentPane()	获取内容面板

【例 7-1】 直接定义 JFrame 类的对象创建一个窗口。

```
import Javax.swing.*;
public class JFrameDemo1{
public static void main( String args[]) {
//定义一个窗体对象 f,窗体名称为"一个简单窗口"
    JFrame f = new JFrame("一个简单窗口");
/*设置窗体左上角与显示屏左上角的坐标,离显示屏上边缘 300 像素,离显示屏左边缘 300 像素    */
    f.setLocation(300, 300);
//f.setLocationRelativeTo(null);本语句实现窗口居屏幕中央
    f.setSize(300,200);
//设置窗体的大小为 300 * 200 像素大小
    f.setResizable(false);
//设置窗体是否可以调整大小,参数为布尔值
//设置窗体可见,没有该语句,窗口将不可见,此语句必须有,否则没有界面就没有任何意义了
    f.setVisible( true);
//用户单击窗口的关闭按钮时程序执行的操作
    f.setDefaultCloseOperation(f.EXIT_ON_CLOSE);
    }
}
```

程序运行结果如图 7-2 所示。

图 7-2　例 7-1 程序运行结果

【例 7-2】 创建继承自 JFrame 类的类,再创建一个窗口。

```
import Javax.swing.*;
public class MyFrame extends JFrame{
    MyFrame(){
        }
    }
```

```
        public class Jframe Demo3{
                public static void main( String args[]) {
                    MyFrame f = new MyFrame();
   f.setTitle("一个简单窗口");
                    f.setLocationRelativeTo(null);
                    f.setSize(300,200);
                    f.setResizable(false);
                    f.setVisible(true);
                    f.setDefaultCloseOperation(3);
                }
        }
```

2. JPanel 容器和 JPanel 类的常用方法

JPanel 是一种常见的中间层容器,它能容纳组件并将组件组合在一起,但它本身必须添加到其他容器中使用。

JPanel 类的常用方法如表 7-2 所示。

表 7-2 JPanel 类的常用方法

方 法	说 明
Component add(Component comp)	将指定的组件追加到此容器的尾部
void remove(Component comp)	从容器中移除指定的组件
void setFont(Font f)	设置容器的字体
void setLayout(LayoutManager mgr)	设置容器的布局管理器
void setBackground(Color c)	设置组件的背景色

【例 7-3】 JPanel 容器。

```
public class Test extends JFrame{
        public Test() {
                setTitle("Java 第二个 GUI 程序");        //设置显示窗口标题
                setBounds(100,100,400,341);             //设置窗口显示位置及尺寸
                setDefaultCloseOperation(JFrame.EXIT_ON_CLOSE);
                setVisible(true);                        //设置窗口是否可见
                getContentPane().setLayout(null);        //设置空布局,组件想怎么放怎么放
                JPanel panel = new JPanel();             //第一个 JPanel
                panel.setBorder(new LineBorder(Color.CYAN));
                panel.setBounds(10, 10, 364, 98);
                panel.add(new Label("first"));           //将标签放入面板中
                getContentPane().add(panel);             //将 panel 放入 jframe 界面
                JPanel panel_1 = new JPanel();           //第二个 JPanel
                panel_1.setBorder(new LineBorder(Color.PINK));
                panel_1.setBounds(10, 141, 364, 128);
                panel_1.add(new Label("second"));        //这是第二个面板
                getContentPane().add(panel_1);           //将 panel_1 放入 jframe 界面   }
        public static void main(String[] args) {
            new Test();
        }
}
```

程序运行结果如图 7-3 所示。

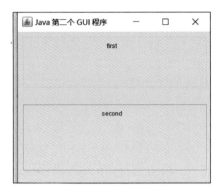

图 7-3　例 7-3 程序运行结果

7.2.3　组件

Swing 提供了 20 多种不同的组件,合理地使用它们可以设计出满足需求的图形用户界面。在使用不同的组件之前,需了解它们的构造方法、成员方法以及要处理的事件类。本节将介绍几个常用的组件,例如标签、按钮、文本组件等。

1. 标签

标签(JLabel)是用来显示图像或只读的文本信息的,该信息用户不能进行修改。JLabel 类是在界面上提供静态的图形文本信息,因此在通常情况下不需要对事件作出响应。JLabel 类的构造方法和常用方法分别如表 7-3 和表 7-4 所示。

表 7-3　JLabel 类的构造方法

方　　法	说　　明
JLabel()	创建一个空白标签
JLabel(Icon image)	创建一个带指定图标的标签,图标的默认对齐方式是 CENTER
JLabel(Icon image,int horizontalAlignment)	创建一个带指定图标的标签,并指定水平对齐方式
JLabel(String text)	创建一个文本为 text 的标签,文字的默认对齐方式是 LEFT
JLabel(String text,Icon icon,int horizontalAlignment)	创建一个指定图标为 icon、文本为 text 的标签,并指定水平对齐方式
JLabel(String text,int horizontalAlignment)	创建一个文本为 text 的标签,指定水平对齐方式

表 7-4　JLabel 类的常用方法

方　　法	说　　明
String getText()	获取标签中的文本信息,并以字符串返回
void setText(String text)	设置标签上显示的文本信息
void setIcon(Icon icon)	设置标签上的图标
void setHorizontalAlignment(int alignment)	设置标签内容的水平对齐方式
void setVerticalAlignment(int alignment)	设置标签内容的垂直对齐方式
void setFont(Font f)	设置标签文字内容的字体。Font 类的构造方法是 Font("字体名字",字体样式,文字大小)

JLabel 类的典型用法如下：

```
JLabel label01 = new JLabel("请输入姓名");
JLabel label02 = new JLabel("请输入密码");
label01.setFont(new Font ("宋体"),Font.BOLD,20);
label02.setForeground(Color.red);
JLabel[ ] j1 = {new JLabel("用户名:"), new JLabel("密 码:"), new JLabel("确认密码:"),new
JLabel("性 别:"),new JLabel("现居住地:"),new JLabel("爱好:"),new JLabel("签名档:")};
```

2．按钮

按钮(JButton)是 GUI 界面中常用的组件，单击会触发 ActionEvent 事件。如果程序需要对用户单击按钮作出响应，按钮就需通过 addActionListener() 方法注册事件监听器。JButton 类的构造方法和常用方法分别如表 7-5 和表 7-6 所示。

表 7-5　JButton 类的构造方法

方　　法	说　　明
JButton()	创建一个既没有文本又没有图标的按钮
JButton(Icon icon)	创建一个仅仅带有 icon 图标的按钮
JButton(String text)	创建一个显示内容为 text 的按钮
JButton(String text,Icon icon)	创建一个显示内容为 text 并带有一个 icon 图标的按钮

表 7-6　JButton 类的常用方法

方　　法	说　　明
String getText()	获取当前按钮上的文本信息
void setText(String text)	重新设置当前按钮的文本信息，内容由参数 text 指定
void setIcon(Icon icon)	重新设置当前按钮上的图标
void setActionCommand(String actionCommand)	设置此按钮的动作命令
String getActionCommand()	返回此按钮的动作命令
void setMnemonic(int mnemonic)	设置按钮的快捷键，键-值使用 KeyEvent 类中定义的 VK_XXX 键之一指定

JButton 类的典型用法如下：

```
JButton b1 = new JButton("确定");
JButton b2 = new JButton("关闭",new ImageIcon("exit.gif"));
b2.setMnemonic(KeyEvent.VK_B);
b2.setActionCommand("exit");
```

在上述代码中，第 1 行语句为创建一个"确定"的按钮 b1；第 2 行语句创建一个"关闭"且有一个图标按钮 b2；第 3 行语句设置了 b2 按钮的快捷键为 Alt+B；第 4 行语句设置了 b2 按钮的动作命令为"exit"。

3．文本组件

在 Swing 中文本编辑组件主要为文本域(JTextField)、密码域(JPasswordField)和文本区(JTextArea)3 种。其中，文本域只显示单行可编辑的文本；密码域实现文本域的字符隐藏功能，常用来输入密码；文本区显示多行文本。

JTextField 类的构造方法和常用方法分别如表 7-7 和表 7-8 所示。

表 7-7　JTextField 类的构造方法

方　　法	说　　明
JTextField()	创建一个空文本区域
JTextField(int columns)	创建一个列数为 columns 的文本域
JTextField(String text)	创建一个初始文本为 text 的文本域
JTextField(String text, int columns)	创建一个列数为 columns、初始文本为 text 的文本域

表 7-8　JTextField 类的常用方法

方　　法	说　　明
void setText(String text)	改变文本域中的文本内容
String getText()	获取文本域中的文本内容,以字符串的形式返回
void setEditable(Boolean b)	指定文本域是否可以编辑,默认为可编辑
void setHorizontalAlignment(int alignment)	设置文本在文本域中的对齐方式

JPasswordField 类是 JTextField 类的子类,输入的字符默认以"＊"显示,故常用来设置密码项。JPasswordField 类的构造方法与 JTextField 类似,此处不再赘述。JPasswordField 类的常用方法如表 7-9 所示。

表 7-9　JPasswordField 类的常用方法

方　　法	说　　明
void setEchoChar(char c)	设置回显字符,默认的回显字符是"＊"
char [ ] getPassword	获取密码框中的密码
void setEditable(Boolean b)	指定文本域是否可以编辑,默认为可编辑
void setHorizontalAlignment(int alignment)	设置文本在文本域中的对齐方式

JTextField 与 JPasswordField 组件的一般用法如下。

```
JTextField txtname = new JTextField ("用户名",10);
JPasswordField pw1 = new JPasswordField(10);
JPasswordField pw2 = new JPasswordField(10);
pw2.setEchoChar('@');
str = txtname.getText();
txtname.setText(" ");
```

在上述代码中,第 1~3 行语句创建了一个文本域和两个密码域,并且指定了它们的宽度为 10 列;第 4 行语句修改 pw2 对象中显示的字符;第 5 行是将文本域中的字符串放入变量 str 中;第 6 行是将文本域中的内容清空。

JTextArea 文本区可以输入多行文本。JTextArea 类的构造方法和常用方法分别如表 7-10 和表 7-11 所示。

表 7-10　JTextArea 类的构造方法

方　　法	说　　明
JTextArea()	创建一个空的文本区
JTextArea(int rows, int cols)	创建一个 rows 行、cols 列的文本区
JTextArea(String text)	创建一个初始文本为 text 的文本区
JTextArea(String text, int rows, int cols)	创建一个 rows 行、cols 列,初始文本为 text 的文本区

表 7-11　JTextArea 类的常用方法

方　　法	说　　明
String getText()	获取文本区的文本
void setText(String text)	设置文本内容
void append(String text)	在文本区的尾部追加文本
void insert(String text,int x)	在文本区的 x 位置插入文本 text
void copy()	复制选中的内容
void cut()	剪切选中的内容
void paste()	将内容粘贴到当前位置
String getSelectedText()	获取选中的文本
void setLineWrap（Boolean b）	决定输入的文本能否在文本区的右边界自动换行，默认情况下是不换行的

JTextArea 组件的一般用法如下。

```
JTextArea ta1 = new JTextArea(3,10);
JTextArea ta2 = new JTextArea(3,10);
JTextArea ta3 = new JTextArea(3,10);
JScrollPane jsp1 = new JScrollPane(ta2);
ta3.setLineWrap(true);
```

在上述代码中，第 1～3 行语句创建了 3 个文本对象。在默认情况下，文本区大小会根据内容自动调整，不会出现滚动条；第 4 行语句将 ta2 文本区对象放入滚动窗格中，即给 ta2 文本区对象装配滚动条；第 5 行语句设计 ta3 文本区对象可以自动换行。

4．单选按钮和复选框

单选按钮(JRadioButton)和复选框(JCheckBox)都是具有两种状态的按钮，即选中与未选中。一般情况下，JRadioButton 按钮会成组出现，在一个单选按钮被选中后，该组中的其他单选按钮都会自动变成未选中的状态。

JRadioButton 和 JCheckBox 的构造方法与使用方法类似，本书只给出 JRadioButton 类的构造方法和常用方法，分别如表 7-12 和表 7-13 所示。

表 7-12　JRadioButton 类的构造方法

方　　法	说　　明
JRadioButton()	创建一个没有任何标签的单选按钮
JRadioButton(Icon icon)	创建一个以图标作为标签的单选按钮
JRadioButton(Icon icon,boolean b)	创建一个以图标作为标签并设置初始状态的单选按钮
JRadioButton(String text)	创建一个以文本作为标签的单选按钮
JRadioButton(String text,boolean b)	创建一个以文本作为标签并设置初始状态的单选按钮
JRadioButton(String text,Icon icon)	创建一个既有图标又有文字标签的单选按钮
JRadioButton(String text,Icon icon,boolean b)	创建一个既有图标又有文字标签并设置了初始状态的单选按钮
boolean isSelected	获取当前按钮的状态。返回 true 时表示处于选中状态，反之则处于未选中状态

表 7-13　JRadioButton 类的常用方法

方　法	说　明
boolean isSelected()	获得当前按钮的状态。返回 true 时表示处于选中状态,反之则处于未选中状态

5. 组合框

组合框(JComboBox)是由一个编辑区和一个可选择选项的下拉列表组成的。其中,编辑区分为可编辑和不可编辑,下拉列表部分是隐藏的。

JComboBox 类的构造方法和常用方法分别如表 7-14 和表 7-15 所示。

表 7-14　JComboBox 类的构造方法

方　法	说　明
JComboBox()	创建一个没有选项的组合框
JComboBox(Object[] items)	创建一个组合框,选项内容由数组对象 items 决定
JComboBox(Vector items)	创建一个组合框,选项内容由向量表 items 决定
JComboBox(ComboBoxModel cModel)	创建一个组合框,选项内容由 ComboBoxModel 参数 cModel 指定

表 7-15　JComboBox 类的常用方法

方　法	说　明
void addItem(Object obj)	向下拉列表中增加选项
int getSelectedIndex()	获得当前下拉列表中被选中选项的索引,索引的起始值为 0
Object getSelectedItem()	获得当前下拉列表被选中的选项
Object getItemAt(int index)	获得指定索引处的列表项
void removeItemAt(int index)	从下拉列表的选项中删除索引值是 index 的选项
void removeAllItems()	删除组合框下拉列表中的全部选项
void removeItem(Object obj)	从组合框的下拉列表中移除选项
void insertItemAt(Object obj, int index)	在索引 index 位置添加新的列表项
void setEditable(boolean b)	设置区是否可以编辑。参数 b 为 true 时表示可编辑,默认情况为不可编辑

6. 对话框

对话框(JDialog)是用户交互的常用窗口,是顶层容器组件。对话框可以分为模式窗口和非模式窗口两类。如果用户没有响应该窗口,那么其他窗口将无法接收任何响应,这样的窗口称为模式窗口,否则为非模式窗口。创建及使用自定义对话框的方法与 JFrame 相似。本节内容中,将主要介绍 Swing 中提供的 4 种标准对话框。

Swing 提供了一个很方便的 JOptionPane 类,这个类能让程序员不需要编写复杂的代码就可以创建一个要求用户输入值或直接发出提示的标准对话框。JOptionPane 类常用下列方法构建对话框。

(1) showMessageDialog:消息对话框,显示一条提示消息并等待用户单击"OK"按钮。

(2) showConfirmDialog:确认对话框,显示一条问题信息并等待用户单击一组按钮中的某个按钮。

(3) showOptionDialog：选择对话框，显示一个有特殊的按钮、消息、图标、标题的对话框。

(4) showInputDialog：输入对话框，允许用户输入内容。

这些对话框都是模式对话框。除了 showOptionDialog 外，其他都有许多同名的方法，这些同名方法的参数基本上由 4 部分组成：对话框标题、图标、消息和按钮。

方法定义如下：

```
public static int showConfirmDialog (
    Component parentComponent,
    Object message,
    String title,
    int optionType,
    int messageType
);
```

7. 菜单

菜单是一种较为常见的组件。在 Java 语言中，一个菜单是由菜单条(JMenuBar)、菜单(JMenu)和菜单项(JMenuItem)3 个组件类共同组成的。每个菜单项实际上就是一个按钮，因此，单击它们会触发 ActionEvent 事件。

1）JMenuBar

JMenuBar 是用来放置菜单组件的容器，可以包含一个或多个 JMenu 组件。要将创建好的 JMenuBar 对象加入窗口中，需要调用 setJMenuBar(JMenuBar m)方法，示例如下：

```
JFrame  myWindow = new JFrame();
JMenuBar mb = new JMenuBar();
myWindow.setJMenuBar(mb);
```

2）JMenu

JMenu 用来表示一个带有菜单项的最顶层菜单，可以包含一个或多个 JMenuItem 组件、分隔符或其他组件。将菜单加入菜单条可使用 add()方法，示例如下：

```
JMenu  jm = new Jmenu("文件");
mb.add(jm);
```

3）JMenuItem

JMenuItem 是组成菜单的最小单位，将菜单项加入菜单中是通过 add()方法完成的。由于用户一般是通过单击菜单项进行操作的，因此必须通过 addActionListener()方法给菜单项注册事件监听器，示例如下：

```
JMenuItem  jmi = new JMenuItem("新建");
jm.add(jmi);
jm.addSeparator();
jmi.addActionListener(this);
```

7.2.4 简单的 Swing 程序

每个使用 Swing 程序必须至少有一个顶层容器 Swing。对于图形用户界面来说，一般应该有一个主窗口，或称框架窗口。

【例 7-4】 使用各个组件搭建一个简单的 Swing 程序。

```java
import Java.awt.FlowLayout;
import Javax.swing.ButtonGroup;
import Javax.swing.JCheckBox;
import Javax.swing.JComboBox;
import Javax.swing.JFrame;
import Javax.swing.JPasswordField;
import Javax.swing.JRadioButton;
import Javax.swing.JScrollBar;
import Javax.swing.JScrollPane;
import Javax.swing.JTextArea;
import Javax.swing.JTextField;
public class TestForm {
    public static void main(String[] args) {
        JFrame jf = new JFrame();
        jf.setLayout(new FlowLayout());
        JPanel pan1 = new JPanel();      //用来存放账号和文本框组件
        JPanel pan2 = new JPanel();      //用来存放密码和密码框组件
        JLabel label3 = new JLabel("用 户 名 ");
        JLabel label4 = new JLabel("密    码 ");
        pan1.add(label3);
        pan2.add(label4);
        jf.add(pan1);
        //文本框
        JTextField jtf = new JTextField(10);
        jf.add(jtf);
        //密码框
        jf.add(pan2);
        JPasswordField jpf = new JPasswordField(10);
        jpf.setEchoChar('*');
        jf.add(jpf);
        //文本域
        JTextArea jta = new JTextArea(15,30);
        JScrollPane jsp = new JScrollPane(jta);
        jf.add(jsp);
        //复选框
        JCheckBox jcb1 = new JCheckBox("aaa");
        JCheckBox jcb2 = new JCheckBox("bbb");
        JCheckBox jcb3 = new JCheckBox("ccc");
        jf.add(jcb1);
        jf.add(jcb2);
        jf.add(jcb3);
        //单选按钮
        JRadioButton jrb1 = new JRadioButton("aaa");
        JRadioButton jrb2 = new JRadioButton("bbb");
        ButtonGroup bg = new ButtonGroup();
        bg.add(jrb1);
        bg.add(jrb2);
        jf.add(jrb1);
        jf.add(jrb2);

        //下拉列表
        JComboBox jcb = new JComboBox();
```

```
        String[] items = {" --- 请选择 --- ","aaa","bbb","ccc"};
        for (String item : items) {
            jcb.addItem(item);
        }
        jf.add(jcb);

        jf.pack();
        jf.setVisible(true);
        jf.setDefaultCloseOperation(JFrame.EXIT_ON_CLOSE);
    }
}
```

程序运行结果如图 7-4 所示。

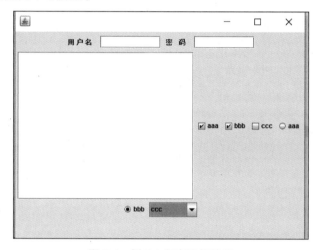

图 7-4　例 7-4 程序运行结果

7.3　布局管理器

在 Java 的图形界面程序中，通过为每种容器提供布局管理器来实现组件布局。布局管理器是为容器设置一个布局管理器对象，由它来管理组件在容器中摆放的顺序、位置、大小以及当窗口大小改变后组件如何变化等特征。

通过使用布局管理器机制就可以实现 GUI 的跨平台性，同时避免为每个组件设置绝对位置。常用的布局管理器有 BorderLayout、FlowLayout、CardLayout 和 GridLayout。每种容器都有默认的布局管理器，也可以为容器指定新的布局管理器。使用容器的 setLayout() 方法设置容器的布局，其中，参数 LayoutManager 是接口。

下面分别介绍几种常用的布局管理器在 GUI 设计中的应用。

7.3.1　BorderLayout 边布局管理器

BorderLayout 布局叫作边界式布局，它将容器分成上、下、左、右、中 5 个区域，每个区域可放置一个组件或其他容器。中间区域是在上、下、左、右都填满后剩下的区域。

BorderLayout 布局管理器的构造方法如下：

```
public BorderLayout(int hgap, int vgap)
```

参数 hgap 和 vgap 分别指定使用这种布局时组件之间的水平间隔和垂直间隔距离，单位是 px。

向边界式布局的容器中添加组件应该使用 add(Component c, int index)方法，c 为添加的组件，index 为指定的位置。指定位置需要使用 BorderLayout 类定义的 5 个常量：PAGE_START(页头)、PAGE_END(页尾)、LINE_START(行首)、LINE_END(行尾)和 CENTER(中部)。如果不指定位置，组件将添加到中部位置。

【例 7-5】 测试 BorderLayout 边布局管理器。

```
import Java.awt.*;
public class BorderLayoutDemo1 {
    public static void main(String[] args) {
        //1.创建 Frame 对象
        Frame frame = new Frame("这里测试 BorderLayout");
        //2.指定 Frame 对象的布局管理器为 BorderLayout
        frame.setLayout(new BorderLayout(20,20));
        //3.往 Frame 指定东南西北各添加一个按钮组件
        frame.add(new Button("东侧按钮"), BorderLayout.EAST);
        frame.add(new Button("西侧按钮"), BorderLayout.WEST);
        frame.add(new Button("南侧按钮"), BorderLayout.SOUTH);
        frame.add(new Button("北侧按钮"), BorderLayout.NORTH);
        frame.add(new Button("中间按钮"), BorderLayout.CENTER);
        //4.设置 Frame 为最佳大小
        frame.pack();
        //5.设置 Frame 可见
        frame.setVisible(true);
    }
}
```

程序运行结果如图 7-5 所示。

例 7-5 中，创建窗体后，将布局设置为 BorderLayout 布局管理器并设置组件之间的水平和垂直距离都为 20，之后添加 5 个按钮到 Frame 中并指定常量，用于布局的位置。这是 BorderLayout 布局管理器的基本使用。

图 7-5 例 7-5 程序运行结果

7.3.2 FlowLayout 流布局管理器

FlowLayout 布局叫作流式布局，它是最简单的布局管理器。容器设置为这种布局，那么添加到容器中的组件将从左到右、从上到下，一个一个地放置到容器中，一行放不下，就放到下一行。当调整窗口大小后，布局管理器会重新调整组件的摆放位置，组件的大小和相对位置不变，组件的大小采用最佳尺寸。

FlowLayout 类常用的构造方法如下：

```
public FlowLayout(int align, int hgap, int vgap)
```

创建一个流式布局管理器对象，并指定添加到容器中组件的对齐方式(align)、水平间距(hgap)和垂直间距(vgap)。align 的取值必须为下列三者之一：FlowLayout.LEFT、FlowLayout.RIGHT、FlowLayout.CENTER，它们是 FlowLayout 定义的整型常量，分别表示左对齐、右对齐和居中对齐。水平间距是指水平方向上两个组件之间的距离，垂直间距是指行之间的距离，单位是 px。

【例 7-6】 FlowLayout01.java。

```java
import Java.awt.*;
public class FlowLayout01 {
    public static void main(String[] args) {
        Frame frame = new Frame("AWT 界面编程");
        // 创建流式布局
        // 布局中的组件从左到右进行排列
        // 水平间隔 10 px, 垂直间隔 10 px
        FlowLayout flowLayout = new FlowLayout(FlowLayout.CENTER, 10, 10);
        // Frame 容器设置流式布局
        frame.setLayout(flowLayout);
        frame.setBounds(0, 0, 800, 500);
        // 添加多个组件
        for (int i = 0; i < 50; i ++) {
            Button button = new Button("按钮 " + i);
            frame.add(button);
        }
        frame.setVisible(true);
    }
}
```

程序运行结果如图 7-6 所示。

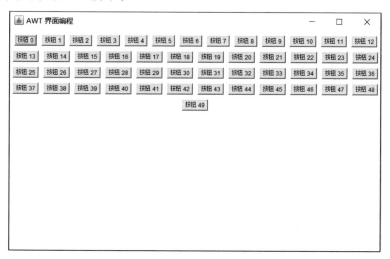

图 7-6　例 7-6 程序运行结果

运行程序弹出"AWT 界面编程"窗口，窗口内有 49 个按钮，所有按钮都按照顺序依次向下排列，每个按钮水平间距和垂直间距均为 10。例 7-6 中，创建窗体后，将布局设置为 FlowLayout 布局管理器并设置组件之间的水平和垂直距离都为 10，之后循环添加 49 个按钮到 Frame 中，这是 FlowLayout 布局管理器的基本使用。

7.3.3　CardLayout 布局（卡片叠式布局）管理器

CardLayout 布局（卡片叠式布局）管理器能够帮助用户实现多个成员共享同一个显示

空间,并且一次只显示一个容器组件的内容。

CardLayout 布局管理器将容器分成许多层,每层的显示空间占据整个容器的大小,但是每层只允许放置一个组件。

【例 7-7】 CardLayoutdemo.java。

```java
import Java.awt.*;
import Java.awt.event.ActionEvent;
import Java.awt.event.ActionListener;
public class CardLayoutDemo {
    public static void main(String[] args) {
        //1.创建 Frame 对象
        Frame frame = new Frame("这里测试 CardLayout");
        //2.创建一个 String 数组,存储不同卡片的名字
        String[] names = {"第一张","第二张","第三张","第四张","第五张"};
        //3.创建一个 Panel 容器 p1,并设置其布局管理器为 CardLayout,用来存放多张卡片
        CardLayout cardLayout = new CardLayout();
        Panel p1 = new Panel();
        p1.setLayout(cardLayout);
        //4.往 p1 中存储 5 个 Button 按钮,名字从 String 数组中取
        for (int i = 0; i < 5; i++) {
            p1.add(names[i],new Button(names[i]));
        }
        //5.创建一个 Panel 容器 p2,用来存储 5 个按钮,完成卡片的切换
        Panel p2 = new Panel();
        //6.创建 5 个按钮,并给按钮设置监听器
        ActionListener listener = new ActionListener() {
            @Override
            public void actionPerformed(ActionEvent e) {
                String command = e.getActionCommand();
                switch (command){
                    case "上一张":
                        cardLayout.previous(p1);
                        break;
                    case "下一张":
                        cardLayout.next(p1);
                        break;
                    case "第一张":
                        cardLayout.first(p1);
                        break;
                    case "最后一张":
                        cardLayout.last(p1);
                        break;
                    case "第三张":
                        cardLayout.show(p1,"第三张");
                        break;
                }
            }
        };
        Button b1 = new Button("上一张");
        Button b2 = new Button("下一张");
        Button b3 = new Button("第一张");
        Button b4 = new Button("最后一张");
        Button b5 = new Button("第三张");
```

```
            b1.addActionListener(listener);
            b2.addActionListener(listener);
            b3.addActionListener(listener);
            b4.addActionListener(listener);
            b5.addActionListener(listener);
            //7.把 5 个按钮添加到 p2 中
            p2.add(b1);
            p2.add(b2);
            p2.add(b3);
            p2.add(b4);
            p2.add(b5);
            //8.把 p1 添加到 Frame 的中间区域
            frame.add(p1);
            //9.把 p2 添加到 Frame 的底部区域
            frame.add(p2,BorderLayout.SOUTH);
            //10.设置 Frame 最佳大小并可见
            frame.pack();
            frame.setVisible(true);
    }
}
```

程序运行结果如图 7-7 所示。

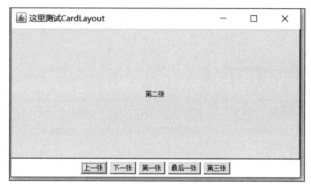

图 7-7　例 7-7 程序运行结果

运行程序弹出"这里测试 CardLayout"窗口,该窗口被分为上下两部分,其中上面的 Panel 区域使用 CardLayout 布局管理器,该 Panel 区域中放置了五张卡片,每张卡片里放一个按钮。下面的 Panel 区域使用 FlowLayout 布局管理器,依次放置五个按钮,用于控制上面 Panel 区域中卡片的显示。这是 CardLayout 布局管理器的基本使用。

7.3.4　GridLayout 网格布局管理器

GridLayout 布局叫作网格式布局,这种布局简单地将容器分成大小相等的单元格,每个单元格可放置一个组件,每个组件占据单元格的整个空间,调整容器的大小,单元格大小随之改变。

GridLayout 类常用的构造方法如下:

```
public GridLayout(int rows, int cols, int hgap, int vgap)
```

参数 rows 和 cols 分别指定网格布局的行数和列数,hgap 和 vgap 指定组件的水平间隔和垂直间隔,单位为 px。行和列参数至少有一个为非 0 值。

向网格布局的容器中添加组件,只需调用容器的 add()方法即可,不用指定位置,系统按照先行后列的次序依次将组件添加到容器中。

【例 7-8】 GridLayoutdemo.java。

```java
import Java.awt.*;
public class GridLayoutdemo {
    public static void main(String[] args) {
        Frame f = new Frame("GridLayout");      // 创建一个名为 GridLayout 的窗体
        f.setLayout(new GridLayout(3, 3));      // 设置该窗体为 3*3 的网格
        f.setSize(300, 300);                    // 设置窗体大小
        f.setLocation(400, 300);
        // 下面的代码是循环添加 9 个按钮到 GridLayout 中
        for (int i = 1; i <= 9; i++) {
            Button btn = new Button("按钮" + i);
            f.add(btn);                         // 向窗体中添加按钮
        }
        f.setVisible(true);
    }
}
```

程序运行结果如图 7-8 所示。

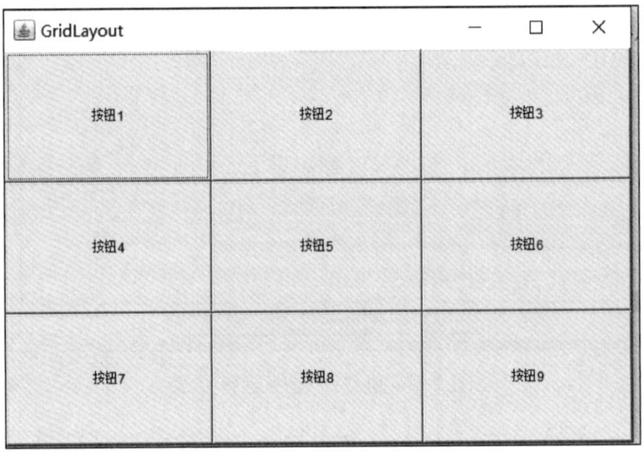

图 7-8 例 7-8 程序运行结果

在图 7-8 中,运行程序弹出"GridLayout"窗口,窗口内有 9 个按钮,按钮按照 3 行 3 列布局。

7.3.5 JPanel 类及容器的嵌套

由于某一种布局管理器的能力有限,在设计复杂布局时通常采用容器嵌套的方式,即把组件添加到一个中间容器中,再把中间容器作为组件添加到另一个容器中,从而实现复杂的布局。

为实现这个功能,经常使用 JPanel 类,该类是 JComponent 类的子类,称为面板容器。它是一个通用的容器,可以把它放入其他容器中,也可以把其他容器和组件放到它上面,因此它经常在构造复杂布局中作为中间容器,但它不能单独显示,需要放到 JFrame 或 JDialog

这样的顶层容器中。

使用面板容器作为中间容器构建 GUI 程序的一般做法是：先将组件添加到面板上，然后将面板作为一个组件再添加到顶层容器中。

使用面板作为中间容器，首先需要创建面板对象，JPanel 的构造方法如下。

```
public JPanel(LayoutManager layout)
```

参数 layout 指定面板使用的布局管理器对象，省略时将使用默认的布局管理器创建一个面板，面板的默认布局管理器是 FlowLayout。也可以在创建面板对象后重新设置它的布局。

7.4 事件处理

图形界面程序不应该是静态的，它应该能够响应用户的操作。例如，当用户在 GUI 上单击鼠标或输入一个字符，都会发生事件，程序根据事件类型做出反应就是事件处理。

7.4.1 事件处理模型

Java 事件处理采用事件代理模型，即将事件的处理从事件源对象代理给一个或多个称为事件监听器的对象，事件由事件监听器处理。事件代理模型把事件的处理代理给外部实体进行处理，实现了事件源和监听器分离的机制。

事件代理模型涉及 3 种对象：事件源、事件和事件监听器。

（1）事件源：产生事件的对象，一般来说可以是组件，如按钮、对话框等。当这些对象的状态改变时，就会产生事件。事件源可以是可视化组件，也可以是计时器等不可视的对象。

（2）事件：描述事件源状态改变的对象。如按钮被单击，就会产生 ActionEvent 动作事件。

（3）事件监听器：接收事件并对其进行处理的对象。事件监听器对象必须是实现了相应接口的类的对象。

Java 的事件代理模型如图 7-9 所示。

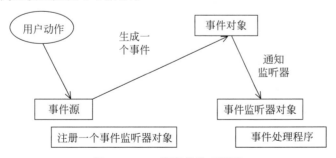

图 7-9 Java 的事件代理模型

首先在事件源上注册事件监听器，当用户动作触发一个事件，运行时系统将创建一个事件对象，然后寻找事件监听器对象来处理该事件。

7.4.2 事件类和事件监听器接口

1. 事件类

Swing 组件可产生多种事件,如单击按钮、选择菜单项会产生动作事件,移动鼠标将发生鼠标事件等。为了实现事件处理,Java 定义了大量的事件类,这些类封装了事件对象。

Java.util.EventObject 类是所有事件类的根类,该类定义了 getSource()方法,它返回触发事件的事件源对象。Java.awt.AWTEvent 是 EventObject 类的子类,同时又是所有组件 AWT 事件类的根类,该类中定义了 getID()方法,它返回事件的类型。AWTEvent 类的常用子类定义在 Java.awt.event 包中,表 7-16 列出了常用事件及产生事件的组件。

表 7-16 常用事件及产生事件的组件

事 件 类 型	事 件 名 称	产生事件的组件
ActionEvent	动作事件	当按下按钮、双击列表项或选择菜单项时产生该事件
AdjustmentEvent	调整事件	操作滚动条时产生该事件
ComponentEvent	组件事件	当组件被隐藏、移动、调整大小、变为可见时产生该事件
ContainerEvent	容器事件	从容器中添加或删除一个组件时产生该事件
FocusEvent	焦点事件	当一个组件获得或失去键盘焦点时产生该事件
ItemEvent	选项事件	当复选框或列表项被单击时,以及在做出选择或者选择或取消一个可选菜单项时产生该事件
KeyEvent	键盘事件	当从键盘接收输入时产生该事件
MouseEvent	鼠标事件	当拖动、移动、按下或释放鼠标时,或当鼠标进入或退出一个组件时产生该事件
MouseWheelEvent	鼠标轮事件	当滚动鼠标滚轮时产生该事件
TextEvent	文本事件	当一个文本域的值或文本域改变时产生该事件
WindowEvent	窗口事件	当窗口被激活、关闭、取消激活、图标化、解除图标化、打开或关闭时产生该事件

2. 事件监听器接口

事件的处理必须由实现了相应的事件监听器接口的类对象处理。Java 为每类事件定义了相应的接口。事件类和接口都是在 Java.awt.event 包中定义的。

大多数监听器接口与事件类有一定的对应关系,如对于 ActionEvent 事件,对应的接口为 ActionListener;对于 WindowEvent 事件,对应的接口为 WindowListener。这里有一个例外,即 MouseEvent 对应两个接口 MouseListener 和 MouseMotionListener。接口中定义了一个或多个方法,这些方法都是抽象方法,必须由实现接口的类实现,Java 程序就是通过这些方法实现对事件处理的。表 7-17 列出了常用的事件类、所对应的监听器接口、接口所提供的方法以及触发该方法的动作组件。

表 7-17 常用的事件类及接口

事 件 类	监听器接口名称	接口方法及可能触发情况
ActionEvent（动作事件类）	ActionListener	actionPerformed(ActionEvent e)单击按钮、选择菜单项或在文本框中按 Enter 键时
AdjustmentEvent（调整事件类）	AdjustmentListener	adjustmentValueChanged(AdjustmentEvent e)改变滚动条滑块位置时
ComponentEvent（组件事件类）	ComponentListener	componentMoved(ComponentEvent e)组件移动时 componentHidden(ComponentEvent e)组件隐藏时 componentResized(ComponentEvent e)组件缩放时 componentShown(ComponentEvent e)组件显示时
ContainerEvent（容器事件类）	ContainerListener	componentAdded(ComponentEvent e)添加组件时 componentRemoved(ComponentEvent e)移除组件时
FocusEvent（焦点事件类）	FocusListener	focusGained(FocusEvent e)组件获得焦点时 focusLost(FocusEvent e)组件失去焦点时
ItemEvent（选择事件类）	ItemListener	itemStateChanged(ItemEvent e)选择复选框、单击组合框和列表框选项或选中带复选标记的菜单项时
KeyEvent（键盘事件类）	KeyListener	keyPressed(KeyEvent e)键按下时 keyReleased(KeyEvent e)键释放时 keyTyped(KeyEvent e)击键时
MouseEvent（鼠标事件类）	MouseListener	mouseClicked(MouseEvent e)单击鼠标时 mouseEntered(MouseEvent e)鼠标进入时 mouseExited(MouseEvent e)鼠标离开时 mousePressed(MouseEvent e)鼠标键按下时 mouseReleased(MouseEvent e)鼠标键释放时
MouseMotionEvent（鼠标移动事件类）	MouseMotionListener	mouseDragged(MouseEvent e)鼠标拖曳时 mouseMoved(MouseEvent e)鼠标移动时
TextEvent（文本事件类）	TextListener	textValueChanged(TextEvent e)AWT 包中文本框、多行文本框内容被修改时
WindowEvent（窗口事件类）	WindowListener	windowOpened(WindowEvent e)窗口打开后 windowClosed(WindowEvent e)窗口关闭后 windowClosing(WindowEvent e)窗口关闭时 windowActivated(WindowEvent e)窗口激活时 windowDeactivated(WindowEvent e)窗口失去焦点时 windowIconified(WindowEvent e)窗口最小化时 windowDeiconified(WindowEvent e)最小化窗口还原时
ListSelectionEvent（列表选择类）	ListSelectionListener	valueChanged(ListSelectionEvent e)列表中的值发生改变时
DocumentEvent（文档事件）	DocumentListener	changedUpdate(DocumentEvent e)Swing 包中文本属性发生改变时 insertUpdate(DocumentEvent e)Swing 包中文本插入内容时 public void removeUpdate(DocumentEvent e)Swing 包中文本内容被删除时

7.4.3 事件处理的基本步骤

完成事件处理的一般步骤如下：

（1）实现相应的监听器接口：根据要处理的事件确定实现哪个监听器接口。例如，要处理单击按钮事件，即 ActionEvent 事件，就需要实现 ActionListener 接口。

（2）为组件注册监听器：每种组件都定义了可以触发的事件类型，使用相应的方法为组件注册监听器。如果在程序运行过程中，对某事件不需处理，也可以不注册监听器，甚至注册了监听器也可以注销。注册和注销监听器的一般方法如下。

```
public void addXxxListener(XxxListener      el)      //注册监听器
public void removeXxxListener(XxxListener      el)      //注销监听器
```

只有为组件注册了监听器后，在程序运行时，当发生该事件时才能由监听器对象处理，否则即使发生了相应的事件，事件也不会被处理。

一个事件源可能发生多种事件，因此可以由多个事件监听器处理；反过来一个监听器对象也可以处理多个事件源的同一类型的事件，如程序中两个按钮可以用一个监听器对象处理。

7.4.4 事件适配器及注册事件监听器

1. 事件适配器

适配器类就是为包含多个抽象方法的事件监听器接口"配套"的一个抽象类。这个抽象类实现了所对应的监听器接口，并为该接口中的每个方法都提供了默认实现，但这种实现只是一种空实现。这样，程序中的事件监听器类可以作为适配器类的子类，便无须实现监听器接口里的每个方法，而只需重写所需要的方法，达到简化事件监听器类代码的目的。监听器接口与适配器类的对应关系如表 7-18 所示。

表 7-18 监听器接口与适配器类的对应关系

监听器接口	对应适配器类	说　　明
MouseListener	MouseAdapter	鼠标事件适配器
MouseMotionListener	MouseMotionAdapter	鼠标运动事件适配器
WindowListener	WindowAdapter	窗口事件适配器
FocusListener	FocusAdapter	焦点事件适配器
KeyListener	KeyAdapter	键盘事件适配器
ComponentListener	ComponentAdapter	组件事件适配器
ContainerListener	ContainerAdapter	容器事件适配器

由于 Java 是单继承机制，因此适配器类并不能完全取代监听器接口。例如，某个监听器类需要处理两种以上的事件，那么它只能通过继承一个适配器类，同时实现其他监听器接口的方式来完成。

2. 注册事件监听器

在要触发事件的组件上注册监听器，首先应创建监听器对象，然后为组件注册监听器对象，代码如下：

```
ButtonClickListener listener = new ButtonClickListener();
Btn1.addActionListener(listener);           //为按钮注册监听器
Btn2.addActionListener(listener);
```

这里调用了 JButton 对象的 addActionListener(listener)方法为按钮注册事件监听器，其中，参数 listener 为监听器对象。

程序中为两个按钮注册监听器使用的是一个对象，这是允许的，即多个组件注册一个监听器对象，同样，一个组件对象也可以注册多个监听器对象。

1) 匿名内部类作为事件监听器

可以使用匿名内部类为组件注册监听器，对上面的程序就可以使用匿名内部类实现，代码如下。

```
btn1.addActionListener(new ActionListener(){           //匿名内部类
    Public void actionPerformed(ActionEvent e){
        jLabel.setText("你单击了'确定'按钮");
    }
});                                                    //这里是分号，表示语句的结束
Btn2.addActionListener(new ActionListener(){           //匿名内部类
    Public void actionPerformed(ActionEvent e){
        jLabel.setText("你单击了'取消'按钮");
    }
});
```

这种方法可以使代码更简洁，一般适用于监听器对象只使用一次的情况。

使用匿名内部类创建事件监听器，由于匿名内部类通常用在程序中只使用某个类的一个对象（匿名对象）的情形下，因此这种方法只能用在事件监听器对象被一个组件注册的情况，不能有多个组件同时注册一个事件监听器类对象。

2) 内部类作为事件监听器

该方法是将事件监听器定义为图形用户界面类的内部类。这种方法程序较易维护，事件监听器类也可以自由访问外部类的所有组件对象，是一种较常用的方法。

3) 外部类作为事件监听器

该方法是将事件监听器定义为一个外部类，那么事件监听器就不能自由访问创建的图形用户界面类中的组件，因此该方法有很大的局限性，很少使用。

4) 自身类作为事件监听器

该方法是将图形用户界面类的本身作为事件监听器。这种方法形式非常简洁，是一种常用的方法。但是，如果图形用户界面类继承了某个父类，就不能再继承事件适配器类，必须用实现接口的方法重写所有的抽象方法。

7.5 JavaFX 图形用户界面工具

7.5.1 JavaFX 简介

JavaFX 是一组图形和媒体包，使开发人员能够设计、创建、测试、调试和部署在不同平

台上一致运行的富客户端应用程序,它于 2008 年 12 月 5 日发布了正式版。JavaFX 是用于构建富互联网应用程序的 Java 库。使用此库编写的应用程序可以跨多个平台一致运行。使用 JavaFX 开发的应用程序可以在各种设备上运行,如台式计算机、手机、电视、平板电脑等。JavaFX 旨在取代 Java 应用程序中的 Swing 作为 GUI 框架。但是,它提供了更多的功能。与 Swing 一样,JavaFX 也提供自己的组件并且不依赖操作系统。它是轻量级和硬件加速的。它支持各种操作系统,包括 Windows、Linux 和 macOS。

在 JavaFX 中,类的成员函数和操作本身被模式化作为在目标类中的类,而形参和返回值被表示为属性。代表目标对象的属性名是"this",代表返回值的属性名为"return",代表形参的属性具有和形参相同的属性名。而目标对象则指使用成员函数和操作的对象。也可以从 Class 对象中获取相同的、被反射的操作。被反射的操作能够像函数那样通过将目标对象作为第一个参数、其他参数作为后面的参数的方式被调用。

JavaFX 架构的顶层包含一个 JavaFX 公共 API,它提供负责执行全功能 JavaFX 应用程序的所有必要类。该 API 的部分包列表如表 7-19 所示。

表 7-19 API 的部分包列表

包 名	说 明
Javafx.collections	提供用于处理集合和相关实用程序的类
Javafx.embed.swing	提供可以在 Swing 代码中使用的一组类
Javafx.event	提供处理事件及其处理的类
Javafx.scene	提供处理场景图 API 的类
Javafx.util	提供实用程序类
Javafx.stage	为 JavaFX 内容提供顶级容器类
Javafx.scene.paint	提供一组颜色和渐变类
Javafx.scene.text	为字体和呈现文本节点提供一组类

7.5.2 配置 JavaFX 开发环境

从 Java 8 开始,Java 开发工具包(Java Development Kit,JDK)包括了 JavaFX 库。因此,要运行 JavaFX 应用程序,您只需要在系统中安装 Java 8 或更高版本。使用低版本 JDK 还需要额外导入 jfxrt.jar 等包。另外 IDE(Eclipse,NetBeans,IntelliJ IDEA)也为 JavaFX 提供了支持,在使用前需要进行相应配置,下面介绍如何在 Eclipse 中配置 JavaFX 的开发环境。

首先,必须通过打开命令提示符并在其中键入命令"Java"来验证系统中是否已经安装了 Java 8 及以上的版本。若未安装,请安装 Java 8 以上的版本,此处不再赘述如何安装。

在 Eclipse 中,可使用一个名称为 e(fx)clipse 的插件来开发 JavaFX。可以使用以下步骤在 Eclipse 中设置 JavaFX。首先,确保您的系统中有 Eclipse。如果没有,请在系统中下载并安装 Eclipse。安装 Eclipse 后,请按照以下步骤在系统中安装 e(fx)clipse 插件。

步骤 1:打开 Eclipse,单击菜单 Help→Install New Software,如图 7-10 所示。

单击后,它将显示可用软件窗口,如图 7-11 所示。

图 7-10　Eclipse 安装插件

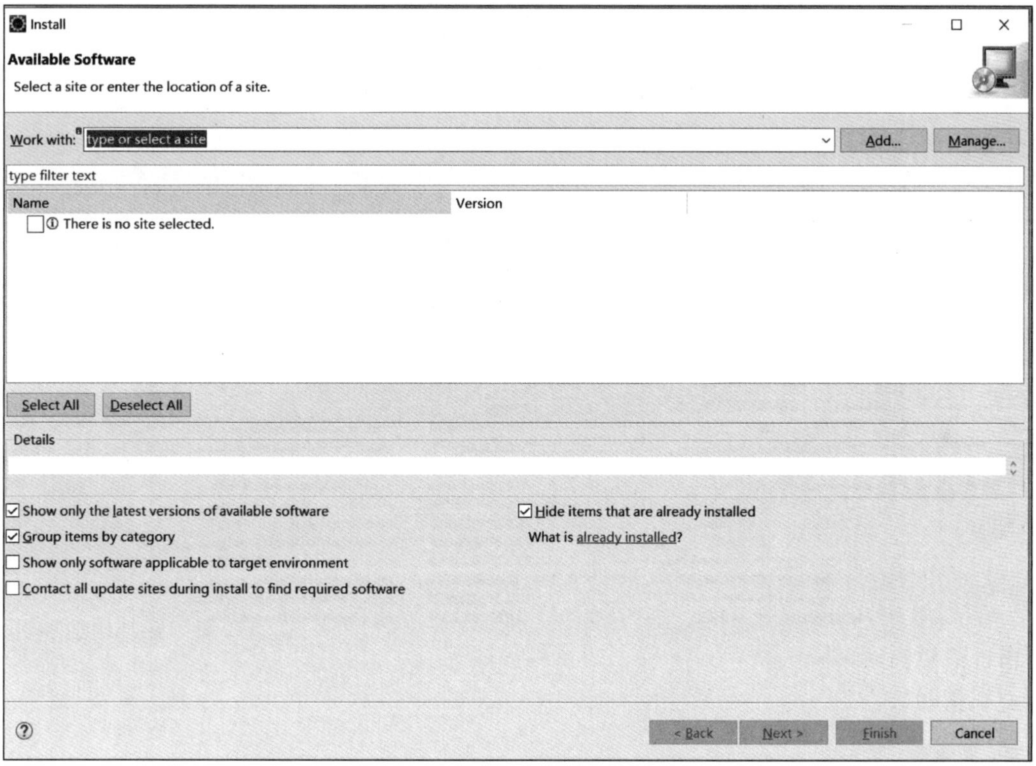

图 7-11　添加插件

步骤 2：单击 Add…按钮，在新弹出的界面中输入：

```
Name: e(fx)clipse
Location: http://download.eclipse.org/efxclipse/updates-released/2.3.0/site/
```

然后单击 OK 按钮。

步骤 3：添加插件后，会发现两个复选框：e(fx)clipse-install 安装和 e(fx)clipse-single components，选中这两个复选框，然后单击 Add…按钮，如图 7-12 所示。

单击 Next 按钮安装。显示待安装文件的所有详细信息，如图 7-13 所示。

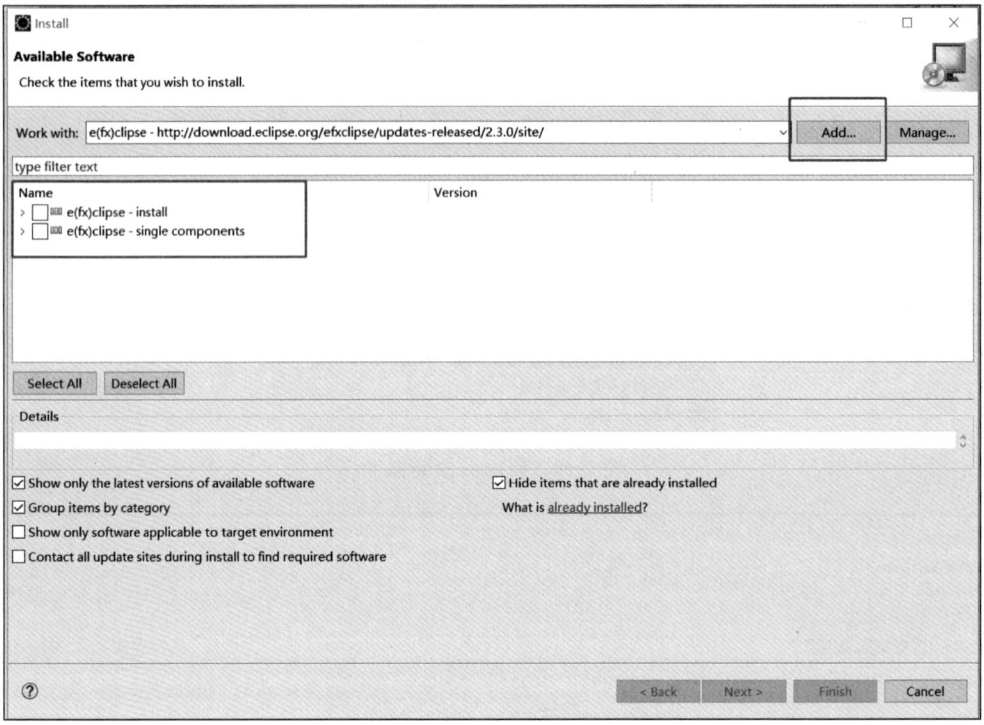

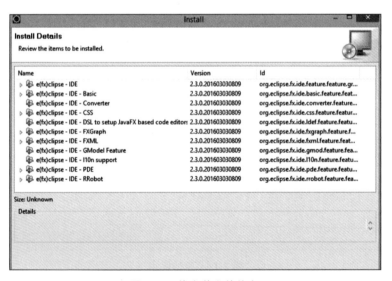

图 7-12 选中将要安装的配置

图 7-13 待安装文件信息

步骤4：安装完成后，重新启动 Eclipse。成功安装并重新启动 Eclipse 后，可以检查安装的结果。在 Eclipse 中选择 File→New→Others…，看到有执行 JavaFX 编程的向导，如图 7-14 所示。

接下来就可以测试 JavaFX 是否成功。

在图 7-14 中，展开 JavaFX 向导，选择 JavaFX Project 并单击 Next 按钮，将打开新建项目向导。在这里，可输入所需的项目名称，然后单击 Finish 按钮，如图 7-15 所示。

图 7-14　查看编程向导

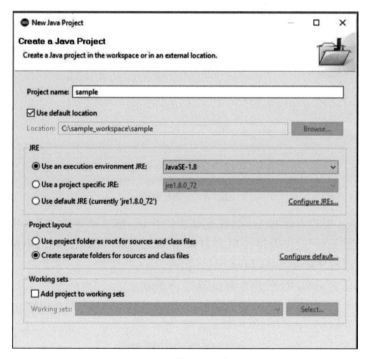

图 7-15　输入项目名称

单击 Finish 按钮时，将使用给定名称（sample）创建应用程序。在名为 application 的子包中，生成名为 Main.java 的程序，如图 7-16 所示。

右击此文件，选择 Run As→Java Application。在执行此应用程序时，它将生成一个空 JavaFX 窗口，如图 7-17 所示。

7.5.3　Eclipse 中 JavaFX Scene Builder 的安装及配置

JavaFX Scene Builder 是一种可视布局工具，允许用户快速设计 JavaFX 应用程序用户

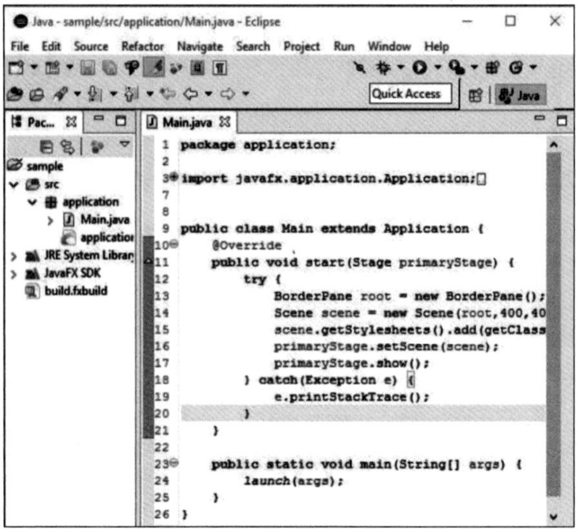

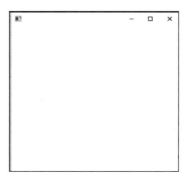

图 7-16　编写界面

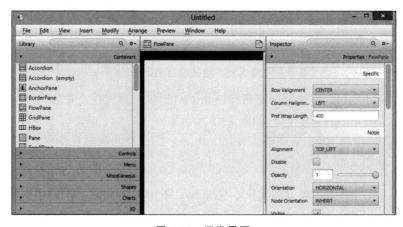

图 7-17　运行结果

界面,而无须编码。用户可以将 UI 组件拖放到工作区,修改其属性,应用样式表,并且它们正在创建的布局的 FXML 代码将在后台自动生成。它的结果是一个 FXML 文件,然后可以通过绑定到应用程序的逻辑与 Java 项目组合。

JavaFX Scene Builder 的开发界面如图 7-18 所示。

图 7-18　开发界面

在 7.5.2 节中,已将 e(fx)clipse 成功在 Eclipse 中集成。接下来讲解如何将 Scene Builder 嵌入 Eclipse 中。

步骤 1:下载 JavaFX Scene Builder。打开 http://www.oracle.com/technetwork/Java/Javase/downloads/Javafxscenebuilder-1x-archive-2199384.html,下载文件如图 7-19 所示。

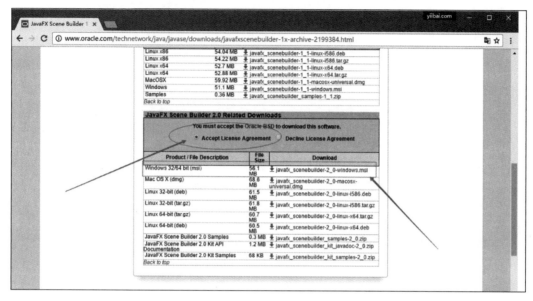

图 7-19 下载文件

下载一个名称为 Javafx_scenebuilder-2_0-windows.msi 的文件。

步骤 2:双击 Javafx_scenebuilder-2_0-windows.msi 文件来安装 JavaFX Scene Builder。设置安装目录如图 7-20 所示。

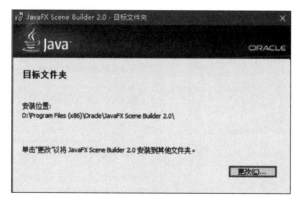

图 7-20 设置安装目录

更改安装位置,完成安装。

步骤 3:配置 Eclipse 以使用 Scene Builder。

启动 Eclipse,并选择 Window→References,如图 7-21 所示。

文件框中指向 JavaFX Scene Builder 的可执行文件位置(也就是 JavaFX Scene Builder 的安装目录下),在这个示例中安装的位置是 D:\Program Files(x86)\Oracle\JavaFX

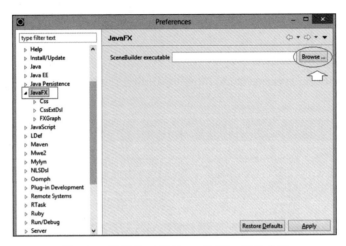

图 7-21 设置 JavaFX Scene Builder 文件位置

Scene Builder 2.0\JavaFX Scene Builder 2.0.exe。单击 OK 按钮,完成安装。

7.5.4 JavaFX 基础入门

1. 创建 Hello World 项目

打开 Eclipse,并选择 File→New→Other…。创建 JavaFX 项目如图 7-22 所示。

创建一个项目名称为 HelloJavaFx,如图 7-23 所示。

图 7-22 创建 JavaFX 项目

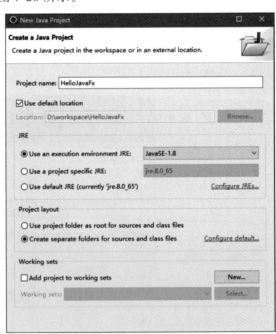

图 7-23 输入项目名称

项目结构如图 7-24 所示。

在 Main.java 中,创建以下代码:

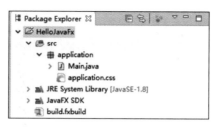

图 7-24　项目结构

```
import Javafx.application.Application;
import Javafx.stage.Stage;
import Javafx.scene.Scene;
import Javafx.scene.layout.BorderPane;

public class Main extends Application {
    @Override
    public void start(Stage primaryStage) {
        try {
            BorderPane root = new BorderPane();
            Scene scene = new Scene(root,400,400);
scene.getStylesheets().add(getClass().getResource("application.css").toExternalForm());
            primaryStage.setScene(scene);
            primaryStage.show();
        } catch(Exception e) {
            e.printStackTrace();
        }
    }

    public static void main(String[] args) {
        launch(args);
    }
}
```

运行 Main.java，出现空白界面。

为了创建一个 JavaFX 应用程序界面，可以完全编写 Java 代码。但是，需要很多时间来做到这一点，JavaFX Scene Builder 是一个可视化工具，允许用户设计 Scene 的界面。生成的代码是 XML 代码保存在 *.fxml 文件中。

下面我们来创建一个新的 MyScene.fxml 文件。

（1）选择 File→New→Other…，如图 7-25 所示。

（2）输入文件名称，如图 7-26 所示。

创建结果如图 7-27 所示。

（3）使用 JavaFX Scene Builder 打开 fxml 文件，如图 7-28 所示。

MyScene.fxml 的界面设计屏幕如图 7-29 所示。

查找按钮并将其拖动到 AnchorPane 中，如图 7-30 所示。

将 Button 的 ID 设置为"myButton"，可以通过其 ID 从 Java 代码访问这个 Button。设置方法将在单击按钮时调用。

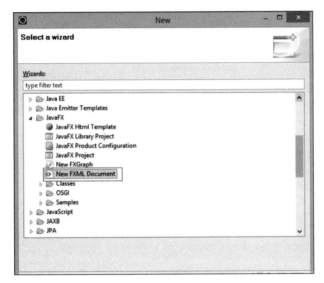

图 7-25 创建 MyScene.xml 文件

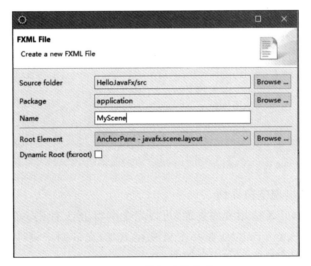

图 7-26 输入文件名称

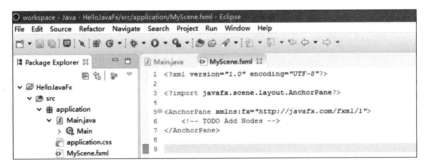

图 7-27 创建结果

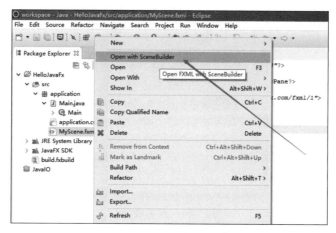

图 7-28　打开文件

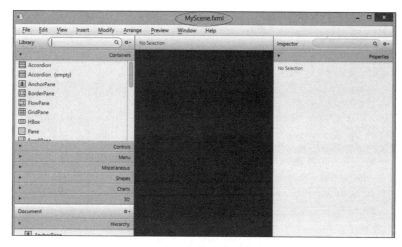

图 7-29　MyScene.fxml 界面

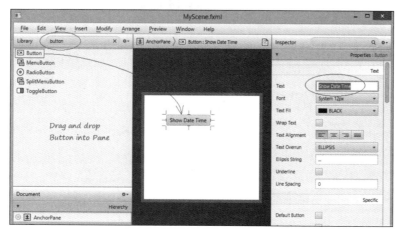

图 7-30　添加组件

将 TextField 拖放到 AnchorPane 中。设置 TextField 的 ID，将其作为"myTextField"拖放到 AnchorPane 中，可以通过其 ID 在 Java 代码中访问这个 TextField。

选择文件/保存以保存更改，并在窗口中选择"预览/显示预览"以预览设计，如图 7-31 所示。

图 7-31　预览设计

此时 MyScene.fxml 文件中生成的代码如下：

```xml
<?xml version = "1.0" encoding = "UTF-8"?>
<?import Javafx.scene.control.*?>
<?import Java.lang.*?>
<?import Javafx.scene.layout.*?>
<?import Javafx.scene.layout.AnchorPane?>

<AnchorPane prefHeight = "309.0" prefWidth = "349.0"
    xmlns:fx = "http://Javafx.com/fxml/1" xmlns = "http://Javafx.com/Javafx/8">
    <children>
        <Button fx:id = "myButton" layoutX = "60.0" layoutY = "73.0"
            mnemonicParsing = "false" onAction = "#showDateTime" prefHeight = "23.0"
            prefWidth = "120.0" text = "Show Date Time" />
        <TextField fx:id = "myTextField" layoutX = "60.0" layoutY = "155.0" />
    </children>
</AnchorPane>
```

将属性 fx:controller 添加到< AnchorPane >中，Controller 将对位于 AnchorPane 内部的控件（如 myButton 和 myTextField）有引用，如图 7-32 所示。

```
 1  <?xml version="1.0" encoding="UTF-8"?>
 2
 3  <?import javafx.scene.control.*?>
 4  <?import java.lang.*?>
 5  <?import javafx.scene.layout.*?>
 6  <?import javafx.scene.layout.AnchorPane?>
 7
 8
 9  <AnchorPane prefHeight="309.0" prefWidth="349.0"
10      xmlns:fx="http://javafx.com/fxml/1" xmlns="http://javafx.com/javafx/8"
11      fx:controller="application.MyController">
12
13      <children>
14          <Button fx:id="myButton" layoutX="60.0" layoutY="73.0"
15              mnemonicParsing="false" onDragDetected="#showDateTime" prefHeight="23.0"
16              prefWidth="120.0" text="Show Date Time" />
17          <TextField fx:id="myTextField" layoutX="60.0" layoutY="155.0" />
18      </children>
19  </AnchorPane>
20
```

图 7-32　配置文件

注意：application.MyController 类将在以后创建。

具体实现代码如下：

MyController.java
```java
import Java.net.URL;
import Java.text.DateFormat;
import Java.text.SimpleDateFormat;
import Java.util.Date;
import Java.util.ResourceBundle;

import Javafx.event.ActionEvent;
import Javafx.fxml.FXML;
import Javafx.fxml.Initializable;
import Javafx.scene.control.Button;
import Javafx.scene.control.TextField;

public class MyController implements Initializable {

    @FXML
    private Button myButton;
    @FXML
    private TextField myTextField;
    @Override
    public void initialize(URL location, ResourceBundle resources) {
        // TODO (don't really need to do anything here).

    }

    // When user click on myButton
    // this method will be called.
    public void showDateTime(ActionEvent event) {
        System.out.println("Button Clicked!");

        Date now = new Date();

        DateFormat df = new SimpleDateFormat("yyyy-dd-MM HH:mm:ss");
        String dateTimeString = df.format(now);
        // Show in VIEW
        myTextField.setText(dateTimeString);

    }
}
```

Main.java
```java
import Javafx.application.Application;
import Javafx.stage.Stage;
import Javafx.scene.Scene;
import Javafx.scene.layout.BorderPane;
import Javafx.application.Application;
import Javafx.fxml.FXMLLoader;
import Javafx.scene.Parent;
import Javafx.scene.Scene;
import Javafx.stage.Stage;
public class Main extends Application {
    @Override
    public void start(Stage primaryStage) {
```

```java
        try {
            // Read file fxml and draw interface.
            Parent root = FXMLLoader.load(getClass()
                    .getResource("/application/MyScene.fxml"));

            primaryStage.setTitle("My Application");
            primaryStage.setScene(new Scene(root));
            primaryStage.show();

        } catch(Exception e) {
            e.printStackTrace();
        }
    }
    public static void main(String[] args) {
        launch(args);
    }
}
```

执行上面的代码,得到如图 7-33 所示的结果。

图 7-33　运行结果

7.6　典型案例分析

通过本章的学习,读者已对 Java 图形用户界面的程序设计方法有了一定的了解。在实际的程序设计中,如何考虑界面设计和事件处理? 本节将带领读者完成一个简易图书管理系统的设计。其中主要包含两部分:登录界面设计和系统主界面设计。

7.6.1　登录界面设计

登录界面中,采用 Swing 组件设计一个登录界面。登录对话框中,账号使用文本域组件,密码使用密码域组件,身份使用组合框组件。通过布局管理器将这些组件合理放置,使界面美观。事件监听器需要处理的是账号与密码是否为空,账号与密码是否与数据库中存储的一致。

程序代码如下:

```java
import Java.awt.Dimension;
import Java.awt.Font;
import Java.awt.event.ActionEvent;
import Java.awt.event.ActionListener;
import Java.sql.Connection;
import Javax.swing.JButton;
import Javax.swing.JComboBox;
import Javax.swing.JFrame;
import Javax.swing.JLabel;
import Javax.swing.JOptionPane;
import Javax.swing.JPanel;
import Javax.swing.JPasswordField;
import Javax.swing.JTextField;

import com.book.dao.AdminDao;
import com.book.dao.UserDao;
import com.book.model.Admin;
import com.book.model.User;
import com.book.util.DbUtil;
import com.book.util.StringUtil;
public class LogOnFram {
    //文本框
    static JTextField textId = new JTextField();         //账号
    static JPasswordField passwordfield = new JPasswordField();
    //下拉框,存放用户身份
    static JComboBox<String> comBox = new JComboBox<String>();
    static String userName = null;                //定义 name,便于返回到主页面使用
    static String adminName = null;
    static String id = null;                      //定义 id,便于返回到主页面使用
    static JFrame frame = new JFrame("登录界面");
    //写一个登录界面的方法
    public static void LogOnFram() {
        frame.setLayout(null);
        //开 6 个面板,方便设置位置
        JPanel pan1 = new JPanel();
        JPanel pan2 = new JPanel();
        JPanel pan3 = new JPanel();
        JPanel pan4 = new JPanel();
        JPanel pan5 = new JPanel();
        JPanel pan6 = new JPanel();
        comBox.addItem("普通用户");
        comBox.addItem("管理员");
        //提示框
        JLabel label1 = new JLabel("简易图书管理系统");
        JLabel label2 = new JLabel("身    份  ");
        JLabel label3 = new JLabel("账    号  ");
        JLabel label4 = new JLabel("密    码  ");

        //按钮
        JButton button1 = new JButton("登录");
        JButton button2 = new JButton("注册");
        Font font = new Font("宋体",Font.BOLD,50);        //标题字体大小
        Font f = new Font("宋体",Font.BOLD,25);           //提示框字体大小
```

```java
//设置文本框的大小
comBox.setPreferredSize(new Dimension(200,30));
textId.setPreferredSize(new Dimension(200,30));
passwordfield.setPreferredSize(new Dimension(200,30));
button1.setPreferredSize(new Dimension(90,40));
button2.setPreferredSize(new Dimension(90,40));
//设置界面所有字体大小,包括标题、提示框字体和文本框
label1.setFont(font);      //设置标题字体
label2.setFont(f);
comBox.setFont(f);
label3.setFont(f);
textId.setFont(f);
label4.setFont(f);
passwordfield.setFont(f);
button1.setFont(f);
button2.setFont(f);
//向面板中添加组件
pan1.add(label1);
pan2.add(label2);
pan2.add(comBox);
pan3.add(label3);
pan3.add(textId);
pan4.add(label4);
pan4.add(passwordfield);
pan5.add(button1);
pan6.add(button2);
//设置面板位置
pan1.setBounds(235,50, 430, 60);
pan2.setBounds(235,170, 430, 50);
pan3.setBounds(235,240, 430, 50);
pan4.setBounds(235,310, 430, 50);
pan5.setBounds(330,380,100, 50);
pan6.setBounds(480,380,100, 50);
//添加面板
frame.add(pan1);
frame.add(pan2);
frame.add(pan3);
frame.add(pan4);
frame.add(pan5);
frame.add(pan6);
//登录监听
button1.addActionListener(new ActionListener() {
    public void actionPerformed(ActionEvent e) {
        logCheck();
    }
});
//注册监听
button2.addActionListener(new ActionListener() {
    public void actionPerformed(ActionEvent e) {
        LoginFram.LoginFram();
    }
});
//窗口设置
```

```java
        frame.setBounds(500, 150, 900, 650);
        frame.setVisible(true);
        //frame.setDefaultCloseOperation(JFrame.EXIT_ON_CLOSE);
}
//获取输入文本框的值,并传到数据库进行比对
public static void logCheck() {
    String userId = textId.getText().toString();
    String Password = new String(passwordfield.getPassword());
    if(StringUtil.isEmpty(userId)) {
        JOptionPane.showMessageDialog(null, "账号不能为空");
        return;
    }
    if(StringUtil.isEmpty(Password)) {
        JOptionPane.showMessageDialog(null, "密码不能为空");
        return;
    }
    Connection con = null;
    DbUtil dbutil = new DbUtil();
    UserDao userdao = new UserDao();
    User userMessage = new User();
    userMessage.setUserId(userId);
    userMessage.setPassword(Password);
    String box = (String)comBox.getSelectedItem();        //获取下拉框的文字
    //如果下拉框选的是普通用户,
    if(box.equals("普通用户")) {
            try {
            con = dbutil.getCon();
            User currentUser = userdao.login(con,userMessage);
            if(currentUser != null ) {
                JOptionPane.showMessageDialog(null, "登录成功");
                //currentUser.getUsername();           //获取登录者的用户名
                //frame.dispose();                     //关闭当前登录界面
                userName = currentUser.getUsername();
                id = currentUser.getUserId();
                frame.dispose();                       //关闭当前登录界面
                BookMenuFram.BookMenuFram();
            } else {
                JOptionPane.showMessageDialog(null, "用户名或密码错误!");
            }
            }catch(Exception evt) {
                evt.printStackTrace();
            }
    }
    
    AdminDao admindao = new AdminDao();
    Admin adminMessage = new Admin();
    adminMessage.setAdminId(userId);
    adminMessage.setPassword(Password);
    //如果下拉框选的是管理员,
    if(box.equals("管理员")) {
            try {
            con = dbutil.getCon();
            Admin currentUser = admindao.adminLogin(con,adminMessage);
```

```java
                    if(currentUser != null ) {
                        JOptionPane.showMessageDialog(null, "管理员登录成功");
                        adminName = currentUser.getAdminname();
                        id = currentUser.getAdminId();
                        frame.dispose();      //关闭当前登录界面
                        BookMenuFram.BookMenuFram();
                    } else {
                        JOptionPane.showMessageDialog(null, "用户名或密码错误!");
                    }
                }catch(Exception evt) {
                    evt.printStackTrace();
                }
            }
        }
    }
    // 比对成功后,获取数据库中的用户名
    public static String userName() {
        // TODO Auto-generated method stub
        return userName;
    }
    public static String adminName() {
        return adminName;
    }
    public static String id() {
        return id;
    }
}
```

程序运行结果如图 7-34 所示。

图 7-34　系统登录界面

7.6.2　系统主界面设计

图书管理系统主界面主要是包含了一系列的按钮与文本框。这些按钮都是通过 JButton 来实现。文本框使用文本域实现。

程序代码如下:

```java
import Java.awt.Color;
import Java.awt.Dimension;
```

```java
import Java.awt.Font;
import Java.awt.event.ActionEvent;
import Java.awt.event.ActionListener;
import Javax.swing.ImageIcon;
import Javax.swing.JButton;
import Javax.swing.JFrame;
import Javax.swing.JLabel;
import Javax.swing.JOptionPane;
import Javax.swing.JPanel;
import Javax.swing.JTextField;
import com.book.util.StringUtil;
import com.bookmanager.view.BookAddFram;
import com.bookmanager.view.BookDeleteFram;
import com.bookmanager.view.BookLookFram;
import com.bookmanager.view.BookUpDataFram;
import com.lendbackbook.view.BackBook;
import com.lendbackbook.view.HistoryBook;
import com.lendbackbook.view.LendBook;
import com.usermanager.view.UserDeleteFram;
import com.usermanager.view.UserLookFram;
public class BookMenuFram extends JFrame {
    static String loginId = null;
    static String loginName = null;//若是管理员登录,则保存管理员的名字,否则,则保存普通
//用户的名字
    //标记用户类别,若是 0 代表普通用户,1 代表管理员,默认是 0
    static int flag = 0;
    //系统主界面
    public static void BookMenuFram() {
        JFrame frame = new JFrame();            //主菜单窗口
        frame.setLayout(null);
        //开 6 个面板,方便设置位置
        JPanel pan1 = new JPanel();             //系统名字
        JPanel pan2 = new JPanel();             //图书管理
        JPanel pan3 = new JPanel();             //图书管理的操作按钮
        JPanel pan4 = new JPanel();             //借还书
        JPanel pan5 = new JPanel();             //借还书的操作按钮
        JPanel pan6 = new JPanel();             //用户管理
        JPanel pan7 = new JPanel();             //用户管理的操作按钮
        JPanel pan8 = new JPanel();             //放登录退出按钮
        JPanel pan9 = new JPanel();             //放置图片
        JTextField text = new JTextField();   // 文本框,可删除
        text.setText("未登录!");                //设置提示未登录
        JLabel text = new JLabel();             //提示框,不可删除
        text.setText("未登录!");                //设置提示未登录
        //提示框
        JLabel label1 = new JLabel("小型图书管理系统");
        JLabel label2 = new JLabel("图书管理");
        JLabel label3 = new JLabel("借还书");
        JLabel label4 = new JLabel("用户管理");
        //添加图片
        ImageIcon im = new ImageIcon("images/3.jpg");
        JLabel pac = new JLabel(im);
        pac.setBounds(355,125, im.getIconWidth(), im.getIconHeight());
```

```java
pan9.add(pac);
pan9.setBounds(355,125, 932, 630);
//按钮
JButton button1 = new JButton("登录");
JButton button2 = new JButton("图书查询");
JButton button3 = new JButton("图书添加");
JButton button4 = new JButton("图书修改");
JButton button5 = new JButton("图书删除");
JButton button6 = new JButton("办理借书");
JButton button7 = new JButton("办理还书");
JButton button8 = new JButton("历史查询");
JButton button9 = new JButton("查询用户");
JButton button10 = new JButton("删除用户");
JButton button11 = new JButton("退出");
//设置颜色格式
Color blacka = new Color(30,144,255);
Color blackb = new Color(0,255,255);
Color blackc = new Color(255,69,0);
Color blackd = new Color(255,215,0);
//设置字体大小对象
Font font = new Font("宋体",Font.BOLD,80);        //标题字体大小
Font f = new Font("宋体",Font.BOLD,30);           //提示框字体大小
Font f1 = new Font("宋体",Font.BOLD,20);          //text
//设置按钮的大小
button2.setPreferredSize(new Dimension(200,65));
button3.setPreferredSize(new Dimension(200,65));
button4.setPreferredSize(new Dimension(200,65));
button5.setPreferredSize(new Dimension(200,65));
button6.setPreferredSize(new Dimension(200,65));
button7.setPreferredSize(new Dimension(200,65));
button8.setPreferredSize(new Dimension(200,65));
button9.setPreferredSize(new Dimension(200,65));
button10.setPreferredSize(new Dimension(200,65));
text.setPreferredSize(new Dimension(170,35));    //
//设置字体大小
button2.setFont(f);
button3.setFont(f);
button4.setFont(f);
button5.setFont(f);
button6.setFont(f);
button7.setFont(f);
button8.setFont(f);
button9.setFont(f);
button10.setFont(f);
text.setFont(f1);
label1.setFont(font);                            //设置标题字体
label2.setFont(f);
label3.setFont(f);
label4.setFont(f);
//向面板中添加组件
pan1.add(label1);
pan1.setBackground(blacka);
pan1.setBounds(0, 0, 1100, 120);                 //大标题
```

```
//pan8 定位在右上角,放登录、退出和显示框
pan8.add(text);
pan8.add(button1);
pan8.add(button11);
pan8.setBackground(blacka);
pan8.setBounds(1100, 0, 190, 120);
pan2.add(label2);
pan2.setBackground(blackb);
pan2.setBounds(0, 120, 150, 284);          //图书管理
pan3.add(button2);
pan3.add(button3);
pan3.add(button4);
pan3.add(button5);
pan3.setBounds(150, 120, 200, 284);
pan4.add(label3);
pan4.setBackground(blackc);
pan4.setBounds(0, 404, 150, 213);          //借还书
pan5.add(button6);
pan5.add(button7);
pan5.add(button8);
pan5.setBounds(150, 404, 200, 213);
pan6.add(label4);
pan6.setBackground(blackd);
pan6.setBounds(0, 617, 150, 142);          //用户管理
pan7.add(button9);
pan7.add(button10);
pan7.setBounds(150, 617, 200, 200);
String noLogin = "未登录!";//JVM 先查看常量池中有没有,如有,地址指向它,若没有,创
//建新对象保存
    //获取登录后的用户名
    if(StringUtil.isNotEmpty(LogOnFram.userName())) {
        loginName = LogOnFram.userName();
        text.setText("欢迎您," + loginName);
    }
    if(StringUtil.isNotEmpty(LogOnFram.adminName())) {
        loginName = LogOnFram.adminName();
        text.setText("欢迎您," + loginName);
        flag = 1;
    }
    //获取登录后的 id
    if(StringUtil.isNotEmpty(LogOnFram.id())) {
        loginId = LogOnFram.id();
    }
    //登录监听
    button1.addActionListener(new ActionListener() {    //登录监听
        public void actionPerformed(ActionEvent e) {
            String getText = text.getText().toString();//1
            if(getText.equals(noLogin)) {
                LogOnFram.LogOnFram();
                frame.dispose();                         //关闭当前登录界面
            } else {
                JOptionPane.showMessageDialog(null, "请您先退出!");
```

```java
            }
        }
    });
    //各项操作监听,button2 -- button10
    button2.addActionListener(new ActionListener() {
        public void actionPerformed(ActionEvent e) {
            String getText = text.getText().toString();     //1
            if(getText.equals(noLogin)) {//equals()方法如果不重写,就是比较的字符串内容。
//而'=='比较的是地址
                JOptionPane.showMessageDialog(null, "请您先登录!");
                return;
            } else {
                BookLookFram.BookLookFram();                //图书查询
            }

        }
    });

    button3.addActionListener(new ActionListener() {
        public void actionPerformed(ActionEvent e) {
            String getText = text.getText().toString();     //1
            if(getText.equals(noLogin)) {
                JOptionPane.showMessageDialog(null, "请您先登录!");
                return;
            } else {
                if(flag == 1) {//如果 flag 是 1,这可以添加图书
                    BookAddFram.bookAddFram();              //图书添加
                } else {
                    JOptionPane.showMessageDialog(null, "管理员才可以执行此操作!");
                }
            }
        }
    });
    button4.addActionListener(new ActionListener() {
        public void actionPerformed(ActionEvent e) {
            String getText = text.getText().toString();     //1
            if(getText.equals(noLogin)) {
                JOptionPane.showMessageDialog(null, "请您先登录!");
                return;
            } else {
                if(flag == 1) {//如果 flag 是 1,这可以添加图书
                    BookUpDataFram.bookUpDataFram();        //修改图书
                } else {
                    JOptionPane.showMessageDialog(null, "管理员才可以执行此操作!");
                }
            }
        }
    });
    button5.addActionListener(new ActionListener() {
        public void actionPerformed(ActionEvent e) {
            String getText = text.getText().toString();     //1
            if(getText.equals(noLogin)) {
                JOptionPane.showMessageDialog(null, "请您先登录!");
```

```java
                        return;
                    } else {
                        if(flag == 1) {//如果 flag 是 1,这可以添加图书
                            BookDeleteFram.BookDeleteFram();        //删除图书
                        } else {
                            JOptionPane.showMessageDialog(null, "管理员才可以执行此操作!");
                        }
                    }
                }
            }
        });
        button6.addActionListener(new ActionListener() {
            public void actionPerformed(ActionEvent e) {
                String getText = text.getText().toString();  //1
                if(getText.equals(noLogin)) {
                    JOptionPane.showMessageDialog(null, "请您先登录!");
                    return;
                } else {    //办理借书
                    LendBook.LendBook();
                }
            }
        });
        button7.addActionListener(new ActionListener() {
            public void actionPerformed(ActionEvent e) {
                String getText = text.getText().toString();  //1
                if(getText.equals(noLogin)) {
                    JOptionPane.showMessageDialog(null, "请您先登录!");
                    return;
                } else {    //办理还书
                    BackBook.BackBook();
                }
            }
        });
        button8.addActionListener(new ActionListener() {
            public void actionPerformed(ActionEvent e) {
                String getText = text.getText().toString();  //1
                if(getText.equals(noLogin)) {
                    JOptionPane.showMessageDialog(null, "请您先登录!");
                    return;
                } else {                                         //历史查询
                    HistoryBook.HistoryBook();
                }
            }
        });
        button9.addActionListener(new ActionListener() {//查询用户
            public void actionPerformed(ActionEvent e) {
                String getText = text.getText().toString();  //1
                if(getText.equals(noLogin)) {
                    JOptionPane.showMessageDialog(null, "请您先登录!");
                    return;
                } else {
                    if(flag == 1) {//如果 flag 是 1,这可以添加图书
                        UserLookFram.UserLookFram();            //用户查询
                    } else {
                        JOptionPane.showMessageDialog(null, "管理员才可以执行此操作!");
                    }
```

```java
                    }
                }
            });
            button10.addActionListener(new ActionListener() {//删除用户
                public void actionPerformed(ActionEvent e) {
                    String getText = text.getText().toString();        //1
                    if(getText.equals(noLogin)) {
                        JOptionPane.showMessageDialog(null, "请您先登录!");
                        return;
                    } else {
                        if(flag == 1) {//如果flag是1,这可以添加图书
                            UserDeleteFram.UserDeleteFram();           //用户删除
                        } else {
                            JOptionPane.showMessageDialog(null, "管理员才可以执行此操作!");
                        }
                    }
                }
            });
            button11.addActionListener(new ActionListener() {//退出登录
                public void actionPerformed(ActionEvent e) {
                    String getText = text.getText().toString();        //1
                    if(getText.equals(noLogin)) {
                        JOptionPane.showMessageDialog(null, "请您先登录!");
                        return;
                    } else {
                        frame.dispose();
                        LogOnFram.LogOnFram();
                        System.exit(0);
                    }
                }
            });
            //向容器中添加JPanel面板
            frame.add(pan1);
            frame.add(pan2);
            frame.add(pan3);
            frame.add(pan4);
            frame.add(pan5);
            frame.add(pan6);
            frame.add(pan7);
            frame.add(pan8);
            frame.add(pan9);
            //窗口设置
            frame.setBounds(310, 100, 1300, 800);
            frame.setResizable(false);                                  //设置窗口不能扩大
            frame.setVisible(true);
            frame.setDefaultCloseOperation(JFrame.EXIT_ON_CLOSE);
        }
        public static String loginName() {
            return loginName;
        }
        public static String loginId() {
            return loginId;
        }
    }
```

运行结果如图 7-35 所示。

图 7-35　系统主界面图

系统主界面中,左边区域是对系统的操作区。包括图书管理、借还书管理和用户管理,在这三个模块中,分别包含了不同的操作按钮。如图书管理包含了图书查询、图书添加、图书修改和图书删除。通过单击不同的按钮,从而实现不同的操作。那么具体的操作是怎么实现的呢？其实,我们对不同的按钮都设置了不同的监听器,只要单击按钮,就会执行相应的事件。

单击图书查询,就会触发为"图书查询"按钮设置的监听器,代码如下：

```
button2.addActionListener(new ActionListener() {
    public void actionPerformed(ActionEvent e) {
        String getText = text.getText().toString();        //1
        if(getText.equals(noLogin)) {//equals()方法如果不重写,就是比较的字符串内容.而'=='
//比较的是地址
            JOptionPane.showMessageDialog(null, "请您先登录!");
            return;
        } else {
            BookLookFram.BookLookFram();                   //图书查询
        }
    }
});
```

运行结果如图 7-36 所示。

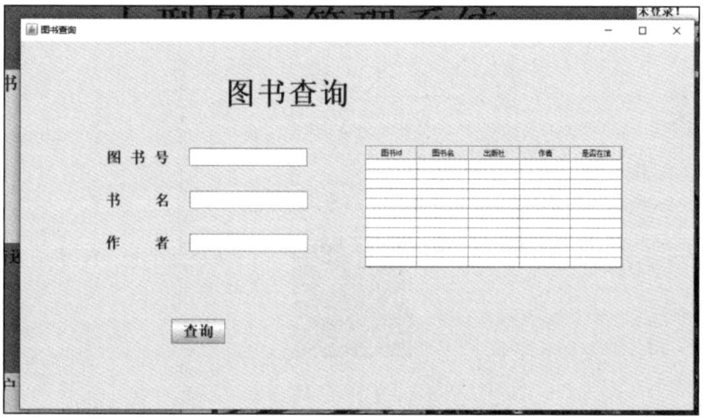

图 7-36　图书查询界面

7.7 本章小结

通过本章的学习,读者能够掌握如何开发图形用户界面程序,掌握 JavaFX 图形用户界面工具的使用。重点掌握 FlowLayout、BorderLayout、GridLayout 等布局管理器的使用及区别。重点掌握 Swing 组件的使用,如文本组件、按钮组件与菜单组件等,会通过使用组件来创建界面。

习题答案

课后习题

一、单选题

1. 在 Java 中,要使用布局管理器,必须导入下列( )包。
   A. Java.awt.* 　　　　　　　　　B. Java.awt.layout.*
   C. Javax.swing.layout.* 　　　　D. Javax.swing.*
2. Swing 与 AWT 的区别不包括( )。
   A. Swing 是由纯 Java 实现的轻量级构件 B. Swing 没有本地代码
   C. Swing 不依赖操作系统的支持 　　　　D. Swing 支持图形用户界面
3. 下列不属于容器的是( )。
   A. Window　　　B. TextBox　　　C. Panel　　　D. ScrollPane
4. 单击按钮时,需要触发( )类型的事件。
   A. KeyEvent　　B. ActionEvent　　C. MouseEvent　　D. WindowEvent
5. 可以把 JFrame 的布局管理器设为 FlowLayout 类型的是( )。
   A. addFlowLayout(); 　　　　　　B. addLayout(new FlowLayout());
   C. setFlowLayout(); 　　　　　　D. setLayout(new FlowLayout());

二、简答题

1. 向 JFrame 和 JPanel 中添加组件时,是否都需要使用 getContentPane 方法呢?
2. 事件适配器的作用是什么?
3. AWT 组件与 Swing 组件的区别是什么?
4. 简述 Java.awt 包中提供的布局管理器。

拓展阅读

密码学家王小云的故事,请扫描以下二维码阅读。

第8章

输入输出流

CHAPTER 8

本章学习目标：
（1）理解 Java 中流的概念。
（2）掌握字节流 InputStream 和 OutputStream 及其子类的使用。
（3）掌握字符流 Reader 和 Writer 及其子类的使用。
（4）掌握随机读写文件流 RandomAccessFile 的使用。
重点：Java 中输入输出流的使用及文件的操作。
难点：Java 中流概念的理解与使用。

流是本章最基本的概念，Java.io 包中提供的接口和类是本章的核心，如何熟练有效地学习并应用本章知识呢？建议采用分类强化学习方法学习本章知识。

分类强化学习是指将所学知识进行分类，然后根据一般、重点、难点再进行有目的的强化训练的过程。预习本章知识不难发现，本章概念很多，例如流、输入流、输出流、字符流、字节流、文件流、过滤流等，很抽象。对于概念的学习建议读者可以采用比较法、图示法、打比喻等学习方法。将这些抽象的概念与现实生活中的一些生动的实例结合起来去理解就很容易达到事半功倍的效果。

本章内容主要分为两部分，一是介绍 Java 的各种字节流类和字符流类的功能和使用方法，二是介绍文件与随机文件操作的 File 类、文件过滤器、文件对话框等。

视频讲解

8.1 流

输入输出是程序设计的重要组成部分,任何程序设计语言都提供对输入输出的支持。Java 也不例外,它采用数据流的形式传送数据。

8.1.1 流的定义和作用

流(Stream)是指一组有顺序的、有起点和终点的字节集合,是对数据传输的总称或抽象。换言之,数据在两个对象之间的传输称为流。

设计流的目的是使数据传输操作独立于相关设备。程序中需根据待传输数据的不同特性而设计不同的流,数据传输给指定设备后的操作由系统执行设备驱动程序完成。程序中不需关注设备实现细节,使得一个源程序能够用于多种输入/输出设备,从而增强程序的可重用性。

对流的基本操作有读和写操作,从流中取得数据的操作称为读操作,向流中添加数据的操作称为写操作。对流进行读/写操作的最小单位是字节,即一次可以写入或读取一字节,显然这样数据传输效率很低。为提高数据传输效率,通常为一个流配备一个缓冲区(Buffer),缓冲区是一块内存的若干存储单元,用于暂时存放待传送的数据。

当向一个流写入数据时,系统将数据发送到缓冲区,而不直接发送到外部设备。缓冲区自动记录数据,当缓冲区满时,系统将数据全部发送到相应的设备。

当从一个流中读取数据时,系统实际是从缓冲区中读取数据的。当缓冲区空时,系统就会从相关设备自动读取数据,并读取尽可能多的数据充满缓冲区。

由此可见,流提高了内存与外部设备之间的数据传输效率。

8.1.2 流的存在

Java 支持流技术,并且提供了多种流技术,按照流的方向性,流可分为输入流和输出流。流的方向是从内存的角度看的,在标准输入过程中,数据从键盘等输入设备流向内存,这是输入流;在标准输出过程中,数据从内存流向显示器或打印机等输出设备,这是输出流。

在文件的读/写操作中也存在数据流动问题。读文件操作中存在输入流,数据从磁盘流向内存;写文件操作中存在输出流,数据从内存流向磁盘。

标准输入/输出操作与流的关系如图 8-1 所示。

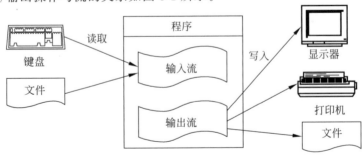

图 8-1 标准输入/输出操作与流的关系

8.2 流的分类

所谓流,简单地说,即计算机中数据的流动。无论是输入流还是输出流,Java 按照流中元素的基本类型,提供了如下两种方式进行处理:

(1) 字节流(Byte Stream),以字节方式处理的是二进制数据流(简称字节流)。用二进制的格式可以表示许多类型的数据,例如数字数据、可执行程序代码、因特网通信和类文件代码等。

(2) 字符流(Character Stream),以字符方式处理的数据流称为字符流。它不同于字节流,因为 Java 使用 Unicode 字符集,存放一个字符需要两字节。因此这是一种特殊类型的字节流,它只处理文本化的数据。所有涉及文本数据处理,诸如文本文件、网页以及其他常见的文本类型都应该使用字符流。

8.2.1 基本字节流

字节流包括字节输入流和字节输出流,这两大类别都包含多个类,其中 InputStream 类及其子类实现多种字节输入流,而 OutputStream 类及其子类实现多种字节输出流。

1. InputStream 类及其子类

InputStream 类是一个抽象类,它是字节输入流的顶层类。我们不能直接创建 InputStream 对象,要进行字节输入流的操作,还要靠创建它的子类对象实现。InputStream 类被放在 Java.io 包中,它的子类派生结构如图 8-2 所示。

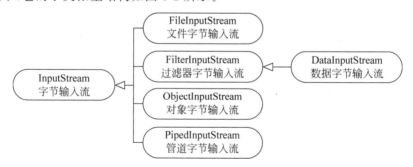

图 8-2 字节输入流类派生结构

InputStream 类中提供了一系列的方法用来完成从字节输入流读取数据的操作,常用的方法及说明如表 8-1 所示。

表 8-1 InputStream 类的常用方法及说明

方 法	功 能
public int available() throws IOException	可以取得输入文件的大小
public void close() throws IOException	关闭输入流
public abstract int read() throws IOException	读取内容,以数字的方式读取
public int read(byte[] b) throws IOException	将内容读到 byte 数组中,同时返回读入的个数

提示:输入流中的方法都声明抛出异常,所以调用流方法时必须进行异常处理,否则不能通过编译。

如前所述，使用字节输入流的操作需要创建 ImputStream 子类的对象来实现。Java 已将基本数据类型数据的读写问题封装成了数据字节流，下面介绍数据字节输入流 DataInputStream 子类和文件字节输入流 FileInputStream 子类。

1）数据字节输入流 DataInputStream 类

DataInputStream 类构造方法如下：

DataInputStream(InputStream in)用基本的 InputStream 对象 in 创建对象。

DataInputStream 类除了继承父类的所有方法之外，还实现了读取 8 种基本数据类型（boolean，byte，char，short，int，float，long，double）的 readdataType(dataType v)方法，还有如下方法：

int readUnsignedByte()以无符号字节数的方式读取流中的数据。

int readUnsignedShort()以无符号短整数的方式读取流中的数据。

String readUTF()以 UTF-8 数据格式读取流中的数据。

static String readUTF(DataInput in)以 UTF-8 数据格式读取由 in 指定流中的数据。

int skipBytes(int n)跳读 n 字节。

2）文件字节输入流 FileInputStream 类

FileInputStream 类构造方法如下：

FileInputStream(File file)以 file 指定的文件对象创建文件输入流。

FileInputStream(FileDescriptor fdObj)以 fdObj 指定的文件描述符对象创建文件输入流。

FileInputStream(String name)以字符串 name 指定的文件名创建文件输入流。

FileInputStream 除了继承父类的方法之外，还提供了如下常用方法：

FileChannel getChannel()获得与文件输入流相连接的唯一的 FileChannel 对象。

FileDescriptor getFD()获得与文件输入流相连接的文件描述符对象。

2．OutputStream 类及其子类

与 InputStream 类似，OutputStream 是字节输出流的顶层类，它也是一个抽象类。OutputStream 类的派生结构如图 8-3 所示。

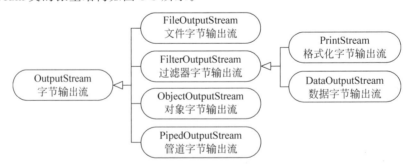

图 8-3　字节输出流类派生结构

OutputStream 类中定义了用来完成从输出流输出数据的一系列方法。常用的方法及说明如表 8-2 所示。

表 8-2　OutputStream 类的常用方法及说明

方　　法	功　　能
public void close() throws IOException	关闭输出流
public void flush() throws IOException	刷新缓冲区
public void write(byte[] b) throws IOException	将一个 byte 数组写入数据流
public void write(byte[] b,int off,int len) throws IOException	将一个指定范围的 byte 数组写入数据流
public abstract void write(int b) throws IOException	将一个字节数据写入数据流

提示：与 InputStream 类似,写入字节流的方法也都抛出了异常,调用写方法时必须进行异常处理。

与使用字节输入流类似,使用字节输出流的操作也需要创建 OutputStream 子类的对象来实现。下面介绍数据字节输入流 DataOutputStream 子类以及文件字节输出流 FileOutputStream 子类。

1) 数据字节输出流 DataOutputStream 类

DataOutputStream 子类构造方法如下：

DataOutputStream(OutputStream out)以 OutputStream 对象 out 为参数创建对象。

DataOutputStream 类除了继承父类的所有方法之外,还实现了写入 8 种(boolean,byte,char,short,int,float,long,double)基本类型数据的 writedataType(dataType v) 方法,此外还提供了如下方法：

int size()返回迄今为止写入流中的字节计数。

void writeChars(String s)将字符串 s 写入输出流中。

void writeUTF(String str)将字符串 str 以 UTF-8 格式写入输出流中。

2) 文件字节输出流 FileOutputStream 类

FileOutputStream 类构造方法如下：

FileOutputStream(File file)以 file 指定的文件对象创建文件输出流。

FileOutputStream(File file,boolean append) 以 file 指定的文件对象创建文件输出流。如果 append 为 true,则数据被添加到文件的尾部而不是开头。

FileOutputStream(FileDescriptor fdObj)以 fdObj 指定的文件描述符对象创建文件输出流。

FileOutputStream(String name) 以字符串 name 指定的文件名创建文件输出流。

FileOutputStream(String name,boolean append)以字符串 name 指定的文件名创建文件输出流。append 的作用如上所述。

FileOutputStream 类除了继承父类的方法之外,还提供了如下常用方法：

FileChannel getChannel()获得唯一的与该文件输出流相连接的 FileChannel 对象。

FileDescriptor getFD()获得与该输出流相连接的文件描述符对象。

【**例 8-1**】 使用字节流建立文件并输出文件内容。

本例将演示通过键盘录入内容建立文件,然后将文件内容输出。程序运行结果如图 8-4 所示。程序代码如下。

```java
    import Java.io.*;
    public class ByteStream_Read_Write {
public static void main(String[] args) {
    byte [] data = new byte[50];
    try {
    DataInputStream in = new DataInputStream(System.in);        //创建数据输入流对象；
    FileOutputStream file = new FileOutputStream("data1.dat");//创建文件输出流
    System.out.println("输入不多于 50 个字符:");
    in.read(data);                    //将键盘上输入的字符读入字节数组
    file.write(data);                                         //将字节数组的元素值写入流
    file.close();                                             //关闭文件输出流
    in.close();                                               //关闭数据输入流
    FileInputStream file1 = new FileInputStream("data1.dat"); //创建文件输入流
    DataOutputStream out = new DataOutputStream(System.out);  //创建数据输出流
    int n = file1.read(data);       //从文件输入流中读取数据放入字节数组中
    System.out.println("从文件中读取的" + n + "字节的数据如下:");
    out.write(data);
    file1.close();                                            //关闭文件输入流
    out.close();                                              //关闭数据输出流
    }
    catch (IOException e) { System.out.println("Error - " + e.toString());  }
         }
     }
 }
```

```
Problems  @ Javadoc  Declaration  Search  Console
<terminated> ByteStream_Read_Write [Java Application] C:\Program Files\
输入不多于50个字符:
字节流输入输出测试
从文件中读取的50字节的数据如下:
字节流输入输出测试
```

图 8-4　字节流测试运行结果

8.2.2 基本字符流

在程序中一个字符等于两字节,Java 为我们提供了 Reader 和 Writer 两个专门操作字符流的类。Reader 和 Writer 类都是抽象类,其中约定字符流的基本输入/输出操作方法,它们的每个子类实现一种特定的字符流输入或输出操作。

1. Reader 类及其子类

Reader 类是一个抽象类,是字符输入流的顶层类。Reader 类的派生结构如图 8-5 所示。

尽管不能直接创建 Reader 对象进行流的操作,但 Reader 类提供了读取字符流的常用方法,如表 8-3 所示。

表 8-3　Reader 类的常用方法

方　　法	功　　能
public abstract void close() throws IOException	关闭输出流
public int read() throws IOException	读取单个字符
public int read(char[] cbuf) throws IOException	将内容读到字符数组之中,返回读入的长度

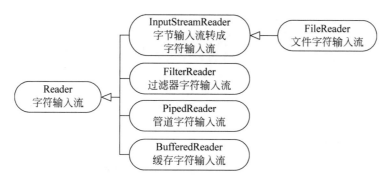

图 8-5 Reader 类的派生结构

2. 使用文件和缓存字符输入流

如前所述,必须创建 Reader 类的子类对象来操作字符流。一般我们常使用字符输入流来处理文本文件,FileReader 类用于从一个文件中读取字符流。如果想一次在流中读取一行字符时,BufferedReader 类具有更高的效率。下面先简单介绍一下常用子类的功能。

1) BufferedReader 类

BufferedReader 类构造方法如下:

BufferedReader(Reader in)创建一个系统默认大小的缓冲字符流。

BufferedReader(Reader in,int size)创建一个由 size 指定大小的缓冲字符流。

除了继承父类的方法之外,BufferedReader 还提供了如下常用方法:

String readLine()读取一行文本。如果已无字符可读即已到流的结尾,将返回 null。一般来说,每一行的结束标记是以换行('\n')或回车('\r')或回车换行('\r\n')符表示。

2) InputStreamReader 和 FileReader 类

InputStreamReader 的常用构造方法如下:

InputStreamReader(InputStream in)使用系统默认的字符集构建输入流。

InputStreamReader(InputStream in,Charset cs)使用 cs 指定的字符集构建输入流。

InputStreamReader(InputStream in, String charsetName)使用 charsetName 表示的字符集构建输入流。

InputStreamReader 继承了父类的功能且实现了父类的抽象方法,自身定义了如下方法:

String getEncoding()返回字符编码的名字。

FileReader 类是 InputStreamReader 的派生类,它的构造方法如下:

FileReader(File file)以 file 指定的文件创建文件输入流。

FileReader(FileDescriptor fd)以 fd 文件描述符指定的文件创建文件输入流。

FileReader(String fileName)以字符串 fileName 表示的文件创建文件输入流。

FileReader 类继承父类的方法,自身没有定义方法。

3. Writer 类及其子类

与 Reader 类一样,Writer 类是字符输出流的顶层类,它也是一个抽象类。Writer 类的派生结构如图 8-6 所示。

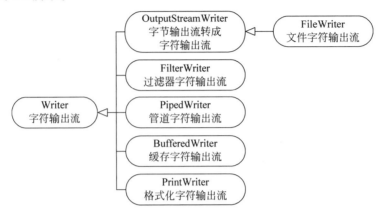

图 8-6　Writer 类的派生结构

尽管不能直接创建 Writer 对象进行流的操作,但 Writer 类提供了操作字符输出流的方法,如表 8-4 所示。

表 8-4　Writer 类的常用方法

方　　法	功　　能
public abstract void close() throws IOException	关闭输出流
public void write(String str) throws IOException	将字符串输出
public void write(char[] cbuf) throws IOException	将字符数组输出
public abstract void flush() throws IOException	强制性清空缓存

4. 使用文件和缓存字符输出流

我们简单介绍三个派生类 BufferedWriter、OutputStreamWriter 和 FileWriter。

1) BufferedWriter 类

BufferedWriter 类的构造方法如下:

BufferedWriter(Writer out)以系统默认的缓冲大小创建字符输出流。

BufferedWriter(Writer out,int size)以 size 指定的缓冲大小创建字符输出流。

BufferedWriter 除了继承父类的功能且实现了父类的抽象方法外,还定义了如下方法:

void newLine()写入一个行分隔符。

2) OutputStreamWriter 类

OutputStreamWriter 类常用的构造方法如下:

OutputStreamWriter(OutputStream out)以系统默认的字符编码创建输出流。

OutputStreamWriter(OutputStream out,Charset cs)以 cs 指定的字符集创建输出流。

OutputStreamWriter(OutputStream out,String charsetName)以 charsetName 指定的字符集创建输出流。

OutputStreamWriter 除了继承父类的功能且实现了父类的抽象方法外,还定义了如下方法:

String getEncoding()获得字符编码名。

3) FileWriter 类

FileWriter 类是 OutputStreamWriter 的派生类。它继承了父类的所有功能,自身没有定义新方法。它的构造方法如下:

FileWriter(File file)以文件对象 file 构建输出流。

FileWriter(File file,boolean append)以文件对象 file 构建输出流。若 append 为 true,则在流的尾部添加数据,否则在流的开头写入数据。

FileWriter(FileDescriptor fd)以文件描述符 fd 关联的文件构建输出流。

FileWriter(String fileName)以 fileName 表示的文件构建输出流。

FileWriter(String fileName,boolean append)以 fileName 表示的文件构建输出流。若 append 为 true,则在流的尾部添加数据,否则在流的开头写入数据。

我们常用 FileWriter 类的功能将一个字符流写入文本文件中。创建一个 FileWriter 对象,就可将输出流对象与一个文本文件相关联。

【例 8-2】 使用字符流建立一个图像用户界面的简单文本编辑程序。

本例将演示通过单击"编辑"按钮用于装入要编辑的文件;"保存"按钮用于保存以编辑好的文件。在窗口上放置一个多行文本框,用于编辑文件内容。程序运行结果如图 8-7 所示。

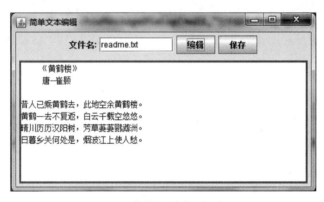

图 8-7 字符流测试运行结果

程序代码如下。

```
import Java.awt.*;
import Javax.swing.*;
import Java.awt.event.*;
import Java.io.*;
public class CharStream_Read_Writer extends JFrame implements ActionListener {
    JTextField fileName = new JTextField(10);
    JTextArea fileContent = new JTextArea(10,40);
    JButton editButton = new JButton("编辑");
    JButton saveButton = new JButton("保存");;
    JPanel panel1 = new JPanel();
    JPanel panel2 = new JPanel();
    public CharStream_Read_Writer()
    {   panel1.add(new JLabel("文件名:"));
        panel1.add(fileName);
        panel1.add(editButton);
```

```
                panel1.add(saveButton);
                fileContent.setBorder (BorderFactory.createLineBorder(Color.gray,3));
                panel2.add(fileContent);
                this.add(panel1,BorderLayout.CENTER);
                this.add(panel2,BorderLayout.SOUTH);
                editButton.addActionListener(this);
                saveButton.addActionListener(this);
                this.setTitle("简单文本编辑");
                this.pack();
                this.setVisible(true);
                this.setDefaultCloseOperation(this.EXIT_ON_CLOSE);
        }
    public void actionPerformed(ActionEvent evt)
    {
    Object obj = evt.getSource();
    try
    { if(obj == editButton)                            //将文件装入文本框
        { FileReader file = new FileReader(fileName.getText());
        BufferedReader buff = new BufferedReader(file);
        fileContent.setText("");                       //在装入之前,设置文本框为空
        String line;
        while((line = buff.readLine())!= null) fileContent.append(line + '\n');
          buff.close();                                //装入完成后关闭输入流
        }
    else if(obj == saveButton)
        {
        FileWriter file = new FileWriter(fileName.getText());
        file.write(fileContent.getText());             //将文本框编辑的内容写入输出流
        file.close();                                  //关闭输出流
            JOptionPane.showMessageDialog(null,"文件存储完成!!!","提示信息",JOptionPane.PLAIN_MESSAGE);
        }
    }
    catch(Exception e)
    {
            JOptionPane.showMessageDialog(null,"文件错误:" + e,"提示信息",JOptionPane.PLAIN_MESSAGE);
        }
    }
    public static void main(String [] args)
    {   new   CharStream_Read_Writer();        }
    }
```

8.3 文件操作

Java 支持对文件进行顺序存取和随机存取操作,提供 File 类记载文件属性信息,对文件的读/写操作通过流实现;RandomAccessFile 类以随机存取方式进行文件读/写操作。在对文件操作过程中,还需要使用文件过滤器接口和文件对话框类。

8.3.1 文件操作类

Java 将操作系统管理的各种类型的文件和目录结构封装成 File 类,尽管 File 类位于包 Java.io 中,但它是一个与流无关的类,它主要用来处理与文件或目录结构相关的操作。在打开、保存、复制文件时,读/写文件中数据内容的操作由流实现,不同类型的文件需要使用不同的流类。

1. File 类及其构造方法

声明如下:

```
public class File extends Object implements Serializable,Comparable<File>
{ //属性说明
    static final String pathSeparator      //与系统相关的路径分隔符。以字符串形式表示
    static final char pathSeparatorChar    //与系统相关的路径分隔符
    static final String separator          //与系统相关默认的名字分隔符,以字符串形式表示
    static final char separatorChar        //与系统相关默认的名字分隔符。在 Windows 系统下路径
                                           //分隔符使用 "/"或转义字符"\\"
    //构造方法说明
    File(String  pathname)                 //用 pathname 指定的文件或目录路径创建 File 对象
                                           //pathname 指定的路径既可以是绝对路径也可以是相对路径
    File(String parent,String  child)      //用 parent 指定父路径和 child 指定的子路径创建对象
    File(File parent, String child)        //以 parent 和 child 创建对象
    File(URI uri)                          //以 uri 创建对象
}
```

提示:绝对路径是指从逻辑盘的根目录开始所经过的路径,如 new File("C:/Program Files/Java/HelloWorld.java");相对路径是指相对于当前目录所经过的路径,一般我们使用"./"表示当前目录,"../"表示当前目录的父目录。

2. File 类提供的方法

创建一个文件对象后,可以用 File 类提供的方法来获得文件属性信息,对文件进行操作。File 类常用方法及功能说明如表 8-5 所示。

表 8-5 File 类常用方法及功能说明

类　　别	方　　法	功　　能
目录操作	public boolean mkdir()	创建指定目录,正常建立时返回 true
	public String[] list()	返回目录中的所有文件名字符串
	public File[] listFiles()	返回目录中的所有文件对象
文件操作	public int CompareTo(File pathname)	比较两个文件对象的内容
	public boolean renameTo(File dest)	文件重命名
	public boolean createNewFile() throws IOException	创建新文件
	public boolean delete()	删除文件或空目录

类 别	方 法	功 能
检测或设置文件	public long length()	返回文件的字节长度
	public long lastModified()	返回文件的最后修改时间
	public boolean exists()	判断对象是否存在
	public boolean canRead()	判断文件是否可以读取
	public boolean canWrite()	判断文件是否可以写入
	public boolean isHidden()	判断文件是否是隐藏的
	public boolean isFile()	判断当前文件对象是否为文件
	public boolean isDirectory()	判断当前文件对象是否为目录
	public boolean setReadOnly()	设置文件属性为只读
	public boolean setLastModified(long time)	设置文件的最后修改时间
访问文件	public String getName()	返回文件名,不包含路径名
	public String getPath()	返回相对路径名,包含文件名
	public String getAbsolutePath()	返回绝对路径名,包含文件名
	public String getParent()	返回父文件对象的路径名
	public File getParentFile()	返回父文件对象

8.3.2 文件过滤器接口

在操作应用程序的过程中,我们经常希望查看符合条件的文件信息,Windows 操作系统中约定了通配符? 和 *,可以通过这个指定过滤条件。

在 Java 应用程序中,可以通过指定文件过滤条件来实现获得希望得到的文件部分。具体是通过文件过滤器接口和 File 类的方法来实现的。

1. FileFilter 和 FilenameFilter 接口

Java 提供 FileFilter 和 FilenameFilter 两个接口实现对文件名字字符串的过滤,它们都声明 accept()方法实现过滤操作,具体声明如下。

FileFilter 接口成员方法:

```
public boolean accept(File pathname)    //测试指定抽象路径名是否应该包含在某个路
                                        //径名列表中
```

FilenameFilter 接口成员方法:

```
public boolean accept(File dir,String name)    //测试指定文件是否应该包含在某一文
                                               //件列表中
```

2. File 类的 list()和 listFiles()方法

list()和 listFiles()方法的声明如下:

```
public String[] list(FilenameFilter filter)      //返回过滤后的文件列表
pubic File[] listFiles(FilenameFilter filter)
pubic File[] listFiles(FileFilter filter)
```

其中,参数 filter 是一个实现了指定过滤器接口的对象,该对象包含 accept()方法实现。以上三个方法的功能相同,只是参数和返回值不同。

8.3.3 文件对话框组件

当执行打开文件和保存文件的人机会话中,常常使用文件对话框。Java 提供的 Javax.swing.JFileChooser 选择文件对话框组件,能够调用 Windows 的"打开"和"保存"对话框。

JFileChooser 类提供了 6 个构造方法用于创建 JFileChooser 类对象,常用的有 3 个,如表 8-6 所示。

表 8-6 **JFileChooser 类常用构造方法**

方 法	说 明
JFileChooser()	构造一个指向用户默认目录的 JFileChooser
JFileChooser(String currentDirectoryPath)	构造一个使用给定路径的 JFileChooser
JFileChooser(File currentDirectory)	使用给定的 File 作为路径来构造一个 JFileChooser

无参构造方法创建的 JFileChooser 类对象,其默认目录取决于操作系统。在 Windows 上通常是"我的文档",在 UNIX 上是用户的主目录。另外两个构造方法,虽然传递参数的类型不同,但均指某个目录。若参数传递时传入 null,则相当于使用 JFileChooser()创建 JFileChooser 类对象。

JFileChooser 类常用方法如表 8-7 所示。

表 8-7 **JFileChooser 类常用方法**

方 法	说 明
int showOpenDialog(Component parent)	弹出一个 Open File 文件选择器对话框
int showSaveDialog(Component parent)	弹出一个 Save File 文件选择器对话框
File getSelectedFile()	返回选中的文件

对于 showOpenDialog 等显示对话框的方法将返回一个整数,可能取值情况是:

(1) JFileChooser.CANCEL_OPTION——按取消键退出对话框,无文件选取。

(2) JFileChooser.APPROVE_OPTION——正常选取文件。

(3) JFileChooser.ERROR_OPTION——发生错误或者该对话框已被解除而退出对话框。

因此在文件选取对话框交互结束后,应进行判断,是否从对话框中选取了文件,然后根据返回值情况进行处理。

8.3.4 随机存取文件类

文件存取通常是顺序的,每在文件中存取一次,文件的读取位置就会相对于目前的位置前进一次。然而有时必须指定文件的某个区段进行读取或写入的动作,也就是进行随机存取(Random Access),即要能在文件中随意地移动读取位置。Java 在 Java.io 包中提供了 RandomAccessFile 类,用于处理随机读取的文件,使用它的 seek()方法来指定文件存取的位置,指定的单位是字节。

下面简要介绍一下 RandomAccessFile 类的功能及应用。

1. RandomAccessFile 类的构造方法

RandomAccessFile(File file,String mode) 以 file 指定的文件和 mode 指定的读写方式构建对象。

RandomAccessFile(String name,String mode) 以 name 表示的文件和 mode 指定的读写方式构建对象。

读写方式 mode 有如下几种：
（1）"r"读方式。用于从文件中读取内容。
（2）"rw"读写方式。既可从文件中读取内容也可向文件中写入内容。
（3）"rwd"读写方式。每一次文件内容的修改被同步写入存储设备上。
（4）"rws"读写方式。每一次文件内容的修改和元数据被同步写入存储设备上。

例如，创建一个读方式的随机文件对象：

```
RandomAccess  rFile1 = new RandomAccess(new File("data1.dat"),"r");
```

创建一个读写方式的随机文件对象：

```
RandomAccess  rFile2 = new RandomAccess("data2.dat","rw");
```

2. RandomAccessFile 类的常用方法

RandomAccessFile 类提供了众多的方法，为了便于阅读比较，我们以如下方式列出。

1) 读写方法

8 种基本类型数据对应的读写方法一般格式如下：

```
dataType readDataType()
void writeDataType(dataType v)
```

其中，dataType、DataType 是 8 种基本类型之一。不同的是方法名中的类型首字母大写，如 readByte、writeLong。

应该注意的是除了 Long 整型外，其他整数写方法 writeByte()、writeChar()和 writeShort()均采用 int 型参数。

除了 8 种基本类型数据对应的读写方法外，其他的读写方法如下：

```
int readUnsignedByte()                    //读入一个无符号字节数
int readUnsignedShort()                   //读入一个无符号短整数
int read(byte[] b)                        //从文件中读取内容，放入一个字节数组 b 中
int read(byte[] b, int off, int len)      //从文件中读取 len 字节，放入数组 b 从 off 开始的位置中
String readUTF()                          //以 UTF-8 格式从文件中读取字符串
String readLine()                         //从文本文件中读取一行文本
void write(byte[] b)                      //将字节数组 b 写入文件中
void write(byte[] b, int off, int len)    //将数组从 off 位置开始的 len 个元素值写入文件
void writeChars(String s)                 //以字符格式把字符串 s 写入文件
void writeBytes(String s)                 //以字节格式把字符串 s 写入文件
void writeUTF(String str)                 //以 UTF-8 格式把字符串 str 写入文件
```

2) 有关文件位置方法

```
long getFilePointer()                     //获得文件的当前位置
void seek(long pos)                       //定位文件到 pos 位置
int skipBytes(int n)                      //从当前位置跳过 n 字节
```

3）其他方法

```
void setLength(long newLength)        //设置文件长度
long length()                         //获得文件的长度
void close()                          //关闭文件
FileDescriptor getFD()                //获得对象的文件描述符
```

8.4 应用实例

本节通过两个案例介绍输入输出类的使用。

8.4.1 一个文本编辑界面

创建一个图像界面的文本编辑器，实现文本文件的新建、打开、保存、另存为等功能，用户界面及菜单结构如图 8-8 所示，菜单中虚线部分功能未实现，请自行完善。

图 8-8 用户界面及菜单结构

程序代码如下：

```
import Java.awt.event.*;
import Javax.swing.*;
import Java.io.*;
public class TextFileEditorJFrame extends JFrame implements ActionListener
{    private File file;                         //当前文件
     private JTextArea text;                    //文本区
     private JFileChooser fchooser;             //选择文件对话框
     public TextFileEditorJFrame()              //空文件的构造方法
```

```java
        {   super("文本文件编辑器");
            this.setBounds(400,300,600,480);                    //设置窗口位置及大小
            this.setDefaultCloseOperation(HIDE_ON_CLOSE);
            this.text = new JTextArea();
            this.getContentPane().add(new JScrollPane(this.text));
            JMenuBar menubar = new JMenuBar();
            this.setJMenuBar(menubar);                          //菜单栏添加到框架窗口
            String menustr[] = {"文件","编辑","插入","格式","工具","帮助"};
            JMenu menu[] = new JMenu[menustr.length];
            for (int i = 0; i < menu.length; i++)               //菜单栏添加文件等若干菜单
            {
                menu[i] = new JMenu(menustr[i]);
                menubar.add(menu[i]);
            }
            String menuitemstr[] = {"新建","打开","保存","另存为"};
            JMenuItem menuitem[] = new JMenuItem[menuitemstr.length];
            for (int i = 0; i < menuitem.length; i++)           //文件菜单添加若干菜单项
            {   menuitem[i] = new JMenuItem(menuitemstr[i]);
                menu[0].add(menuitem[i]);
                menuitem[i].addActionListener(this);
            }
            menuitem[1].setIcon(new ImageIcon("open.gif"));     //设置菜单项的图标
            menuitem[2].setIcon(new ImageIcon("save.gif"));
            JToolBar toolbar = new JToolBar();                  //工具栏
            this.getContentPane().add(toolbar,"North");
            JButton bopen = new JButton("打开", new ImageIcon("open.gif"));
            bopen.addActionListener(this);
            toolbar.add(bopen);
            JButton bsave = new JButton("保存", new ImageIcon("save.gif"));
            bsave.addActionListener(this);
            toolbar.add(bsave);
            this.setVisible(true);
            this.file = null;                                   //文件对象空
            this.fchooser = new JFileChooser(new File(".",""));//打开文件对话框的起始路径
//是当前目录
            this.fchooser.setFileFilter(new FileExtensionFilter("文本文件(*.txt)","txt"));
                                                                //设置文件过滤器
        }
        public TextFileEditorJFrame(File file)                  //指定文件对象的构造方法
        {   this();
            if (file!= null)
            {   this.file = file;
                this.text.setText(this.readFromFile());         //使用流读取指定文件中的字符串,
//并显示在文本区中
                this.setTitle(this.file.getName());             //将文件名添加在窗口标题栏上
            }
        }
        public TextFileEditorJFrame(String filename)  //指定文件名的构造方法
        {   this(new File(filename));                           //若 filename == null,抛出空对象异常
        }
        private String readFromFile()                           //使用流从当前文本文件中读取字符串
        {   char contents[] = null;
            try
```

```java
            FileReader fin = new FileReader(this.file);    //创建字符输入流对象
            contents = new char[(int)this.file.length()];
            fin.read(contents);                            //读取字符输入流到字符数组
            fin.close();
        }
        catch (FileNotFoundException fe)
        {   JOptionPane.showMessageDialog(this, "\"" + this.file.getName() + "\"文件不存在");
        }
        catch (IOException ioex)
        {   JOptionPane.showMessageDialog(this, "IO 错,读取\"" + this.file.getName() + "\"文件不成功");
        }
        return new String(contents);
    }
    private void writeToFile(String lines)    //将字符串 lines 写入当前文本文件中
    {   try
        {   FileWriter fout = new FileWriter(this.file);   //创建字符输出流对象
            fout.write(lines + "\r\n");                    //向文件字符输出流写入一个字符串
            fout.close();
        }
        catch (IOException ioex)
        {   JOptionPane.showMessageDialog(this, "IO 错,写入\"" + this.file.getName() + "\"文件不成功");
        }
    }
    public void actionPerformed(ActionEvent e)   //单击事件处理方法,单击菜单项时
    {
        String mitem = e.getActionCommand();              //菜单项名
        if (mitem.equals("新建"))
        {   this.file = null;
            this.setTitle("未命名");                       //设置框架窗口标题
            this.text.setText("");                        //文本区清空
        }
        else if (mitem.equals("打开") && fchooser.showOpenDialog(this) == JFileChooser.APPROVE_OPTION)
        {   //显示打开文件对话框,且单击【打开】按钮
            this.file = fchooser.getSelectedFile();       //获得文件对话框的选中文件
            this.setTitle(this.file.getName());
            this.text.setText(this.readFromFile());
        }
        else if (mitem.equals("保存") && this.file!= null)  //保存非空文件,不显示保存对话框
            this.writeToFile(this.text.getText());
        else if ((mitem.equals("保存") && this.file == null || mitem.equals("另存为"))   && fchooser.showSaveDialog(this) == JFileChooser.APPROVE_OPTION)
        {//保存空文件或执行"另存为"菜单时,显示保存文件对话框,且单击【保存】按钮
            this.file = fchooser.getSelectedFile();
            if (!file.getName().endsWith(".txt"))
                this.file = new File(file.getAbsolutePath() + ".txt");   //添加文件扩展名
            this.writeToFile(this.text.getText());
            this.setTitle(this.file.getName());
        }
    }
```

```
            public static void main(String arg[])
            {    new TextFileEditorJFrame("唐诗\\赋得古原草送别.txt");
            }
}
      //内部类 FileExtensionFilter,用于文件过滤
class FileExtensionFilter extends Javax.swing.filechooser.FileFilter
{     private String description, extension;            //文件类型描述,文件扩展名
      public FileExtensionFilter(String description, String extension)
      {    this.description = description;
           this.extension = extension.toLowerCase();
      }
      public boolean accept(File f)
      {  return f.getName().toLowerCase().endsWith(this.extension); //文件扩展名匹配
      }
      public String getDescription()
      {    return this.description; }
}
}
```

8.4.2 统计文件字符数、行数

现实生活中,经常需要对一个文本文件分析,例如在其中查找有关内容,进行某种统计等。本节要求编写程序,统计一个英文文本文件中的字符数、单词数和行数。单词由空格和逗号、句号、分号和感叹号4个标点符号分隔,文件名由键盘读入。

Java.util.Scanner 类可以从控制台读取字符串,可以用它读取文件名。读取文件内容可以使用文本输入流对象 FileReader。对读取的每行可以使用 split()方法解析,从而得到单词数量。由此,本案例的设计思路如下:

(1) 创建 Scanner 对象,从键盘读取要统计的源文件名,并判断文件是否存在,存在继续,不存在则强制程序结束。

(2) 创建 FileReader 和 BufferedReader 对象,使用 readLine()方法从指定的文件读取字符串进行解析。

(3) 对每一行的字符串,用 String 的 length()方法计算字符数,再使用 String 类的 split() 方法根据置分隔符来解析所包含的单词数。

程序代码如下:

```
import Java.io.BufferedReader;
import Java.io.File;
import Java.io.FileReader;
import Java.io.IOException;
import Java.util.Scanner;
public class WordsCount {
    public static void main(String args[]){
        Scanner   input = new Scanner(System.in);
           String filename = "";
           System.out.print("请输入文本文件名:");
           filename = input.nextLine();
           File file = new File(filename);
           if(!file.exists()) {
              System.out.println("您输入的文件不存在! ");
```

```
            System.exit(0);
        }
        try(
                BufferedReader    fis = new BufferedReader(new FileReader(file));
        ){
            int charNums = 0;
            int  wordsNums = 0;
            int lineNums = 0;
            //读取每一行,进行分析
            String aLine = fis.readLine();
            while(aLine != null){
                charNums = charNums + aLine.length();
                String[] words = aLine.split("[,;.!]");
                // 5 个符号
                wordsNums = wordsNums + words.length;
                //行数加 1
                lineNums = lineNums + 1;
                aLine = fis.readLine();
            }
            System.out.println("文件 = " + filename );
            System.out.println("总共字符数 = " + charNums + "个");
            System.out.println("单词数 = " + wordsNums + "个" );
            System.out.println("共有行数 = " + lineNums + "行");
        }
        catch(IOException ioe) {
            ioe.printStackTrace();
        }
    }
}
```

程序运行结果如图 8-9 所示。

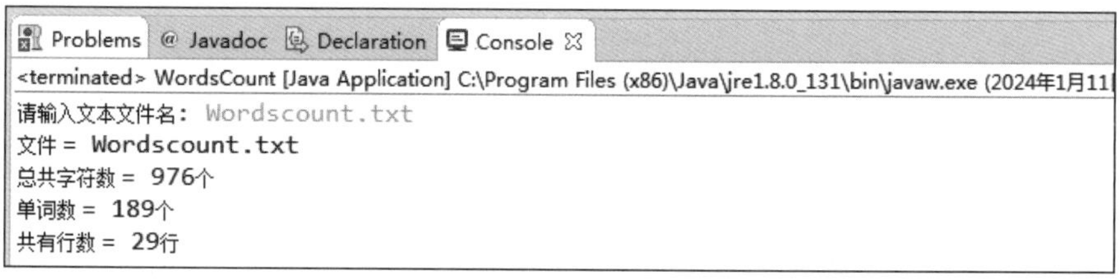

```
<terminated> WordsCount [Java Application] C:\Program Files (x86)\Java\jre1.8.0_131\bin\javaw.exe (2024年1月11)
请输入文本文件名：Wordscount.txt
文件 = Wordscount.txt
总共字符数 = 976个
单词数 = 189个
共有行数 = 29行
```

图 8-9 统计文件字符等

8.5 本章小结

本章首先介绍了 Java 输入输出流的一些基本概念,如流的概念、什么是字节流、什么是字符流、文件类等知识。然后分别对 Java 输入输出流中的字节流和字符流进行了详细的介绍。Java 将各种操作系统下的文件抽象为 File 对象,介绍了读写、创建,以及获取文件属性等方法,极大地降低了对操作系统本身的依赖性。希望通过本章的学习,读者可以深入地掌握 Java 输入输出流。

习题答案

课后习题

一、思考题

1. 流的含义是什么？根据程序输送数据的方式，流分为哪两种类型？
2. 流与文件操作有什么关系？
3. 在打开、保存文件对话框中，设置"*.txt"等文件过滤器。
4. RandomAccessDile 类与 File 类有什么不同，进行读写操作时需要使用流吗？

二、编程题

1. 使用文件字节输入/输出流，合并两个指定文件；当文件中的数据已排序时，合并后的数据也要求是已排序的。
2. 将 Java 的关键字保存在一个文本文件中，判断一个字符串是否为 Java 的关键字。

第9章

JDBC数据库连接

CHAPTER 9

本章学习目标:

(1) 了解JDBC技术,掌握通过JDBC连接数据库的方法。

(2) 熟练应用JDBC技术对数据库中的信息进行存取操作。

(3) 掌握图形用户界面与数据库的连接操作。

(4) 掌握类的封装方法。

重点:JDBC连接数据库的方法、应用JDBC技术对数据库中的信息进行存取操作。

难点:灵活对连接数据库操作类的封装。

开发应用程序过程中,将数据存放在数据库中是很普遍的。开发数据库应用程序是Java语言应用开发中的一项任务。本章通过详细案例指导,先让学习成功连接数据库,再逐步介绍JDBC其他方面的内容,学生很容易接受。希望学生学习这部分知识时,采用任务驱动学习法,也就是学习要事先设计一个任务,在完成任务过程中体会理解知识。多练习,多编写代码进行调试,发现问题要独立解决,并找出问题发生的原因,这样才能真正掌握所学内容,达到熟练操作数据库的目的。

9.1 JDBC 概述

Java 提供 JDBC(Java DataBase Connectivity)技术支持数据库应用开发。JDBC 是 Java 程序连接和存取数据库应用程序的接口(API),通过调用这些类和接口所提供的方法,用户能够以一致的方式连接多种不同的数据库系统(如 Access、SQL Server、Oracle、MySQL 等),进而可使用标准的 SQL 语言来存取数据库中的数据。

JDBC 的所有类和接口是放在 Java.sql 包中,因此在程序开头一定要加上这一行:

    import Java.sql.*;

有了这些还不能实现 Java 应用程序与数据库的连接,因为 JDBC 的基本结构是 JDBC API 配合 JDBC 驱动程序,才能实现数据库的连接,也就是说,只有 JDBC API 没有 JDBC 驱动程序还是不能实现数据库连接,为什么呢?

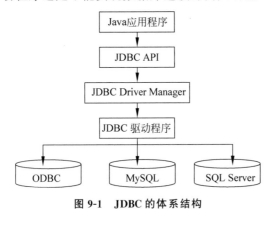

图 9-1　JDBC 的体系结构

因为不同的数据库系统遵循不同的访问标准,每个系统都有自己独特的特性和数据类型,为使程序顺利运行,程序员必须针对不同的数据库系统,编写不同的数据库访问程序,例如,当前访问的是 MySQL,程序员就需要编写面向 MySQL 的数据库访问程序;当前访问的是 SQL Server 就需要编写面向 SQL Server 的数据库访问程序,否则程序不能顺利移植。为解决这个问题,Java 提供了 JDBC API,有了 JDBC API,程序员再也不必编写专为某种数据库设计的 Java 应用程序,只需编写一个程序就可以适应于多种不同的数据库,大大提高了 Java 数据库应用程序的兼容性。这一程序就是前面提到的 JDBC 驱动程序。有了 JDBC 驱动程序,开发应用程序过程中,只要在数据库程序中指定使用某个数据库的 JDBC 驱动程序,就可以连接存取指定的数据库。当连接的是不同的数据库时,只需要修改程序中的 JDBC 驱动程序,无须修改程序其他代码。通过以上分析,可得 JDBC 的体系结构如图 9-1 所示。

Sun 公司网站针对不同数据库提供了不同的 JDBC 驱动程序,需要时可以在 Sun 公司网站上下载适当的 JDBC 驱动程序,待下载完成后,在指定路径下将得到的压缩文件解压即可完成驱动程序的安装。

提示:注意解压后不要对解压后的目录名称做任何变更。

JDBC API 的作用是屏蔽不同的数据库驱动程序之间的差别,使得程序设计人员有一个标准、纯 Java 的数据库程序设计接口,为在 Java 中访问各种类型的数据库提供技术。驱动程序管理器(Driver Manager)为应用程序装载数据库驱动程序。数据库驱动程序与具体的数据库相关,用于向数据库提交 SQL 请求。

概括起来 JDBC 的主要有以下 3 方面作用:

(1) 建立与数据库的边接。

(2) 向数据库发出查询请求。
(3) 处理数据库返回结果。

9.2 JDBC 访问数据库

9.2.1 JDBC 访问数据库的方法

JDBC 提供了 4 种类型的驱动程序用于不同的访问方式,它们分别是：JDBC-ODBC 桥、本地 API、网络协议驱动和本地协议驱动。JDBC-ODBC 桥和本地 API 都需要将特定的驱动程序安装到使用驱动程序的计算机上,通过特定的驱动程序来存取数据库,它使数据库程序的兼容大打折扣;网络协议驱动和本地协议驱动都是由纯 Java 语言开发,只是网络协议驱动需要在服务器上安装中介软件,而本地协议驱动无须安装中介软件。综上所述,本地协议驱动是最佳的一种 JDBC 驱动程序类型,使用本地协议驱动不会增加任何额外的负担。不同的 JDBC 驱动程序造成了 JDBC 访问数据库的不同方式,下面介绍两种常用的连接方式。

1. JDBC-ODBC 桥连接

使用 JDBC-ODBC 桥连接方式的机制是,应用程序只需建立 JDBC 和 ODBC 之间的连接,而和数据库的连接由 ODBC 去完成。ODBC 是 Microsoft 引进的数据库连接技术,提供了数据库访问的通用平台。ODBC 使用"数据源"来管理数据库,所以必须事先将某个数据库设置成 ODBC 所管理的一个数据源,应用程序只能请求和 ODBC 管理的数据源建立连接。使用 JDBC-ODBC 桥连接方式和数据库建立连接的示意图如图 9-2 所示。

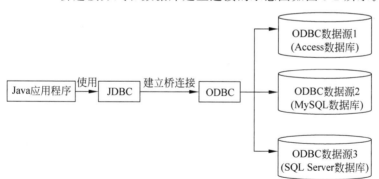

图 9-2 使用 JDBC-ODBC 桥连接方式和数据库建立连接的示意图

JDBC-ODBC 连接数据库的优点是：通过 ODBC 提供的数据库访问通用平台,ODBC 驱动程序被广泛地使用。建立这种桥接后,使得 JDBC 可以访问几乎所有类型的数据库。缺点是：这种连接使得应用程序依赖于 ODBC,移植性较差,不能体现 Java 跨平台这一特性。使用 JDBC-ODBC 桥连接访问数据库可以概括为以下三个步骤：

- 创建 ODBC 数据源；
- 建立 JDBC-ODBC 桥；
- 和 ODBC 数据源建立连接。

下面假设 Java 应用程序所在的计算机要访问本地 Access 数据库文件 bookmanager 中的信息。

1）创建 ODBC 数据源

创建数据源就是将本地或远程服务器上的数据库设置成自己要访问的数据源。因此，必须保证本地计算机上有 ODBC 系统。Windows XP、Windows 7 都有 ODBC 系统。创建 ODBC 数据源步骤的步骤如下。

（1）添加、修改或删除数据源。

选择"控制面板"→"性能和维护"→"管理工具"→"数据源"。双击"数据源"图标，出现如图 9-3 所示界面。

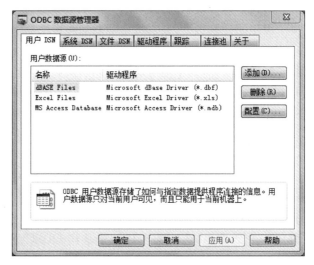

图 9-3　添加、修改或删除数据源

该界面显示了用户已有的数据源的名称。选择"用户 DSN"，单击"添加"按钮，可以创建新的数据源；单击"配置"按钮，可以重新配置已有数据源；单击"删除"按钮，可以删除已有的数据源。

（2）为数据源选择驱动程序。

在图 9-3 界面中选择"添加"按钮，出现为新增数据源选择驱动程序界面如图 9-4 所示。

图 9-4　为新增数据源选择驱动程序界面

因为要访问 Access 数据库,所以选择 Microsoft Access Driver(.mdb),单击"完成"按钮。

(3) 创建数据源。

在图 9-4 中,单击"完成"按钮出现 ODBC Access 安装对话框如图 9-5 所示。

图 9-5　ODBC Access 安装对话框

在数据源名栏后,输入数据源名称,这里起名 mybook,在数据库栏下单击"选择"按钮,出现"选择数据库"对话框,选择需要连接的数据库,在此选择 bookmanager,单击"确定"按钮,出现图 9-6 对话框,创建了一个 mybook 数据源,至此创建数据源结束。

图 9-6　创建完 mybook 数据源对话框

2) 建立 JDBC-ODBC 桥

JDBC 使用 Java.lang 包中的 Class 类建立 JDBC-ODBC 桥连接。Class 类通过调用它的静态方法 forName()加载 sun.jdbc.odbc 包中的 JdbcOdbcDriver 类建立 JDBC-ODBC 桥。建立桥连接的代码如下:

```
Class.forName("sun.jdbc.odbc.JdbcOdbcDriver");
```

提示:jdk 从 1.8 开始,删除了 jdbc-odbc 桥,所以无法使用 odbc 的驱动。当运行程序加载驱动时系统提示 Java.lang.ClassNotFoundException:sun.jdbc.odbc.JdbcOdbcDriver,即找不到 jdbc-odbc 驱动包。若还需使用 JDK 8 及以上版本支持 ODBC,解决方法如下:

(1) 下载 JdbcOdbc.dll 和 jdbc.jar;

(2) 将 JdbcOdbc.dll 放在 D:\Java\jdk1.8.0_261\jre\bin 目录下;

(3) 将 jdbc.jar 放在 D:\Java\jdk1.8.0_261\jre\lib\ext 目录下。

3) 和 ODBC 数据源指定的数据库建立连接

编写连接数据库代码不会出现数据库名称,只会出现数据源名字。首先使用 Java.sql 包中的 Connection 类声明一个对象,然后使用类 DriverManager 调用它的静态方法 getConnection 创建这个连接对象,操作代码如下:

```
Connection con = DriverManager.getConnection(url, username, password);
```

url 的格式如下:

```
jdbc:odbc:ODBCName
```

jdbc:odbc 表示当前通过 JDBC-ODBC 连接协议进行数据库访问;ODBCName 是 ODBC 数据源名称。

【例 9-1】 JDBC-ODBC 桥连接数据库 bookmanager(先创建数据源 mybook,再编写以下代码)。

```java
import Java.sql.Connection;
import Java.sql.DriverManager;
import Java.sql.ResultSet;
import Java.sql.SQLException;
import Java.sql.Statement;
public class TestOdbc1 {
    public static void main(String[] args) {
        Connection con = null;
        try{
            Class.forName("sun.jdbc.odbc.JdbcOdbcDriver");
            }catch(ClassNotFoundException e){
                System.out.println("SQLException:");
                e.printStackTrace();
                }

        try{
            con = DriverManager.getConnection("jdbc:odbc:mybook");
            }catch(SQLException e){
                e.printStackTrace();
                }
            System.out.println("数据库连接成功!");
        }
}
```

例 9-1 使用代码 Class.forName("sun.jdbc.odbc.JdbcOdbcDriver")加载数据库驱动程序,然后使用 con=DriverManager.getConnection("jdbc:odbc:mybook")语句创建数据库连接对象 con,如果数据库连接不成功,显示异常信息;否则显示"数据库连接成功!"。程序运行结果如图 9-7 所示。

2. 使用纯 Java 数据库驱动程序连接

用 Java 语言编写的数据库驱动程序称为纯 Java 数据库驱动程序。JDBC 可以调用本

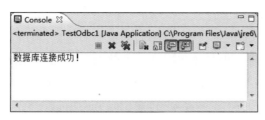

图 9-7 例 9-1 程序运行结果

地的纯 Java 数据库驱动程序和相应的数据库建立连接。JDBC 提供的 API 通过将纯 Java 数据库驱动程序转换为数据库管理系统(DBMS)所使用的专用协议来实现和特定的 DBMS 交互信息。使用纯 Java 数据库驱动程序连接数据库的过程可以用图 9-8 所示。

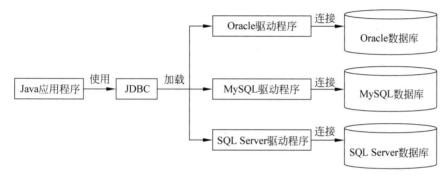

图 9-8 纯 Java 数据库驱动程序连接数据库的过程

使用纯 Java 数据库驱动程序方式连接数据库需要以下两个步骤：加载纯 Java 数据库驱动程序；和指定的数据库建立连接。

1）加载纯 Java 数据库驱动程序

纯 Java 数据库驱动程序是独立的连接驱动程序，不需要中间服务器，与数据库实现通信的整个过程均由 Java 语言来实现，访问数据库不需要设置数据源，由于不依赖于 ODBC，所以应用程序的移植性很好。另外采用这种方式连接数据库，只要在 Java 数据库程序中指定使用哪种数据库 JDBC 驱动程序，就可以连接存取指定的数据库，当要连接不同的数据库时，只需要修改程序中的 JDBC 驱动程序，无须对其他程序代码做任何变动。

当使用纯 Java 数据库驱动程序访问数据库时，必须保证连接数据库的应用程序所在计算机上安装有纯 Java 数据库驱动程序。目前，许多数据库厂商都提供了自己相应的纯 Java 数据库驱动程序，使用前根据需要下载并安装相对应的数据库驱动程序。

不同数据库厂商的驱动类名不同，常用的驱动器全名如下：

```
My SQL: com.mysql.jdbc.Driver
SQL Server: com.microsoft.sqlserver.jdbc.SQLServerDriver
Oracle: oracle.jdbc.driver.OracleDriver
Access: sun.jdbc.odbc.JdbcOdbcDriver
```

安装完 JDBC 驱动程序后，在 Java 代码中调用 Class.forName()方法，显式加载驱动程序类。如加载 SQL Server 数据库驱动程序，代码如下：

```
Class.forName("com.microsoft.sqlserver.jdbc.SQLServerDriver")
```

2) 和指定的数据库建立连接

加载完驱动程序后，应用程序还需获得与数据库的连接，利用 DriverManager 类提供的 getConnection()方法来建立程序和数据库的连接，若连接成功，getConnection()方法将返回一个 Connection 对象，和指定的数据库建立连接的代码如下：

```
Connection con = DriverManager.getConnection(URL, user, password);
```

其中 URL 类似于网络资源的统一定位。基本格式如下：

```
jdbc:subProtocol:subName://hostname:port;DatabaseName
```

- jdbc:subProtocol 表示通过哪种驱动程序支持的数据库连接协议；
- subName 指当前连接协议下的具体名称；
- /hostname:port 表示主机名和相应的连接端口；
- DatabaseName 表示连接的数据库名称。

例如，通过 Microsoft 提供的协议，选择名称为 SqlServer 的驱动，通过 1433 端口访问本机上的 db 数据库。其对应的 URL 格式如下：

```
jdbc.microsoft:sqlserver://localhost:1433;database = db
```

【例 9-2】 使用纯 Java 数据库驱动程序方式连接数据库。

设数据库管理系统为 Mysql，数据库服务器占用的端口号为 3306，待连接的数据库为 msql，而访问数据库的用户 ID 和密码分别是 root、duanxe，建立数据库连接如连接成功，显示"恭喜您,数据库连接成功！"，否则显示"对不起，数据库连接失败，请认真检查！"。具体实现代码如下：

```java
import Java.sql.Connection;
import Java.sql.DriverManager;
import Java.sql.SQLException;
public class tj {
    public static void main(String[] args) throws SQLException {
        try {
            Class.forName("com.mysql.jdbc.Driver");
        } catch (ClassNotFoundException e1) {
            e1.printStackTrace();
        }
String url = " jdbc:mysql://localhost:3306/xsql? useUnicode = true&amp; characterEncoding = GB2312";
    Connection conn = DriverManager.getConnection(url,"root","duanxe");
        if(conn!= null){
            System.out.println("恭喜您,数据库连接成功!!");
            try{
                conn.close();
              }catch(SQLException e){
                e.printStackTrace();}
            }else
            {
                System.out.println("对不起,数据库连接失败,请认真检查!");
            }
        }
    }
```

程序运行结果如图 9-9 所示。

图 9-9　例 9-2 程序运行结果

使用纯 Java 数据库驱动程序连接数据库不需要创建数据源，只要加载与数据库服务器相匹配的驱动程序，设置对应驱动程序支持的数据库连接协议即可实现连接。

9.2.2　JDBC 访问数据库的基本过程

当一个数据库连接成功创建完成后，就可以开始与数据库进行会话，在会话周期内，可以通过执行 SQL 语句访问数据库，并处理查询返回的结果。JDBC 提供的 API 可以将标准 SQL 语句发送给数据，实现和数据库的交互。Java 中所有的 SQL 语句都是通过 Statement 接口和 PrepareStatement 子接口所提供的方法，实现对数据库中数据的查询、添加、删除、修改等操作的。使用 JDBC 提供的 API 访问数据库的过程可以概括为以下四个步骤。

1. 创建操作对象

操作对象是指能执行 SQL 语句的对象，如 Statement 对象。创建操作对象的目的是向数据库发送并执行 SQL 语句。这一步要用到 Connection 对象的 createStatement() 方法，该方法定义原型如下：

```
public Statement createStatement() throws SQLException
```

该方法返回建立的 Statement 对象。由于该方法要访问数据库，如果出现问题，会抛出 SQLException 异常。

例如：

```
Connection conn = DriverManager.getConnection(url,"root","duanxe");
Statement stmt = conn.createStatement();
```

通过连接对象 conn 创建了一个操作对象 stmt，接下来就可以利用 stmt 这个操作对象向数据库发送要执行的 SQL 语句了。

2. 向数据库发送执行 SQL 的语句

向数据库发送 SQL 语句要用到 Statement 对象的相关方法。Statement 对象提供了多个执行 SQL 语句的方法，下面是两个常用的执行 SQL 语句的方法：

```
ResultSet executeQuery(String sql);
int executeUpdate(String sql);
```

ResultSet executeQuery(String sql) 方法执行 SQL 查询数据库的 SQL 语句，如 select 语句，返回一个 ResultSet 结果集对象。下面代码是查询 student 表中的所有数据，结果返回给结果集对象 rs。

```
String sql = " select  *  from student ";
ResultSet rs = stmt.executeQuery(sql);
```

int executeUpdate(String sql)方法执行改变数据库内容的 SQL,如 update、insert、delete、create table、drop table 等语句。此方法不需要返回结果集对象,它返回一个整数,表示执行 SQL 语句影响的数据行数。例如下面代码是删除 student 表中学号为 10003 的数据信息。

```
String sql = " delete  from student   where stuNo = "10003"";
int n = stmt.executeUpdate(sql);
```

3. 处理查询结果

执行更新返回的结果是本次操作影响到的记录条数。执行查询返回的是一个 ResultSet 结果集对象。其实 ResultSet 结果集对象像一个数据表,它具有指向其当前数据行的光标,最初光标被置于第一行之前。可以使用 ResultSet 对象提供的 next()方法来移动光标到下一行。如果有下一行记录,next()返回为 true,若没有下一行记录,next()返回 false。ResultSet 对象提供了 getXXX(int columnIndex)和 getXXX(String columnLabel)两种方法,用于从当前行获取指定列的值,其中 XXX 是 JDBC 中 Java 语言的数据类型。getXXX(int columnIndex)方法使用列索引获取值,列从 1 开始编号;而 getXXX(String columnLabel)方法使用列的名称获取值。实现对查询结果处理过程的代码如下。

```
rs.next();
String userName = rs.getString(2);
String strName = rs.getString("stuName");
```

上面代码通过结果集 rs 对象调用 next()方法,移动光标到记录集的第一条记录,再调用 getString()方法获取字段的值。后两条语句分别使用列索引和列名取得结果集表中第二个字段的值。

4. 关闭 JDBC 对象

对数据库操作完成后,通常需要依次调用 ResultSet 对象、Statement 对象、Connection 对象的 close()方法,把所使用的 JDBC 对象全都显式关闭,以释放 JDBC 资源。

9.2.3 JDBC 连接实例

JDBC 访问数据库,是学习 Java 必须掌握的重点知识之一,为帮助读者更好地掌握这部分知识,下面通过两个实例介绍 JDBC 连接并访问数据库实例过程。假设预访问的数据库文件 xsgl 存放在本地 D:\根目录下,数据库 xsgl 中有一个 student 表,下面通过两种方式连接数据库,并对数据库表中的记录进行查询、删除、修改等操作。

【例 9-3】 使用 JDBC-ODBC 连接数据库,并查询 student 数据表的所有记录,将查询结果显示到屏幕上。实现代码如下:

```
import Java.sql.Connection;
import Java.sql.DriverManager;
```

```java
import Java.sql.ResultSet;
import Java.sql.SQLException;
import Java.sql.Statement;
public class TestOdbc2{
    public static void main(String[] args) {
        Connection con = null;
        Statement stmt = null;
        ResultSet rs = null;
        try{
            Class.forName("sun.jdbc.odbc.JdbcOdbcDriver");
        }catch(ClassNotFoundException e){
            System.out.println("SQLException:");
            e.printStackTrace();
        }
        try{
            con = DriverManager.getConnection("jdbc:odbc:mystudent");
            stmt = con.createStatement();
            rs = stmt.executeQuery("select * from student");
            while(rs.next()){
            String num = rs.getInt("stuNo");
            String name = rs.getString("stuName");
            String sex = rs.getString("stuSex");
            String class = rs.getString("class");
            String department = rs.getString("department");
            String password = rs.getString("password");
            System.out.println("学号:" + num + "姓名:" + name + "性别:" + sex + "班级:" + class + "系别:" + department + "密码:" + password);
            }
            rs.close();
            stmt.close();
            con.close();
            }
        catch(SQLException e){
            e.printStackTrace();
            }
        finally {
        try{
            if(stmt!= null)
            stmt.close();
            if(con!= null)
            con.close();
            }
          catch(SQLException e){
            e.printStackTrace();
                }
            }
        }
}
```

程序运行结果如图 9-10 所示。

例 9-3 使用 JDBC-ODBC 桥连接方式连接数据库 xsgl,完成查询显示数据表 student 中的信息。首先,创建数据源 mystudent,然后通过语句:

```
学号：10001  姓名：陈小诗  性别：女  班级：计算机1班  系别：计算机系  密码：number1
学号：10002  姓名：李飞    性别：女  班级：计算机1班  系别：计算机系  密码：number2
学号：10003  姓名：孙亚    性别：男  班级：计算机1班  系别：计算机系  密码：number3
学号：10004  姓名：何二    性别：男  班级：计算机1班  系别：计算机系  密码：number4
学号：10005  姓名：唐雨    性别：女  班级：计算机1班  系别：计算机系  密码：number5
学号：10006  姓名：宋江    性别：男  班级：计算机1班  系别：计算机系  密码：number6
```

图 9-10　例 9-3 程序运行结果

```
Class.forName("sun.jdbc.odbc.JdbcOdbcDriver")
```

加载数据库驱动程序，接着利用 DriverManager 调用 getConnection()方法创建连接对象 con，连接对象调用 con 调用方法 createStatement()创建操作对象 stmt，操作对象 stmt 调用 executeQuery()方法，向数据库发送查询操作语句"select * from student"，操作完成后将得到的查询结果返回给结果集对象 rs，最后利用循环语句将结果集中的信息逐条显示到屏幕上。

【例 9-4】　使用纯 Java 数据库驱动程序连接数据库，并查询 stud 数据表的所有记录，将查询结果显示到屏幕上。实现代码如下：

```java
import Java.sql.Connection;
import Java.sql.DriverManager;
import Java.sql.ResultSet;
import Java.sql.SQLException;
import Java.sql.Statement;
public class TestJdbc{
    public static void main(String[] args) throws SQLException{
        Connection con = null;
        Statement stmt = null;
        ResultSet rs = null;
        try {
            Class.forName("com.mysql.jdbc.Driver");
        } catch (ClassNotFoundException e1) {
            e1.printStackTrace();
        }
        String url = "jdbc:mysql://localhost:3306/xsgl?useUnicode = true&amp; characterEncoding = GB2312";
        Connection conn = DriverManager.getConnection(url,"root","duanxe");
        try{
            stmt = conn.createStatement();
            rs = stmt.executeQuery("select * from stud");
            while(rs.next()){
                int num = rs.getInt("StuNo");
                String name = rs.getString("StuName");
                String sex = rs.getString("StuSex");
                String class1 = rs.getString("Class");
                String department = rs.getString("Department");
                String password = rs.getString("password");
System.out.println("学号:" + num + "姓名:" + name + "性别:" + sex + "班级:" + class1 + "系别:" + department + "密码:" + password);
            }
            rs.close();
            stmt.close();
            conn.close();
```

```
            }
        catch(SQLException e){
            e.printStackTrace();
            }
        finally {
        try{
            if(stmt!= null)
            stmt.close();
            if(con!= null)
            con.close();
            }
        catch(SQLException e){
            e.printStackTrace();
            }
        }
    }
}
```

程序运行结果如图 9-11 所示。

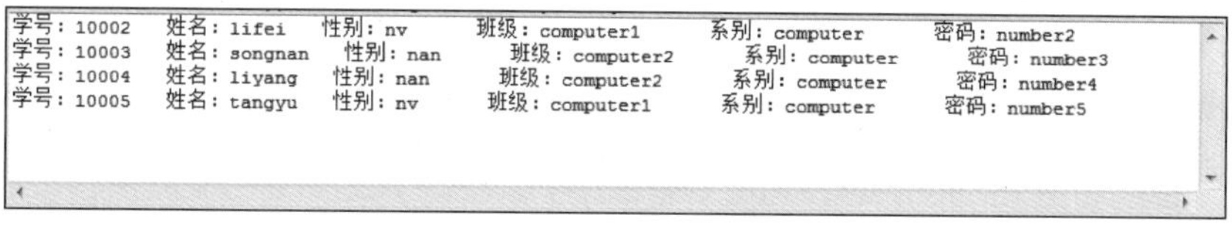

```
学号: 10002    姓名: lifei     性别: nv    班级: computer1    系别: computer    密码: number2
学号: 10003    姓名: songnan   性别: nan   班级: computer2    系别: computer    密码: number3
学号: 10004    姓名: liyang    性别: nan   班级: computer2    系别: computer    密码: number4
学号: 10005    姓名: tangyu    性别: nv    班级: computer1    系别: computer    密码: number5
```

图 9-11　例 9-4 程序运行结果

例 9-4 使用纯 Java 数据库驱动程序连接 MySQL 数据库 xsgl,并查询 stud 数据表的所有记录,将查询结果显示到屏幕上。在这一过程中,并没有创建数据源,而是先加载驱动程序,再通过 DriverManager 调用 getConnection() 方法创建连接对象 con,连接对象调用 con 调用方法 createStatement() 创建操作对象 stmt,操作对象 stmt 调用 executeQuery() 方法,向数据库发送查询操作语句"select * from stud",操作完成后将得到的查询结果返回给结果集对象 rs,最后利用循环语句将结果集中的信息逐条显示到屏幕上。比较例 9-3 和例 9-4 代码,可以看出,除通过 DriverManager 调用 getConnection() 方法创建连接对象 con 时,设置的 url 不同外,其他语句完全相同。由于例 9-4 中不需要创建数据源,对系统的依赖就不是很强,因此它的跨平台性,可移植性就很好,体现了 Java 程序的特性。

例 9-3 和例 9-4 都是实现对数据库表的查询操作,如要实现删除和修改等操作,只需将语句:

```
stmt.executeQuery("select * from stud");
```

修改成：

```
stmt.executeUpdate("delete from stud where stuNo = '10004'");
```

或

```
stmt.executeUpdate("update stud set StuName = '王飞' where stuNo = '10003'");
```

例如在例 9-4 代码中,stmt.executeQuery("select * from stud")语句前加上上述两条语句代码,运行结果如图 9-12 所示。

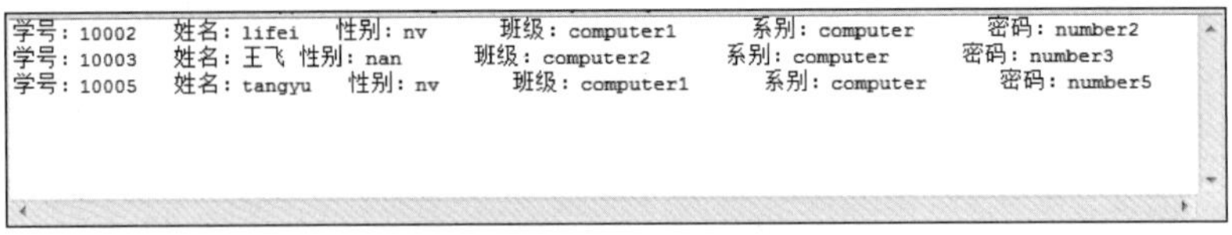

```
学号: 10002    姓名: lifei     性别: nv    班级: computer1    系别: computer    密码: number2
学号: 10003    姓名: 王飞 性别: nan         班级: computer2    系别: computer    密码: number3
学号: 10005    姓名: tangyu    性别: nv    班级: computer1    系别: computer    密码: number5
```

图 9-12 删除与修改数据表结果

9.3 JDBC 的常用类与接口

为了完成与数据库的交互,Java 提供了一种用于执行 SQL 语句的技术称为 JDBC API,它由一组用 Java 语言编写的类和接口组成,存放在 Java.sql 包下。本节将介绍 Java.sql 包中有关 JDBC 的几个常用类与接口。

9.3.1 DriverManager 类

DriverManager 类是 JDBC 的管理层,作用于用户与驱动程序之间。它跟踪可用的驱动程序,并在数据库和相应的驱动程序之间建立连接。查看 JDK API 文档可知,DriverManager 类提供的方法如表 9-1 所示。

表 9-1 DriverManager 类提供的方法

方　法	作　用
static Connection getConnection(String url)	建立与给定数据库 url 的连接 url 格式为 jdbc:subprotocol:subname
static Connection getConnection (String url, String user,String password)	建立与给定数据库 url 的连接(url 格式同上) user: 连接数据库的用户名 password: 连接数据库的密码
static Connection getConnection(String url,Properties info)	建立到给定数据库 url 的连接(url 格式同上) info: 作为连接参数的任意字符串标记,通常至少包括 user 和 password 属性的值。
static void deregisterDriver(Driver driver)	从 DriverManager 的列表中删除一个驱动程序
static Driver getDriver(String url)	查找能打开 url 所指定的数据库驱动程序
static void setLoginTimeout(int seconds)	设置驱动程序试图连接到某一数据库时将等待的最长时间,以秒为单位

前三个方法 getConnection(url)的作用相同,都是建立与指定数据库的连接,返回一个连接对象。只有通过数据库连接的对象,才能确定当前对哪个数据库进行访问。

另外,DriverManager 类也处理诸如驱动程序登录时间限制及登录和跟踪消息的显示等事务,如使用 setLoginTimeout()方法来设置驱动程序连接到某一数据库时将等待的最长时间。由于本书只涉及数据连接的简单应用,所以只对其中的 getConnection(url)进行了介绍。

通常情况下,连接到数据库是 Java 编程的第一步工作,对数据库进行存取操作的第一步是建立与指定数据库的连接。这一过程可以细分为两个操作:加载指定的驱动程序和获得与指定数据库的连接。加载指定的驱动程序这一步骤在 JDBC4.0 规范中成为不必要的步骤,因为在 JDBC4.0 版本中,DriverManager.getConnection(url)方法可自动加载 JDBC Driver,以前的版本中仍需要通过编码调用方法 Class.forName()显式地加载对应的驱动程序类。加载完驱动程序后,就可以利用 DriverManager.getConnection(url)显式地获得数据库的一个连接。如下代码是省略 Class.forName()显式地加载对应的驱动程序类语句,直接利用 DriverManager.getConnection(url)显式地获得数据库的一个连接的实例。

【例 9-5】 省略 Class.forName()语句,直接利用 DriverManager.getConnection(url)显式地获得与本地数据库 bookmanager 的一个连接实例,并将 book 数据表中的信息显示到屏幕上。

```
import Java.sql.Connection;
import Java.sql.DriverManager;
import Java.sql.ResultSet;
import Java.sql.SQLException;
import Java.sql.Statement;
public class TestOdbc {
  public static void main(String[] args) {
    Connection con = null;
    Statement stmt = null;
    ResultSet rs = null;
    try{
        con = DriverManager.getConnection("jdbc:odbc:mybook");
        stmt = con.createStatement();
        rs = stmt.executeQuery("select * from book");
        while(rs.next()){
        String no = rs.getString("bookid");
        String num = rs.getString("booknum");
        String name = rs.getString("bookname");
        String author = rs.getString("author");
        String publish = rs.getString("publish");
        System.out.println("编号:" + no + "    书号:" + num + "    书名:" + name + "    作者:" + author + "    出版社:" + publish);
        }
        rs.close();
        stmt.close();
        con.close();
        }
    catch(SQLException e){
        e.printStackTrace();
        }
    finally {
    try{
        if(stmt!= null)
        stmt.close();
        if(con!= null)
        con.close();
        }catch(SQLException e){
        e.printStackTrace();
            }
        }
    }
}
```

例9-5是通过JDBC-ODBC桥连接方式连接数据库,并对数据操作的过程。其中在连接数据库时,省略显式使用Class.forName()加载对应的驱动程序类语句。程序运行结果如图9-13所示。

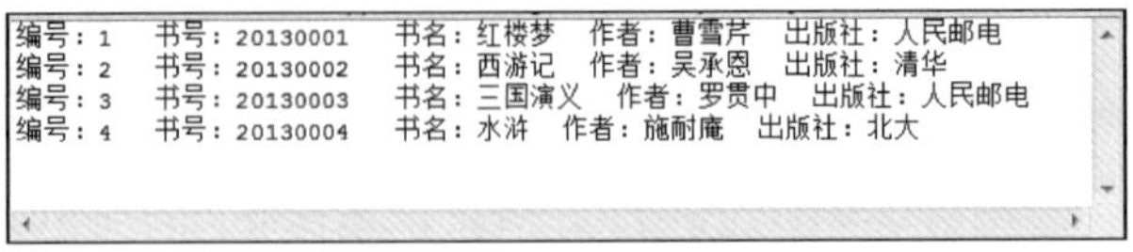

```
编号: 1    书号: 20130001    书名: 红楼梦    作者: 曹雪芹    出版社: 人民邮电
编号: 2    书号: 20130002    书名: 西游记    作者: 吴承恩    出版社: 清华
编号: 3    书号: 20130003    书名: 三国演义  作者: 罗贯中    出版社: 人民邮电
编号: 4    书号: 20130004    书名: 水浒      作者: 施耐庵    出版社: 北大
```

图9-13 例9-5程序运行结果

提示:DriverManager.getConnection(url)中对于不同的数据库系统url的形式不同。

9.3.2 Connection 接口

上面提到DriverManager调用getConnection(url)方法将返回一个Connection类的对象,此处的Connection类型对象代表是Java.sql包下的是Connection接口一个实现类对象,表示与特定数据库的连接。Connection类对象除了负责维护Java数据库程序和数据库之间的连接,还提了重要的方法,通过这些方法可以创建另外几个常用的类,如Statement类等,使用这些提供的方法,可以在上下文中传送并执行SQL语句并返回结果。Connection类提供的方法如表9-2所示。

表9-2 Connection类提供的方法

方法	作用
Statement createStatement()	创建一个Statement对象来将SQL语句发送到数据库
Statement createStatement(int resultSetType, int resultSetConcurrency)	创建一个Statement对象,该对象将生成具有给定类型和并发性的ResultSet对象
PreparedStatement prepareStatement(String sql)	创建一个PreparedStatement对象来将参数化的SQL语句发送到数据库
Boolean getAutoCommit()	返回Connection类对象的自动提交模式状态
void setAutoCommit(Boolean AutoCommit)	将此连接的自动提交模式设置为给定状态
void close()	关闭Connection对象对数据库的连接,释放数据库和JDBC资源
void isClosed()	测试是否已关闭Connection对象对数据库的连接

9.3.3 Statement 和 PreparedStatement 接口

当建立了到数据库的访问连接后,就可以对数据库进行存取操作。为了完成这一工作,还需要一个Statement对象,Statement用于执行静态SQL语句并返回它所生成结果的对象。上面讲到使用Connection类调用createStatement()方法可以创建一个Statement对象。Statement对象将SQL语句发送到数据库。通常不带参数的SQL语句使用Statement对象执行。如果多次执行相同的SQL语句,使用PreparedStatement对象可能更有效。

PrepareStatement接口是从Statement接口继承而来,用于执行带或不带IN参数的预编译SQL语句。PrepareStatement对象也可以通过Connection类调用prepareStatement()方法得到。PreparedStatement对象将参数化的SQL语句发送到数据库。带有参数的SQL

语句,其中参数部分先用"?"作为占位符,等到需要真正指定参数执行时,再使用相对应的 setxxx()方法指定"?"处真正的参数值。例如:

```
PrepareStatement pstmt = con.prepareStatement("select * from book where bookName = ?");
pstmt.setString(1,"红楼梦");
```

以上代码是将"红楼梦"作为参数值传递给 prepareStatement()方法的第一个参数 bookName,从而创建一个 PrepareStatement 对象 pstmt。

Statement 和 PreparedStatement 接口实现类提供的方法如表 9-3 所示。

表 9-3 Statement 和 PreparedStatement 接口实现类提供的方法

方　　法	作　　用
boolean execute(String sql)	用于执行多个结果集、多个更新结果的 SQL 语句
ResultSet executeQuery(String sql)	执行给定的 SQL 语句,该语句返回单个 ResultSet 对象
int executeUpdate(String sql)	执行给定 SQL 语句,该语句可能为 INSERT、UPDATE 或 DELETE 语句,或者不返回任何内容的 SQL 语句(如 SQL DDL 语句)
void addBatch(String sql)	将给定的 SQL 命令添加到此 Statement 对象的当前命令列表中
void clearBatch()	清除此 Statement 对象的当前命令列表
void close()	释放 Statement 对象的数据库和 JDBC 资源
int[] executeBatch()	将一批命令提交给数据库来执行,如果全部命令执行成功,则返回更新计数组成的数组
void setInt(int parameterIndex, int x)	将指定参数设置为给定 Java int 值

其中,除 setInt(int parameterIndex, int x)方法是 PreparedStatement 接口提供的方法外,其余方法都是从 Statement 接口继承而来,其作用是相同的。但对于 PreparedStatement 接口来说,方法 execute()、executeQuery()、executeUpdate()、addBatch()等是不带参数的,因为在建立 PreparedStatement 对象时,已经指定了 SQL 语句。如下语句是修改数据表 book 中书号为 10003 号记录信息的代码。

```
String sql = " update book set bookName = ?, author = ?, publish = ? where bookNo = ?"
PreparedStatement pstmt = con.prepareStatement(sql);
pstmt.setString(1, "Java 程序设计");
pstmt.setString(2, "赵阳");
pstmt.setString(3, "人民邮电出版社");
pstmt.setInt(4,10003);
int n = pstmt.executeUpdate();
```

方法 setXxx(int parameterIndex, int x)中 Xxx 是指定参数的类型,parameterIndex 是指第几个参数,x 是参数的参数值。例如:

```
pstmt.setString(1, "Java 程序设计");
```

以上语句是将第 1 个参数的参数值设置成字符串"Java 程序设计"。

【例 9-6】 设计一个程序,使用创建一个 PreparedStatement 对象对数据库 bookmanager 中的 book 数据表中书号为 10003 的信息进行修改,再将出版社为"人民邮电出版社"的所有信息显示到屏幕上。

```java
import Java.sql.Connection;
import Java.sql.DriverManager;
import Java.sql.ResultSet;
import Java.sql.SQLException;
import Java.sql.Statement;
public class BookJdbc {
    public static void main(String[] args) throws SQLException{
        Connection con = null;
        Statement stmt = null;
        ResultSet rs = null;
        try {
            Class.forName("com.mysql.jdbc.Driver");
            } catch (ClassNotFoundException e1) {
            e1.printStackTrace();
            }
String url = "jdbc:mysql://localhost:3306/bookmanager?useUnicode=true&amp;characterEncoding=GB2312";
        Connection conn = DriverManager.getConnection(url,"root","duanxe");
        try{
            stmt = conn.createStatement();
String sql = "update book set BookName = ?, Author = ?, Publishment = ? where BookNo = ?";
        PreparedStatement  pstmt = conn.prepareStatement(sql);
        pstmt.setString(1, "Java 程序设计");
        pstmt.setString(2, "赵杰");
        pstmt.setString(3, "人民邮电出版社");
        pstmt.setInt(4, 10003);
        pstmt.executeUpdate();
        rs = stmt.executeQuery("select * from book where publishment = '人民邮电出版社'");
        while(rs.next()){
            int num = rs.getInt("BookNo");
            String name = rs.getString("BookName");
            String author = rs.getString("Author");
            String publish = rs.getString("Publishment");
            String buttime = rs.getString("ButTime");
            System.out.println("书号:" + num + "    书名:" + name + "    作者:" + author +
"    出版社:" + publish + "    出版时间:" + buttime);
        }
        rs.close();
        stmt.close();
        conn.close();
        }catch(SQLException e){
            e.printStackTrace();    }
    finally {
        try{
            if(stmt!= null)
            stmt.close();
            if(con!= null)
            con.close();
            }catch(SQLException e){
            e.printStackTrace();}
        }
        }
    }
```

程序运行结果如图 9-14 所示。

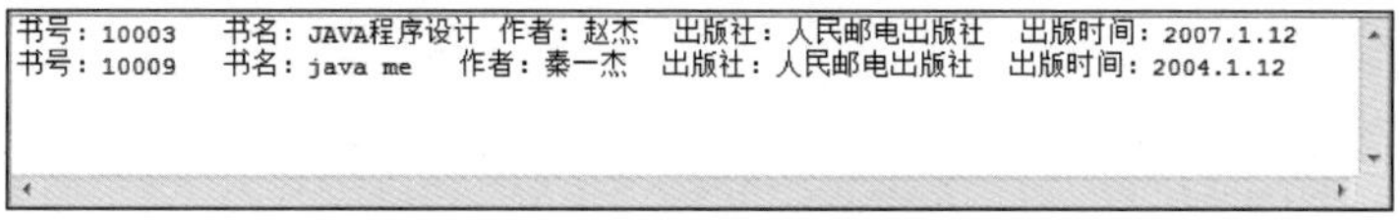

图 9-14 例 9-6 程序运行结果

9.3.4 ResultSet 接口

当使用 Statement 和 PreparedStatement 类提供的 executeQuery() 方法来传送 Select 命令以查询数据库时，executeQuery() 方法会将数据库响应的查询结果存放在 ResultSet 类对象中，也就是说 ResultSet 对象是一个由查询结果构成的数据表。在 ResultSet 类中提供了一系列对数据库进行添加、删除和修改等操作，其效果就如同我们使用 SQL 命令存取数据库一样。另外，ResultSet 类还提供了一系列能随意移动记录指针的方法，以加强程序的灵活性和提高执行效率，ResultSet 类提供的常用方法如表 9-4 所示。

表 9-4 ResultSet 类提供的常用方法

方 法	作 用
boolean absolute(int row)	将指针移动到此 ResultSet 对象的给定行编号
void afterLast()	将指针移动到此 ResultSet 对象的末尾，正好位于最后一行之后
void beforeFirst()	将指针移动到此 ResultSet 对象的开头，正好位于第一行之前
boolean first()	将指针移动到此 ResultSet 对象的第一行
boolean next()	将指针从当前位置下移一行
boolean previous()	将指针移动到此 ResultSet 对象的上一行
boolean relative(int rows)	按相对行数（或正或负）移动指针
void moveToCurrentRow()	将指针移动到记住的指针位置，通常为当前行
void moveToInsertRow()	将指针移动到插入行
XXX getXXX(String columnName)	XXX 指 boolean、byte、int、double、float、Date、long 等类型，即获得对应属性值
void close()	立即释放此 ResultSet 对象的数据库和 JDBC 资源，而不是等待该对象自动关闭时发生此操作
void cancelRowUpdates()	取消对 ResultSet 对象中的当前行所作的更新
void deleteRow()	从此 ResultSet 对象和底层数据库中删除当前行
void insertRow()	新增记录到数据库中
void updateRow()	修改数据库中的记录

表 9-4 中 ResultSet 类的方法的作用可以分成改变指针位置、获取列的值、更新结果集 3 类。

1. 改变指针位置

ResultSet 对象具有指向其当前数据行的指针。最初，指针被置于第一行之前。next() 方法将指针移动到下一行，因为该方法在 ResultSet 对象中没有下一行时返回 false，所以可以在 while 循环中使用它来迭代结果集。除了使用 next() 方法移动光标迭代访问每一条记录外，ResultSet 对象还提供了其他操作指针的方法，如绝对定位的 absolute(int row) 方法，是将指针定位到给定的行编号处。previous()、first()、afterLast()、beforeFirst()等方法分别将指针移到上一行、第一行、最后一行之后、第一行之前等。

2．获取列的值

方法 getXxx 提供了获取当前行中某列值的途径。get 后面跟的是 JDBC 所支持的数据类型，例如 getInt()方法返回的是一个整型字段的值，而 getString()方法返回的是 String 类型的值。在每一行内，可按任何次序获取列值。但为了保证可移植性，应该从左至右获取列值，并且一次性地读取列值。下标或字段名都可用于标识要从中获取数据的列，下面通过以下三种方式获得当前记录指定列的列值。

（1）通过下标获得当前记录指定列的列值。语句格式：

```
getString(String columnIndex)
```

ResultSet 结果集对象中字段的排列是从 1 开始的，例如，结果集中当前记录行第 1 列字段 bookNo 类型为 Int 类型，使用 rs.getInt(1)方法获得第 1 列字段的值；第 2 列字段 bookName 类型为 String 类型，使用 rs.getString(2)方法获得第 2 列字段的值。代码如下：

```
String sql = "select  id,name,balance from  account";
ResultSet rs = stmt.executeQuery(sql);
while(rs.next()){
    String id = rs.getString(1);
    String name = rs.getString(2);
    int balance = rs.getInt(3);
System.out.printf("id:％s,name:％s,balance:％d\r\n", id,name,balance);
}
```

使用记录列的索引值获取当前记录指定列的值。

（2）通过字段名获得当前记录指定列的列值。

通过索引值访问记录的列值，要求每个字段的顺序必须要稳定，为方便操作可以通过字段名获得对应字段的值。语句格式如下：

```
getString(String columnLabel)
```

上面代码可以改写成如下形式：

```
String sql = "select  id,name,balance from  account";
ResultSet rs = stmt.executeQuery(sql);
while(rs.next()){
    String id = rs.getString("id");
    String name = rs.getString("name");
    int balance = rs.getInt("balance");
System.out.printf("id:％s,name:％s,balance:％d\r\n", id,name,balance);
}
```

（3）通过字段名或下标获得当前记录未知类型的指定的列值。

上述两种方法都需要事先掌握每个字段的类型，如果 getXxx()方法类型和字段的类型不一致且不能自动转换时，就会抛出异常。对于这一问题 ResultSet 类提供了一种新的方法，采用 getObject()方法获对应字段的值。代码如下：

```
Object id = rs.getObject("id");
Object name = rs.getObject("name");
Object balance = rs.getObject("balance");
```

使用 getObject()方法获对应字段的值，getObject()方法也有通过下标或字段名获取指定列值两种方式。

3．更新结果集

默认的 ResultSet 对象不可更新，仅有一个向前移动的指针。因此，只能迭代它一次，并且只能按从第一行到最后一行的顺序进行。在建立 Statement 对象时可指定结果集类型为可更新结果集，语句格式如下：

```
Statement stmt = con.createStatement(int resultSetType, int resultSetConcurrency );
```

参数 resultSetType 表示结果集类型，它可以是下面三种类型之一。
ResultSet.TYPE_FORWARD_ONLY：只前进的，默认值。
ResultSet.TYPE_SCROLL_INSENSITIVE：可滚动的，但是不受其他用户对数据库更改的影响。
ResultSet.TYPE_SCROLL_SENSITIVE：可滚动的，当其他用户更改数据库时这个记录也会改变。
指定结果集类型时，还必须指定并发类型。
参数 resultSetConcurrency 表示并发类型。它是 ResultSet.CONCUR_READ_ONLY（只读的 ResultSet）或 ResultSet.CONCUR_UPDATABLE(可修改的 ResultSet)之一。
当 Statement 对象的结果集类型是可更新的时候，ResultSet 对象具有一个与其关联的特殊行，该行用作构建要插入的行的暂存区域（staging area），利用它可以完成向数据表的插入操作。代码如下：

```
rs.moveToInsertRow();
rs.updateString("id", uuid.toString());
rs.updateNString("name", name);
rs.updateInt("balance", balance);
rs.insertRow();
```

先将指针定位到插入行位置，然后更新每个字段的值，最后再将插入行的内容插入此 ResultSet 对象和数据库中。

【例 9-7】 设数据表为 book，利用 ResuletSet 对象提供的方法实现修改和插入记录，最后显示满足条件的记录。

```java
import Java.sql.Connection;
import Java.sql.DriverManager;
import Java.sql.ResultSet;
import Java.sql.SQLException;
import Java.sql.Statement;
public class BookJdbc {
    public static void main(String[] args) throws SQLException{
        Connection con = null;
        Statement stmt = null;
        ResultSet rs = null;
        try {
            Class.forName("com.mysql.jdbc.Driver");
            } catch (ClassNotFoundException e1) {
            e1.printStackTrace();
            }
```

```java
        String url = " jdbc: mysql://localhost: 3306/bookmanager? useUnicode = true&amp;
characterEncoding = GB2312";
        Connection conn = DriverManager.getConnection(url,"root","duanxe");
        try{
         stmt = conn.createStatement(ResultSet.TYPE_SCROLL_SENSITIVE, ResultSet.CONCUR_UPDATABLE);
String sql = "update book set BookName = ?, Author = ?, Publishment = ? where BookNo = ?";
        PreparedStatement  pstmt = conn.prepareStatement(sql);
        pstmt.setString(1, "Java 程序设计");
        pstmt.setString(2, "赵杰");
        pstmt.setString(3, "人民邮电出版社");
        pstmt.setInt(4, 10003);
        pstmt.executeUpdate();
        rs = stmt.executeQuery("select * from book where BookNo = 10004");
        rs.moveToInsertRow();
        rs.updateInt("BookNo", 100011);
        rs.updateString("BookName", "jsp 网络编程");
        rs.updateString("Author", "庞小龙");
        rs.updateString("Publishment", "高等教育出版社");
        rs.updateString("BookName", "2013 - 6 - 6");
        rs.insertRow();
        rs = stmt.executeQuery("select * from book where BookNo > 10005 ");
        while(rs.next()){
            int num = rs.getInt("BookNo");
            String name = rs.getString("BookName");
            String author = rs.getString("Author");
            String publish = rs.getString("Publishment");
            String buttime = rs.getString("ButTime");
            System.out.println("书号:" + num + "     书名:" + name + "    作者:" + author
 + "   出版社:" + publish + "    出版时间:" + buttime);
        }
        rs.close();
        stmt.close();
        conn.close();
        }catch(SQLException e){
        e.printStackTrace();       }
    finally {
        try{
            if(stmt!= null)
            stmt.close();
            if(con!= null)
            con.close();
            }catch(SQLException e){
            e.printStackTrace();}
        }
        }
        }
```

例 9-7 利用 ResuletSet 对象提供的方法，修改了数据表中"书号＝10003"记录的信息，然后利用 rs.moveToInsertRow()方法将光标定位在"书号＝10004"的位置，接着在此记录中插入"书号＝100011"的记录，最后将"书号＞10005"的所有记录信息显示在屏幕上，程序运行结果如图 9-15 所示。

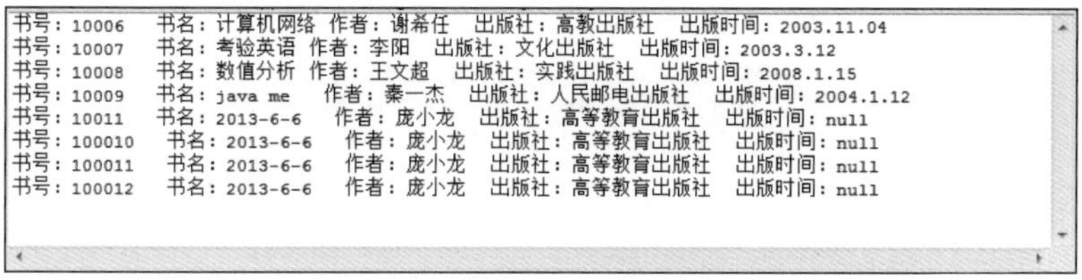
书号：10006　书名：计算机网络　作者：谢希仁　出版社：高教出版社　出版时间：2003.11.04
书号：10007　书名：考验英语　作者：李阳　出版社：文化出版社　出版时间：2003.3.12
书号：10008　书名：数值分析　作者：王文超　出版社：实践出版社　出版时间：2008.1.15
书号：10009　书名：java me　作者：秦一杰　出版社：人民邮电出版社　出版时间：2004.1.12
书号：10011　书名：2013-6-6　作者：庞小龙　出版社：高等教育出版社　出版时间：null
书号：100010　书名：2013-6-6　作者：庞小龙　出版社：高等教育出版社　出版时间：null
书号：100011　书名：2013-6-6　作者：庞小龙　出版社：高等教育出版社　出版时间：null
书号：100012　书名：2013-6-6　作者：庞小龙　出版社：高等教育出版社　出版时间：null

图 9-15　例 9-7 程序运行结果

9.4　使用连接池访问数据库

连接池是创建和管理数据库连接的缓冲技术，它可以让闲置的连接被其他需要的线程使用，从而提高系统性能。其工作原理是：当一个线程需要用 JDBC 对数据库操作时，从池中请求一个连接，当这个线程使用完这个连接，将其返回到连接池中，这样就可以被其他线程使用。

连接池可以极大地改善 Java 应用程序的性能，并减少资源的使用。

【例 9-8】 用连接池删除 user 表中小红这条记录，具体实现代码如下。

```
import Java.sql.Connection;
import Java.sql.SQLException;
import Java.sql.Statement;
import com.mchange.v2.c3p0.ComboPooledDataSource;
public class Jdbcdelete{
public static void main(String[] args) throws SQLException {
    ComboPooledDataSource ds = new ComboPooledDataSource();
Connection conn = ds.getConnection();
System.out.println(conn);
String sql = "delete from user where user = '小红'";
Statement stat = conn.createStatement();
int i = stat.executeUpdate(sql);
if (i > 0)
{
System.out.println("删除成功");
}
else
{
System.out.println("删除失败");
}
stat.close();
conn.close();
}
}
```

程序运行结果如图 9-16 所示。

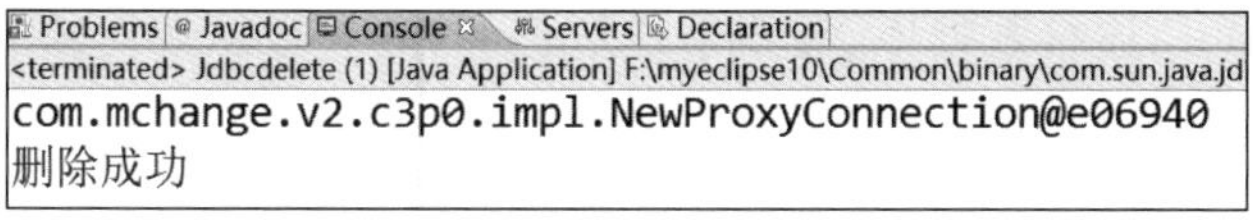
Problems　Javadoc　Console　Servers　Declaration
<terminated> Jdbcdelete (1) [Java Application] F:\myeclipse10\Common\binary\com.sun.java.jd
com.mchange.v2.c3p0.impl.NewProxyConnection@e06940
删除成功

图 9-16　例 9-8 运行结果

同时后台数据库 user 表小红的记录已删除，如图 9-17 所示。

uid	username	password	age	hobby
2	小云	345	12	学英语
7	王晓	165	19	唱歌
4	王二	456	20	打篮球
5	黄云	789	21	跳舞
10	小花	123	15	跳绳

图 9-17 删除小红的记录

程序分析：

(1) 使用连接池技术首先要导入两个 jar 包，把图 9-18 的两个 jar 包放到 lib 文件夹下。

(2) 把 c3p0 的相关信息放入 src 下，如图 9-19 所示。

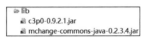

```
lib
  c3p0-0.9.2.1.jar
  mchange-commons-java-0.2.3.4.jar
```

图 9-18 导入 jar 包

```
src
  com.wxx.jdbc
  c3p0.properties
```

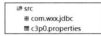

图 9-19 导入 c3p0 相关信息

c3p0 的代码如图 9-20 所示。

```
c3p0.driverClass=com.mysql.jdbc.Driver
c3p0.jdbcUrl=jdbc:mysql:///sjk?serverTimezone=GMT%2B8&characterEncoding=utf8
c3p0.user=root
c3p0.password=123456
c3p0.acquireIncrement=3
c3p0.idleConnectionTestPeriod=60
c3p0.initialPoolSize=10
c3p0.maxIdleTime=60
c3p0.maxPoolSize=150
c3p0.maxStatements=100
c3p0.minPoolSize=5
```

图 9-20 c3p0 的代码

从图 9-20 可以看出，c3p0 中的前 4 行代码是我们前面 4 个例子进行增、删、改、查的前 4 行代码。把这 4 行代码放入连接池中，不管对数据库进行什么操作，Java 代码中都不用再写这 4 行代码，这 4 行代码可以公用。

(3) import com. mchange. v2. c3p0. ComboPooledDataSource; 语句导入 c3p0 的类，ComboPooledDataSource ds = new ComboPooledDataSource();用 c3p0 的类创建一个对象 ds，后面的代码和前面的 JDBC 连接是一样的。在此不再赘述。

9.5 典型案例分析

本节设计三个典型案例，用来练习 JDBC 数据库连接。

9.5.1 图书信息查询

使用 JDBC-ODBC 连接数据库，并查询 bookmanager 数据库中 book 表的所有记录，将查询结果显示到屏幕上。

使用 JDBC-ODBC 连接数据库，需要创建数据源，通过数据源对数据库进行操作，要完成上述任务，一般按照下面几步操作。

第一步，建立数据库。

一般计算机上安装 Office 组件时，都会安装 Access 数据库管理系统，如果没安装，先安装 Access 数据库管理系统,然后启动 Access 数据库管理系统,创建数据库 bookmanager,在其中创建数据表 book,用来存放图书信息。

第二步,建立 JDBC-ODBC 连接桥,创建数据源。

按照 9.2.2 节中的 JDBC-ODBC 连接桥的操作步骤创建数据源 mybook。

第三步,创建连接数据库的对象。

调用 DriverManager 类的 getConnection()方法创建连接对象 con。

第四步,向数据库发送执行 SQL 的语句。

con 对象调用 createStatement()方法,生成向数据库发送操作的对象 stmt,stmt 调用操作数据库的方法 executeQuery(),向数据库发送 SQL 语句,生成操作结果保存在操作对象 rs 中。

第五步,处理查询结果。

使用循环语句显示查询结果。

第六步,关闭 JDBC 对象。

对数据库操作完成后,通常需要依次调用 ResultSet 对象、Statement 对象、Connection 对象的 close()方法,把所使用的 JDBC 对象全都显式关闭,以释放 JDBC 资源。

程序模块代码如下:

```java
import Java.sql.Connection;
import Java.sql.DriverManager;
import Java.sql.ResultSet;
import Java.sql.SQLException;
import Java.sql.Statement;
public class TestOdbc {
    public static void main(String[] args) {
        Connection con = null;
        Statement stmt = null;
        ResultSet rs = null;
        try{
            Class.forName("sun.jdbc.odbc.JdbcOdbcDriver");
            con = DriverManager.getConnection("jdbc:odbc:mybook");
            stmt = con.createStatement();
            rs = stmt.executeQuery("select * from book");
            while(rs.next()){
                String no = rs.getString("bookid");
                String num = rs.getString("booknum");
                String name = rs.getString("bookname");
                String author = rs.getString("author");
                String publish = rs.getString("publish");
                System.out.println("编号:" + no + "    书号:" + num + "    书名:" + name + "    作者:" + author + "    出版社:" + publish);
            }
            rs.close();
            stmt.close();
            con.close();
        }
        catch(SQLException e){
            e.printStackTrace();
        }
```

```
        finally {
            try{
                if(stmt!= null)
                stmt.close();
                if(con!= null)
                con.close();
            }catch(SQLException e){
                e.printStackTrace();
            }
        }
    }
}
```

程序运行结果如图 9-21 所示。

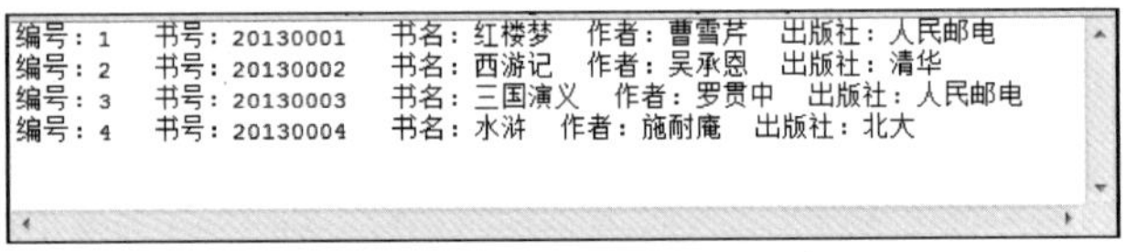

```
编号：1    书号：20130001    书名：红楼梦    作者：曹雪芹    出版社：人民邮电
编号：2    书号：20130002    书名：西游记    作者：吴承恩    出版社：清华
编号：3    书号：20130003    书名：三国演义  作者：罗贯中    出版社：人民邮电
编号：4    书号：20130004    书名：水浒      作者：施耐庵    出版社：北大
```

图 9-21　JDBC 操作数据库程序运行结果

9.5.2　账户登录信息处理

使用纯 Java 数据库驱动程序连接数据库，获得与本地数据库 bookmanager 的连接，在用户窗口上输入用户名和密码，当单击"确定"按钮时，验证是否为合法用户，若是合法用户，弹出登录成功窗口，否则弹出用户名或密码错误提示信息。当单击"取消"按钮时，清除用户名和密码输入框中的信息。

完成上述任务，首先要创建 MySQL 数据库 bookmanager，将合法用户信息输入保存到用户表 student 中。设计用户界面其中包括两个标签用来提示用户输入用户名和密码、两个按钮分别是确定和取消按钮、两个文本框用于接受用户输入的用户名和密码。完成这一任务用到 Java 图形用户界面设计中 Swing 和 awt 包中提供的类和接口。

实现用户信息验证功能，还需从数据库中取出信息与用户界面上信息进行比较，所以需要创建数据库连接对象，通过它实现在数据库中读取信息的过程。登录成功与失败提示信息通过 Swing 提供的 JOptionPane 调用方法 showMessageDialog() 实现对话框窗口设计。

综上所述，完成该实现需要完成下面几步操作。

第一步，安装并启动 MySQL 数据库管理系统。

通过 MySQL 官方网站（http://www.mysql.com）可以获得 MySQL 的安装程序，本书使用的是 mysql-5.0.24-win32 安装包。双击运行 mysql-5.0.24-win32 文件夹中的 setup.exe，开始安装 MySQL，如图 9-22 所示。

连续单击 Next 按钮，直到出现如图 9-23 所示完成界面提示窗口。

在窗口中勾选 configure the MySQL server now 复选框。单击 Finish 按钮后打开如图 9-24 所示窗口，开始配置 MySQL 服务器。

单击 Next 按钮，打开如图 9-25 所示的选择配置类型界面。选择 Detailed Configuration 单选按钮。

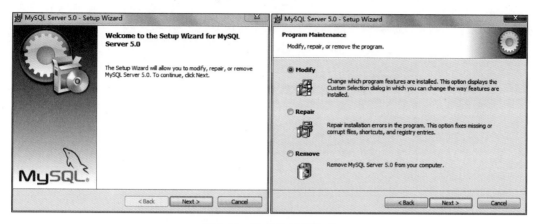

图 9-22　MySQL 安装向导

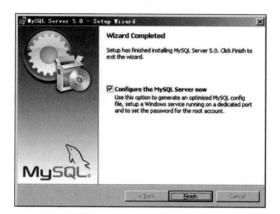

图 9-23　MySQL 安装完成

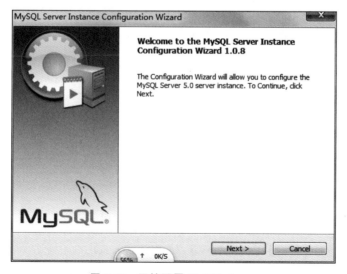

图 9-24　开始配置 MySQL Server

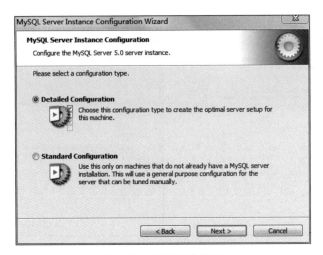

图 9-25 选择配置类型

在出现的窗口中保留默认设置,连续单击 Next 按钮,依次打开选择服务器类型界面、选择数据库类型界面、安装路径界面,设置可连接数量设置界面、端口号设置界面,直到出现如图 9-26 所示设置字符集界面。在此将字符集设置为 gb2312。

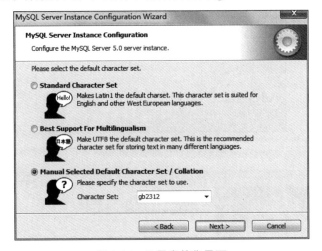

图 9-26 设置字符集界面

单击 Next 按钮,打开如图 9-27 所示的服务器名设置界面,保留默认设置。

单击 Next 按钮,打开如图 9-28 所示界面,设置 root(相当于管理员)密码。如果需要 root 用户从远程计算机的访问还需要勾选 Enable root access from remote machines 复选框。

单击 Next 按钮,打开如图 9-29 所示界面,单击 Execute 按钮,完成 MySQL Server 配置。

若配置正确,出现如图 9-30 所示窗口,单击 Finish 按钮,结束配置。

安装完成后,选择【开始】|【所有程序】|MySQL|MySQL Server 5.0|MySQL Command Line Client 命令打开 MySQL Command Line Client 窗口,在窗口中输入 root 用户密码,窗口的提示符将变为 mysql>,这表示已经正确连接 MySQL。在提示符 mysql>后输入以下语句:

```
show databases;
```

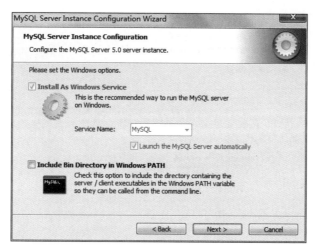

图 9-27 服务器名设置

图 9-28 设置 root 密码

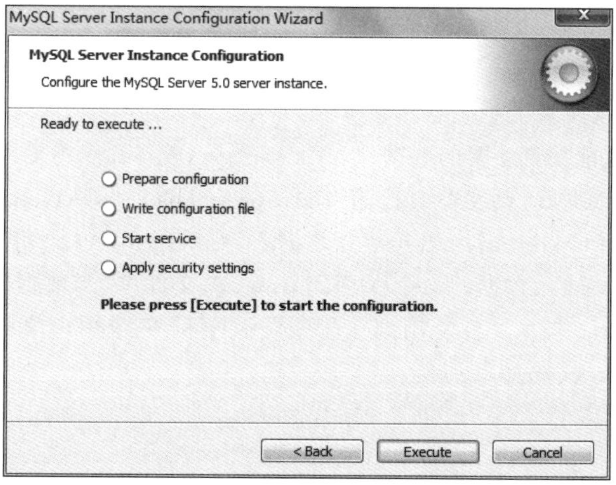

图 9-29 完成 MySQL Server 的配置

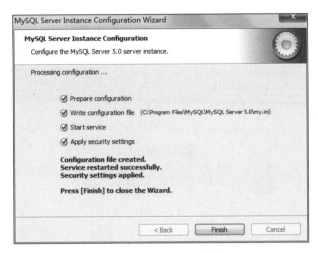

图 9-30　正确配置完成

显示所有数据库列表,如果出现如图 9-31 所示窗口,表示 MySQL 安装配置成功。

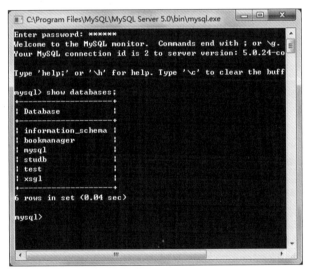

图 9-31　查询数据库

第二步,设置数据库及数据表结构。

在图 9-31 中如果能找到所要的数据库 bookmanager,就在命令行输入 use bookmanager 命令,如找不到所要的数据库,则在命令行输入 create database bookmanager 语句建立数据库 bookmanager,再使用 create table 语句建立数据表,然后用 insert 语句插入数据。为方便操作,也可以将创建表和插入数据的命令保存到 use.txt 文件中,当数据库文件 bookmanager 创建完成后,将 use.txt 脚本文件复制到在命令提示符下,完成用户信息表 student 的创建。

脚本文件 use.txt 代码如下:

```
create table student
(
    useNO int primary key,
    useName varchar(50),
```

```sql
    Password varchar(20)
);
insert into student values(10001,'admin','admin');
insert into student values(10002,'user','user');
insert into student values(10003,'wangfei','wangfei');
insert into student values(10004,'liyang','liyang');
insert into student values(10005,'songjie','songjie');
insert into student values(10006,'wangfang','wangfang');
```

第三步,设计用户界面。

使用 swing 和 awt 包中提供的接口和类完成用户界面设计。

第四步,创建数据库连接对象。

第五步,向数据库发送执行 SQL 的语句。

第六步,验证用户信息。

程序模块代码如下。

```java
import Java.awt.*;
import Javax.swing.*;
import Java.awt.event.*;
import Java.sql.*;
class Login extends JFrame implements ActionListener
{
    JLabel lbl1 = new JLabel("用户名");
    JLabel lbl2 = new JLabel("密码");
    JTextField txt = new JTextField(15);
    JPasswordField pf = new JPasswordField();
    JButton btn1 = new JButton("确定");
    JButton btn2 = new JButton("取消");
    public Login() {
    this.setTitle("登录");
    JPanel jp = (JPanel)this.getContentPane();
    jp.setLayout(new GridLayout(3,2,10,10));
    jp.add(lbl1);jp.add(txt);
    jp.add(lbl2);jp.add(pf);
    jp.add(btn1);jp.add(btn2);
    btn1.addActionListener(this);
    btn2.addActionListener(this);
}

public void actionPerformed(ActionEvent ae)
{
  if(ae.getSource() == btn1)
    {
       try
       {
       Class.forName("com.mysql.jdbc.Driver");
          String url = " jdbc:mysql://localhost:3306/bookmanager?useUnicode=true&amp;characterEncoding=GB2312";
Connection con = DriverManager.getConnection(url,"root","duanxe");
Statement cmd = con.createStatement();
ResultSet rs = cmd.executeQuery("select * from student where useName = '" + txt.getText() + "' and password = '" + pf.getText() + "'");
```

```
if(rs.next())
   {
    JOptionPane.showMessageDialog(null,"登录成功!");
   }
else
    JOptionPane.showMessageDialog(null,"用户名或密码错误!");
  } catch(Exception ex){}
try{    if rs(rs!= null)
           rs.close();
           if(cmd!= null)
           cmd.close();
           if(con!= null)
           con.close();
           }
           catch(SQLException e){
             e.printStackTrace();
                }
}
    if(ae.getSource() == btn2)
       {
        txt.setText("");
        pf.setText("");
       }
    }
    public static void main(String arg[])
    {
        JFrame.setDefaultLookAndFeelDecorated(true);
        Login frm = new Login();
        frm.setSize(400,200);
        frm.setVisible(true);
    }
 }
```

程序运行结果如图 9-32～图 9-35 所示。

图 9-32　输入用户信息窗口

图 9-33　输入合法用户信息弹出的窗口

图 9-34　输入非法用户信息弹出的窗口

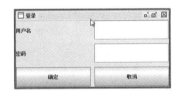

图 9-35　单击取消按钮弹出的窗口

9.5.3 图书信息处理

为了更好地促进读者学习和掌握 JDBC 的相关内容,接下来通过一个示例,对 bookmanager 数据库中的 book 表实现增、删、改、查等功能。加强对 JDBC 的理解。创建示例的过程主要分为以下几个步骤。

第一步,设置数据库及数据表结构。

本例仍然采用 MySQL 数据库管理系统。先使用 create database 语句建立数据库,再使用 create table 语句建立数据表,然后用 insert 语句插入数据。将以下脚本保存到一个文件中,如 D:\bookmanager.txt。

文件 bookmanager.txt 代码如下:

```
create database bookmanager;
use bookmanager;
create table book
(
    BookNO int primary key,
    BookName varchar(50),
    Author varchar(50),
    Publishment varchar(50),
    ButTime varchar(50),
);
insert into book values(10003,'大学英语','王海','外文出版社','2007.1.12');
insert into book values(10004,'体育','张亮','体育出版社','2003.1.12');
insert into book values(10005,'英语大全','jeans','外文出版社','2003.1.12');
insert into book values(10006,'计算机网络','谢希任','高教出版社','2003.11.04');
insert into book values(10007,'考验英语','李阳','文化出版社','2003.3.12');
insert into book values(10008,'数值分析','王文超','实践出版社','2008.1.15');
insert into book values(10009,'Java me','秦一杰','人民邮电出版社','2004.1.12');
insert into book values(10010,'思想理论','吴俊','同济大学出版社','2003.1.12');
```

在 MySQL 命令提示符下执行命令:

```
source D:\ bookmanager.txt
```

数据库的用户名为 root,密码为 duanxe。

第二步,创建连接数据库的类。

前面所举示例中,每次对数据库操作都需要获取与数据库的连接对象。为了提高代码的可重用性,减少程序员的重复工作,此例将这一部分封装成一个单独的类 connectionBook,这个类即用来产生 Connection 对象,以后只要需要与该数据库连接的对象,就可以直接创建。

文件 connectionBook.java 代码如下:

```java
import Java.sql.Connection;
import Java.sql.DriverManager;
import Java.sql.SQLException;
public class ConnectionBook {
    public Connection getConnection() {
        String user = "root";
        String pwd = "duanxe";
```

```java
            String url = "jdbc:mysql://localhost:3306/bookmanager";
            Connection con = null;
            try {
                Class.forName("com.mysql.jdbc.Driver");
            } catch (ClassNotFoundException ce) {
                System.out.println(ce);
            }
            try {
                con = DriverManager.getConnection(url, user, pwd);
            } catch (SQLException ce) {
                System.out.println(ce);
            }
            return con;
        }
    }
```

第三步，创建关闭所有连接的类。

前面提到，每一步操作完成后都需要关闭所占资源，在关闭时还需要判断要关闭的对象是否存在，并且在调用关闭方法时还需要处理异常。如果业务复杂，每一个与数据库交互操作都需要编写这些代码，为了减少冗余，提高代码重用性，同样需要编写一个专门关闭相关连接的工具类。此类编写 JDBCUtils 类用来解决释放资源的问题。

文件 JDBCUtils.java 代码如下：

```java
import Java.sql.Connection;
import Java.sql.Statement;
import Java.sql.ResultSet;
public class JDBCUtils {
    public static void close(ResultSet rs, Statement stmt, Connection conn) {
        close(rs);
        close(stmt);
        close(conn);
    }
    public static void close(Statement stmt, Connection conn) {
        close(stmt);
        close(conn);
    }
    public static void close(Connection conn) {
        try {
            if (conn != null) {
                conn.close();
            }
        } catch (Exception e) {
            e.printStackTrace();
        }
    }
    public static void close(Statement stmt) {
        try {
            if (stmt != null) {
                stmt.close();
            }
        } catch (Exception e) {
            e.printStackTrace();
```

```
            }
        }
    public static void close(ResultSet rs) {
        try {
            if (rs != null) {
            rs.close();
              }
            } catch (Exception e) {
              e.printStackTrace();
            }
      }
}
```

第四步,创建操作方法的类。

为方便操作,此例把对数据库进行增、删、改、查的操作都封装于 BookOpe 中,它的代码清单如 BookOpe.java 所示。

文件 BookOpe.java 代码如下:

```java
import Java.sql.Connection;
import Java.sql.SQLException;
import Java.sql.Statement;
import Java.sql.ResultSet;
import Java.sql.PreparedStatement;
public class BookOpe{
    public void readDate() throws Exception {
        ConnectionBook factory = new ConnectionBook();
        Connection conn = factory.getConnection();
        Statement stmt = conn.createStatement();
        String sqlstr = "select * from book";
        ResultSet rs = stmt.executeQuery(sqlstr);
        while (rs.next()) {
            System.out.print(rs.getString(1) + "\t");
            System.out.print(rs.getString(2) + "\t");
            System.out.print(rs.getString(3) + "\t");
            System.out.print(rs.getString(4) + "\t");
            System.out.println(" ");
        }
        JDBCUtils.close(rs, stmt, conn);
    }
    public void readDateByName(String name) throws Exception {
        ConnectionBook factory = new ConnectionBook();
        Connection conn = factory.getConnection();
        Statement stmt = conn.createStatement();
        String sqlstr = "select * from book where bookname = '" + name + "'";
        ResultSet rs = stmt.executeQuery(sqlstr);
        while (rs.next()) {
            System.out.print(rs.getString(1) + "\t");
            System.out.print(rs.getString(2) + "\t");
            System.out.print(rs.getString(3) + "\t");
            System.out.print(rs.getString(4) + "\t");
            System.out.println(" ");
        }
        JDBCUtils.close(rs, stmt, conn);
```

```java
    }
    public void insertDateByName(int bookno,String name,String Author) throws Exception {
        ConnectionBook factory = new ConnectionBook();
        Connection conn = factory.getConnection();
        String sqlstr = "insert book(bookno,bookname,Author) values(?,?,?)";
        PreparedStatement psmt = conn.prepareStatement(sqlstr);
        psmt.setString(2, name);
        psmt.setString(3, Author);
        psmt.setInt(1, bookno);
        psmt.executeUpdate();
        JDBCUtils.close(psmt, conn);
        this.readDate();
    }
    public void updateDateByName(int no, String name) throws Exception {
        ConnectionBook factory = new ConnectionBook();
        Connection conn = factory.getConnection();
        Statement stmt = conn.createStatement();
        String sqlstr = "update book set bookname = '" + name + "'where bookno = no ";
        stmt.executeUpdate(sqlstr);
        JDBCUtils.close(stmt, conn);
        this.readDateByName(name);
    }
    public void deleDateByName(String name) throws Exception {
        ConnectionBook factory = new ConnectionBook();
        Connection conn = factory.getConnection();
        Statement stmt = conn.createStatement();
        String sqlstr = "delete from book where bookname = '" + name + "'";
        stmt.executeUpdate(sqlstr);
        JDBCUtils.close(stmt, conn);
        this.readDate();
    }
}
```

为方便操作数据库，BookOpe.java 文件编写了专供用户操作数据库的 readDate() 方法、readDateByName(String name) 方法、insertDateByName(int bookno, String name, String Author) 方法、updateDateByName(String name) 方法、deleDateByName(String name) 方法，分别用来解决在表中读信息、插入记录、修改记录和删除记录等操作。这样封装代码后，既方便维护数据，代码和安全性，可重用性也得到很大提高。

第五步，创建测试类。

为了验证上述方法是否正确，本例编写两个测试类进行测试，一个类 TestJDBC.java 用来测试数据库是否连接成功，另一个类 TestBookOpe.java 用来测试进行什么操作。代码如 TestJDBC.java 与 TestBookOpe.java 所示。

文件 TestJDBC.java 代码如下：

```java
import Java.sql.Connection;
import Java.sql.DriverManager;
import Java.sql.ResultSet;
import Java.sql.SQLException;
import Java.sql.Statement;
public class TestJDBC {
```

```java
    public static void main(String[] args) throws SQLException,
        ClassNotFoundException {
        String user = "root";
        String pwd = "duanxe";
        String myjdbc = "jdbc:mysql://localhost:3306/bookmanager";
        Class.forName("com.mysql.jdbc.Driver");
    Connection myConnection = DriverManager.getConnection(myjdbc, user, pwd);
        Statement Myoperation = myConnection.createStatement();
    ResultSet record = Myoperation.executeQuery("SELECT * FROM book where (bookno >=
10003)and(bookno <= 10009)");
        while (record.next()) {
        System.out.println(record.getInt("bookNo") + "," + record.getString("bookName") + ",
" + record.getString("Author") + "," + record.getString("publishment"));
            }
        try {
            if (record != null)
                record.close();
        } catch (Exception e) {
            e.printStackTrace();
        } finally {
        try {
            if (myConnection != null)
                myConnection.close();
        } catch (Exception e) {
            e.printStackTrace();            }
        }
    }
}
```

文件 TestJDBC.java 用来测试数据库是否连接成功,为说明和反映问题,编写查询 book 表书号在 10003 与 10009 之间的信息,并将结果显示到屏幕上,程序运行结果如图 9-36 所示。

```
10003,Java程序设计,赵杰,人民邮电出版社
10004,体育,张亮,体育出版社
10005,英语大全,Jeans,外文出版社
10006,计算机网络,谢希任,高等教育出版社
10007,考验英语,李阳,文化出版社
10008,数值分析,王文超,实践出版社
10009,Java ME,秦一杰,人民邮电出版社
```

图 9-36 文件 TestJDBC.java 程序运行结果

文件 TestBookOpe.java 代码如下:

```java
public class TestBookOpe {
public static void main(String[] args) {
        BookOpe td = new BookOpe ();
        try {
            td.readDate();
            td.deleDateByName("2013-6-6");
            td.readDate();
//td.insertDateByName(10002, "JSP 网络编程", "贾杰");
//td.updateDateByName(10004,"Java Web 实用教程");
//td.deleDateByName("Java 程序设计");
        } catch (Exception e) {
            e.printStackTrace();
```

```
        }
    }
}
```

文件 TestBookOpe.java 创建了一个 BookOpe 对象 td，先通过 td 调用 readDate()方法读取数据库中的全部信息，然后通过调用 deleDateByName()方法删除书名为"2013-6-6"的记录，删除前后数据库中的信息如图 9-37 和图 9-38 所示。

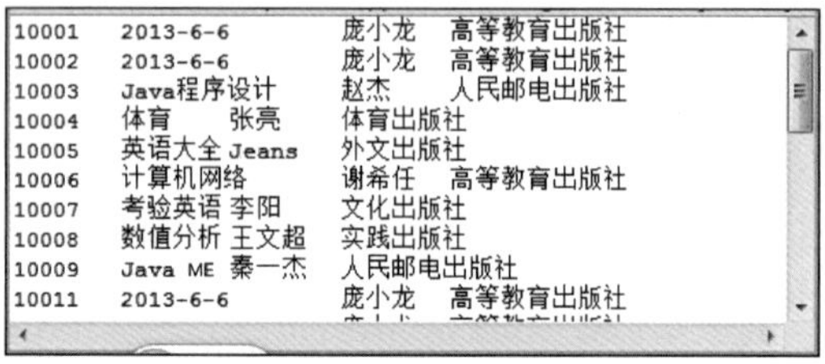

图 9-37　删除信息前

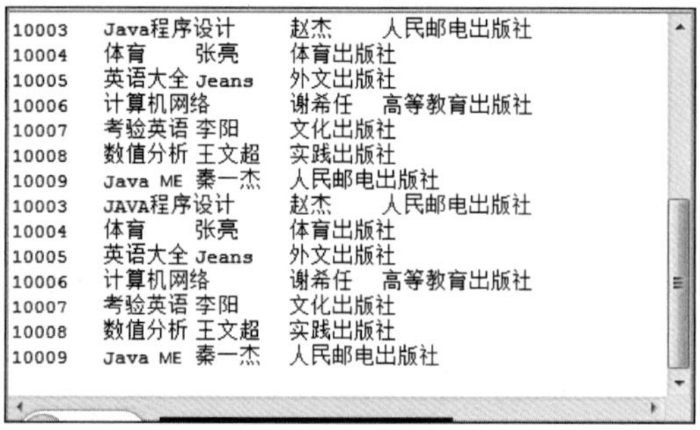

图 9-38　程序删除信息后

文件 TestBookOpe.java 代码中在 td.deleDateByName("2013-6-6")语句后添加语句：

```
td.insertDateByName(10002, "JSP 网络编程", "贾杰");
```

以上语句在数据库表中插入一条新记录，程序运行结果如图 9-39 所示。

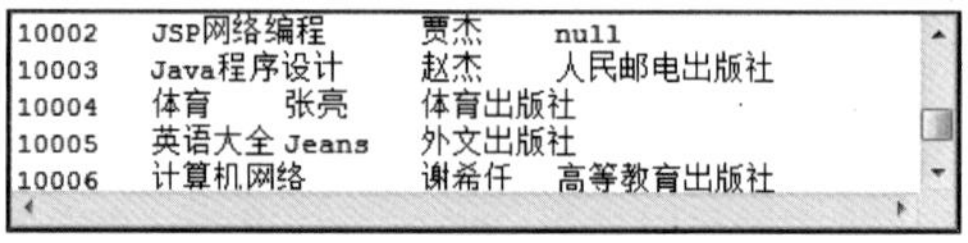

图 9-39　程序插入信息结果

如果在文件 TestBookOpe.java 代码中将 td.deleDateByName("2013-6-6")语句替换成语句：

```
td.updateDateByName(10004,"Java Web 实用教程");
```

以上语句把数据库表中书号为 10004 记录的书名修改成"Java Web 实用教程"，程序运行结果如图 9-40 所示。

图 9-40　程序修改信息结果

9.6 本章小结

Java 一般使用 JDBC-ODBC 桥或纯 Java JDBC 驱动程序连接数据库。无论哪一种,都用 Connection 表示连接,通过驱动程序管理器 DriverManager.getConnection()方法建立连接。利用 Java 的 Statement 或 PreparedStatement 所提供的方法可以方便地实现对数据库的查询、增加、修改、删除等操作。利用 ResultSet 提供的方法可以实现对操作结果的处理。JDBC 为程序员编写数据库应用程序提供了统一的接口,提供了易用的编程方式,读者需要多练习,才能理解并灵活编写应用程序。

课后习题

习题答案

1. Java 程序如何实现与数据库连接?
2. 如何建立与某个数据库的一个连接,这一步工作的目的是什么?
3. JDBC 的驱动程序可分为哪几种类型?
4. 简述使用 JDBC 完成数据库操作的基本步骤。
5. 简述 JDBC 为 Java 连接数据库编写应用程序提供了什么好处。
6. 简述 Statement 和 PreparedStatement 的异同。
7. 如何执行带有参数的 SQL 语句?如何为 SQL 语句中的参数赋值?
8. 设有一张雇员信息表,编程完成调用 JDBC 对雇员信息进行增、删、改、查操作。
9. 练习通过 JDBC 连接不同类型的数据库,并注意操作的不同之处。

第 10 章

Java异常处理

CHAPTER 10

本章学习目标：

（1）理解Java异常的概念及工作原理。
（2）分清异常的类型。
（3）掌握捕获处理异常语句的使用(try-catch-finally)。
（4）掌握抛出异常语句的使用(throw、throws)。
（5）掌握使用异常处理机制来提高程序的容错性的方法。

重点：Java异常的工作原理，异常的类型，抛出、捕获处理异常语句。

难点：Java异常的工作原理，自定义异常。

异常处理是程序设计中一个非常重要的方面，也是程序设计的一大难题，Java异常处理机制可以使程序设计人员方便、快捷地处理程序执行过程中出现的各种异常情况，在很大程度上提高了程序编写和测试的效率。因此它是Java语言学习中一个重要的知识点。但由于异常处理这部分内容较抽象，初学者较难理解其中的概念与异常处理方法。所以建议初学者在学习过程中要多采用先粗后细，先整后零的学习方法结合实例去学习，会收到很好的效果。什么是先粗后细，先整后零呢？就是在学习初期大致了解这部分知识的框架，先知道它是用来解决什么问题，什么是异常、什么是异常处理、Java如何进行异常处理等问题，再仔细看异常的分类，异常处理机制中那些关键字的作用各是什么，最后练习自定义异常。在学习过程中，一定要结合实例上机练习，体会异常的发生，熟悉处理过程，这样不仅学习轻松，还能起到有的放矢的作用，达到事半功倍的效果。

10.1 异常概述

视频讲解

程序运行的理想状态是用户输入的都是符合要求的数据,用户的所有操作都是合法有效的,用户打开的一定是正确类型的有效的文件,程序中不存在缺陷(bug)。但是现实并不尽如人意,程序用户可能经常会输入不符合要求的错误的数据。就像用户通过自动提款机取钱时,在输入取款金额时用户可能输入不符合要求的数字;在解析文件内容的程序中,用户可能选择打开的文件是一个不符合类型要求的文件;程序员在编辑程序时代码中可能会出现错误。那么现在我们要讨论的就是Java碰到这类不正常的问题时该采取什么样的措施。

Java程序设计语言面对这类程序运行中的不正常状况有自己的一套完善的异常处理措施。只要能够正确地使用这套机制,就可以增强程序的健壮性,使程序在多数情况下都可以正确运行,返回用户想要的结果。即使碰到了不能返回预期结果的情况,程序也可以采取周到的解决措施,使程序可以用客户理解的方式运行下去,而不会莫名其妙地终止或者返回错误运行结果。

在现实生活中,当用户去ATM取款时,如果在输入取款数目后,ATM内的现金不够支付,程序运行就会发生错误。如果此时没有合理的异常处理措施,程序就会被意外终止,此时用户账户中已经划走所取款数目,而实际上用户并没有取到该数额的现金,用户将蒙受一定的经济损失,而这种现象无论是银行还是用户都不愿意发生。此时我们就需要一套完整的异常捕获和处理措施,当面对这种运行错误所产生的异常时,使程序不会被非正常终止,而是以某种方式正常运行下去,并保证用户不会蒙受经济损失。

在程序运行过程中产生问题导致程序不能正常进行的原因有很多,例如用户可能在输入框中输入无效数值或错误数据类型的数据,或者用户选择打开了一些不存在的或类型错误的文件,也有可能在基于网络传输的程序中,网络连接意外中断,或者程序访问了不存在的变量或越界的数组元素等,此时我们认为程序发生了异常,这样程序就不能正常进行下去。

传统程序设计方法中对于异常情况的处理,是将异常处理代码和普通代码混合在一起,通过方法的特定返回值来表示异常情况,并采用同样的流程控制语句来处理正常流程和异常流程。这样即使可以正确处理异常情况,也会极大地影响程序的可读性,对于创建大型可维护程序造成不可避免的阻碍。而Java语言采用单独的异常处理机制,将异常处理代码从正常流程代码中分离出来,既简化了代码结构又提高了程序的可读性,极大地弥补了传统程序设计方法中异常处理的弊端。

Java异常处理机制采用了面向对象的编程思想,针对各种异常情况将其分类,然后采用了不同的Java类来表示不同的异常情况。

10.1.1 异常及其分类

异常是正常程序流程所不能处理的情况或事件,当这种情况出现时如果程序中没有采取一定的专门处理措施,那么程序就会非正常终止。

在Java中将常见的异常分为三种类型:错误(Error)、异常(Exception)和运行时异常

(RuntimeException)。错误一般是由虚拟机抛出的,很少发生但是一旦发生基本上就是无法解决的问题,用户除了尽快结束程序之外没有什么好的处理办法。而异常一般是描述由程序和环境所引发的问题,这些异常程序能够被编译器检测出来,程序可以对它们进行捕获和处理。而运行时异常不会被编译器检测到,它通常是在程序运行过程中被虚拟机抛出,

按照异常在程序编译过程中是否可以被发现,可将异常分为受检查异常和非受检查异常。其中前面提到的错误和运行时异常及它们的子类均被称为非受检查异常。所有其他异常为受检查异常,会被编译器检测到并强制程序对其进行处理。

在 Java 中所有异常类都必须继承 Java.lang 包中的类 Throwable,所有的异常对象都是由 Throwable 的子类所产生的实例,图 10-1 是异常层次结构简化示意图。我们可以看到 Throwable 类的子类分成了 Error 和 Exception 两个类,而 Exception 又被分解为 RuntimeException 和其他类型异常,那些非运行时异常,在程序中出现时就会被编译器提前检测出来,所以也称那些除了运行时异常之外的异常为受检查异常。

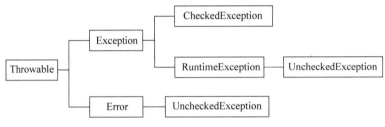

图 10-1 异常层次结构简化示意图

编程人员都知道,"如果出现运行时异常,那么一定是你的问题"。也就是说,运行时异常是一个虽然不能被编译器检测出来,但是完全可以避免的异常。例如数学异常(ArithmeticException),对于这个异常,编程人员可以通过在算术计算之前先检测分母是否为零来避免,像空指针异常(NullPointException)完全可以通过提前检测变量是否为空来避免该运行时异常的发生。

根据图 10-1,在 JDK 中已包含了一些具体异常,用来处理程序中的各种情况,下面对这些常见异常做简要介绍。

(1) NullPointerExcetpion:空指针异常,这是一种运行时异常,在程序运行过程中,当程序访问对象为 null 时就会产生这种类型异常。例如:

```
String x;
System.out.println(x);    //调用了只声明但是未初始化的对象
```

(2) ArithmeticException:数学异常,也是一种运行时异常,在程序运行过程中如果出现除数为零这类数学错误,就会产生数学异常。例如:

```
int a = 5, b = 0;
int c = a/b;     //除数为 0,计算时会发生数学错误
```

(3) IndexOutOfBoundsException:下标越界异常,也是一种运行时异常,当通过下标访问不存在元素时会发生子类异常,最常见的是它的子类 ArrayIndexOutOfBoundsException 数组下标越界异常,表示当程序运行过程中访问了数组中不存在的下标时就会发生该类型异常。例如:

```
int[] arr = new int[5];
arr[6] = 8;     //此处通过下标访问了不存在数组元素,会抛出数组下标越界异常
```

(4) IOException：输入输出异常是一种可检查异常。当程序中出现有可能发生此类异常的语句时而又对它们作捕获或抛出处理时编译器在编译过程中就会报错,无法为源文件生成相应的字节码文件。例如在调用输出流将数据保存到文件的过程中,因为硬盘出错不能继续访问文件进行保存时就会产生 IOException。

Java 中所有的系统定义的异常 API 都继承自 Java.lang.Throwable,因此 Throwable 类中提供了一些访问异常信息的通用方法,这些方法包括：

(1) Throwable()：构造一个新的 Throwable 对象,这个对象没有详细的描述信息。

(2) Thrwoable(String message)：构造一个带有特定具体描述信息的 Throwable 对象,所有继承自 Throwable 的子类异常都支持以上两个构造方法。例 10-1 中的 ScreenException 就实现了本方法。

(3) getMessage()：返回 String 类型的异常信息,多用于异常处理语句中获取异常对象的详细描述信息。

(4) printStackTrace()：打印跟踪方法调用栈而获得的详细异常信息。在程序调试阶段采用此方法跟踪错误。

在 10.3 节中的创建自定义异常时可以通过在子类中重载以上这些方法,使自定义异常按设计者的想法描述异常。

10.1.2 Java 中异常机制的原理

Java 程序设计语言中采用堆栈原理来运行程序。Java 虚拟机利用方法调用栈为每一个线程建立一个独立的堆栈。然后在其中跟踪并记录该线程中的方法调用,并保存每个方法的相关信息,包括局部变量、内部类等。对于 Java 应用程序的主程序而言,堆栈底部是程序的入口 main() 方法。之后当有新的方法被调用执行时 Java 虚拟机会将该方法的栈结构放在栈顶,可以认为一定是位于堆栈中下部的方法直接或间接地调用了位于堆栈中上部的方法。

例如一个 Java 主程序中有 main 方法,在 main 方法中调用了另一个方法 MOne(),而在 MOne() 中调用了另一个方法 MTwo(),此时形成的堆栈结构如图 10-2 所示。当一个方法执行完毕时,Java 虚拟机就会从调用栈中弹出该方法的栈结构,然后继续处理前一个方法。

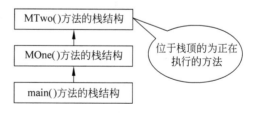

图 10-2　某主线程中方法调用堆栈示意图

此时如果在 MTwo() 方法中发生了异常,虚拟机会去寻找异常捕获语句。如果 MTwo() 方法内部就包含异常捕获语句,则直接进行处理；如果 MTwo() 方法内部不包含异常捕获语句,虚拟机会从方法调用栈中弹出该方法的栈结构,然后继续到调用 MTwo() 的前一个方法 MOne() 方法中寻找异常捕获语句；如果找到了异常捕获语句,则将该方法放在栈顶,运行该方法进行异常处理；如果该方法还是没有异常处理语句,则会继续抛弃 MOne() 方法,然后向该方法的调用方法 main() 方法中寻找

异常捕获语句；如果还是无法找到相应的捕获语句，则会调用异常对象的 printStackTrace() 方法，打印异常堆栈信息，终止该线程运行；如果异常就是发生在主线程中，那么程序直接被终止不再运行。

10.2 异常处理

在 Java 程序设计中针对各种可能发生的异常，JDK 建立了自己的异常处理机制，利用它们来实现对各种异常情况的处理。本节我们主要讨论 JDK 的异常处理模型以及常见的异常处理方法。

10.2.1 Java 异常处理模型

Java 异常处理模型主要包括三个步骤：异常的声明（declaring an exception）、异常的抛出（throwing an exception）和异常的捕获（catching an exception）。

异常的声明主要发生在方法体外部的方法声明部分，用关键字 throws 来声明方法可能会抛出某些异常。仅当抛出了受检查异常，该方法的调用者才必须处理或者重新抛出该异常。当方法的调用者无力处理该异常时，应该继续抛出，而不是在 catch 块中打印一下堆栈信息做个勉强处理。

异常的抛出发生在一个方法体内部，用 throw 关键字来抛出一个 Throwable 类型的异常。如果抛出了受检查异常，则还应在方法声明部分用 throws 关键字声明该方法可能抛出的异常类型。该方法的调用者也必须检查处理抛出的异常。如果所有方法都层层上抛获取的异常，最终 JVM 会进行处理。处理也很简单，就是打印异常消息和堆栈信息。如果抛出的是 Error 或 RuntimeException，则该方法的调用者可选择处理该异常。

异常的捕获是在方法体内对所发生的异常进行捕获并做出相应处理，这样在程序中即使发生了异常也依然可以用正常的流程运行下去。

下面对几种处理模型进行详细介绍。

10.2.2 用 throws 声明异常

在 Java 中类是由属性和方法组成的，所有语句都是放在方法中，当方法中的语句出现受检查异常，而该方法又不具有捕获并处理该异常的能力时，该语句所在方法就必须在方法定义处声明它会抛出的受检查异常类型，我们将其称为声明异常。对于在程序运行过程中可能出现的 Error 和 RuntimeException 异常，不属于受检查异常，因此这两类问题不需要进行声明。也就是说声明异常只针对那些方法中所包含的受检查异常，需要在方法的定义处通过关键字 throws 子句进行异常声明。格式如下：

<方法访问权限修饰符>　<返回值类型>　<方法名>（参数列表）　throws 受检查异常列表

例如有人到银行 ATM 取钱时，如果 ATM 里没钱了，而取款方法本身 quKuan() 又没办法处理这个故障时，就只能将这个故障抛出给取款方法调用者，该调用者方法如果不能对接收到的异常进行处理，就会将该异常继续向它的方法调用者抛出，如何进行异常抛出呢，以下代码就是在 quKuan() 方法声明处抛出 NoMoneyException() 的语句。

```
public double quKuan() throws NoMoneyException{ ... }
```

该方法在定义处通过用 throws 添加相应的受检查异常类型，表示在 quKuan() 方法中可能会抛出的 NoMoneyException 异常。如果在一个方法中可能抛出多重类型异常时，只需要在 throws 后面添加多个受检查异常即可，在多个异常类型间用逗号分隔，像 ATM 除了钱箱内无钞时可能出现问题不能正常取款外，如果 ATM 和银行服务器之间的网络断开了，那么 ATM 也就无法正常工作，也会抛出一个受检查异常 NetInteruptException，此时方法声明语句如下。

```
public void quKuan() throws NoMoneyException,NetInteruptException { ... }
```

在声明异常时需要注意，在继承情况下，如果方法 quKuan() 是子类中的方法，而且这个方法是子类从父类那里继承来的，子类对该方法进行了重写覆盖，那么在子类中 quKuan() 方法声明处所抛出的异常类型列表不能超过父类中 quKuan() 方法所抛出的异常类型列表内容，也就是子类中只能抛出父类抛出过的异常，在子类所覆盖方法的异常声明列表中不能包含父类中该方法异常列表中未声明过的异常类型。

例如父类 FatherArth 中存在方法 add，如果该方法会声明异常 IOException，语句如下。

```
public double add(double a,double b) throws IOException,ArrayIndexOutOfBoundsException;
```

此时如果子类 SunArth 中覆盖了 add 方法，则语句如下。

```
public double add(double a,double b)throws IOException,SQLException;
```

此时这个子类中所覆盖的 add() 方法是否正确呢？显而易见这里是错误的，上面已介绍过对于子类所覆盖的方法声明的异常列表所包含的异常只能是父类中该方法已经声明过的异常，不能出现新的异常。而在本方法中子类的 add(double a,double b) 方法所声明的 SQLException 是父类 add(double a,double b) 方法中未声明过的异常，编译时会直接报错。

在进行方法调用时，方法调用者能够根据被调用方法定义处声明的异常类型，获取到被调用的方法可能会抛出的异常类型，从而提前应对异常采取措施，对异常进行捕获处理或者在自身方法定义处声明异常并继续进行抛出。

10.2.3 用 throw 抛出异常

现实中会发生下面的这种情况，当你看电视时，电视机突然没有图像了，而你又不会修理。这时你只能打电话通知售后机构来对电视进行检修，或者将电视送到售后机构进行修理。也就是当电视出现异常情况时因为你自己不能处理，所以你只能将这个异常抛出给电视生产厂商的售后机构来进行处理。如果售后机构能够修理就会将电视修好；如果他们也不能修理，就会继续将电视机返回电视生产厂家进行处理，或者直接报废，也就意味着电视的使用被终止了。

与现实生活中的处理情况类似，在 Java 语言中，如果一个类中某个方法内部出现了不能处理的异常时，就会在方法中通过 throw 关键字对异常进行抛出，交由该方法的调用方法对其进行捕获和处理。例如描述电视的类 TV 中包含方法电视提供服务的方法 service()，service() 方法在定义时可能会抛出 ScreenException，这个故障 TV 类自身无法解决，就需要将它抛出给其他方法处理解决,如果没有方法能够解决它,就会引起程序中断。

【例 10-1】 一台电视机运行过程中由于屏幕故障引发的异常及其处理,代码如下。

```java
/** 定义一个异常类表示电视机屏幕故障的异常情况 */
public class ScreenException extends Exception{
    public ScreenException(){}
    public ScreenException(String msg){
        super(msg);
    }
}
/** 电视类,为人们提供服务,当发生异常时自身不能处理,需要抛出 */
public class TV {
    public void service(String  x) throws ScreenException,IOException{
//如果电视机在使用中屏幕出现问题,就会创建一个 ScreenException 对象,并将其抛出
    if ( x.equals("屏幕黑了"))   throw new ScreenException("屏幕黑了不能看到任何图像");
//如果电视机没有信号了,就会创建一个 IOException 对象,并将其抛出,该类型异常为 JDK 定义
        if(x.equals("电视没有信号了"))   throw new IOException(x);
    }
}
/** 电视机生产厂商售后服务类 */
public class  TVFacService{
    private TV tv = new TV();
    public void modi(String x) throws IOException{
        try{
            tv.service(x);
        }catch(ScreenException  e){
            String reason = e.getMessage();
            System.out.println("针对" + reason + "售后机构更换零件修好电视机");
        }
    }
}
    /** 主类,作为程序入口 */
public class mainT {
    public static void main(String[] args)  throws IOException {
        TVFacService tv = new TVFacService();
        tv.modi("屏幕黑了");
    }
}
```

当电视机发生屏幕黑了的故障后,因为在 TVFacService.modi()方法中已经事先写好了异常处理程序,所以运行结果如图 10-3 所示。

图 10-3 ScreenException 异常

此时如果发生 IOException 异常,即在主程序中代码更改如下:

```java
public class mainT {
    public static void main(String[] args)   throws IOException {
```

```
        TVFacService tv = new TVFacService();
        tv.modi("电视机没有信号了");
    }
}
```

因为 TVFacService.modi() 中没有对该异常类型进行处理的代码, 而只是将它进行简单的抛出, 而所有方法调用者对待该异常所进行的都是抛出操作, 所以当该类型异常发生时就会引发程序终止, 控制台上显示运行结果如图 10-4 所示。

图 10-4 IOException 异常

通过图 10-4 这个实例运行我们可以看到, 如果在一个方法 TV.service(String x) 内部通过 throw 语句抛出异常, 而方法本身又没有能力对这个异常进行捕获处理时, 则在方法定义处就一定要有 throws 子句来对该异常进行声明, 只有如此这个异常才能被交给 TV.service(String x) 方法的调用者 TVFacService.modi(String x) 来对异常进行捕获并进行进一步处理, 使程序可以正常运行。

在异常处理过程中需要注意的一点是由 throw 抛出的对象一定是 Java.lang.Throwable 类或其子类的实例对象; 而由 throws 子句在方法声明处声明异常时, 所声明的是 Java.lang.Throwable 类或其子类的类型, 而不是类型的实例对象。

10.2.4 用 try 和 catch 捕获异常

通过例 10-1 我们可以看到, 在 Java 的异常处理机制中, 当程序中出现异常时, JVM 首先需要做的就是寻找异常捕获语句去捕获异常并进行处理, 如果在异常发生的方法中找不到捕获语句, 才会将异常抛出给调用方法, 在 TV.service() 方法中找不到异常捕获语句时会将异常抛出给该方法的调用者 TVFacService.modi() 方法, 而在该调用方法中 JVM 会继续寻找异常捕获和处理语句去完成对异常的处理, 让程序正常运行下去。

在 Java 中用 try…catch 语句来实现异常的捕获和处理。如例 10-1, 当发生 ScreenException 异常时, 因为 TV 类本身无法处理异常于是就将该异常抛出给 TV.service(String x) 方法的调用者 TVFacService.modi(String x) 方法, 该方法在接收到异常后在方法体内寻找 try…catch 异常捕获处理语句, 当找到能够处理该类型异常的语句时就利用其对异常进行捕获处理。

```
try{
    tv.service(x);              //x 为方法调用传进来的实际参数
}catch(ScreenException  e){
    String reason = e.getMessage(); //获取到异常描述信息
```

```
            System.out.println("针对" + reason + "售后机构更换零件修好电视机");
    }
```

通过以上语句可以看出,在 try 后的语句块内存放的是那些可能发生异常的语句,而在 catch 后的括号内用形式参数声明该 catch 所能接收并处理的异常对象类型,当 try 后语句块内有异常发生时所产生的异常对象会根据异常类型对号入座,由相应的 catch 捕获,并将形式参数所声明的对象指向捕获到的实际异常对象,也就是在 catch 后的语句段内通过形式参数所声明的对象去调用它所捕获的异常并进行解析处理。

值得注意的是,在 try 后的语句段内有时在运行过程中可能会产生多种类型异常,像前面的例 10-1 中如果显示器坏了,会发生 ScreenException 异常,但是如果信号有问题导致电视不能看,这时产生的异常类型就是 IOException,此时在 TVFacServic.modi() 方法中就需要通过在 try 后并列多个 catch 语句实现对 try 后语句所发生多种异常进行捕获和处理,如以下代码是在例 10-1 的 catch 处理语句后添加一种对于 IOException 的捕获处理语句:

```
try{
        tv.service(x);
//当有多种异常发生时,根据调用者传来的实际参数 x 来确定异常类型
}catch(ScreenException  e){
//对于 ScreenException 的捕获处理语句
        String reason = e.getMessage();
        System.out.println("针对" + reason + "售后机构更换零件修好电视机");
} catch(IOException e){
/对于 IOException 的捕获处理
    String reason = e.getMessage();
    System.out.println("针对" + reason + "协调信号提供商恢复信号");
}
```

图 10-5 显示了例 10-1 中所示程序在运行过程中如果发生多种异常时程序的运行结果图。

图 10-5 多种异常处理

注意,此时因为捕获的两个异常类型之间没有继承关系,所以与多种异常处理的 catch 语句之间的排列顺序无关;但是如果多个 catch 语句所捕获的异常类型之间具有继承关系时,就必须让子类异常的捕获语句放在父类异常的捕获语句之前。

如果子类异常的捕获语句放在父类异常的捕获语句之后,在程序运行中会发生什么呢?在程序执行过程中子类异常的捕获处理语句将会被父类异常的捕获处理语句所覆盖,在子类异常发生时,它不会被子类异常捕获语句捕获处理,而是会被父类异常处理语句捕获处理。此时子类异常个性化处理将被父类异常的共性化处理所掩盖。

如果我们在例 10-1 中添加一个对 Exception 类型对象的捕获处理 catch,此时这个 catch 如果放在其他 catch 之前,程序会是什么样子呢?

添加 catch 代码后如图 10-6 所示。通过图 10-6 我们可以看到在捕获 Exception 的 catch 之后的所有 catch 语句行的最前端都出现了错误提示 ,说明编译器在编译后认为该行代码出现错误,也就是在程序编写过程中不能将父类异常的处理 catch 放在子类异常的处理 catch 之前。

```
try{
    tv.service(x);
}catch(Exception e){
    System.out.println("电视机坏了!");
}catch(ScreenException e){
    String reason=e.getMessage();
    System.out.println("针对"+reason+"售后机构更换零件修好电视机");
} catch(IOException e){
    String reason=e.getMessage();
    System.out.println("针对"+reason+"协调信号提供商恢复信号");
}
```

图 10-6 catch 中在子类异常前添加父类异常

10.2.5 finally 语句

在 Java 异常处理机制中如果一个正在运行的程序中产生异常时,此程序就会终止目前正在执行的代码而跳转到相应的异常处理语句中去处理异常。此时若程序中完全没有异常处理语句则 JVM 会彻底终止该程序的运行,这时带来一个问题就是那些不管在什么情况下都要被执行的语句在发生中断后将不能被执行,从而影响程序的健壮性。

什么是必须执行的语句呢?Java 程序中如果调用了某些资源像输入输出流,Java.sql. Connection 和 Java.net.Socket 等,这些资源是在使用完成后需要被释放,否则将在一定时间内驻留内存,产生大量的垃圾消耗计算机资源影响程序运行效率。此时如果调用这些资源的方法出现异常并被终止,那么资源回收语句将不能被执行,也就意味着这些资源不能被程序主动释放。例如在程序中建立数据库连接,建立 Socket 并得到连接 Socket 的输入输出流,而方法中出现异常跳出程序转到异常处理语句时,这些资源回收语句尚未被运行。如何解决这个问题呢?在 Java 异常处理机制中采用了 finally 代码块来实现这部分代码的执行。格式如下:

```
try{
    … //可能发生异常的语句
}catch(Exception e){ //捕获相应类型的异常
    …
```

```
}finally{
    …    //存放那些必须执行的语句
}
```

加了 finally 的异常处理的执行过程可以分为以下三种情况：

(1) 如果 try 后语句段不发生异常，程序在执行过 try 后语句段中代码后会直接执行 finally 所携带的语句段。

(2) 如果 try 后语句段发生异常，在该异常类型可以被 catch 所捕获的条件下，程序会从发生异常的语句处直接跳到 catch 代码块中的语句段开始执行，执行完成后再转去执行 finally 代码块中的语句，但是有一种特殊情况就是如果 catch 中包含异常抛出语句 throw，程序执行到该 throw 语句时就会停下来转去 finally 后的语句段内执行，执行完成后再回到 catch 中执行 throw 异常抛出语句。

(3) 如果 try 后代码块中发生异常，但这个异常又不能被 catch 所捕获，此时程序会跳过 try 后剩余语句和 catch 语句段直接执行 finally 所携带的语句，执行完成后再将异常抛出给方法调用者，由其进行处理。

下面我们为例 10-1 中的 TVFacService.modi() 方法中的 try{}catch(){} 加上 finally 语句段，来看看程序是如何运行的。修改后的代码如下：

```java
public void modi(String x) throws IOException{
    try{
        tv.service(x);
    } catch(ScreenException e){
        String reason = e.getMessage();
        System.out.println("针对" + reason + "售后机构更换零件修好电视机");
    } catch(IOException e){
        String reason = e.getMessage();
        System.out.println("针对" + reason + "协调信号提供商恢复信号");
        throw e;   //在原有代码后添加了 throw 异常抛出语句
    }finally{
        //新添加的 finally 语句段
        System.out.println("finally");
    }
}
```

添加 finally 后发生不同类型异常，运行效果如图 10-7 所示。

图 10-7(a) 为发生 ScreenException 异常时的运行结果，可以看到程序在发生异常后转到异常类型相匹配的 catch 内执行异常处理语句，输出了"针对屏幕黑了不能看到任何图像售后机构更换零件修好电视机"，在执行完 catch 内的语句后就转去执行 finally 中的代码，输出"finally"的语句；而图 10-7(b) 是发生了 IOException 异常时的运行结果，程序在发生异常后转到异常类型相匹配的 catch 中执行异常处理语句，输出了"针对电视机没有信号了协调信号提供商恢复信号"之后并没有直接执行 catch 中输出语句后的 throw 语句，而是转去执行 finally 中的语句输出了"finally"，然后又返回 catch 中执行剩余的 throw 异常抛出语句，抛出异常跳出到该方法的调用方法中继续执行。

从上面的例子可以看出似乎在任何情况下无论是否发生异常，finally 语句块的内容都会被执行，那么究竟有没有意外情况可以使 finally 语句不起作用呢？我们知道意外总是难免的，如果程序在执行 finally 语句之前被强制执行了 Java.lang.System 类的静态方法 exit(0)，该语句是用来终止当前 JVM 进程的，同时该进程所在程序也会同时被终止。而此时在该

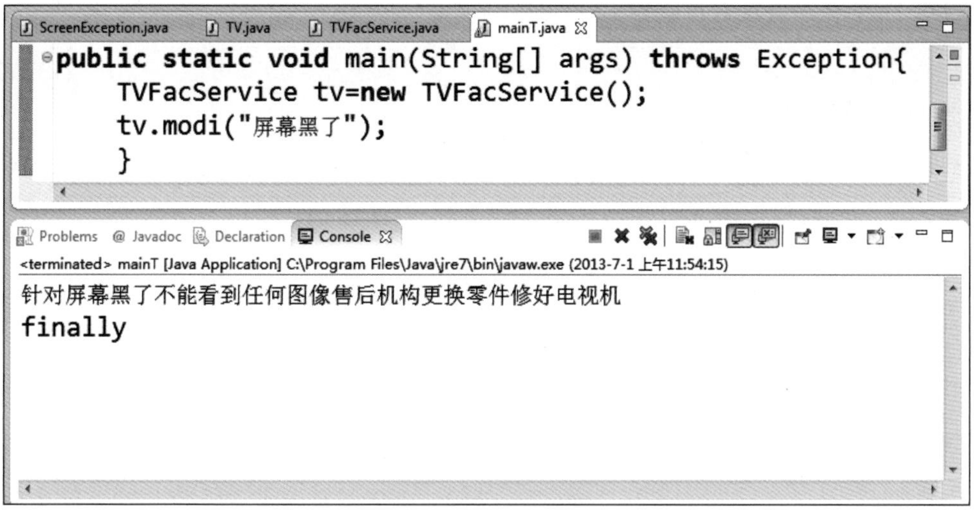

```
┌─ ScreenException.java  TV.java  TVFacService.java  mainT.java ─┐
│ public static void main(String[] args) throws Exception{        │
│     TVFacService tv=new TVFacService();                         │
│     tv.modi("屏幕黑了");                                         │
│ }                                                               │
└─────────────────────────────────────────────────────────────────┘
Problems @ Javadoc Declaration Console
<terminated> mainT [Java Application] C:\Program Files\Java\jre7\bin\javaw.exe (2013-7-1 上午11:54:15)
针对屏幕黑了不能看到任何图像售后机构更换零件修好电视机
finally
```

(a) catch中无throw语句

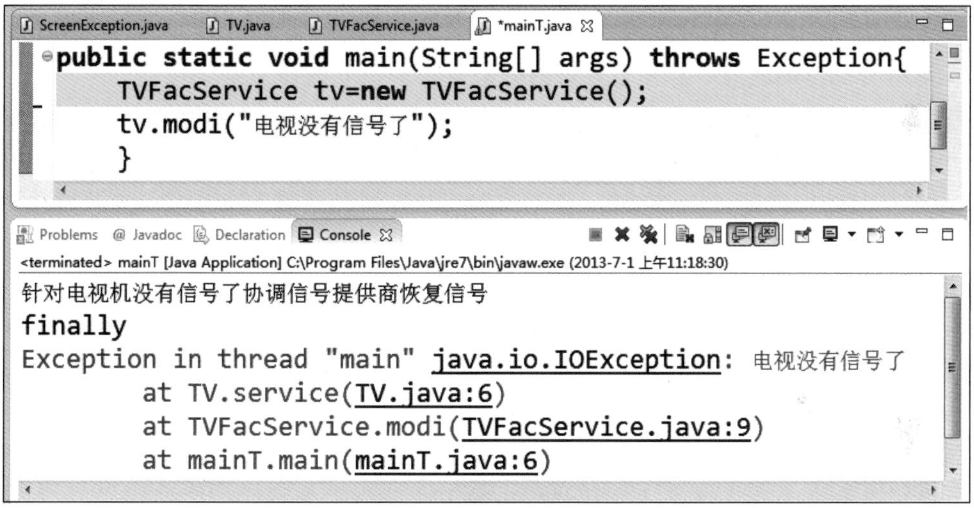

```
┌─ ScreenException.java  TV.java  TVFacService.java  *mainT.java ─┐
│ public static void main(String[] args) throws Exception{         │
│     TVFacService tv=new TVFacService();                          │
│     tv.modi("电视没有信号了");                                    │
│ }                                                                │
└──────────────────────────────────────────────────────────────────┘
Problems @ Javadoc Declaration Console
<terminated> mainT [Java Application] C:\Program Files\Java\jre7\bin\javaw.exe (2013-7-1 上午11:18:30)
针对电视机没有信号了协调信号提供商恢复信号
finally
Exception in thread "main" java.io.IOException: 电视没有信号了
        at TV.service(TV.java:6)
        at TVFacService.modi(TVFacService.java:9)
        at mainT.main(mainT.java:6)
```

(b) catch中含throw语句

图 10-7 不同类型异常运行效果

语句之后的 finally 代码将不会再被执行,当然如果在程序运行过程中发生硬件故障也会终止程序执行,使 finally 语句不被执行。修改例 10-1 程序如下:

```
try{
        tv.service(x);
    } catch(ScreenException   e){
            String reason = e.getMessage();
            System.out.println("针对" + reason + "售后机构更换零件修好电视机");
            System.exit(0);   //终止程序运行
} finally{
    System.out.println("finally");
}
```

程序运行结果如图 10-8 所示,我们可以看到当程序中运行了 System.exit(0)之后,程序强行被终止了,finally 中的代码不会被运行,同时如果在 finally 语句段之后程序中还有其他代码，那些代码也不会被运行。

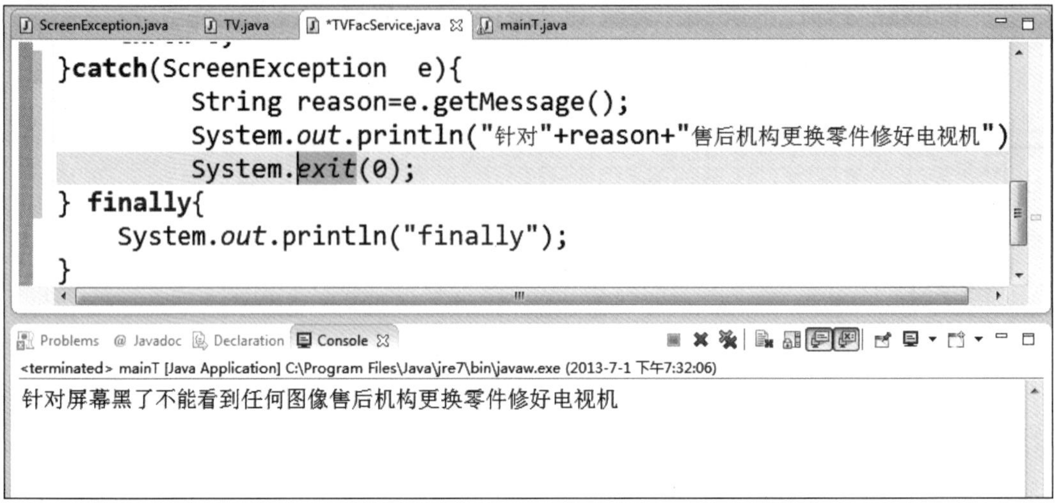
ScreenException.java
TV.java
*TVFacService.java
mainT.java
}catch(ScreenException e){
String reason=e.getMessage();
System.out.println("针对"+reason+"售后机构更换零件修好电视机")
System.exit(0);
} finally{
System.out.println("finally");
}
Problems
Javadoc
Declaration
Console
<terminated> mainT [Java Application] C:\Program Files\Java\jre7\bin\javaw.exe (2013-7-1 下午7:32:06)
针对屏幕黑了不能看到任何图像售后机构更换零件修好电视机

图 10-8　System. exit(0)强制终止程序运行结果

在使用 finally 时还有一点需要注意的就是 return 语句的使用。

在 Java 中对于一个有返回值的方法，在方法中要通过 return 语句返回数据。此时如果一个方法中，在 try 或 catch 中包含了 return 语句，同时在 finally 语句段中也有 return 语句，此时对于这个方法究竟是 try 或 catch 中的数据被返回，还是 finally 中 return 数据被返回呢？

毫无疑问没有 finally 时，如果不发生异常则执行 try 中 return 语句，如果发生异常则执行 catch 中 return 语句；但是在程序中添加 finally 语句后，程序在执行到 try 或 catch 中的 return 语句结束方法之前都会自动跳转到 finally 语句块执行代码，此时如果该语句段中包含了 return 语句，则程序在执行了 finally 中的 return 语句后就会返回数据，同时退出方法，返回到方法调用者处继续执行。也就意味着 finally 中的 return 语句会将 try 或 catch 中的 return 语句遮蔽掉，让它们永远不能被执行。例 10-2 就会产生这样一个问题。

【例 10-2】 编写一个用来进行正数加法运算的程序，当加数为 0 时就会抛出异常 NumException。

```
public class NumberException extends Exception{
    public NumberException(double num1){
      //覆盖了从 Throwable 类中继承的有参构造方法
        super(num1 + "是负数!");
    }
    public NumberException(double num1,double num2){
        super(num1 + "和" + num2 + "都是负数");
    }   }
public class ArithmeticNum {
    public double add(double a,double b){   //获取两个参数,返回它们的和
        double c = 0;
        try{
          //如果两个加数中有负数则抛出 NumberException 异常
            if(a < 0&&b < 0) throw new NumberException(a,b);     //a,b 均小于零抛出异常
             else if(a < 0) throw new NumberException(a);        // a 小于零抛出异常
```

```
                else  throw new NumberException(b);   //b小于零抛出异常
            c = a + b;
            return c;                //try 中为发生异常时正常返回值为 a,b 之和
        }catch(NumberException e){
            return  0;               //发生 NumberException 异常时 add 方法返回值为 0
        }finally{
            return 1;                //如果运行该语句,则返回值为 1
        }
    }
}
```

图 10-9 显示了例 10-2 的运行结果,可以看到不管加数全为正数还是包含了负数在其中,程序的返回值永远是 finally 中 return 的返回结果 1.0,因为无论是否发生异常它都会掩盖其他所有的返回值。在此处如果去掉 finally 中的 return 语句,请读者自己考虑程序运行结果。

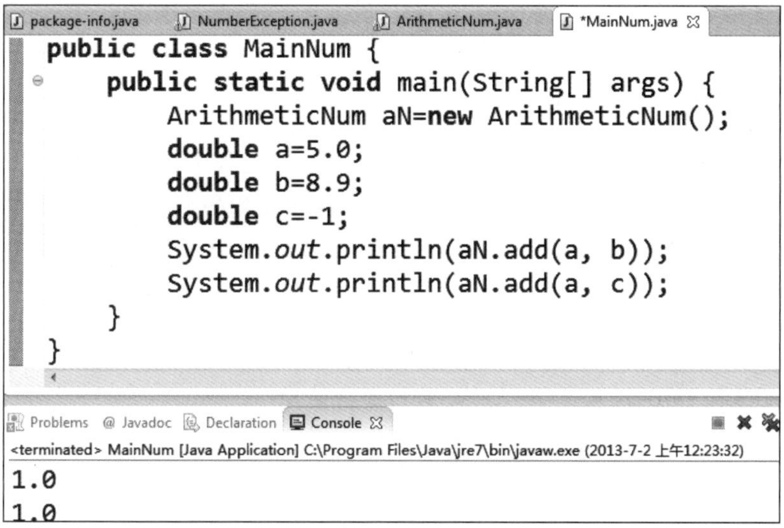

图 10-9　finally 中包含 return 程序运行结果

10.2.6　异常捕获处理语法规则

到目前为止,在 Java 异常处理机制中我们涉及的关键字包括 throw、throws、try、catch、finally 等,在使用它们进行异常处理时需要遵循以下几条规则,使程序更安全高效。

1. try 不能单独存在

在 Java 异常处理机制中,关键字 try 不能单独存在,必须和关键字 catch 或者关键字 finally 共同存在。

2. try 后必须至少跟一个 catch 或者 finally 代码块

在 Java 异常处理机制中,try 会对其后语句段中所产生的异常进行捕获,如果程序需要对所捕获的异常进行处理,此时根据 try 后语句内所产生的异常类型就需要一个或多个 catch 语句段来对匹配异常进行处理。需要格外注意的是子类异常的处理 catch 一定要放

在父类异常处理 catch 之前,否则子类异常将会被父类异常所覆盖。

如果 try 捕获异常后不需要对异常进行处理,而是将其抛出,那么 try 后就不需要 catch 语句段了,但是此时 try 后的 finally 语句段就成为必需的,用来执行那些无论是否发生异常都要执行的语句。

综上所述,对于关键字 try 如果要进行异常的捕获处理就需要添加 catch 语句,如果有必须执行的语句,则在 catch 后添加 finally 语句;如果不考虑捕获处理异常,则 try 后不需要添加 catch 语句,但是此时就必须在 try 后添加一个 finally 语句块。

3. 代码中的受检查异常必须进行处理

当 Java 源文件中包含了受检查异常时,如果程序对这个异常忽略没有进行捕获处理,编译器在编译过程中就会报错,也就不能生成字节码文件。因此在 Java 程序中对于那些会产生受检查异常的语句,就必须通过异常捕获或者异常抛出语句将程序运行过程中生成的异常对象交给方法调用者来对它进行进一步处理。

4. throw 语句后不跟其他具有不可或缺功能的语句

如果程序运行过程中通过 throw 语句抛出程序运行过程中所产生的异常对象,那么在抛出异常对象的同时将会终结本方法运行,并将控制权交给方法的调用者来继续工作。也就意味着在可能出现异常的方法中,如果在 throw 语句后包含了其他语句,那么这些语句有可能就不能被运行,所以在书写程序时,throw 后面一般不会书写其他具有不可或缺功能的语句。

5. throw 要和 throws 或 try…catch 语句配合使用

在一个方法体中如果包含了 throw 语句用来抛出某类型异常对象,一般在方法的声明处会同时调用 throws 子句抛出相应类型的异常,在运行过程中通过异常抛出将控制权交给方法的调用者;或者将该 throw 语句放在 try 语句块中,这样异常被 throw 抛出后就会被其后的相应的 catch 捕获处理。如果程序运行过程中通过 throw 抛出了一个异常并不对他进行 throws 或 try…catch 处理,则编译器会自动报错。

10.3 自定义异常

在程序设计过程中会碰到千差万别的情况,而系统提供的那些异常类不能适用于所有情况,此时可以通过用户 Exception 类或其子类来创建自定义异常类,实现对各种特定问题领域意外情况的处理。习惯上自定义异常类都会包含两个构造方法,一个是默认无参构造方法,另一个是带有详细异常信息的构造方法,还会重载 Throwable 中的 getMessage()方法来返回自定义异常的特定描述信息。

创建一个异常类时需要考虑发生异常时产生的异常相关信息,通过这些信息来帮助程序正确处理异常。例如,在自动取款机上取钱时由于取款机内无钞了,所以不能正常取钱,此时就需要产生一个网络连接超时的异常 NoMoneyException。

```java
public class NoMoneyException extends Exception{
    private double money;
    private String message;
    public NoMoneyException(){
      super();
    }
    //重载有参构造方法
    public NoMoneyException(String message){
      this.message = message;
    }
    pulbic NoMoneyException(double money){
      message = "现金不足" + money + ",请您更换取款机";
    }
    //重载 getMessage()方法
        public String getMessage{
      return message;
    }
}
```

当用户取钱时如果发生无钞异常,就会通过 throw 抛出该异常。

```
throw new NoMoneyException("余额不足,请取回您的银行卡!");
```

或者

```
throw newNoMoneyException(18698.5);
```

此时如果用户操作过程中碰到取款机金额不足的情况,在用户交互界面内就会显示出"余额不足,请取回您的银行卡!"后者显示"现金不足18698.5"的提示,而具体显示哪个提示,则由编程人员在抛出异常时所使用的实际参数的类型决定。

10.4 典型案例分析

10.4.1 打开不存在的文件

编写程序,打开一个文件,当文件不存在时,捕获异常,并显示异常信息。
程序模块代码如下:

```java
import Java.io.File;
import Java.io.FileNotFoundException;
import Java.util.Scanner;
public class ExceptionExample {
        public static void main(String[] args) {
            Scanner scanner = null;
            try{
                scanner = new Scanner(new File("nonexistentfile.txt"));
            } catch (FileNotFoundException e) {
                System.out.println("File not found: " + e.getMessage());
            } finally {
                if (scanner != null) {
                    scanner.close();
                }
            }
        }
}
```

在这个示例中,我们试图打开一个不存在的文件,这将抛出一个 FileNotFoundException 异常,我们使用 try 块包含打开文件的代码,并使用 catch 块捕获异常。在这种情况下,我们只是简单地打印出异常消息。最后,我们使用 finally 块关闭 Scanner 对象,以确保资源被正确释放。程序运行结果如图 10-10 所示。

```
Problems  @ Javadoc  Declaration  Console
<terminated> ExceptionExample [Java Application] C:\Program Files (x86)\Java\jre1.
File not found: nonexistentfile.txt (系统找不到指定的文件。)
```

图 10-10　打开文件异常处理

10.4.2　银行账户取钱异常处理

此案例完成取款业务,主要完成以下功能:
（1）当取款金额小于余额时,给出余额不足提示信息;
（2）当账户挂失后,不可取款;
（3）当账户处于安全状态,显示余额足够的情况下,完成取款业务。
程序模块代码如下:

```java
import Java.io.*;
import Java.io.BufferedReader;
import Java.io.InputStreamReader;
class InsufficientFundsException extends RuntimeException{
    public InsufficientFundsException(int balance){
        super("当前余额是:" + balance);
    }
}

public class Account {
  private String id;
  private String name;
  private int balance;
  private String state;
  public int getBalance(){
  return balance;
}

    public Account(String id, String name, int balance, String state){
        super();
        this.id = id;
        this.name = name;
        this.balance = balance;
        this.state = state;
        }

    public void withDraw(int amount) throws InsufficientFundsException,IOException{
        if(amount > this.balance){
            throw new InsufficientFundsException(this.balance);
        }if(state.equals("loss")){
            throw new IOException();
        }
```

```java
            this.balance -= amount;
            System.out.println("此账户余额只剩下:" + this.getBalance());
            System.out.println("请看下一张卡");
    }

    public static void main(String []args) throws IOException{
        Account myaccount = new Account("0001","liling",1000,"safe");
        Account heaccount = new Account("0002","wang",2500,"loss");
        try{
            BufferedReader br = new BufferedReader(new InputStreamReader(System.in));
            int amount = Integer.parseInt(br.readLine());
            myaccount.withDraw(amount);
            heaccount.withDraw(amount);
        }catch(InsufficientFundsException e){
            System.out.println(myaccount.name + "账户余额不足,只剩下:" + myaccount.getBalance());
        }catch(IOException e){
            System.out.println(heaccount.name + "此账户已挂失!");
        }
    }
}
```

通过分析代码可以看出,此案例主要是通过方法 withDraw() 完成取款业务,方法中首先对要取的金额和余额进行比较,如果不足或挂失,按照业务逻辑是不能提供取款业务的,所以需要告知调用者这种情况,因此程序使用了 throw 语句抛出了两个异常对象,分别用来处理余额不足与挂失两种情况。由于方法 withDraw() 在声明时注明可能会抛出一个余额不足的异常和显示挂失的异常,且此异常是必须处理的检测异常,因此在程序中,必须将调用方法 withDraw() 的语句用 try…catch 语句包围起来,如果缺少了 try…catch 语句,这个程序是不会被编译器检查通过的。当输入 500(取款金额小于 1000)且账号安全时,完成取款业务,如果账户不安全,显示账户挂失提示,程序运行结果如图 10-11 所示。

当输入 2000(取款金额大于 1000)时,程序运行结果如图 10-12 所示。

图 10-11　显示挂失信息

图 10-12　显示取款余额不足信息

10.5　本章小结

本章介绍了 Java 中异常和异常类的基本概念、异常的分类以及常见的异常类。并且对异常的处理方式:异常声明、异常抛出和异常捕获的语句和它们的使用做了详细的介绍。最后学习了特定情况下的异常处理方式:自定义异常类的定义和使用。

本章目的是使学生通过本章内容的学习,对于异常的知识有透彻的理解。

课后习题

1. 简述 throw 和 throws 的区别。
2. 试说出三种 Java 中常见的异常,以及这些异常的发生条件。
3. 简述 try、catch、finally 语句是如何搭配使用的,以及它们的执行顺序。
4. 把下面的代码补充完整。

```
public class TestThrow{
    public static void main(String args[]){
        throwException(10);
    }
    public static void throwException(int n){
        if (n == 0){
        //抛出一个 NullPointerException
        _____
        }else{
        //抛出一个 ClassCastException
        //并设定详细信息为"类型转换出错"
        _____
        }
    }
}
```

5. 编写 Java 应用程序,将字符串"abc"转换为整数,生成一个整数转换异常,不捕获该异常是什么情况,捕获该异常又是什么情况。
6. 编写 Java 应用程序,自定义异常,该异常在超出 ATM 每日取款最高限额时发生。

第 11 章

并发编程基础

CHAPTER *11*

本章学习目标:

(1) 了解进程与线程,能够说出进程与线程的区别。

(2) 掌握创建多线程的两种方式,能够使用 Thread 类、Runnable 接口实现多线程。

(3) 了解线程的生命周期及状态转换,能够说出线程的生命周期的各种状态及状态的转换。

(4) 掌握操作线程的相关方法。

(5) 熟悉 InetAddress 类,能够正确使用 InetAddress 类的常用方法。

(6) 掌握 TCP 程序设计,能够使用 ServerSocket 类和 Socket 类编写 TCP 通信程序。

(7) 掌握 UDP 程序设计,能够使用 DatagramPacket 类和 DatagramSocket 类编写 UDP 通信程序。

重点:创建多线程的两种方式,能够使用 Thread 类、Runnable 接口实现多线程。

难点:TCP 程序设计,使用 ServerSocket 类和 Socket 类编写 TCP 通信程序、使用 DatagramPacket 类和 DatagramSocket 类编写 UDP。

希望学生学习这部分知识时,采用任务驱动学习法,也就是学习要事先设计一个任务,在完成任务过程中体会理解知识。多练习,多编写代码进行调试,发现问题要独立解决,并找出问题发生的原因,这样才能真正掌握所学内容。

11.1　Java 多线程简介

视频讲解

11.1.1　进程与线程的概念

1. 进程

进程是程序在某个数据集合上的一次运行活动，也是操作系统进行资源分配和保护的基本单位。

通俗来说，进程就是程序的一次执行过程，程序是静态的，它作为系统中的一种资源是永远存在的。而进程是动态的，它是动态地产生、变化和消亡的，拥有其自己的生命周期。

举个例子：同时在线三个 QQ 号，它们就对应三个 QQ 进程，退出一个就会杀死一个对应的进程。但是，就算把这三个 QQ 号全都退出，QQ 这个程序死亡了吗？显然没有。

进程不仅包含正在运行的程序实体，并且包括这个运行的程序中占据的所有系统资源，例如 CPU、内存、网络资源等。很多小伙伴在回答进程的概念时，往往只会说它是一个运行的实体，而会忽略掉进程所占据的资源。例如，同样一个程序，同一时刻被两次运行了，那么它们就是两个独立的进程。

2. 进程的组成

进程由三部分组成：进程控制块、数据段、程序段，如图 11-1 所示。

(1) 进程控制块。包含如下几部分：进程描述信息、进程控制和管理信息、资源分配清单、CPU 相关信息。

(2) 数据段。即进程运行过程中各种数据（例如程序中定义的变量）。

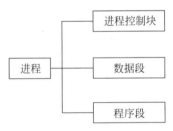

图 11-1　进程的组成

(3) 程序段。就是程序的代码（指令序列）。

举个例子：同时在线三个 QQ 号，会对应三个 QQ 进程，它们的进程控制块、数据段各不相同，但程序段的内容都是相同的（都是运行着相同的 QQ 程序）。

3. 进程的状态

尽管每一个进程都是独立的实体，有其自己的进程控制块和内部状态，但是进程之间经常需要相互作用。一个进程的输出结果可能是另一个进程的输入。假设进程 A 的输入依赖进程 B 的输出，那么在进程 B 的输出结果没有出来之前，进程 A 就无法执行，它就会被阻塞。这就是进程的阻塞态。

1) 经典的进程三态模型

进程的三态模型及其状态转换如图 11-2

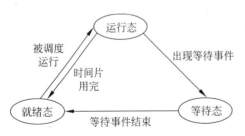

图 11-2　进程的三态模型及其状态转换

所示。

运行(Running)态：进程占有处理器正在运行的状态。进程已获得 CPU，其程序正在执行。在单处理机系统中，只有一个进程处于运行态；在多处理机系统中，则有多个进程处于运行态。

就绪(Ready)态：进程具备运行条件，等待系统分配处理器以便运行的状态。当进程已分配到除 CPU 以外的所有必要资源后，只要再获得 CPU，便可立即执行，进程这时的状态称为就绪态。在一个系统中处于就绪态的进程可能有多个，通常将它们排成一个队列，称为就绪队列。

等待(Wait)态：又称阻塞态或睡眠态，指进程不具备运行条件，正在等待某个时间完成的状态。一个进程正在等待某一事件发生(例如请求 I/O 而等待 I/O 完成等)而暂时停止运行，这时即使把处理机分配给进程也无法运行，故称该进程处于阻塞态。

引起进程状态转换的具体原因如下。

(1) 运行态→等待态：等待使用资源。

(2) 如等待外设传输；等待人工干预。

(3) 等待态→就绪态：资源得到满足。

(4) 如外设传输结束；人工干预完成。

(5) 运行态→就绪态：运行时间片到。

2) 进程的五态模型

五态模型在三态模型的基础上增加了新建态(new)和终止态(exit)。进程的五态模型及其状态转换如图 11-3 所示。

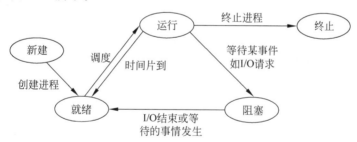

图 11-3　进程的五态模型及其状态转换

新建态：对应于进程被创建时的状态，尚未进入就绪队列。创建一个进程需要通过两个步骤：①为新进程分配所需要的资源和建立必要的管理信息；②设置该进程为就绪态，并等待被调度执行。

终止态：指进程完成任务到达正常结束点，或出现无法克服的错误而异常终止，或被操作系统及有终止权的进程所终止时所处的状态。处于终止态的进程不再被调度执行，下一步将被系统撤销，最终从系统中消失。终止一个进程需要两个步骤：①对操作系统或相关的进程进行善后处理(如抽取信息)；②回收占用的资源并被系统删除。

11.1.2　进程与线程的关系

接下来分析进程与线程之间的关系。

如图 11-4 所示，假如我们在桌面上双击打开一个 App，桌面 App 程序会调用操作系统的相关接口,让操作系统创建一个进程,将这个 App 的文件(xxx.exe,存放编译好的代码指令)加载到进程的代码段,同时操作系统会创建一个线程(main thread),在代码里面,还可以调用操作系统的接口来创建多个线程,这样操作系统就可以调度这些线程执行了。

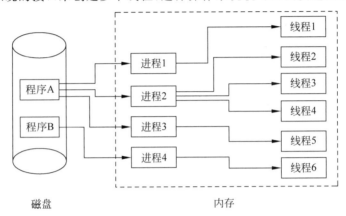

图 11-4　线程与进程的关系

进程和线程的关系可以总结为以下几点:
(1) 一个线程只能属于一个进程,而一个进程可以有多个线程,但至少有一个线程。
(2) 资源分配给进程,同一进程的所有线程共享该进程的所有资源。
(3) 处理机分给线程,即真正在处理机上运行的是线程。
(4) 线程在执行过程中,需要协作同步。不同进程的线程间要利用消息通信的办法实现同步。线程是指进程内的一个执行单元,也是进程内的可调度实体。

而进程与线程有以下几点区别:
(1) 调度:线程作为调度和分配的基本单位,进程作为拥有资源的基本单位。
(2) 并发性:不仅进程之间可以并发执行,同一个进程的多个线程之间也可并发执行。
(3) 拥有资源:进程是拥有资源的一个独立单位,线程不拥有系统资源,但可以访问属于进程的资源。
(4) 系统开销:在创建或撤销进程时,由于系统都要为之分配和回收资源,导致系统的开销明显大于创建或撤销线程时的开销。

11.2　Java 中如何实现多线程

11.2.1　通过继承 Thread 类实现多线程

在学习多线程之前,我们先看一下以下代码。

【例 11-1】 单线程程序。

```
public class TestMyThread {
    public static void main(String[] args) {
        MyThread mt1 = new MyThread("MyThread1");
        mt1.run();
        MyThread mt2 = new MyThread("MyThread2");
```

```
        mt2.run();
        for (int i = 0; i < 3; i++) {
            System.out.println("main!" + i);
        }
    } }
class MyThread{
    private String name;
    public MyThread(String name) {
        this.name = name;
    }
    public void run() {
        for (int i = 0; i < 3; i++) {
            System.out.println(this.name + "正在执行!" + i);
        }
    }
}
```

例 11-1 运行结果如图 11-5 所示。

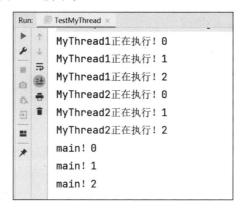

图 11-5　例 11-1 运行结果

通过以上运行结果可以知道,在主方法中,代码是从上往下执行的,也就是该程序是一个单线程程序,并没有真正实现多线程。

接下来看下一段代码。

【例 11-2】　多线程程序。

```
public class TestMyThread1 {
    public static void main(String[] args) {
        HisThread mt1 = new HisThread("HisThread1");
        mt1.start();
        HisThread mt2 = new HisThread("HisThread2");
        mt2.start();
        for (int i = 0; i < 3; i++) {
            System.out.println("main!" + i);
        }
    }
}
class HisThread extends Thread{
    private String name;
    public HisThread(String name) {
```

```
            this.name = name;
    }
    public void run() {
        for (int i = 0; i < 3; i++) {
            System.out.println(this.name + "正在执行!" + i);
        }
    }
}
```

例 11-2 其中一次的运行结果如图 11-6 所示。

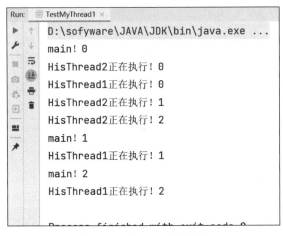

图 11-6　例 11-2 运行结果

此时,例 11-2 代码的运行结果与例 11-1 的运行结果截然不同,不同之处在于 HisThread 继承 Thread 类,重写 run() 方法,而且在主类中用 start() 方法启动新线程,新线程启动之后,Java 虚拟机就会自动调用 run() 方法,因为子类重写了 run() 方法,所以就会执行子类中的 run() 方法。

为了更好地理解多线程的执行过程,下面通过图 11-7 分析单线程与多线程的区别。

从图 11-7 中可以看出,单线程程序在运行时,会按照代码的调用顺序执行;而在多线程程序中,main() 方法和 HisThread 类的 run() 方法可以同时运行,互不影响。

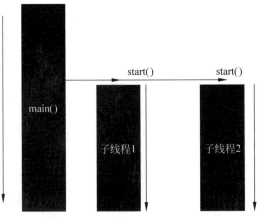

图 11-7　多线程的执行过程

所以，Java 通过继承 Thread 类来创建并启动多线程的步骤如下：

（1）定义 Thread 类的子类，并重写该类的 run()方法，该 run()方法的方法体就代表了线程需要完成的任务。

（2）创建 Thread 子类的实例，即创建了线程对象。

（3）调用线程对象的 start()方法来启动该线程。

11.2.2　通过继承 Runnable 接口实现多线程

例 11-2 中的 HisThread 通过继承 Thread 类实现了多线程，但是这种方式有一定的弊端。因为 Java 只支持单继承，一个类一旦继承了某个父类，就无法再继承 Thread 类。代码如下：

```java
public class RunnableTest {
public static void main(String[] args) {
    //创建当前实现类的对象
    RunnableTT t = new RunnableTT();
    //将此对象作为参数传递到 Thread 类的构造器中，创建 Thread 类实例
    Thread thread = new Thread(t);
    //Thread 类的实例调用 start();1)启动线程,2)调用当前线程的 run()
    thread.start();
    //main() 线程
    for (int i = 1; i <= 3; i++) {
      System.out.println(Thread.currentThread().getName() + ":" + i);
    }
    //再创建一个分线程
    //将此对象作为参数传递到 Thread 类的构造器中，创建 Thread 类实例
    Thread thread1 = new Thread(t);
    //Thread 类的实例调用 start();1)启动线程,2)调用当前线程的 run()
    thread1.start();
}
}
class RunnableTT implements Runnable{
    public void run() {
        for (int i = 0; i < 3; i++) {
            System.out.println(Thread.currentThread().getName() + "正在执行!" + i);
        }
    }
}
```

运行结果如图 11-8 所示。

所以，通过 Runnable 接口实现多线程的步骤如下：

（1）定义 Runnable 接口的实现类，并重写该接口的 run()方法，该 run()方法的方法体同样是该线程的线程执行体。

（2）创建 Runnable 实现类的实例，并以此实例作为 Thread 的 target 参数来创建 Thread 对象，该 Thread 对象才是真正的线程对象。

（3）调用线程对象的 start()方法，启动线程。调用 Runnable 接口实现类的 run 方法。

对比通过 Thread 与 Runnable 实现多继承的两种方式。

（1）联系。

Thread 类实际上也是实现了 Runnable 接口的类。即

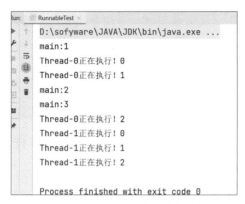

图 11-8 例 11-2 修改后运行结果

```
public class Thread extends Object implements Runnable
```

（2）区别。

继承 Thread：线程代码存放在 Thread 子类 run() 方法中。

实现 Runnable：线程代码存放在接口的子类的 run() 方法中。

（3）实现 Runnable 接口比继承 Thread 类所具有的优势。

① 避免了单继承的局限性。

② 多个线程可以共享同一个接口实现类的对象，非常适合多个相同线程来处理同一份资源。

③ 增加程序的健壮性，实现解耦操作，代码可以被多个线程共享，代码和线程独立。

11.2.3 线程对象的状态、调度与生命周期

1. 线程的状态

如图 11-9 所示，我们可以直观地看到六种线程状态的转换。

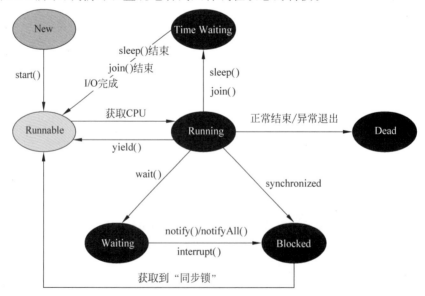

图 11-9 线程状态转换图

1) New（新建）状态

首先左侧上方是 New 状态，这是创建新线程的状态，相当于 new Thread() 的过程。

2) Runnable（可运行）状态

Java 中的 Runnable 状态对应操作系统线程状态中的两种状态，分别是 Running 和 Ready，也就是说，Java 中处于 Runnable 状态的线程有可能正在执行，也有可能没有正在执行，即正在等待被分配 CPU 资源。

所以，如果一个正在运行的线程是 Runnable 状态，当它运行到任务的一半时，执行该线程的 CPU 被调度去做其他事情，导致该线程暂时不运行，它的状态依然不变，还是 Runnable，因为它有可能随时被调度回来继续执行任务。

3) Blocked（被阻塞）状态

Blocked 状态是一个相对简单的状态，从 Runnable 状态进入 Blocked 状态只有一种途径，就是当进入 synchronized 代码块中时未能获得相应的 monitor 锁。

4) Waiting（等待）状态

对于 Waiting 状态的进入有三种情况，分别为

(1) 当线程中调用了没有设置 Timeout 参数的 Object.wait() 方法。

(2) 当线程调用了没有设置 Timeout 参数的 Thread.join() 方法。

(3) 当线程调用了 LockSupport.park() 方法。

5) Time Waiting（计时等待）状态

Time Waiting 状态与 Waiting 状态非常相似，其中的区别只在于是否有时间的限制，在 Time Waiting 状态时会等待超时，之后由系统唤醒，或者也可以提前被通知唤醒（如 notify）。

6) Dead（终止）状态

线程执行完毕或因为异常退出了 run() 方法，进入终止状态。

2. 线程的状态转换

接下来分析各自状态之间的转换，其实主要就是 Blocked、Waiting、Time Waiting 三种状态的转换，以及他们是如何进入下一状态最终进入 Runnable 的。

1) Blocked 进入 Runnable

从 Blocked 状态进入 Runnable 状态，必须要线程获得锁，但是如果想进入其他状态就相对比较特殊，因为它是没有超时机制的，也就是不会主动进入。

2) Waiting 进入 Runnable

只有当执行了 LockSupport.unpark()，或者 join 的线程运行结束，或者被中断时才可以进入 Runnable 状态。

如果通过其他线程调用 notify() 或 notifyAll() 来唤醒它，则它会直接进入 Blocked 状态，因为唤醒 Waiting 线程的线程如果调用 notify() 或 notifyAll()，要求必须首先持有该 monitor 锁，这也就是我们说的 wait()、notify() 必须在 synchronized 代码块中。所以处于 Waiting 状态的线程被唤醒时拿不到该锁，就会进入 Blocked 状态，直到 notify()/notifyAll() 唤醒它的线程执行完毕并释放 monitor 锁，才可能轮到它去抢夺这把锁，如果它能抢到，就会从 Blocked 状态回到 Runnable 状态。

3）Time Waiting 进入 Runnable

同样在 Time Waiting 中执行 notify()和 notifyAll()也是一样的道理，它们会先进入 Blocked 状态，然后抢夺锁成功后，再回到 Runnable 状态。但是对于 Time Waiting 而言，它存在超时机制，也就是说如果超时时间到了那么系统就会自动直接拿到锁，或者当 join 的线程执行结束/调用了 LockSupport.unpark()/被中断等情况都会直接进入 Runnable 状态，而不会经历 Blocked 状态。

11.2.4 线程的同步机制

在了解线程同步机制之前，我们先看一下以下代码。

【例 11-3】 车票操作问题。

```java
class Ticket implements Runnable {
    private int tick = 100;
    @Override
    public void run() {
        while (true) {
            if (tick > 0) {
                try {
                    Thread.sleep(100);
                } catch (InterruptedException e) {
                    e.printStackTrace();
                }
                System.out.println(Thread.currentThread().getName() + "号窗口买票,票号为:" + tick);
                tick--;
            } else {
                break;
            }
        }
    }
}
public class TicketTest {
    public static void main(String[] args) {
        Ticket ticket = new Ticket();
        Thread t1 = new Thread(ticket);
        Thread t2 = new Thread(ticket);
        Thread t3 = new Thread(ticket);
        t1.setName("窗口 1");
        t2.setName("窗口 2");
        t3.setName("窗口 3");
        t1.start();
        t2.start();
        t3.start();
    }
}
```

第一次运行结果如图 11-10 所示。

第二次运行结果如图 11-11 所示。

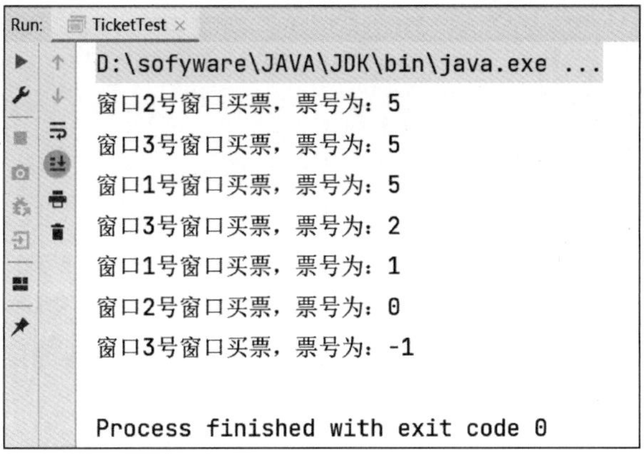

图 11-10　例 11-3 第一次运行结果

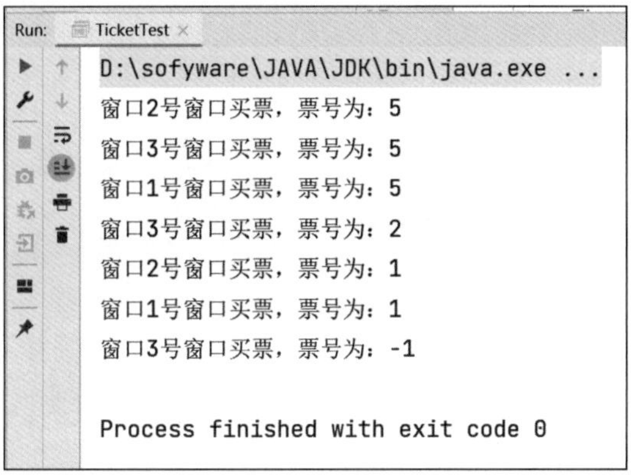

图 11-11　例 11-3 第二次运行结果

从这两次的运行结果可以看出，这个程序显然是有问题的，问题在于在卖票过程中，出现了重票、错票，即出现了线程的安全问题。而问题出现的原因是当某个线程操作车票的过程中，尚未操作完成时，其他线程参与进来，也在操作车票。所以要想让车票不出错，其中一种解决办法就是：当一个线程 a 在操作 ticket 时，其他线程不能参与进来，直到线程 a 操作完 ticket 时，其他线程才可以开始操作 ticket。

1. 同步代码块

synchronized 关键字可以用于某个区块前面，表示只对这个区块的资源实行互斥访问。

```
synchronized(同步锁){
    // 需要同步操作的代码
}
```

【例 11-4】　修改例 11-3 代码。

```
class SaleTicket implements Runnable {
    int ticket = 5;
    Object obj = new Object();
    @Override
    public void run() {
        synchronized (this) {
```

```java
                while (true) {
                    if (ticket > 0) {
                        try {
                            Thread.sleep(10);
                        } catch (InterruptedException e) {
                            e.printStackTrace();
                        }

                        System.out.println(Thread.currentThread().getName() + "售票,票号为:" + ticket);
                        ticket -- ;
                    } else {
                        break;
                    }
                }
            }
        }

public class WindowTest {
    public static void main(String[] args) {
        SaleTicket s = new SaleTicket();
        Thread t1 = new Thread(s);
        Thread t2 = new Thread(s);
        Thread t3 = new Thread(s);
        t1.setName("窗口1");
        t2.setName("窗口2");
        t3.setName("窗口3");
        t1.start();
        t2.start();
        t3.start();
    }
}
```

运行结果如图 11-12 所示。

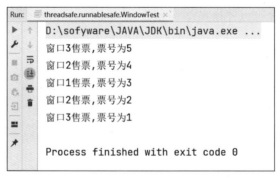

图 11-12 例 11-4 运行结果

从当前运行结果可以看出,车票编号不再出现重票或者负数的情况了,这是因为售票的代码实现类同步,之前出现的线程的安全问题得以解决。这里值得注意的一点是,同步代码块的锁对象可以是任意的,但是多个线程共享的锁对象必须是同一个。

2. 同步方法

从例 11-4 可以看出，同步代码块可以有效解决线程安全问题，synchronized 关键字除了修饰代码块，同样可以修饰方法，被 synchronized 修饰的方法称为同步方法。

【例 11-5】 修改例 11-4 代码，在 SaleTicket 中定义同步方法 show()，修改后的代码所下。

```java
class SaleTicket implements Runnable{
    int ticket = 5;
    boolean isFlag = true;
    @Override
    public void run() {
        while(isFlag){
            show();
        }
    }
    public synchronized void show(){
        if(ticket > 0){
            try {
                Thread.sleep(10);
            } catch (InterruptedException e) {
                e.printStackTrace();
            }
            System.out.println(Thread.currentThread().getName() + "售票,票号为:" + ticket);
            ticket -- ;
        }else{
            isFlag = false;
        }
    }
}

public class WindowTest {
    public static void main(String[] args) {
        SaleTicket s = new SaleTicket();
        Thread t1 = new Thread(s);
        Thread t2 = new Thread(s);
        Thread t3 = new Thread(s);
        t1.setName("窗口 1");
        t2.setName("窗口 2");
        t3.setName("窗口 3");

        t1.start();
        t2.start();
        t3.start();
    }
}
```

运行结果如图 11-13 所示。

从运行结果可以看出，与例 11-4 的运行结果完全相同，同样没有出现重票或者票数为负数的情况，说明同步方法实现了和同步代码块一样的效果。

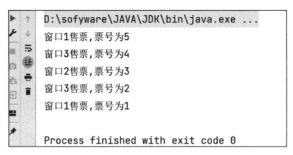

图 11-13 例 11-5 运行结果

11.3 Java 网络编程

11.3.1 网络基本概念

1. IP 地址

IP 地址主要用于标识网络主机、其他网络设备（如路由器）的网络地址。简单来说，IP 地址用于定位主机的网络地址，就好比我们每个人的身份证号一样，一个身份证号有且只能对应一个人。

IP 地址由一个 32 位的二进制数表示，它被分割为 4 个"8 位二进制数"（也就是 4 字节），如 01100100.00000100.00000101.00000110。通常用"点分十进制"的方式来表示，即 a.b.c.d 的形式（a,b,c,d 都是 0~255 的十进制整数），如 100.4.5.6。

一般情况下，我们都希望网络上每个主机的 IP 地址都不一样，但实际上由于 IP 地址不太够用（最多只能取 42 亿 9 千万），所以还是有多个主机共用一个 IP 地址的情况。

注意：127.? 的 IP 地址用于本机环回（loop back）测试，通常是 127.0.0.1。

本机环回主要用于本机到本机的网络通信（系统内部为了性能，不会通过网络的方式传输），对于开发网络通信的程序（即网络编程）而言，常见的开发方式都是本机到本机的网络通信。

2. 端口号

IP 地址解决了网络通信时定位网络主机的问题，但是还存在一个问题，传输到目的主机后，由哪个进程来接收这个数据呢？这就需要端口号来标识。端口号用于区分一台主机上的应用程序，相当于应用程序的一个标识，端口号是一个整数（2 字节，取值范围为 0~65535）。例如 MySQL 的默认端口号为 3306。

当一台主机收到一个具体的数据时，要把这个数据交给哪个程序来处理往往是通过端口号来进行区分的；每个访问网络的程序，都需要有一个不同的端口号，即一台主机上，不能用两个进程尝试关联（绑定）同一个端口号。

3. 协议

协议，网络协议的简称。网络协议是网络通信（即网络数据传输）经过的所有网络设备都必须共同遵从的一组约定、规则。例如怎样建立连接、怎样互相识别等。只有遵守这个约定，计算机之间才能相互通信交流。通常由三要素组成：

（1）语法：即数据与控制信息的结构与格式。
（2）语义：即需要发送出的何种控制信息，完成何种动作以及做出何种相应。
（3）同步：即事件实现顺序的详细说明。

由此可见，计算机网络体系结构实际上是一组设计原则，它包括功能组织、数据结构和过程的说明，以及用户应用网络的设计和实现基础。网络体系结构是一个抽象的概念，因为它不涉及具体的实现细节，只是说明网络体系结构必须包括的信息，以便网络设计者能为每一层编写符合相应协议的程序，它解决的是"做什么"的问题。

4. TCP/IP

TCP/IP 代表传输控制协议/Internet 协议。TCP/IP 是一组标准化规则，允许计算机在网络（例如 Internet）上进行通信。

单独一台计算机可以执行任意数量的作业。但是，当计算机相互通信时，它们的真正威力就会大放异彩。我们认为计算机所做的许多事情例如发送电子邮件就涉及计算机通信。

任何给定的交互都可能发生在两个计算机系统之间，也可能涉及数百个系统。但是，就像传递一封信或一个包裹一样，每次交易一次只发生在两台计算机之间。为此，两台计算机需要提前知道它们将如何通信。

计算机通过协议来做到这一点。协议是一组商定的规则。在生活中，我们使用社交协议来了解如何与他人相处和交流。技术有自己的方式来设置通信规则。

计算机也是如此，但规则更加严格。当计算机都使用相同的协议时，就可以传输信息。如果它们不这样做，那就是混乱。

当人们第一次开始在计算机之间交换信息时，通信更加复杂。每个供应商都有自己的计算机间通信方式，但无法与其他供应商的计算机进行通信。需要一个商定的标准来允许来自所有供应商的计算机相互通信，该标准就是 TCP/IP。

TCP/IP 参考模型将网络分为 4 层，分别为物理+数据链路层、网络层、传输层和应用层，它与 OSI 参考模型对应关系和各层对应协议如图 11-14 所示，图中列举了 OSI 和 TCP/IP 参考模型的分层，还列举了分层所对应的协议。

OSI参考模型	TCP/IP参考模型	TCP/IP参考模型各层对应协议
应用层	应用层	HTTP、FTP、Telnet、DNS 等
表示层		
会话层		
传输层	传输层	TCP、UDP等
网络层	网络层	IP、ICMP、ARP等
数据链路层	物理+数据链路层	Link
物理层		

图 11-14　两个模型对应关系和各层对应协议

5. InetAddress 类

Java 提供一系列的类支持 Java 程序访问网络资源。Java.net 包中有 InetAddress 类的定义，InetAddress 类的对象用于 IP 地址和域名。它代表了一个网络目标地址，包括主机名和数字类型的地址信息。表 11-1 列举了 InetAddress 类的常用方法。

表 11-1 InetAddress 类的常用方法

方 法 声 明	功 能 描 述
InetAddress getLocalHost()	获取本地主机的 IP 地址
InetAddress getByName(String host)	通过给定的主机名获取 InetAddress 对象的 IP 地址
InetAddress getByAddress(byte [ ] addr)	通过存放在字节数组中的 IP 地址返回一个 InetAddress 对象
String getHostAddress()	获取字符串格式的原始 IP 地址
String getHostName()	获取 IP 地址的主机名。如果是本机，则是计算机名；如果不是本机，则是主机名；如果没有域名，则是 IP 地址
boolean isReachable(int timeout)	判断地址是否可以到达，同时指定超时时间

【例 11-6】 InetAddress 类的常用方法使用。

```
public class InetAddressTest {
    public static void main(String[] args) {
        try {
            InetAddress inet1 = InetAddress.getByName("192.168.23.31");
            System.out.println(inet1);
            InetAddress inet2 = InetAddress.getByName("www.baidu.com");
            System.out.println(inet2);
            InetAddress inet3 = InetAddress.getLocalHost();
            System.out.println(inet3);
            InetAddress inet4 = InetAddress.getByName("127.0.0.1");
            System.out.println(inet4);
            System.out.println(inet1.getHostName());
            System.out.println(inet1.getHostAddress());
            System.out.println(inet2.getHostName());
            System.out.println(inet2.getHostAddress());
        } catch (UnknownHostException e) {
            e.printStackTrace();
        }
    }
}
```

运行结果如图 11-15 所示。

图 11-15 例 11-6 运行结果

11.3.2 URL 编程

1. URL 类

URL(Uniform Resource Locator,统一资源定位符),它表示 Internet 上某一资源的地址。

通过 URL 我们可以访问 Internet 上的各种网络资源,例如最常见的 WWW、FTP 站点。浏览器通过解析给定的 URL 可以在网络上查找相应的文件或其他资源。

URL 的基本结构由 5 部分组成:

```
<传输协议>://<主机名>:<端口号>/<文件名>#片段名?参数列表
```

为了表示 URL,Java.net 中实现了类 URL。我们可以通过下面的构造器来初始化一个 URL 对象。

(1) public URL (String spec):通过一个表示 URL 地址的字符串可以构造一个 URL 对象。例如 URL url = new URL("http://www.baidu.com/")。

(2) public URL(URL context,String spec):通过基 URL 和相对 URL 构造一个 URL 对象。例如 URL downloadUrl = new URL(url, "download.html");。

(3) public URL(String protocol,String host,String file):例如 URL url = new URL("http", "www.atguigu.com", "download.html");。

(4) public URL(String protocol,String host,int port,String file):例如 URL gamelan = new URL("http", "www.baidu.com", 80, "download.html");。

2. URL 类常用方法

(1) public String getProtocol():获取该 URL 的协议名。
(2) public String getHost():获取该 URL 的主机名。
(3) public String getPort():获取该 URL 的端口号。
(4) public String getPath():获取该 URL 的文件路径。
(5) public String getFile():获取该 URL 的文件名。
(6) public String getQuery():获取该 URL 的查询名。

3. 针对 HTTP 的 URLConnection 类

URL 的方法 openStream()能从网络上读取数据。

若希望输出数据,例如向服务器端的 CGI(Common Gateway Interface,公共网关接口)程序发送一些数据,则必须先与 URL 建立连接,然后才能对其进行读写,此时需要使用 URLConnection。

URLConnection 表示到 URL 所引用的远程对象的连接。当与一个 URL 建立连接时,首先要在一个 URL 对象上通过方法 openConnection()生成对应的 URLConnection 对象。如果连接过程失败,将产生 IOException。示例代码如下:

```
URL netchinaren = new URL ("http://www.baidu.com/index.html");
URLConnectonn u = netchinaren.openConnection();
```

通过 URLConnection 对象获取的输入流和输出流，即可以与现有的 CGI 程序进行交互。示例代码如下：

```
public Object getContent() throws IOException
public int getContentLength()
public String getContentType()
public long getDate()
public long getLastModified()
public InputStream getInputStream() throws IOException
public OutputSteram getOutputStream()throws IOException
```

11.3.3 Java 语言实现底层网络通信

Java 中的 UDP 通信实现主要依赖于 DatagramPacket 和 DatagramSocket 两个类。DatagramPacket 类用于封装要发送的数据或接收到的数据，这些数据被组织成 UDP 数据报（Datagram）。发送方将数据字节填充到 DatagramPacket 对象中，并指定目标地址和端口号（如果需要）。接收方则使用 DatagramPacket 来接收数据报，并可以从中解包出数据。而 DatagramSocket 类则提供了发送和接收 DatagramPacket 对象的接口，即它负责在 UDP 协议上建立套接字，通过该套接字可以发送和接收 UDP 数据报。要接收数据，可以从 DatagramSocket 中接收一个 DatagramSocket 对象，然后检查这个包的内容。Socket 本身非常简单，在 UDP 中，关于数据报的所有信息（包括发送的目标地址）都包含在包本身中。Socket 只需要了解在哪个本地端口监听或发送。这种职责划分和 TCP 使用的 Socket 和 ServerSocket 有所不同，首先，UDP 没有两台主机间唯一连接的概念。一个 Socket 会收发所有指向指定端口的数据，而不需要知道对方是哪一个远程主机。一个 DatagramPacket 可以从多个独立主机收发数据。与 TCP 不同，这个 Socket 并不专用于一个连接。事实上，UDP 没有任何两台主机之间连接的概念，它只知道单个数据报。要确定由谁发送什么数据，这是应用程序的责任。其次，TCP 将网络连接看作流，通过从 Socket 获得的输入和输出流来接收和发送数据。而 UDP 不支持这一点，处理的总是单个数据报包。填充在 DatagramPacket 中的所有数据会以一个包的形式进行发送，这些数据作为一个组要么全部被接收，要么完全丢失。一个包与下一个包之间没有必然的联系。给定两个包，UDP 会尽可能地将它们传递到接收方，但不保证它们的顺序或完整性（除非应用层协议提供了这些保证）。

1. DatagramPacket

UDP 在发送数据时，先将数据封装成数据包，在 Java.net 包中有一个 DatagramPacket 类，它就表示存放数据的数据包，DatagramPacket 类的构造方法如表 11-2 所示。

表 11-2 DatagramPacket 类的构造方法

构造方法声明	功 能 描 述
public DatagramPacket(byte buf[], int offset, int length)	构造 DatagramPacket，用来接收长度为 length 的数据包，在缓冲区中指定了偏移量
public DatagramPacket(byte buf[], int length)	构造 DatagramPacket，用来接收长度为 length 的数据包

续表

构造方法声明	功 能 描 述
public DatagramPacket(byte buf[],int offset,int length,InetAddress address,int port)	构造 DatagramPacket,用来将长度为 length 偏移量为 offset 的包发送到指定主机上的指定端口号
public DatagramPacket(byte buf[],int offset,int length,SocketAddress address)	构造 DatagramPacket,用来将长度为 length 偏移量为 offset 的包发送到指定主机上的指定端口号
public DatagramPacket(byte buf[],int length,InetAddress address,int port)	构造 DatagramPacket,用来将长度为 length 的数据包发送到指定主机上的指定端口号
public DatagramPacket(byte buf[],int length,SocketAddress address)	构造 DatagramPacket,用来将长度为 length 的数据包发送到指定主机上的指定端口号

表 11-2 中列出了 DatagramPacket 类的构造方法,通过这些方法可以获得 DatagramPacket 的实例,它还有一些常用方法,如表 11-3 所示。

表 11-3　DatagramPacket 类的常用方法

方 法 声 明	功 能 描 述
InetAddress getAddress()	返回某台机器的 IP 地址,此数据报将要发往该机器或者是从该机器接收
byte[] getData()	返回数据缓冲区
int getLength()	返回将要发送或接收到的数据的长度
int getPort()	返回某台远程主机的端口号,此数据将要发往该主机或是从该主机接收到的
SocketAddress getSocketAddress()	获取要将此包发送到的或发出此数据报的远程主机的 SocketAddress

在 Java.net 包中还有一个 DatagramSocket 类,它是一个数据报套接字,包含了源 IP 地址和目的 IP 地址以及源端口号和目的端口号的组合,用于发送和接收 UDP 数据。DatagramSocket 类的构造方法如表 11-4 所示。

2. DatagramSocket

表 11-4 中列出了 DatagramSocket 类的构造方法,通过这些方法可以获得 DatagramSocket 的实例,它还有一些常用方法,如表 11-5 所示。

表 11-4　DatagramSocket 类的构造方法

构造方法声明	功 能 描 述
public DatagramSocket()	构造数据报套接字并将其绑定到本地主机上任何可用的端口
protected DatagramSocket(DatagramSocketImpl impl)	创建带有指定 DatagramSocketImpl 的未绑定数据报套接字
public DatagramSocket(int port)	创建数据报套接字并将其绑定到本地主机上的指定端口
public DatagramSocket(int port, InetAddress laddr)	创建数据报套接字,并将其绑定到指定的本地地址
public DatagramSocket(SocketAddress bindaddr)	创建数据报套接字,并将其绑定到本地套接字地址

表 11-5 DatagramSocket 类的常用方法

方 法 声 明	功 能 描 述
int getPort()	返回此套接字的端口
boolean isConnected()	返回套接字的连接状态
void receive(DatagramPacket p)	从此套接字接收数据报包
void send(DatagramPacket p)	从此套接字发送数据报包
void close()	关闭此数据报套接字

3. UDP 网络程序

为了更好地掌握这两个类的使用，下面通过案例进一步介绍这两个类的用法，要实现 UDP 通信，需要创建一个发送端程序和接收端程序，首先需要完成接收端程序的编写。

【例 11-7】 接收端程序的编写。

```java
import Java.io.IOException;
import Java.net.DatagramPacket;
import Java.net.DatagramSocket;
import Java.net.InetAddress;
import Java.net.SocketException;
public class Socket_A {
    public static void main(String[] args) throws IOException {
        //创建对象,设置端口
        DatagramSocket ds = new DatagramSocket(9020);
        System.out.println("端口 9020 正在监听!!!");
        byte[] buf = new byte[1024];   //理论上 UDP 协议的传输数据(一个数据包)不能超过 64k
        //调用接收方法,将通过网络(这里使用的是同一个主机的不同端口模拟网络传输)
        //如果有程序发送数据包访问 9020 端口,该程序就会接收
        //否则就会程序阻塞等待在接收前一段的代码
        DatagramPacket packet = new DatagramPacket(buf,buf.length, InetAddress.getLocalHost(),9020);
        ds.receive(packet);
        //对数据包进行拆包
        int length = packet.getLength();              //得到数据包的字节长度
        byte[] data = packet.getData();
        String str = new String(data, 0, length); //这里千万不能写为 data.length,虽然不会
        //产生异常,但会打印出的字符串后面会多出很多的小字
        System.out.println("接收到的数据:");
        System.out.println(str);
        System.out.println("端口 9020 收到消息并准备回应(端口 9020 已收到,欢迎 9030 访问)");
        byte[] output_bytes = "端口 9020 已收到,欢迎 9030 访问".getBytes();
        DatagramPacket packet1 = new DatagramPacket(output_bytes, output_bytes.length, InetAddress.getLocalHost(),9030);
        ds.send(packet1);
        System.out.println("9020 退出");
        ds.close();

    }
}
```

运行结果如图 11-16 所示。

实现了接收端程序之后,接下来编写发送端程序,用于向接收端发送数据。

```
            D:\sofyware\JAVA\JDK\bin\java.exe ...
            端口9020正在监听！！！
```

图 11-16　例 11-7 运行结果

【例 11-8】 编写发送端代码。

```
import Java.io.IOException;
import Java.net.*;
public class Socket_B {
public static void main(String[] args) throws IOException {
//设置自己的端口为 9030
DatagramSocket ds = new DatagramSocket(9030);
System.out.println("端口 9030 正在监听！！！");
System.out.println("9030 正在发送信息(你好,9020 端口,收到请回答)给端口 9020");
byte[] data = "你好,9020 端口,收到请回答".getBytes();    //字符转化为字节数组
DatagramPacket packet = new DatagramPacket(data, data.length, InetAddress.getLocalHost(), 9020);
ds.send(packet);    //将数据包发送出去,注意通过上述代码数据包已经包含需要发送的主机和端
//口名
byte[] buf = new byte[1024];
        DatagramPacket packet1 = new DatagramPacket(buf,buf.length,InetAddress.getLocalHost(),9030);
        ds.receive(packet1);
        byte[] input_data = packet1.getData();
        int length = packet1.getLength();
        System.out.println("接收到的消息");
        System.out.println(new String(input_data,0,length));
        System.out.println("9030 端口已退出");
        ds.close();
```

运行结果如图 11-17 所示。

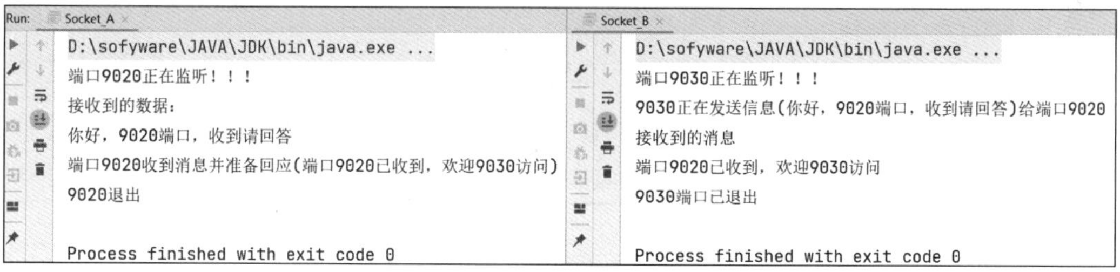

```
Run:    Socket_A                                     Socket_B
        D:\sofyware\JAVA\JDK\bin\java.exe ...         D:\sofyware\JAVA\JDK\bin\java.exe ...
        端口9020正在监听！！！                              端口9030正在监听！！！
        接收到的数据：                                     9030正在发送信息(你好,9020端口,收到请回答)给端口9020
        你好，9020端口，收到请回答                             接收到的消息
        端口9020收到消息并准备回应(端口9020已收到，欢迎9030访问)    端口9020已收到，欢迎9030访问
        9020退出                                      9030端口已退出

        Process finished with exit code 0             Process finished with exit code 0
```

图 11-17　例 11-8 执行过程

从图 11-17 可知,只有接收到发送端发送的数据,接收端的 receive()才会结束阻塞状态,程序才能继续执行。

4. ServerSocket

在 java.net 包中有一个 ServerSocket 类,它可以实现一个服务器端的程序。表 11-6 中列出了 ServerSocket 类的构造方法,通过这些方法可以获得 ServerSocket 的实例,它还有一些常用方法,如表 11-7 所示。

表 11-6 ServerSocket 类的构造方法

构造方法声明	功能描述
public ServerSocket()	创建非绑定服务器套接字
public ServerSocket(int port)	创建绑定到特定端口的服务器套接字
public ServerSocket(int port, int backlog)	利用指定的 backlog 创建服务器套接字并将其绑定到指定的本地端口号
public ServerSocket(int port, int backlog, InetAddress bindAddr)	使用指定的端口、侦听 backlog 和要绑定到的本地 IP 地址创建服务器

表 11-7 ServerSocket 类的常用方法

方法声明	功能描述
Socket accept()	侦听并接收到此套接字的连接
void close()	关闭此套接字
InetAddress getInetAddress()	返回此服务器套接字的本地地址
boolean isClosed()	返回 ServerSocket 的关闭状态
void bind(SocketAddress endpoint)	将 ServerSocket 绑定到特定地址

5. Socket

在 Java.net 包中还有一个 Socket 类，它是一个数据报套接字，包含了源 IP 地址和目的 IP 地址以及源端口号和目的端口号的组合，用于发送和接收 UDP 数据。Socket 类的构造方法如表 11-8 所示。

表 11-8 Socket 类的构造方法

构造方法声明	功能描述
public Socket()	通过系统默认类型的 SocketImpl 创建未连接套接字
public Socket(InetAddress address, int port)	创建一个流套接字并将其连接到指定 IP 地址的指定端口号
public Socket(Proxy proxy)	创建一个未连接的套接字并指定代理类型，该代理不管其他设置如何都应被使用
public Socket(String host, int port)	创建一个流套接字并将其连接到指定主机上的指定端口号

表 11-9 列出了 Socket 类的常用方法，通过这些方法可以使用 TCP 进行网络通信。

表 11-9 Socket 类的常用方法

方法声明	功能描述
void close()	关闭此套接字
InetAddress getInetAddress()	返回套接字连接的地址
InputStream getInputStream()	返回套接字连接的输入流
OutputStream getOutputStream()	返回套接字连接的输出流
int getPort()	返回套接字连接到的远程端口
boolean isClosed()	返回套接字的关闭状态
void shutdownOutput()	禁用此套接字的输出流

6. TCP 网络程序

TCP 网络程序示例代码如下。

```java
import Java.io.IOException;
import Java.io.InputStream;
import Java.io.OutputStream;
import Java.net.ServerSocket;
import Java.net.Socket;
public class TCPServer{
    public static void main(String[] args) throws IOException {
        ServerSocket server = new ServerSocket(8888);
        Socket socket = server.accept();
        InputStream is = ((Socket) socket).getInputStream();
        byte[] bytes = new byte[1024];
        int len = is.read(bytes);
        System.out.println(new String(bytes,0,len));
        OutputStream os = socket.getOutputStream();
        os.write("收到谢谢".getBytes());
        server.close();
        socket.close();
    }
}
```

TCPServer 的运行结果如图 11-18 所示。

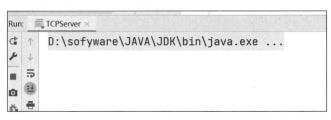

图 11-18　TCPServer 的运行结果

服务器的实现步骤如下：

（1）创建服务器 ServerSocket 对象和系统要指定的端口号。

（2）使用 ServerSocket 对象中的方法 accept，获取到请求的客户端对象 Socket。

（3）使用 Socket 对象中的方法 getInputStream（）获取网络字节输入流 InputStream 对象。

（4）使用网络字节输入流 InputStream 对象的方法 read，读取客户端发送的数据。

（5）使用 Socket 对象中的方法 getOutputStream（）获取网络字节输出流 OutputStream 对象。

（6）使用网络字节输出流 OutputStream 对象中的方法 write，给客户端回写数据。

（7）释放资源 Socket 和 ServerSocket。

TCPClient 示例代码如下。

```java
import Java.io.IOException;
import Java.io.InputStream;
import Java.io.OutputStream;
import Java.net.Socket;
public class TCPClient{
    public static void main(String[] args) throws IOException {
        Socket socket = new Socket("127.0.0.1",8888);
        OutputStream os = socket.getOutputStream();
```

```
            os.write("你好服务器".getBytes());
            InputStream is = socket.getInputStream();
            byte[] bytes = new byte[1024];
            int len = is.read(bytes);
            System.out.println(new String(bytes,0,len));
            socket.close();
        }
    }
```

TCPClient 执行之后的运行结果如图 11-19 所示。

图 11-19　TCPClient 的运行结果

实现步骤如下：

（1）创建一个客户端对象 Socket，构造方法绑定服务器的 IP 地址和端口号。

（2）使用 Socket 对象中的方法 getOutputStream() 获取网络字节输出流 OutputStream 对象。

（3）使用网络字节输出流 OutputStream 对象中的方法 write，给服务器发送数据。

（4）使用 Socket 对象中的方法 getInputStream() 获取网络字节输入流 InputStream 对象。

（5）使用网络字节输入流 InputStream 对象中的方法 read，读取服务器回写的数据。

（6）释放资源（Socket）。

注意：（1）客户端和服务器端进行交互，必须使用 Socket 中提供的网络流，不能使用自己创建的流对象。

（2）当我们创建客户端对象 Socket 时，就会去请求服务器和服务器经过 3 次握手建立连接通路，这时如果服务器没有启动，那么就会抛出异常，如果服务器已经启动，那么就可以进行交互了。

11.4　典型案例分析

11.4.1　火车票售票模拟程序

功能实现：多线程模拟售票系统。

（1）定义一个车票类，车票类拥有票号属性、车票状态（未售、售出）属性和拥有者（String 类型）属性。

（2）在主线程中定义一个票库（ArrayList 数组列表）初始化票库并生产 200 张票。

（3）定义一个乘客类继承自线程类，有一个名字（String 类型）属性，乘客类每隔 10 毫秒就去票库中查看有没有票。

（4）如果有票就抢一张过来（把车票标为售出状态，并把车票的拥有者标为自己的名字），每个乘客抢到 20 张票就停止运行。

（5）在主线程中创建 10 个乘客类并启动它们（开始抢票），要求每个乘客抢到的票不连号，不能多抢或少抢。抢完后打印出每个人抢到的票号。

具体代码如下。

```java
import Java.util.ArrayList;
public class Main {
    //票库
    static ArrayList<Ticket> mTicketList = new ArrayList<Ticket>();
    public static void main(String[] args) {
        for (int i = 0; i < 20; i++) {
            Ticket t = new Ticket();
            t.ticketNum = i + 1;
            mTicketList.add(t);
        }
        Passenger[] passengers = new Passenger[5];
        for (int i = 0; i < 5; i++) {
            passengers[i] = new Passenger("passenger_" + i/*,mTicketList*/);
            passengers[i].start();
        }
        //等待所有乘客结束
        for (int i = 0; i < 5; i++) {
            try {
                passengers[i].join();
            } catch (InterruptedException e) {
                e.printStackTrace();
            }
        }
        for (int i = 0; i < passengers.length; i++) {
            System.out.print(passengers[i].name + "抢到的票:");
            int tCnt = 0;                    //抢到的票数
            for (int j = 0; j < mTicketList.size(); j++) {
                Ticket t = mTicketList.get(j);

                if (t != null && t.owner != null && passengers[i] != null) {
                    if (t.owner.equals(passengers[i].name)) {
                        tCnt++;
                        System.out.print(t.ticketNum + "; ");
                    }
                }
            }
            System.out.println("总票数:" + tCnt);
        }
    }
}
public class Passenger extends Thread{
    String name;                         //名字
    int myTickets = 0;

    public Passenger(String name) {
```

```java
            //mTicketList = ticketList;
            this.name = name;
        }
        @Override
        public void run() {
            while (myTickets < 2) {
                //开始抢票
                for (int i = 0; i < Main.mTicketList.size(); i++) {
                    Ticket t = Main.mTicketList.get(i);        //取出第 i 张票
                    synchronized (t) {         //synchronized (监视的竞争对象)
                        if (t.saledState == Ticket.STATE_NOT_SALED) {
                            //把车票标为售出状态
                            t.saledState = Ticket.STATE_SALED;
                            //把车票的拥有者标为自己的名字
                            t.owner = this.name;
                            myTickets++;
                            System.out.println(Thread.currentThread().getName() + " " + this.name + " 抢到" + t.ticketNum + "号票");
                            break;
                        }
                    }
                    /*
                    boolean result = checkTicket(t);
                    if(result){
                        break;
                    }
                    */
                }

                try {
                    sleep(20);
                } catch (InterruptedException e) {
                    e.printStackTrace();
                }
            }
        }
        /*
         * synchronized 默认监视的竞争对象：为当前类对象,即 this
         */
        public synchronized boolean checkTicket(Ticket t) {
            if (t.saledState == Ticket.STATE_NOT_SALED) {
                t.saledState = Ticket.STATE_SALED;             //把车票标为售出状态
                t.owner = this.name;                //把车票的拥有者标为自己的名字
                myTickets++;
                System.out.println(this.name + "抢到" + t.ticketNum + "号票");
                return true;
            }
            return false;
        }
    }
    public class Ticket {
        public static final boolean STATE_SALED = true;         //售出状态
        public static final boolean STATE_NOT_SALED = false;    //未售出状态
        public int ticketNum = 0;                               //票号
```

```
        public boolean saledState = STATE_NOT_SALED;        //初始状态:未售
        public String owner = null;                          //拥有者
}
```

运行结果如图 11-20 所示。

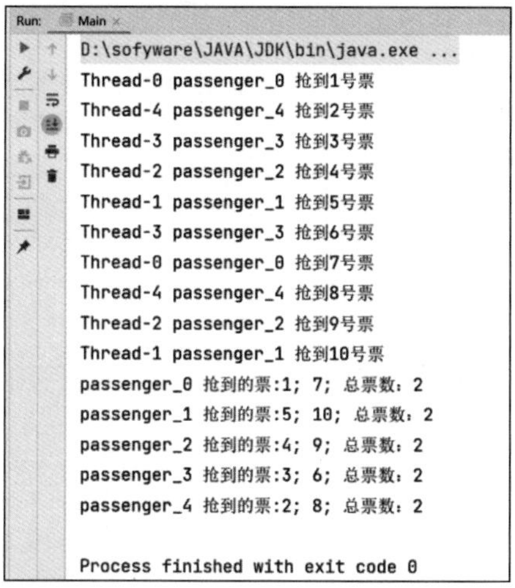

图 11-20 火车票售票模拟的运行结果

11.4.2 建立医生和患者之间的双向对话

功能实现:医生和患者双向对话的模拟实现。

下面利用 Java 的多线程和 UDP 网络功能实现一个简单的聊天程序,其中主要涉及四个类,第一个是接收信息的类 UDPReceiver,第二个是发送信息的类 UDPSender,这两个类我们在主函数中用多线程来执行,还有两个类 TestDoctor、TestPatient,也就是两个具有 main 函数的聊天窗口程序,两个简单的控制台程序。多线程实现两人(医生和患者)聊天,即医生发送的信息患者可以接收,患者发送的信息医生可以接收,因此医生和患者对象中都需要有 send 和 receive 的功能。

具体代码如下。

```
public class TestDoctor {
    public static void main(String[] args) {
        //开启线程
        new Thread(new UDPSender(1111,"localhost",2222)).start();
        new Thread(new UDPReceiver(3333,"TestPatient")).start();
    }
}
public class TestPatient {
    public static void main(String[] args) {
        //开启线程
        new Thread(new UDPSender(4444,"localhost",3333)).start();
        new Thread(new UDPReceiver(2222,"TestDoctor")).start();
    }
}
import Java.io.IOException;
import Java.net.DatagramPacket;
```

```java
import Java.net.DatagramSocket;
import Java.net.SocketException;

public class UDPReceiver implements Runnable{
    //初始化
    DatagramSocket socket = null;              //创建 DatagramSocket 对象
    private int receiverPort;                  //接收端的端口号
    private final String receiver;             //接收者
    //构造方法
    public UDPReceiver(int receiverPort, String receiver) {
        this.receiverPort = receiverPort;
        this.receiver = receiver;
        try {
        //监听 receivePort 端口的报文
            socket = new DatagramSocket(receiverPort);
        } catch (SocketException e) {
            e.printStackTrace();
        }
    }

    //负责接收信息
    @Override
    public void run() {
        boolean flag = true;
        while (true) {
            try {
                byte[] database = new byte[1024];
                DatagramPacket packet = new DatagramPacket(database,0,database.length);
                //等待接收数据包,直到收到一个数据包为止
                socket.receive(packet);
                if (flag){
                    System.out.println("\033[1;93;45m" + "对方在线中" + "\033[m");
//控制台输出颜色字体
                    flag = false;
                }
                //将字节流转化为字符流
                String Data = new String(packet.getData(),0,packet.getLength());
                if (Data.equals("End!")) {
                    System.err.println("对方已离线");
                    break;                     //退出 while 循环
                }else {
                    System.out.println("\033[1;94m" + receiver + ":" + Data);     //输出收
//到的信息
                }
            } catch (IOException e) {
                e.printStackTrace();
            }
        }
        socket.close();                        //关闭套接字,结束接收端的执行操作
    }
}
import Java.io.BufferedReader;
import Java.io.IOException;
```

```java
import Java.io.InputStreamReader;
import Java.net.DatagramPacket;
import Java.net.DatagramSocket;
import Java.net.InetSocketAddress;
import Java.net.SocketException;
import Java.nio.charset.StandardCharsets;

//发送端
public class UDPSender implements Runnable{
    //初始化
    DatagramSocket socket = null; //创建 DatagramSocket 对象
    BufferedReader reader = null; //创建 BufferedReader 对象
    private int localPort;          //本地端口号
    private final String localIP;   //本地 IP
    private final int sendPort;     //发送端口号

    //构造方法,传入本地端口、本地 IP,发送端口
    public UDPSender(int localPort, String localIP, int sendPort) {
        this.localPort = localPort;
        this.localIP = localIP;
        this.sendPort = sendPort;

        try {
        //发送数据初始化,监听 localPort 本地端口的报文
        socket = new DatagramSocket(localPort);
        //读取用户输入的数据
        reader = new BufferedReader(new InputStreamReader((System.in)));
        } catch (SocketException e) {
            e.printStackTrace();
        }
    }

    //重写 run 方法,执行发送消息的发包和打包过程
    @Override
    public void run() {
        while (true) {
            try {
                String dataline = reader.readLine();
                //需要准备数据发送包,将字符串转换为字节
                byte[] datapacket = dataline.getBytes(StandardCharsets.UTF_8);
                DatagramPacket packet = new DatagramPacket(datapacket,0,datapacket.length,
new InetSocketAddress(this.localIP,this.sendPort));
                //send()方法根据数据包的目的地址来寻径以传送数据报
                socket.send(packet);
                if (dataline.equals("End!")) {
                    break;   //跳出 while 循环,结束发送端
                }
            } catch (IOException e) {
                e.printStackTrace();
            }
        }
        //关闭套接字,结束发送端的程序执行操作
        socket.close();
    }
}
```

运行结果如图 11-21 所示。

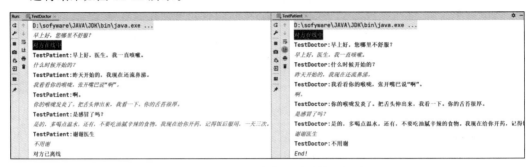

图 11-21　医生和患者模拟对话的运行结果

11.5　本章小结

本章详细介绍了多线程和网络编程的基础知识。本章主要内容如下：进程与线程的概念、进程与线程的关系、创建线程的两种方式及优缺点、线程对象的状态、调度与生命周期、线程的同步机制、网络的基本概念、URL 编程、网络通信的底层实现。通过本章的学习，读者应该对 Java 多线程及网络编程有初步认识。熟练掌握这些知识，对以后的编程大有裨益。

习题答案

课后习题

一、判断题

1. 如果线程死亡，它便不能运行。　　　　　　　　　　　　　　　　　（　　）
2. 在 Java 中，高优先级的可运行线程会抢占低优先级的线程。　　　　　（　　）
3. 线程可以用 yield 方法使低优先级的线程运行。　　　　　　　　　　（　　）
4. 程序开发者必须创建一个线程去管理内存的分配。　　　　　　　　　（　　）
5. 一个线程在调用它的 start 方法之前，该线程将一直处于出生期。　　（　　）

提示：线程的状态为新建（出生期）、可运行、运行、阻塞、死亡。

6. 当调用一个正在进行线程的 stop()方法时，该线程便会进入休眠状态。（　　）
7. 一个线程可以调用 yield 方法使其他线程有机会运行。　　　　　　　（　　）
8. 多线程没有安全问题。　　　　　　　　　　　　　　　　　　　　　（　　）
9. 多线程安全问题的解决方案可以使用 Lock 提供的具体的锁对象操作。（　　）
10. stop()方法是终止当前线程的一种状态。　　　　　　　　　　　　　（　　）
11. Socket 是传输层供给应用层的编程接口，是应用层与传输层之间的桥梁。（　　）
12. TCP/IP 传输控制协议是 Internet 的主要协议，定义了计算机和外设进行通信的规则。　　　　　　　　　　　　　　　　　　　　　　　　　　　　　　　（　　）
13. TCP/IP 网络参考模型包括七个层次：应用层、会话层、表示层、传输层、网络层、链路层和物理层。　　　　　　　　　　　　　　　　　　　　　　　　　（　　）

14. UDP 协议是一种面向无连接的、可靠的、基于字节流的传输层通信协议,该协议占用系统资源多、效率较低。( )
15. 使用 TCP 通信时,数据是以 I/O 的方式进行交互的。( )
16. InetAddress 类实现了对互联网协议地址的封装。( )
17. Socket 类的 getInputStream()方法返回一个 InputStream 类型的输入流对象,如果该对象是由服务器端的 Socket 返回,就用于读取服务端发送的数据。( )
18. IP 地址由两部分组成,即"网络.主机"的形式。( )
19. 端口号的取值范围是 0~65535。( )
20. Java UDP Socket 编程主要用到的两个类是 DatagramSocket 和 DatagramPacket。( )

二、编程题

1. 编写程序实现:程序运行后共有 3 个线程,分别输出 10 次线程的名称:main,thread-0,thread-1。

2. 请编写 Java 程序,访问 http://www.tirc1.cs.tsinghua.edu.cn 所在的主页文件。
答:

```
public class URLReader {
    public static void main(String[] args) throws Exception {    //声明抛出所有例外
        _____                                          //构建一 URL 对象
        BufferedReader in = new BufferedReader(new InputStreamReader( _____ ));
            //使用 openStream 得到一输入流并由此构造一个 BufferedReader 对象
        String inputLine;
        while (_____)                                  //从输入流不断的读数据,直到读完为止
            _____                                       //把读入的数据打印到屏幕上
        in.close();                                               //关闭输入流
    }
}
```

3. 设服务器端程序监听端口为 8629,当收到客户端信息后,首先判断是否为"BYE",若是,则立即向对方发送"BYE",然后关闭监听,结束程序。若不是,则在屏幕上输出收到的信息,并由键盘输入发送到对方的应答信息。请编写程序完成此功能。

4. TCP 客户端需要向服务器端 8629 发出连接请求,与服务器进行信息交流,当收到服务器发来的是"BYE"时,立即向对方发送"BYE",然后关闭连接,否则,继续向服务器发送信息。

第 12 章

Java与Java Web

CHAPTER 12

本章学习目标：
（1）熟悉开发 Java Web 应用程序需要的工具。
（2）理解 Java Web 应用程序的工作方式。
重点：Java Web 运行与开发环境的安装与配置。
难点：开发环境配置。

通过浏览器访问 Internet 中部署在远程服务器上的大量各类型网站，这就是基于 B/S 的 Web 应用。其中 Web 应用就是指那些部署在服务器上的对外提供访问服务的网站。

目前流行的 Web 应用开发技术有微软的 ASP.NET，还有 Sun 公司的 Java Web 技术以及开源的 PHP 技术。其中微软的 ASP.NET 是基于微软 Windows 平台的动态页面开发技术，支持 COM/DCOM 构件模型，技术易学，开发效率高。PHP 是一种完全开源的服务器端脚本语言，嵌入在 HTML 中书写，它可以运行在多平台上。常与数据库系统 MySQL 协同构建中小型基于 B/S 的 Web 应用系统。而 Java Web 则是由 Sun 公司倡导，充分利用了 Java 技术优势，具有极强的扩展能力和良好的收缩性，与开发平台无关。建议读者边读边练，并编写页面进行测试，进一步理解 Java 的应用。

12.1　Java Web 概述

Java Web 开发技术是以 Java 技术为核心基于 Java EE 的一种 Web 应用开发技术。Java EE 规范是基于 Java SE 标准版基层上的一组开发以服务器为中心的企业级应用的相关技术和规范，用于规范化、标准化以 Java 为开发语言的企业级软件的开发、部署和管理，以实现减少开发费用、软件复杂性和快速交付的目的。

Java EE 也称 Java 企业版。它采用分层架构，一般人们将 Java EE 分为四层，各层包含的技术以及各层间的关系。Java EE 体系结构如图 12-1 所示。

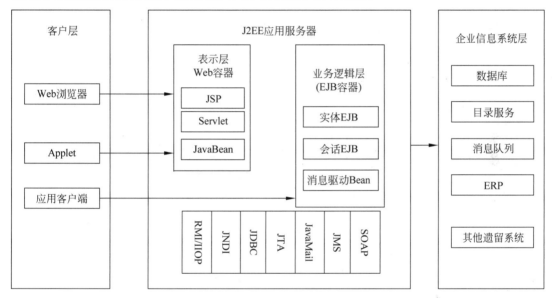

图 12-1　Java EE 体系结构

在图 12-1 中可以看到在 Java EE 结构的第二层就是 Web 应用层。所谓的 Java Web 开发就是指该层应用的开发。利用该层主要实现包括 JSP、Servlet 以及 JavaBean 组件的开发，涉及的技术包括 JSP 技术、Servlet 技术、JavaBean 技术和 JDBC 技术等。

那么利用 Java Web 可以完成哪些任务呢？利用 Java Web 人们可以实现信息展示、信息查询、信息输入、输入信息的处理和存储、信息更新等任务。

12.2　Java Web 运行与开发环境的安装与配置

Java Web 应用的运行需要在特定的环境下进行。我们知道所有的 Web 应用都要部署在服务器上，只有有了服务器的支持才能运行。当然 Java Web 组件的执行离不开 JVM 虚拟机，所以 Java Web 应用的运行离不开 JVM。因此 Java Web 应用的运行环境就包括了 Java 虚拟机和应用服务器。

Java Web 的开发工具和 Java 的开发工具是通用的，常见的 Java IDE 集成开发环境像 Eclipse、MyEclipse、NetBeans 等均可以实现 Java Web 的开发。

下面我们在一个默认已成功安装了 JVM 虚拟机的操作系统上,以配置 Tomcat 7.0 和 Eclipse 为例来讲述 Java Web 开发与运行环境的安装与配置。

1. Tomcat 的安装与配置

Tomcat 是 Apache 软件基金会的 Jakarta 项目中的一个核心项目,由 Apache、Sun 和其他一些公司及个人共同开发而成。因为 Tomcat 技术先进、性能稳定而且免费,因而深受 Java 爱好者的喜爱,目前已成为开发和调试 Java Web 程序的首选。Tomcat 属于一种小型的轻量级应用服务器,在中小型系统和并发访问用户不是很多的场合下被普遍使用,已得到一部分小型软件开发商的认可。

对于一个初学者来说,在一台计算机上配置好了 Tomcat 服务器,就可以利用它应对 Web 应用的请求了。可以直接登录 Apache 软件基金会的 Tomcat 的官方网站来访问下载 Tomcat,本书 Tomcat 版本为 7.0.41。在下载时首先进行可执行版本 Binary Distributions 选择,此时需要用户根据操作系统环境选择相应的 Tomcat 可执行版本,例如 32 位 Windows 操作系统环境开发运行时就选择 32-bin Windows zip,如果是 64 位 Windows 操作系统环境下开发运行时就选择 64-bit Windows zip 版本,如图 12-2 所示。选好相应版本后单击"另存为"即可。

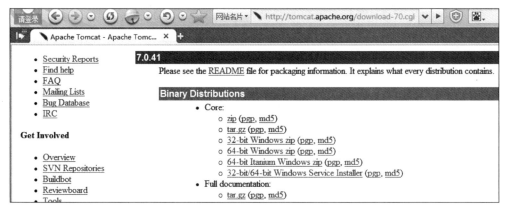

图 12-2　Tomcat 7.x 下载页面

下载了 Tomcat 压缩包之后直接将其解压缩到系统中需要保存的目录即完成了 Tomcat 的安装。Tomcat 的目录结构如图 12-3 所示,其中每个文件夹都是用来保存具有特定作用的文件的,每个文件夹的作用如下:

bin:主要用来存放各平台下启动和关闭 Tomcat 的脚本文件,用户可以通过单击其中的 startu.bat 在 Windows 下启动 Tomcat 服务器,通过单击 shutdown.bat 在 Windows 下关闭 Tomcat 服务器。或者也可以在 Windows 命令提示行模式下进入 Tomcat/bin 目录后运行 startup 或者 shutdown 命令来启动或关闭 Tomcat 服务器,此时注意从 Tomcat 7.0 以后的版本在运行该命令时必须要添加文件后缀,否则系统不识别该命令,也就是输入命令必须是 startup.bat。当服务启动成功后会在服务器启动窗体中输出"server startup in 数字 ms",表示服务器用了多少毫秒启动成功。在服务器成功启动后通过 http://localhost:8080/,可以访问该服务器主页,结果如图 12-4 所示。

conf:存放 Tomcat 的各种配置文件,其中最重要的是 server.xml 实现对服务器的启

图 12-3　Tomcat 的目录结构

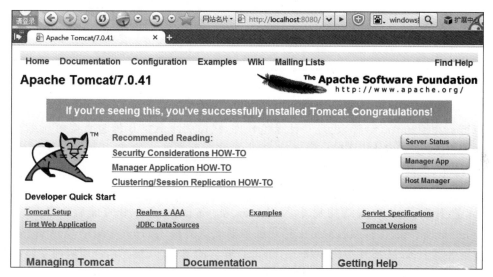

图 12-4　Tomcat 服务器主页

动配置。

lib：用来存放 Tomcat 服务器和所有运行在该服务器上的 Web 应用都能够共享访问的 JAR 文件。如果某个 JAR 只需要被单个 Web 应用所访问，不需要被共享则该文件只要被放在该应用的 lib 文件夹下，不需要放在本文件夹下。

logs：存放 Tomcat 的所有日志文件。

temp：存放 Tomcat 运行时产生的那些临时文件。

webapps：各种 Web 应用被部署在该文件夹下。

work：保存 Tomcat 由 JSP 文件所生成的那些 Servlet 文件。

2．Eclipse 的安装与配置

Eclipse 是在 Java Web 应用开发领域使用较为普遍的一种 IDE 集成开发环境，它为 Java Web 提供了强大的开发和调试功能。Eclipse 本身其实是一个框架平台，主要依赖各种丰富的插件完成强大的功能。

Eclipse 的下载可以从官方网站 http://www.eclipse.org/downloads/ 直接找到需要的版本进行下载，如图 12-5 所示。在下载时需要注意的是同一版本的 Eclipse 会有针对不同开发应用的多个版本，此时必须要选择可以进行 Java EE 应用开发的版本 Eclipse IDE for Java EE Developers(246MB)，单击项目名称右面的操作系统版本，如果是 32 位 Windows 操作系统则选择第一项"Windows 32 Bit"，开始下载。如果选择第一行 Eclipse Standard 则只能用来开发 Java 项目，不支持 Java EE 的开发。

图 12-5　Eclipse 下载页面

Eclipse 和 Tomcat 一样，也是一种绿色软件，只需将下载的压缩包直接解压缩即可使用。在 Eclipse 上开发 Java Web 项目时，首先要将前面安装好的 Tomcat 应用服务器配置到 Eclipse 中，以便将来 Web 项目可以部署并运行在服务器上。

在配置 Tomcat 服务器时，是通过菜单 Windows 下的子菜单 Preferences 打开属性对话框后，选择窗体中左侧结构树中的 Server 项，选择其子项中的最后一项"Runtime Environments"命令，在右侧的窗格中打开服务器配置界面，选择其中第一项 Add 按钮，打开创建服务器窗体，选择其中第一项 Apache，打开它的子选项，根据用户所提前安装的服务器版本，选择相应版本后，单击 Next 按钮会打开选择服务器安装路径的界面，如图 12-6 所示，在其中 Tomcat 安装路径文本框中输入安装路径或者通过 Browse 按钮打开"打开文件"对象框，选择 Tomcat 文件夹所在的路径即可，之后单击 Finish 按钮完成服务器配置，此时回到服务器配置界面，会看到服务器配置界面中右侧的窗体中出现了刚才导入的服务器，如图 12-7 所示。此时实现了将服务器配置到 Eclipse 开发环境中，以后该 Eclipse 中所创建的 Java Web 应用就可以直接利用该服务器进行调试开发了。

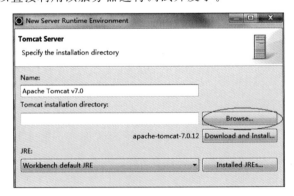

图 12-6　服务器安装路径设置界面

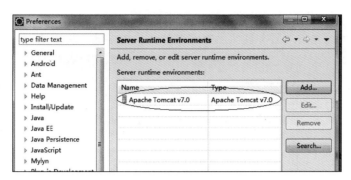

图 12-7　服务器配置成功界面

3. 创建 Java Web 项目

在 Eclipse 中进行 Java Web 开发,分成以下几个步骤:

创建项目,在 File 菜单的 New 子菜单中选择 Dynamic Web Project 子菜单,打开项目创建窗体,在该窗体中输入项目名称 JavaWebTest,之后通过两次单击 Next 按钮,进入项目属性设置页面,在该页面中有一个标签为 Web Root 的文本框,通过修改该文本框内容可以设置通过浏览器访问本项目的项目根路径,如果不作修改系统默认用项目名称作为访问项目的根路径,之后单击 Finish 按钮,成功创建项目。例如创建 JavaWebTest 项目时将 web root 修改为 jwt,则通过 http://localhost:8080/jwt 即可访问到本项目的主页。

向项目中添加页面,项目中可以添加 index.jsp 作为主页,只要在路径中输入项目名称就可以访问该页面,也可以添加其他名称的页面,只要在项目根路径后加入相应页面名称即可访问。本项目建立 index.jsp,内容如下:

```
<html>
<head>
    <meta http-equiv="Content-Type" content="text/html; charset=ISO-8859-1">
    <title>Java Web Test</title>
</head>
<body>
    Hello World
</body>
</html>
```

- 部署 Java Web 项目:创建好一个 Java Web 项目后下一步需要做的就是将该项目部署在 Eclipse 中配置好的 Web 应用服务器上。首先在 Eclipse 主窗体下方选择 Server 标签,在该标签中显示开发环境中刚才已配置好的 Tomcat 服务器,选中该服务器后打开快捷菜单,选择其中的 Add and Remove 子菜单,打开 Add and Remove 对话框。在对话框中左侧的 Available 是所有的未加载到服务器上的 Java Web 项目列表,右侧的 Configured 是所有已加载到服务器上的 Java Web 项目列表。在 Available 中选择 Java Web 项目,通过单击 Add 按钮,将其加载到服务器上,如图 12-8 所示。

- 测试运行 Java Web 项目,选择项目名称右击打开快捷菜单中的 Run As,之后选择其子菜单的第一项 Run on Server 自动运行该项目默认主页,如图 12-9 所示。如果需要运行非默认主页可以直接选中该页面,然后按上面步骤,在选定服务器上运行即可,也可以先启动服务器然后在浏览器地址栏中输入页面地址。

图 12-8　服务上项目部署界面

图 12-9　服务器选择页面

12.3　典型案例

Java Web 技术发展经历了多个阶段,包括 Servlet 技术阶段、JSP 技术阶段、模型一 JSP+JavaBean、模型二 JSP+JavaBean+Servlet、框架开发和可视化开发六个阶段。实现了快速开发一个 Web 应用的目标。下面我们将以实例体现 JSP 技术阶段和模型一阶段是如何设计开发一个 Web 应用的。

12.3.1 JSP 技术开发举例

JSP 技术的目标是快速开发一个 Web 应用，通过在 JSP 页面中嵌入 Java 代码实现 Web 应用的设计开发。以下我们通过一个简单的实现来了解如何利用 JSP 技术实现 Web 应用的开发。

【例 12-1】 基于 Web 的注册与登录界面设计。建立一个登录页面，用户可以在该页面中输入用户名和密码，当用户所输入的用户名和密码和数据库已保存的用户名和密码相同时，则允许用户登录进入欢迎页面，如果用户输入的用户名和密码错误，也就是在数据库中无此记录时，则将用户停留在登录页面，要求其重新输入用户信息。整个开发步骤如下。

1. 建立数据库

建立 MySQL 数据库 test，在其中通过以下 SQL 语句创建数据表 user，SQL 语句如下：

```sql
CREATE TABLE `user` (
    `userId` tinyint(12) NOT NULL AUTO_INCREMENT,
    `userName` varchar(12) NOT NULL,
    `password` varchar(20) NOT NULL,
    PRIMARY KEY ('userId')
)
```

通过该语句可以看到在该数据表中包含三个属性，整型变量 userId 作为该表主键以自增长方式自动增长，userName 和 password 均为字符串类型且不能为空。之后通过 insert 语句向其中填入用户记录即可。

2. 建立 Web 项目

按照 12.2 节中介绍的方法建立 Dynamic Web Project 项目 UserTest，并按照前面讲过的方法将连接 MySQL 数据库所需要使用的驱动复制到 Tomcat 根文件夹下的 lib 文件中，并建立所需要的 JSP 页面，首先建立用户登录的 JSP 页面 login.jsp 如下：

```jsp
<%@ page language="Java" contentType="text/html; charset=utf-8"
    pageEncoding="utf-8" import="entity.User" %>
<!通过 page 页面指令元素的 import 属性将需要用到的类引入到本页面中>
<!DOCTYPE html PUBLIC "-//W3C//DTD HTML 4.01 Transitional//EN" "http://www.w3.org/TR/html4/loose.dtd">
<html>
<head>
<meta http-equiv="Content-Type" content="text/html; charset=utf-8">
<title>用户登录</title>
</head>
<body>
<h1>用户登录</h1>
<!form 表单的 action 属性定义将本表单数据提交的对象，method 属性定义数据提交方式>
    <form action="relogin.jsp" method="get">
<!在 action 定义的提交页面中通过 name 属性值获取该用户在该文本框输入的数据>
```

```
        账号:<input type="text"   name="username" /><br/>
        密码:<input type="password"  name="password" /><br/>
        <input type="submit" value="提交" />
        <input type="reset" value="取消">
    </form>
</body>
</html>
```

建立 relogin.jsp 页面负责接收 login.jsp 页面用户提交的数据并进行处理,也就是利用 JDBC 查询 test 数据库中的 user 表,如果有匹配记录表示登录成功,否则登录失败返回登录页面。

```
<%@ page language="Java" contentType="text/html; charset=ISO-8859-1"
    pageEncoding="ISO-8859-1" import="entity.User,Java.sql.*" %>
<!DOCTYPE html PUBLIC "-//W3C//DTD HTML 4.01 Transitional//EN" "http://www.w3.org/TR/html4/loose.dtd">
<html>
<head>
<meta http-equiv="Content-Type" content="text/html; charset=ISO-8859-1">
<title>Insert title here</title>
</head>
<body>
<%
Connection cn = null;
PreparedStatement ps = null;
ResultSet rs = null;
//通过request.getParameter("参数名")方法获取用户提交数据
String userName = request.getParameter("username");
String password = request.getParameter("password");
if(userName!=null&&password!=null&&userName.trim().length()>0&&password.trim().length()>0)
{
String sql = "select * from user where userName = ? and password = ?";
try{
//利用JDBC连接数据库,并根据用户输入的用户名和密码信息查询该用户是否存在
    Class.forName("com.mysql.jdbc.Driver").newInstance();
cn = DriverManager.getConnection("jdbc:mysql://localhost:3306/test","root","111");
    ps = cn.prepareStatement(sql);
    ps.setString(1, userName);
    ps.setString(2, password);
    rs = ps.executeQuery();
    if(rs.next())
    {
        User u = new User();
        u.setUserId(rs.getInt(1));
        u.setUserName(rs.getString(2));
        u.setPassword(rs.getString(3));
//将登录成功的用户信息以User对象的方式保存到会话对象session中
        session.setAttribute("user", u);
//保存成功后跳转到登录成功页面,user文件夹下的main.jsp
        RequestDispatcher r = request.getRequestDispatcher("/user/main.jsp");
```

```
                r.forward(request,response);
            }else{
//如果用户信息错误重新跳转回登录页面
                response.sendRedirect("login.jsp");
            }
        } catch (InstantiationException e) {
            e.printStackTrace();
        } catch (IllegalAccessException e) {
            e.printStackTrace();
        } catch (ClassNotFoundException e) {
            e.printStackTrace();
        } catch (SQLException e) {
            e.printStackTrace();
        }finally
        {
            try{
                ps.close();
                rs.close();
                cn.close();
                }catch(Exception e){}
        }
    }else{
    response.sendRedirect("login.jsp");
    }
    %>
</body>
</html>
```

在项目的 WebContent 文件夹下建立 user 文件夹,并在其中建立 main.jsp 页面,当用户是系统的合法用户通过 login.jsp 页面成功登录后就会跳转到该页面。

```
<%@ page language="Java" contentType="text/html; charset=utf-8"
    pageEncoding="utf-8" import="entity.User" %>
<!DOCTYPE html PUBLIC "-//W3C//DTD HTML 4.01 Transitional//EN" "http://www.w3.org/TR/html4/loose.dtd">
<html>
<head>
<meta http-equiv="Content-Type" content="text/html; charset=ISO-8859-1">
<title>Insert title here</title>
</head>
<body>
    <h1>
<%
//利用session作用范围变量保存用户登录信息,可随时获取验证用户身份
User u = (User)session.getAttribute("user");
out.println(u.getUserName() + "欢迎您访问本系统");
%>
    </h1>
```

```
</body>
</html>
```

除了这几个页面外还需要定义一个放在 entity 包中用来描述用户数据的实体类 User，在一个系统中多个类和页面间传输用户数据时可以直接将数据封装到该类中进行传输。

```
package entity;
public class User {
//类中属性和数据表中的属性一一对应
private long userId;
private String userName;
private String password;
public long getUserId() {
    return userId;
}
public void setUserId(long userId) {
    this.userId = userId;
}
public String getUserName() {
    return userName;
}
public void setUserName(String userName) {
    this.userName = userName;
}
public String getPassword() {
    return password;
}
public void setPassword(String password) {
    this.password = password;
}
}
```

程序运行进入登录界面如图 12-10 所示，此时只要在账号和密码处输入合法的用户信息，则经过数据库查询后登录成功欢迎已登录用户，显示结果如图 12-11 所示。

图 12-10　登录页面

图 12-11　登录成功页面

12.3.2　例 12-1 程序改进

通过例 12-1 可以看到采用 JSP 技术将大量 Java 代码直接嵌入页面中可以实现一个 Web 应用的开发,但是这种技术是目前所不提倡的,因为这种方法在代码可用性和系统安全性方面都不值得推荐而且会给程序的调试和维护带来极大的困难。那么如何将 Java 代码从页面中拿走呢？人们采用 JavaBean 技术实现了这一目标,将所有处理业务逻辑的代码和描述实体的代码封装到单独的类中,然后在 JSP 中对这些类进行调用,既可以降低代码耦合度,简化页面,又可以提高 Java 程序代码的重用性和灵活性。下面来看看如何按照 JSP＋JavaBean 修改例 12-1,首先在 Java 源文件中建立存放业务逻辑的包 biz,并在该包下建立类 UserBiz,将数据库连接查询封装用户对象等功能封装在该类的 login 方法中。

【例 12-2】　修改例 12-1。

```java
package biz;
import entity.User;
import Java.sql.*;
public class UserBiz {
public static User login(String userName,String password){
    Connection cn = null;
    PreparedStatement ps = null;
    ResultSet rs = null;
    User u = null;
if(userName!= null&&password!= null&&userName.trim().length()> 0&&password.trim().length()> 0)
    {
        String sql = "select * from user where userName = ? and password = ?";
        try {
            Class.forName("com.mysql.jdbc.Driver").newInstance();

cn = DriverManager.getConnection("jdbc:mysql://localhost:3306/test","root","111");
            ps = cn.prepareStatement(sql);
            ps.setString(1, userName);
            ps.setString(2, password);
            rs = ps.executeQuery();
            if(rs.next())
            {
                u = new User();
                u.setUserId(rs.getInt(1));
```

```java
                u.setUserName(rs.getString(2));
                u.setPassword(rs.getString(3));
            }
        } catch (InstantiationException e) {
            e.printStackTrace();
        } catch (IllegalAccessException e) {
            e.printStackTrace();
        } catch (ClassNotFoundException e) {
            e.printStackTrace();
        } catch (SQLException e) {
            e.printStackTrace();
        }finally
        {
            try{
                ps.close();
                rs.close();
                cn.close();
            }catch(Exception e){
                e.printStackTrace();
            }
        }
    }
    return u;
}
}
```

然后将原有的存储这些功能的 relogin.jsp 页面中的内容修改如下：

```jsp
<%@ page language="Java" contentType="text/html; charset=ISO-8859-1"
    pageEncoding="ISO-8859-1" import="entity.User,biz.UserBiz,Java.sql.*" %>
<!DOCTYPE html PUBLIC "-//W3C//DTD HTML 4.01 Transitional//EN" "http://www.w3.org/TR/html4/loose.dtd">
<html>
<head>
<meta http-equiv="Content-Type" content="text/html; charset=ISO-8859-1">
<title>Insert title here</title>
</head>
<body>
<!--采用JavaBean形式封装用户对象,并将从登录页面获取到的用户输入数据自动封装到JavaBean对象中 -->
<jsp:useBean id="u" class="entity.User" scope="page">
  <jsp:setProperty name="u" property="*"/>
</jsp:useBean>
<%
//调用封装了业务逻辑的JavaBean类的login方法进行业务处理,并将返回结果封装到描述实体信
//息的JavaBean对象中
User ub = UserBiz.login(u.getUserName(),u.getPassword());
if(!ub.equals(null)){
    session.setAttribute("user", ub);
    RequestDispatcher r = request.getRequestDispatcher("/user/main.jsp");
    r.forward(request,response);
}else{
    response.sendRedirect("login.jsp");
}
```

```
%>
</body>
</html>
```

从例 12-2 可以看到,通过使用 JavaBean 将原先写在 JSP 页面中的代码写到了 JavaBean 中,这些代码就可以多次被调用,既降低了耦合度又提高了代码的重用性。

12.4 本章小结

本章重点介绍了 Java Web 的开发和运行环境的配置,以及用户如何利用 Java Web 中的 JSP、JavaBean 和 JDBC 开发一个简单的基于 Web 应用服务器和数据库服务器的 Web 应用。

第 13 章

课程设计综合案例

CHAPTER 13

本章学习目标：

（1）通过综合实践案例，初步了解一个完整项目开发的实现流程。

（2）能综合应用前面所学知识完成实际应用系统的设计、开发和调试。

重点：系统需求分析、系统设计、实现方法。

难点：系统需求分析、系统设计。

建议学生首先明确系统功能，能分组讨论设计方案，在教材指导下，设计类似案例，达到举一反三、触类旁通的效果。

随着计算机技术的高速发展和计算机应用的普及，利用计算机实现对图书馆日常工作的管理已经成为必然趋势。

当图书管理人员手工管理图书馆时不但工作效率比较低而且不便于动态、及时地调整藏书结构，为了将图书管理人员从烦琐的工作中解脱出来，越来越多的图书馆开始逐步实现计算机信息化管理。通过学习本章读者可以了解到一个图书馆管理系统的完整开发过程。

目前某社区自建一个社区图书馆，开始时是由图书管理人员手工管理，随着藏书量的逐年递增，有关图书的各种信息成倍增加，面对不断增加的信息量，社区决定使用计算机信息化管理，针对该图书馆的具体情况，开发一套适用于该图书馆的图书馆管理系统，对馆内图书及用户信息资源进行统一集中的管理。

13.1 需求分析

图书馆管理系统是图书馆管理工作的重要工具,它的主要用户包括图书馆的管理者和使用者,将他们从没有计算机信息化管理工具的手工操作所形成的烦琐效率低下的工作流程中解脱出来。一个成功的图书馆管理系统要提供高效的图书信息检索功能、便捷的图书借还流程,以及为系统用户提供充足的信息和高效的信息处理手段。通过对典型的图书馆管理系统的考察以及针对本社区图书馆管理系统的功能进行充分研究后,本着借还流程便捷、信息查询高效的原则,要求本系统在性能和功能上达到以下要求:

(1) 系统操作简单,用户界面友好。
(2) 使用高效便捷,维护简单方便。
(3) 采用成熟的开发平台和技术进行开发,使系统具有较长的生命周期。
(4) 对新购进图书提供录入功能。
(5) 对旧书和损毁图书提供处理功能。
(6) 对员工和读者用户提供管理功能。
(7) 对馆内图书提供借阅及归回和续借流程。
(8) 对信息的报表功能,还可以将信息导出为 Excel 记录。
(9) 帮助功能,实现了对本项目的帮助和项目相关信息的管理。

在完成系统需求分析后,根据需求分析所涉及的功能开始进行系统设计。

13.2 系统设计

13.2.1 系统功能结构

根据图书馆管理系统的功能需求,可以将该系统划分成六大功能模块,分别包括图书管理、读者管理、借阅管理、信息报表、设置和帮助,各模块功能如图 13-1 所示。

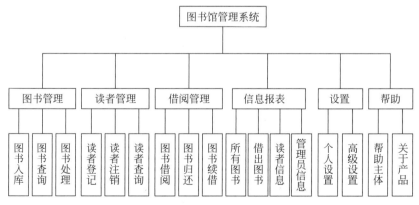

图 13-1 图书馆管理系统功能结构图

13.2.2 构建开发环境

1. 硬件环境

本系统硬件环境如下：
CPU：P41.8GHz 以上。
内存：512GB 以上。
硬盘：40GB 以上。

2. 软件环境

本系统软件环境如下：
操作系统：Windows 2000 或以上版本。
数据库：SQL Server 2005。
开发工具包：JDK Version 1.6.10。
开发环境：eclipse-jee-juno-SR1-win32。

采用 Eclipse 作为开发环境，开发基于 JDK 6 的可视化程序。因为 SQL Server 数据库的完整性和可伸缩性，基于系统的稳定性和可靠性在开发本系统时选择了 SQL Server 2000 数据库管理系统实现数据库开发管理。

13.2.3 数据库设计

根据前面对图书馆管理系统所做的需求分析和功能系统设计，规划出了本系统的概念模型，反映了本系统中所包含的实体、属性和它们之间的关系等的原始数据形式，图 13-2 为本系统的 E-R 图。其中系统中的管理员用户可以实现对借阅者和图书资源的管理，包括添加查询和注销借阅者信息以及添加图书信息、处理破损图书、借阅图书等，借阅者可以按照类型查看书架及分区及内容。

根据 E-R 图所反映的实体和它们之间的关系，我们可以设计数据库的全局逻辑结构，包括所确定的关键字和属性、所建立的各个数据表之间的相互关系。所设计出的系统功能包括借阅者管理、管理员管理、图书管理、借阅过程管理、信息报表管理等功能。系统包含的数据表如表 13-1～表 13-9 所示。

表 13-1 管理员用户权限表

字 段 名	中 文 名 称	数据类型及长度	允 许 为 空	备 注
Popedom_Id	权限编号	varchar(10)	no	主键
Popedom_Name	权限名称	varchar(10)	no	

表 13-2 借阅用户表

字 段 名	中 文 名 称	字符类型及长度	允 许 为 空	备 注
User_Id	用户编号	varchar(20)	no	主键
Name	姓名	varchar(10)	no	
Sex	性别	char(2)	no	

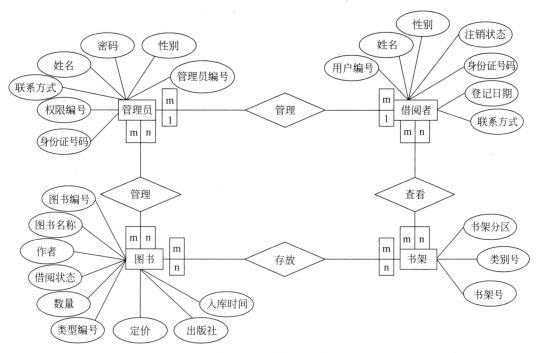

图 13-2　系统的 E-R 图

续表

字　段　名	中 文 名 称	字符类型及长度	允 许 为 空	备　　注
Cellphone	联系方式	char(11)	yes	
ID_Number	身份证号码	char(18)	no	
Time	登记日期	datetime	no	
Log-on	注销状态	char(2)	no	

表 13-3　管理员表

字　段　名	中 文 名 称	数据类型及长度	允 许 为 空	备　　注
Admin_Id	管理员编号	varchar(20)	no	主键
Name	姓名	varchar(10)	no	
Sex	性别	char(2)	no	
Cellphone	联系方式	char(11)	yes	
ID_Number	身份证号码	char(18)	no	
Psw	密码	varchar(20)	no	
Popedom_Id	权限编号	int	no	外键

表 13-4　图书信息表

字　段　名	中 文 名 称	数据类型及长度	允 许 为 空	备　　注
Book_Id	图书编号	varchar(20)	no	主键
Book_Name	图书名称	varchar(50)	no	
Type_Id	类型编号	varchar(10)	no	外键
In_Time	入库时间	datetime	no	
Price	定价	money	no	

续表

字 段 名	中 文 名 称	数据类型及长度	允许为空	备 注
Book_Concern	出版社	varchar(80)	no	
Author	作者	varchar(40)	no	
Borrow_State	借阅状态	char(2)	no	
Number	数量	Int	No	

表 13-5　借阅关系表

字 段 名	中 文 名 称	数据类型及长度	允许为空	备 注
Borrow_Id	借阅编号	varchar(20)	no	主键
Book_Id	图书编号	varchar(20)	yes	外键
User_Id	借阅者编号	varchar(20)	yes	外键
Borrow_Time	借书日期	datetime	yes	
Back_Time	归书日期	datetime	yes	

表 13-6　图书处理表

字 段 名	中 文 名 称	数据类型及长度	允许为空	备 注
Book_Id	图书编号	varchar(20)	no	外键
Process_Type	处理类型	varchar(20)	no	
Process_Method	处理方法	varchar(20)	no	
User_Id	用户编号	varchar(20)	no	外键
Process_Time	处理时间	datetime	no	

表 13-7　图书类型表

字 段 名	中 文 名 称	数据类型及长度	允许为空	备 注
Type_Id	类型编号	varchar(10)	no	主键
Type_Name	类型名称	varchar(10)	no	
Bookshelf	所在书架	varchar(10)	no	

表 13-8　书架表

字 段 名	中 文 名 称	数据类型及长度	允许为空	备 注
BookShelf_Id	书架编号	varchar(10)	no	主键
BookShelf_Num	书架分区	varchar(10)	no	
Type_Id	类型编号	varchar(10)	no	

表 13-9　图书出库表

字 段 名	中 文 名 称	数据类型及长度	允许为空	备 注
Book_Id	图书编号	varchar(20)	no	外键
Out_Time	出库时间	datetime	no	
Out_Num	出库数量	int	no	

管理员用户权限表包括权限编号和权限名称两个属性,其中权限编号是权限表的主键,将管理员权限划分为普通权限和高级权限两种,不同的权限在系统中具有不同的功能。例如高级用户管理员可以实现对所有管理员权限的修改而普通管理员则没有此功能,他们只能被高级管理员修改权限。

借阅用户表包括借阅用户编号、姓名、性别、联系方式、身份证号码、登记日期、注销状态等属性,其中用户编号是借阅用户表的主键,由它唯一标示每一个借阅用户。

管理员表包括管理员编号、姓名、性别、联系方式、身份证号码、密码、权限编号等属性,其中管理员编号是管理员表的主键,由它唯一标示每一个管理员用户,权限编号是管理员表的外键,通过它使管理员表与权限表建立关联关系。

图书信息表包括图书编号、图书名称、类型编号、入库时间、定价、出版社、作者、借阅状态、数量等属性,其中图书编号是图书表的主键,它唯一确定图书表中的一条图书记录,类型编号是外键,通过它在图书表与图书类型表之间建立关联。

借阅关系表包括借阅编号、图书编号、借阅者编号、借书日期和归书日期等属性。其中借阅编号是主键,唯一标示了借阅表中的一条记录;图书编号和借阅者编号是外键,利用图书编号和图书信息表建立关联关系,通过借阅者编号和借阅用户表之间建立关联。

图书处理表包括图书编号、处理类型、处理方法、用户编号和处理时间,其中用户编号是外键,通过它和用户表之间建立关联,根据处理类型字段可以区分为用户损毁和入库失误两种情况对图书进行处理。

图书类型表包括类型编号、类型名称和所在书架三种属性,其中类型编号唯一标示了图书类型表中的一条记录,通过所在书架将该表和书架表之间建立关联。

书架表包括书架编号、书架分区和类型编号三种属性,其中书架编号唯一标示书架表中的一条记录。通过类型编号和图书类型表之间建立关联关系。

图书出库表包含图书编号、出库时间和出库数量三种属性,其中图书编号唯一标示图书出库表中的一条记录。

根据前面对数据库进行的分析,可以得到如图 13-3 所示的数据模型。

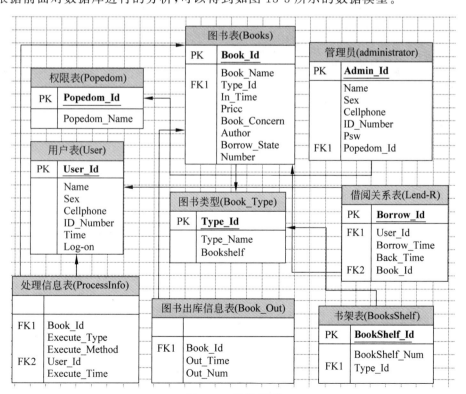

图 13-3　数据模型

13.2.4 文件夹组织结构

在具体程序设计开发之前应该先创建系统中的文件夹,这样可以规范系统整体架构,方便后续的开发和维护。图 13-4 显示了本系统的文件夹组织结构,在开发时只要将相应的文件保存到相应文件夹中即可。

分析每个文件夹的功能如下:

(1) 文件夹 configs.file 用来保存存放数据库联接所用的参数的配置文件 datacon.properties。

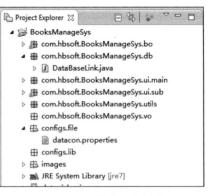

图 13-4　文件夹组织结构

(2) 文件夹 com.hbsoft.BooksManageSys.db,用来保存用于数据库连接的类。
(3) 文件夹 com.hbsoft.BooksManageSys.utils,用来保存为所有程序服务的工具类。
(4) 文件夹 com.hbsoft.BooksManageSys.main 用来存放程序入口主类 Main。
(5) 文件夹 com.hbsoft.BooksManageSys.bo 用来存放所有用于业务处理的类。
(6) 文件夹 com.hbsoft.BooksManageSys.sub 用来存放所有的视图层程序。
(7) 文件夹 images 用来存放系统中能够用到的所有的图片文件。

规划好此文件夹结构后,在进行程序设计开发的过程中所有的类必须要按照所具有的功能放入相应的文件夹中,这样为整个设计开发过程和后期维护过程都提供了便利。

13.3　系统实现

13.3.1　公共模块

在程序设计开发过程中,会尽量多地编写一些为所有功能服务的公共模块,如控制数据库连接及操作的类,判断输入内容是否为数字的类等,因此在开发整个系统前我们首先要完成这部分公共代码的设计和编写,以下将具体介绍这部分公共模块的设计开发过程。

1. 数据联结类的编写

数据库连接类中的主要方法包括读取配置文件的 readconfig()方法和根据配置文件中所读取参数来创建数据库连接的 createConnection()方法,以及获取数据库连接的 getconn()方法。下面详细介绍用于创建和获取数据库连接的类 DataBaseLink 的开发过程。在实现代码设计编写之前首先要完成的是配置文件的编写,配置文件 datacon.properties 位于 configs 文件夹下的子文件夹 file 中。内容如下:

```
driver = com.microsoft.jdbc.sqlserver.SQLServerDriver
url = jdbc:microsoft:sqlserver://localhost:7788;databasename = BooksManageSys
user = sa
password = sa
```

(1) 在类 DataBaseLink 中首先需要制定该类所保存的包并引入在该类中所需要使用

的类。本类保存到 com.hbsoft.BooksManageSys.db 包中,代码如下:

```java
package com.hbsoft.BooksManageSys.db;//定义本类所在包
import Java.io.IOException;
import Java.io.InputStream;         //导入从配置文件中读取参数所需要的输入流类
import Java.util.Properties; //导入从配置文件中读取参数所需要用到的 Java.util.Properties 类
import Java.sql.Connection;         //导入进行数据库连接时需要用到的连接类
import Java.sql.DriverManager;      //导入进行数据库连接时需要用到的 DriverManage 类
import Java.sql.SQLException;
```

注意:所有在创建数据库时可能发生的异常类也需要被导入。

(2) 在 readconfig() 方法中是先对于数据库连接参数的读取,为了方便本系统所使用数据库的后期升级更新,所以在利用 JDBC 连接数据库时将所使用到的数据库连接参数保存到了单独的配置文件中而没有用硬编码的方式写入文件。这样在升级数据库或改变所使用的数据库管理软件时,只需要将相应的连接参数在配置文件中修改即可,不需要对程序作任何修改。对该方法的调用放在本类的构造方法中,这样在该类被加载时就可以实现读取配置文件方法的运行。

```java
//定义用来存放从配置文件中所读取到的参数的字符串变量
private String driver;    //保存数据库驱动类型
private String url;       //保存数据库服务器路径
private String user;      //保存访问数据库使用的用户名
private String password;//保存访问数据库使用的密码
//定义保存数据库连接信息的配置文件地址,由包名+/+文件名组成
private String filePath = "configs/file/datacon.properties";
private Connection conn;//定义了私有的数据库连接类
//DataBaseLink 构造方法
    public DataBaseLink()
    {
        readconfig(); //调用本方法实现配置文件中数据库连接信息的读取
        createConnection(); //根据前面获取到的参数获取数据库连接信息
    }
    //读取文件获取对应的 driver、url、user、password 等信息
    public void readconfig() //定义读取配置文件中数据库连接参数的方法
    {
        Properties pr = new Properties(); //定义 Properties 类型变量
    //创建指向配置文件的输入流来实现文件读取
        InputStream  in = this.getClass().getResourceAsStream("/" + filePath);
try {
        //加载输入流到 properties 对象中读取到了文件中那些以键-值对的形式存在的内容
        pr.load(in);
        } catch (IOException e) {
        // TODO 自动生成 catch 块
        e.printStackTrace();
        }
        //从 Properties 对象中读取到信息后放置到对应的属性中
        driver = pr.getProperty("driver");
        url = pr.getProperty("url");
        user = pr.getProperty("user");
        password = pr.getProperty("password");
    }
```

(3) 在 createConnection 方法中利用从 readconfig()方法中读取到的数据库参数来创建数据库连接。

```java
public void createConnection()
{
    try {
        Class.forName(driver);                  //创建数据库驱动类
        //由驱动管理器获取连接对象
        conn = DriverManager.getConnection(url,user,password);
        if(conn!= null){                         //如果 conn 不为空说明数据库连接成功
            System.out.println("数据库连接成功!");
        }
    } catch (ClassNotFoundException e) {
        e.printStackTrace();
    } catch (SQLException e) {
        e.printStackTrace();
    }
}
```

(4) getconn()用来向调用者返回 createConnection 方法中所获取到的数据库连接对象。

```java
public Connection getconn()
{
    return conn;
}
```

2. IsDigit 类的编写

在图书馆管理系统中有多个界面都有用来输入读者编号和图书编号的文本框,可以使用本程序来保证读者编号和图书编号栏只能被输入 8 位数字,作为公共类这段代码具有极强的复用性。具体代码如下:

```java
package com.hbsoft.BooksManageSys.utils;        //定义该类所保存的包
public class IsDigit {
//如果接收到的 String 内容是数字,则本方法返回 true,否则返回 false
    public boolean isDigit(String s){
        try {
            Integer.parseInt(s);    //经过强制类型转换将字符串转换为整型数据,如果成功转
//换说明获取到的变量是整数,则返回 true;否则就会抛出异常
            return true;
        } catch (Exception e) {//当前面 try 中语句抛出异常时,本 catch 捕获异常并进行处理
            try {
//经过强制类型转换将字符串转换为双精度浮点型数据,如果成功转换说明获取到的变量是双精度
//浮点型,则返回 true;否则就会抛出异常
                Double.parseDouble(s);           //
                return true;
            } catch (Exception e2) {             //捕获前面抛出的异常继续进行处理
                try {
//经过强制类型转换将字符串转换为单精度浮点型数据,如果成功转换说明获取到的变量是单精度
//浮点型,则返回 true;否则就会抛出异常
                    Float.parseFloat(s);
                    return true;
                } catch (Exception e1) {         //捕获前面抛出的异常,并进行处理
```

```
                    return false;    //此处的异常说明该字符串对象不是数字返回false
                }
            }
        }
    }
```

除了以上介绍的公共类外,还有 com. hbsoft. BooksManageSys. utils. JWindowDemo 类用于显示程序启动界面,com. hbsoft. BooksMana geSys. utils. AssetSystemStatusBar 类用来设计程序在系统状态栏中显示内容,这些将在下面相关内容中一一介绍。

13.3.2 登录模块设计

系统登录界面如图 13-5 所示,实现登录功能时需要涉及三个类:
com. hbsoft. BooksManageSys. ui. main. Main. java;
com. hbsoft. BooksManageSys. ui. sub. LogOn. java;
com. hbsoft. BooksManageSys. bo. Logonfunction. java。

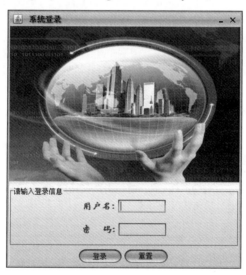

图 13-5　系统登录界面

其中,com. hbsoft. BooksManageSys. ui. main. Main. java 类负责整个应用程序的界面风格,通过 substance 包优化程序界面。com. hbsoft. BooksManageSys. ui. sub. LogOn. java 类负责登录界面的设计,有关设计图形用户界面部分的内容在这里加以体现,通过本类就设计出了图 13-5 所示的登录界面。而类 com. hbsoft. BooksManageSys. bo. Logonfunction. java 主要负责接收从 LogOn 所描述的登录界面中获取到的用户名和密码数据,然后连接后台数据库进行密码验证的功能。下面介绍实现这部分功能的主要代码。

首先是描述登录界面的 com. hbsoft. Books ManageSys. ui. sub. LogOn. java 类,由类的声明 public class LogOn extends JFrame 可以看出这个类既然只是继承了父类 JFrame,那么它主要就用来实现登录窗体,对窗体进行布局,向窗体中添加控件,对于窗体执行时的后台响应是不考虑。如何将描述窗体的 LogOn. java 类所接收的数据交给后台并进行数据库连接验证呢? 这部分功能由负责登录的后台功能模块 com. hbsoft. BooksManageSys.

bo. Logonfunction. java 来负责，在 LogOn 中有语句 new Logonfunction(this)，将该窗体对象传递给类 Logonfunction. ja va，实现后台数据处理。Logonfunction 中的主要代码如下。

```java
public class Logonfunction implements ActionListener {
    private LogOn l;                                    //声明登录窗体对象
    private Connection conn;                            //创建数据库连接类
    private Statement st;                               //创建 Statement 对象
    private ResultSet rs;                               //创建结果集对象
    public static String uid;
    //形参为窗体对象的构造函数
    public Logonfunction(LogOn l) {
        this.l = l;
        l.getButton().addActionListener(this);          //为登录窗体中的确定按钮注册侦听器
        l.getReset().addActionListener(this);           //为登录窗体中的取消按钮注册侦听器
    }
    //登录按钮单击后响应方法
    public void button() {
        uid = l.getJtname().getText();                  //获取登录窗体内输入的用户名
        String name2 = String.valueOf(l.getJppsw().getPassword());  // 获取密码
        DataBaseLink data = new DataBaseLink();         //调用数据库连接公共类连接数据库
        conn = data.getconn();                          //获取连接
        try {
            String sql = "select * from Administrator where admin_id = '" + uid
                    + "'";                              //构造 sql 语句
            st = conn.createStatement();
            rs = st.executeQuery(sql);//执行 sql 语句进行数据库查询并将查询的结果放到结果集中
            if (uid.equals("")) {    //查询不到用户信息时的操作
                JOptionPane.showMessageDialog(null, "<html><font Color = 'red'>请输入用户名!</font>", "信息提示", 3);
                return;
            }else if (rs.next()) {   //查询到用户信息后,再去核对密码
                if (name2.length() == 0) {
                    JOptionPane.showMessageDialog(null, "<html><font Color = 'red'>请输入密码!</font>", "信息提示", 3);
                }
                else if (rs.getString("psw").equals(name2)) {
                    //如果密码正确可以正常登录
                    if (rs.getString("popedom_id").equals("0")) {
                        JWindowDemo splash = new JWindowDemo();
                        splash.start();                 //运行启动界面
                        l.setVisible(false);
                    } else {
                        JWindowDemo splash = new JWindowDemo();
                        splash.start();                 //运行启动界面
                        l.setVisible(false);
                    }
                } else {
                    JOptionPane.showMessageDialog(null, "<html><font Color = 'red'>密码错误!</font>", "信息提示", 0);
                }
            }
            else if (!uid.equals("admin_id")) {
```

```
                    JOptionPane.showMessageDialog(null, "<html><font Color = 'red'>请输入正确
的用户名!</font>", "信息提示", 0);
                    return;
                }
            } catch (SQLException e1) {
                e1.printStackTrace();
            }
        }
    }
    // 重置按钮的方法
    public void reset() {
        l.getJtname().setText("");
        l.getJppsw().setText("");
    }
    //进行按钮处理的事件监听方法
    public void actionPerformed(ActionEvent e) {
        if (e.getSource() == l.getButton()) {        //确定按钮处理
            button();
        } else {                                     //取消按钮处理
            reset();
        }    }    }
```

13.3.3 主窗体设计

系统用户通过登录模块验证后可以登录到图书馆管理系统的主窗体界面,主窗体中包括菜单栏、工具栏。用户在菜单栏中单击某一菜单项可以执行相应功能,而在工具栏中显示了本系统的常用功能项,方便用户操作。主窗体运行效果如图 13-6 所示。

图 13-6　图书馆管理系统主窗体运行效果图

图 13-6 所显示的窗体需要涉及三个类:

com. hbsoft. BooksManageSys. ui. sub. MainInterface. java；

com. hbsoft. BooksManageSys. bo. MainInterfacefunction. java；

com. hbsoft. Books ManageSys. utils. AssetSystemStatusBar. java。

其中，com. hbsoft. BooksManageSys. ui. sub. MainInterface. java 类主要负责主界面各个菜单、工具按钮的添加和布局、各个菜单和按钮的监听器注册，以及动作响应时调用的相应类名，可以说用户看到的界面就是由这个类来实现的。com. hbsoft. BooksManageSys. bo. MainInterfacefunction. java 类则用于验证已登录的用户名是否为高级用户，如果是高级用户则所有菜单项为可用，否则设置菜单下部分菜单项普通用户将无法使用。com. hbsoft. BooksManageSys. utils. AssetSystemStatusBar. java 类主要负责主界面状态栏的信息提示。

在设计开发主界面过程中涉及的各菜单项和按钮所对应类名如下：

(1) 借阅管理→图书借阅：BorrowBook. java。

(2) 借阅管理→图书归还：ReturnBooks. java。

(3) 借阅管理→图书续借：ContinueBorrowBooks. java。

(4) 图书管理→图书入库：BooksEnter. java。

(5) 图书管理→图书查询：BooksSelect. java。

(6) 图书管理→图书处理：BooksProcess. java。

(7) 读者管理→读者登记：ReaderEnter. java。

(8) 读者管理→读者信息：ReaderInfoManage. java。

(9) 读者管理→读者注销：ReaderLogout. java。

(10) 设置→个人设置：PersonalSetting. java。

(11) 设置→高级设置：SuperSetting. java。

(12) 信息报表→所有图书：AllBooksSheet. java。

(13) 信息报表→借出图书：BorrowBooksSheet. java。

(14) 信息报表→读者信息：ReaderInfoSheet. java。

(15) 信息报表→管理员信息：AdminInfoSheet. java。

(16) 帮助→帮助主题：通过调用外部 cmd 程序实现。

(17) 帮助→关于产品：About. java。

13.4 系统测试

下面介绍主要功能模块实现及测试结果。

13.4.1 读者管理模块

读者管理模块包含了读者登记、读者查询和读者注销三个子功能模块，下面一一进行分析。

读者登记模块如图 13-7 所示，该模块涉及描述窗体的 com. hbsoft. BooksManageSys. ui. sub. ReaderEnter. java，以及接收 ReaderEnter. java 窗体传来数据并进行读者注

图 13-7 读者登记模块

册的后台功能类 com.hbsoft.BooksManageSys.bo.ReaderEnterFunction.java 两个文件。

读者信息模块如图 13-8 所示，该模块涉及描述窗体的 com.hbsoft.BooksManageSys.ui.sub.ReaderInfoManage.java，以及接收 ReaderInfoManage.java 窗体传来的用户查询条件数据进行读者查询并将查询结果返回到读者信息窗体的后台功能类 com.hbsoft.BooksManageSys.bo.ReaderInfoManageFunction.java 两个文件。

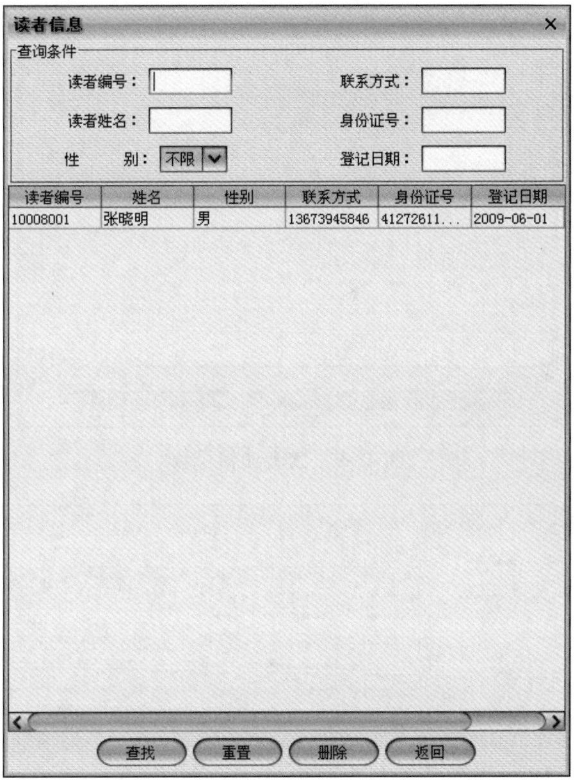

图 13-8　读者信息模块

读者注销模块如图 13-9 所示，该模块涉及描述窗体的 com.hbsoft.BooksManageSys.ui.sub.ReaderLogout.java，以及接收 ReaderLogout.java 窗体传来的需要注销的读者条件数据进行读者注销的后台功能类 com.hbsoft.BooksManageSys.bo.ReaderLogoutFunction.java 两个文件。

13.4.2　图书信息模块

图书管理模块包含了图书入库、图书查询和图书处理三个子功能模块，下面一一进行分析。

图书入库模块如图 13-10 所示，该模块涉及 com.hbsoft.BooksManageSys.ui.sub.BooksEnter.java 和 com.hbsoft.BooksManageSys.bo.BooksEnterfunction.java 两个类文件。其中，BooksEnter.java 类主要负责描述窗体的图形界面，对其中各个文本框是否输入数据等进行验证的功能；而 BooksEnterfunction 类主要负责收集获取输入框中的数据，并执行向数据库中添加图书的功能。

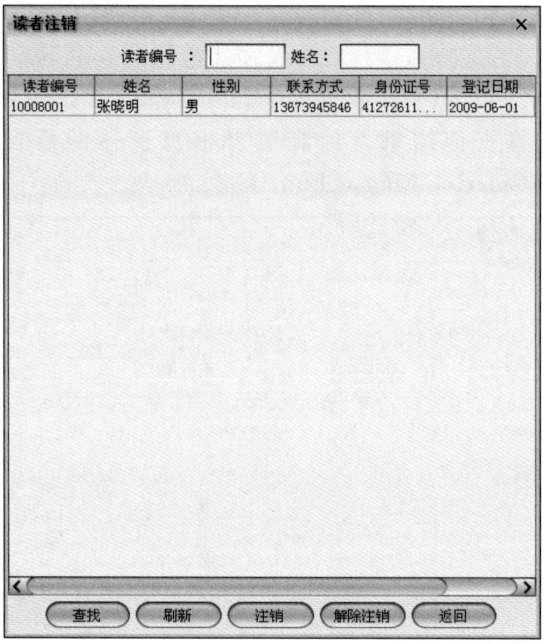

图 13-9 读者注销模块

图 13-10 图书入库模块

在图 13-10 中可以看到如果选择了"添加书类"按钮将会触发图 13-11 添加书类功能的执行,而该功能将会涉及描述添加图书类型的窗体 com.hbsoft.BooksManageSys.ui.sub.addtype.java 和用户输入图书类型数据后执行添加图书类型的后台功能类 com.hbsoft.BooksManageSys.bo.addtypefunction 两个文件。如果在图 13-10 中选择了"新增书架"按钮,将会触发图 13-12 所示的新增书架功能,该功能涉及描述添加书架的窗体 com.hbsoft.BooksManageSys.ui.sub.Addshelf.java 和接收用户数据后在后台实现添加书架记录功能的 com.hbsoft.BooksManageSys.bo.Addshelffunction.java。

图 13-11　添加书类功能

图 13-12　新增书架功能

图书查询模块如图 13-13 所示，其中涉及描述窗体的 com.hbsoft.BooksManageSys.ui.sub.BooksSelect.java 类和接收用户输入查询条件信息并进行后台数据库查询并将查询结果返给该页面后台执行类 com.hbsoft.BooksManageSys.bo.BooksSelectfunction.java。

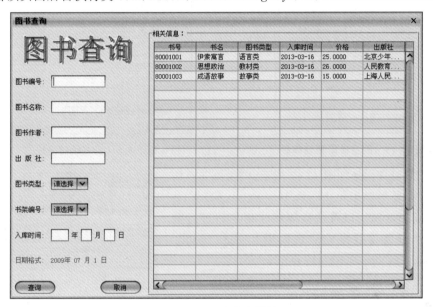
图 13-13　图书查询模块

图书处理模块如图 13-14 所示，其中涉及描述窗体的 com.hbsoft.BooksManageSys.ui.sub.BooksProcess.java 和接收窗体输入的图书破损数据或者图书入库错误数据后进行不同处理的 com.hbsoft.BooksManageSys.bo.BooksProcessfunction 类。

图 13-14　图书处理模块

13.4.3　借还模块

借还模块包括图书借阅、图书续借以及图书归还三个子功能模块来实现对图书借阅过程的管理。

图书借阅管理模块如图 13-15 所示，该窗口涉及负责图形界面构建的类 com.hbsoft.BooksManageSys.ui.sub.BorrowBook.java 以及接收管理员输入的图书借阅信息并联接数据库，将相应借书信息保存到数据库库中的后台操作功能类 com.hbsoft.BooksManageSys.bo.BorrowBookfunction.java。

图书续借管理模块如图 13-16 所示,该窗口涉及负责图形界面构建的类 com.hbsoft.BooksManageSys.ui.sub.ContinueBorrowBooks.java 以及接收管理员输入的图书续借信息并联接数据库,将相应续借图书信息保存到数据库库中的后台操作功能类 com.hbsoft.BooksManageSys.bo.ContinueBorrowBooksfunction.java。

图 13-15　图书借阅管理模块　　　　图 13-16　图书续借模块

图书归还管理模块如图 13-17 所示,该窗口涉及构建图形界面窗体的类 com.hbsoft.BooksManageSys.ui.sub.ReturnBooks.java 以及从窗体接收信息后进行数据库连接并持久化数据的后台功能类 com.hbsoft.BooksManageSys.bo.ReturnBooksfunction。

13.4.4　设置模块

设置模块包括个人设置和高级设置两个子功能模块,其中个人设置主要是设置登录用户个人信息的,而高级设置是只有超级管理员才具有的功能,可以对管理员用户的权限进行设置。

个人设置模块如图 13-18 所示,这个模块涉及两个类,一个是进行图形界面构建的 com.hbsoft.BooksManageSys.ui.sub.PersonalSetting.java 类,另一个是接收用户输入的个人信息后并联接数据库将其持久化到数据库的后台功能类 com.hbsoft.BooksManageSys.bo.PersonalSettingfunction.java。

图 13-17　图书归还管理模块

和个人设置不同的是,高级设置模块只有超级管理员才具有使用权限,如图 13-19 所示,通过该功能对其他管理员的管理权限进行设置,这个功能模块包括构建窗体的类 com.hbsoft.BooksManageSys.ui.sub.SuperSetting.java 和接收窗体信息并将信息持久化到数据库的后台功能类 com.hbsoft.BooksManageSys.bo.SuperSettingFunction.java。

图 13-18 个人设置模块

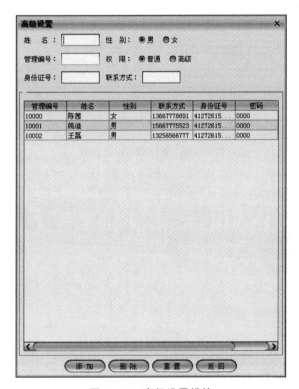

图 13-19 高级设置模块

13.4.5 报表模块

报表模块的主要功能是对数据库中不同类型的记录进行统计并生成相应的报表,还可以将数据导出为 Excel 格式的文件。它包括所有图书报表、借出图书报表、读者信息报表和管理员信息报表四个子功能模块。

所有图书报表模块如图 13-20 所示,涉及的文件包括搭建窗体的 com. hbsoft. BooksManageSys. ui. sub. AllBooksSheet. java 和进行后台数据查询并将结果显示在页面上或者将结果导出到 Excel 文件中的后台功能类 com. hbsoft. BooksManageSys. bo. AllBooksExportDb. java。

以下我们将对如何将数据库中的查询结果导出到 Excel 文件中的那部分代码进行详细介绍。

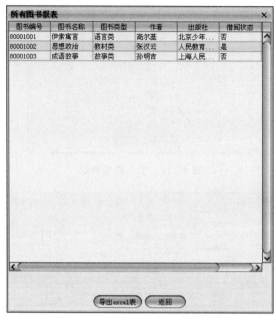

图 13-20　所有图书报表模块

```
public class AllBooksExportDb {
    static Connection con;
    //在构造方法中初始化数据库连接
    public AllBooksExportDb() {
        DataBaseLink dbl = new DataBaseLink();
        con = dbl.getconn();
        exportTable();
    }
    //导出表
    public void exportTable() {
        try {
            Statement selectTable = con.createStatement();
            ResultSet rset = selectTable.executeQuery("select i.Book_id as 图书编号,i.book_name as 图书名称," + "j.type_name as 图书类型,i.authors as 作者,i.book_concern as 出版社," + "i.borrow_state as 借阅状态,i.number as 图书数量 from" + " books i inner join books_type j on i.type_id = j.type_id");
            this.writeTable(rset); //调用该方法将表中数据写入 Excel
        } catch (Exception e) {
            System.out.println("导出表时异常..." + e.getMessage());
        }
    }
    //将表中数据写入 Excel 文件中
    @SuppressWarnings({ "deprecation", "deprecation", "deprecation" })
    private void writeTable(ResultSet rs) {
        try {
            HSSFWorkbook workbook = new HSSFWorkbook();        //创建一个工作簿
            HSSFSheet sheet = workbook.createSheet();          //创建一张工作表
            workbook.setSheetName(0,"Reader");                 //设置这张表的表名
```

```
                HSSFRow row = sheet.createRow((short) 0);
                ;
                HSSFCell cell;
                ResultSetMetaData md = rs.getMetaData();  //将查询结果的数据表属性部分保存到
//md 对象中
                //利用循环将数据表属性名称写入 Excel 表头
                int nColumn = md.getColumnCount();
                for (int i = 1; i <= nColumn; i++) {
                    cell = row.createCell((short) (i - 1));
                    cell.setCellType(HSSFCell.CELL_TYPE_STRING);
                    //获取到属性值并写入 Excel 表头
                    cell.setCellValue(md.getColumnLabel(i));
                }
                //利用循将将查询结果数据依次写入 Excel 中
                int iRow = 1;
                while (rs.next()) {                        //对结果集进行遍历
                    row = sheet.createRow((short) iRow);   //Excel 中创建一行
                    ;
                    for (int j = 1; j <= nColumn; j++) {
                //Excel 文件中创建一行中的一个单元格
                        cell = row.createCell((short) (j-1));
                        cell.setCellType(HSSFCell.CELL_TYPE_STRING);
                        Object val = rs.getObject(j);   //获取结果集中的数据
                        if (val == null) {
                            cell.setCellValue("NULL");
                        } else {
                //将所获取的数据写入 Excel 文件的单元格中
                            cell.setCellValue(val.toString());
                        }
                    }
                    iRow++;
                }
                //保存所创建的 Excel 文件
                FileOutputStream fOut = new FileOutputStream("Reader.xls");
                //将刚才所创建的 Excel 表格利用输出流保存到文件中
                workbook.write(fOut);
                fOut.flush();
                fOut.close();
                int i = JOptionPane.showConfirmDialog(null, "<html><font color = 'red'>导出成功!</font>" + "\n" + "<html><font color = 'red'>是否现在打开?</font>", "消息",JOptionPane.YES_NO_OPTION,3);
                if(i == 0){
                    Runtime.getRuntime().exec("cmd.exe /c start reader.xls");
                }
            } catch(Exception e) {
                e.printStackTrace();
            }
        }
    }
}
```

将数据导出为 Excel 表格形式是本模块的难点,读者应该仔细研读,通过查询相关资料深入了解本部分内容。

报表模块的其他三个子模块和图书管理模块的开发原理类似,以下只进行简单介绍,读者可以自行查询相关代码来了解该部分的实现形式。

借出图书报表模块涉及的代码包括搭建窗体的 com.hbsoft.BooksManageSys.ui.sub.BorrowBooksSheet.java 和进行后台数据查询生成报表并将报表内容显示到页面上或者将所生成报表导出到 Excel 文件中的后台功能类 com.hbsoft.BooksManageSys.bo.BorrowBooksExportDb.java。

读者信息报表模块涉及的文件包括搭建窗体的 com.hbsoft.BooksManageSys.ui.sub.ReaderInfoSheet.java 和进行后台数据查询并将结果显示在页面上或者将结果导出到 Excel 文件中的后台功能类 com.hbsoft.BooksManageSys.bo.ReaderInfoExportDb.java。

管理员信息报表模块涉及的文件包括搭建窗体的 com.hbsoft.BooksManageSys.ui.sub.AdminInfoSheet.java 和进行后台数据查询并将结果显示在页面上或者将结果导出到 Excel 文件中的后台功能类 com.hbsoft.BooksManageSys.bo.AdminInfoExportDb.java。

13.5 本章小结

本章我们运用软件工程思想,通过设计开发一个完整的图书馆管理系统和读者一起实现了一个系统的软件开发流程。

通过本次开发对本书的各个章节内容都进行了系统的回顾和巩固,使读者在更全面地掌握理论知识的同时也深刻体会到所掌握的理论知识的实践应用。尤其对 Swing 和 JDBC 机制有了深刻的理解,为将来基于数据库的 C/S 开发奠定了基础。

参 考 文 献

[1] 张仁伟,高尚民,金飞虎.Java 程序设计教程[M].2 版.北京:人民邮电出版社,2023.
[2] 沈泽刚,伞晓丽.Java 基础入门[M].北京:清华大学出版社,2021.
[3] 郎波.Java 语言程序设计[M].4 版.北京:清华大学出版社,2023.
[4] 千锋教育高教产品研发部.Java 语言程序设计[M].2 版.北京:清华大学出版社,2022.
[5] Norman R J.面向对象系统分析与设计[M].北京:清华大学出版社,2000.
[6] 北京尚学堂科技有限公司.实战 Java 程序设计[M].北京:清华大学出版社,2018.
[7] Cadenhead R.21 天学通 Java6[M].袁国忠,张劼,译.5 版.北京:人民邮电出版社,2009.
[8] 陈轶,姚晓昆.Java 程序设计实验指导[M].北京:清华大学出版社,2006.
[9] 李刚生,王燚,焦玲.Java SE 6.0 基础及应用案例开发[M].北京:清华大学出版社,2009.
[10] 叶核亚.Java 程序设计实用教程[M].3 版.北京:电子工业出版社,2012.
[11] 韩雪,王维虎.Java 面向对象程序设计[M].北京:人民邮电出版社,2012.
[12] 耿祥义,张跃平.Java 程序设计实用教程[M].北京:人民邮电出版社,2012.
[13] 周新会,傅立宏.ASP 通用模块及典型系统开发实例导航[M].北京:人民邮电出版社,2006.
[14] 周兴华,李增民,臧洪光.Ddlphi 7 数据库项目案例导航[M].北京:清华大学出版社,2005.
[15] 刘敬,严冬明,马刚.Delphi 住宿餐饮管理系统开发实例导航[M].北京:人民邮电出版社,2003.
[16] 刘德山,金百东,张建华.Java 程序设计[M].北京:科学出版社,2012.
[17] 印旻,王行言.Java 语言与面向对象程序设计[M].2 版.北京:清华大学出版社,2012.
[18] 李尊朝,苏军.Java 语言程序设计[M].2 版.北京:中国铁道出版社,2007.
[19] 刘乃琦,苏畅.Java 应用开发与实践[M].北京:人民邮电出版社,2012.
[20] 陈丹丹,李银龙.Java 开发宝典[M].北京:机械工业出版社,2012.

图书资源支持

感谢您一直以来对清华版图书的支持和爱护。为了配合本书的使用，本书提供配套的资源，有需求的读者请扫描下方的"书圈"微信公众号二维码，在图书专区下载，也可以拨打电话或发送电子邮件咨询。

如果您在使用本书的过程中遇到了什么问题，或者有相关图书出版计划，也请您发邮件告诉我们，以便我们更好地为您服务。

我们的联系方式：

清华大学出版社计算机与信息分社网站：https://www.shuimushuhui.com/

地　　址：北京市海淀区双清路学研大厦 A 座 714

邮　　编：100084

电　　话：010-83470236　010-83470237

客服邮箱：2301891038@qq.com

QQ：2301891038（请写明您的单位和姓名）

资源下载： 关注公众号"书圈"下载配套资源。

资源下载、样书申请

书 圈

图书案例

清华计算机学堂

观看课程直播